U0362432

南开大学“十四五”规划精品教材丛书

信息咨询概论

柯平　主编

南開大學出版社
NANKAI UNIVERSITY PRESS
天津

图书在版编目(CIP)数据

信息咨询概论 / 柯平主编. -- 天津 : 南开大学出版社, 2025. 5. --(南开大学"十四五"规划精品教材丛书). -- ISBN 978-7-310-06729-9

Ⅰ. G358

中国国家版本馆 CIP 数据核字第 20258VR255 号

信息咨询概论
XINXI ZIXUN GAILUN

南开大学出版社出版发行
出版人:王　康
地址:天津市南开区卫津路 94 号　　邮政编码:300071
营销部电话:(022)23508339　营销部传真:(022)23508542
https://nkup.nankai.edu.cn

天津创先河普业印刷有限公司印刷　全国各地新华书店经销
2025 年 5 月第 1 版　　2025 年 5 月第 1 次印刷
240×170 毫米　16 开本　28 印张　3 插页　487 千字
定价:89.00 元

如遇图书印装质量问题,请与本社营销部联系调换,电话:(022)23508339

前言

我们处在一个动态的、快速变化且充满不确定性的全新时代。一方面，技术迭代加速大数据时代、人工智能时代、智慧化时代、元宇宙时代等定义技术时代的新概念层出不穷；另一方面，社会发生剧变，全球生态环境、安全、人口等问题愈加突出，人类面临百年未有的大变局。20 世纪 90 年代，VUCA（volatility，uncertainty，complexity，ambiguity）时代的概念被引入全球商业等许多领域，指世界充满易变性、不确定性、复杂性和模糊性。在这个虚拟与现实、技术与人文、传统与现代交织的后信息时代，个人、组织乃至社会的各行各业都面临着前所未有的机遇与挑战。

面对错综复杂而多变的环境，信息和咨询的重要性比过去任何一个时代都更为突出。乔希·贝诺夫（Josh Bernoff）和特德·谢德勒（Ted Schadler）在 2010 年的《哈佛商业评论》（*Harvard Business Review*）发文说："在当今世界，一条充满愤怒的推特信息就能颠覆一个品牌，各家公司必须让员工放手去反击。"克莱顿·克里斯坦森（Clayton Christensen）在 2013 年的《哈佛商业评论》发表《颠覆咨询业》（*Consulting on the Cusp of Disruption*）并指出，传统的解决方案提供机构（solution shop）、增值流程业务（value-added process business）和网络支持（facilitated network）三种商业模式正在发生改变，全球管理咨询行业并购再起，跨领域服务的咨询业务正快速发展。斯坦利·麦克里斯特尔（Stanley McChrystal）等在 2015 年出版的《赋能：打造应对不确定性的敏捷团队》（*Team of Teams: New Rules of Engagement for a Complex World*）一书中认为，应对不确定性的关键是赋能（empower），而“赋能 = 做正确的事”。按照与泰勒（Frederick Winslow Taylor）同时代的亨利 · 法约尔（Henri Fayol）给出的管理的五项职能（计划、组织、指挥、协调、控制），只要拥有更多的信息，后三个职能就很容易操作，从而形成设法搜集并集中更多信息、实现越来越有效地对组织下达指令的循环。这同样说明了无论环境如何变化，信息对于决策与组织管理的作用越来越大。2021 年被称为“元宇宙元年”，拥有 62.4 万名员工、客户遍布全球 120 个国家和地区的埃森哲（Accenture）咨询公司成为首家在 Microsoft Teams 体验元宇宙的企业。2023 年被称为“生成式 AI 元年”，在 ChatGPT 的带动之下，AI 大模型、新一代 UGC 平台浪潮席卷各个行业。元宇宙和生成式 AI 对咨询业将产生什么样的影响也成为热议话题。

信息咨询是信息时代增长最快的一个行业。伊莱恩 · 比斯（Elaine Biech）指出：咨询行业是经济中增长最迅速的专业领域。她总结其原因是：“动荡的时期造成越来越多的公司利用咨询师帮助他们解决技术应用、业务开拓、效率提高、进行兼并等工作问题。咨询项目在资金和时间的角度上都有了很大的增长。”同时，她分析了商业世界中的两种趋势给咨询行业带来的巨大影响：一是公司越来越多地通过外部采买的方式获得服务，咨询师可以帮助公司在规定的时间里暂时提供人力资源；二是世界变化的迅捷速度导致执行人员不可能对本行业的知识变化、客户的变化、竞争者的变化及这几种因素之间的内部联系随时了如指掌，但咨询师可以提供知识、信息、数据和系统来解决这些问题。咨询业是 21 世纪信息产业中最具活力的产业。正如管理学大师彼得 · 德鲁克（Peter Drucker）所预言的：“21 世纪经济增长最迅速的产业是咨询业（头脑库）。管理者们要学会的最重要的事情之一就是以何种方式来利用这些咨询人员（外脑）。”

信息咨询是社会发展的重要力量。著名管理学家库伯（M. Kubr）指出：“管理顾问影响着历史进程。”著名社会学家罗伯特 · R. 布莱克（R. R. Black）和简 · 莫顿（Jane Srygley Mouton）指出：“教育和咨询也许是社会前进动能中两个最为重要的因素，而就关注于实际出现的问题而言，咨询比教育更有意义。因为当这些问题得到解决后，人们将在他们赖以工作和生活的现存条件中取得真正的进步。”

信息咨询有广泛的应用领域和应用前景，如科技和经济领域，特别是在经济管理、科学技术等部门。信息咨询在政治、军事、文化等领域也有广泛的应用。成立于 1948 年的兰德公司（RAND Corporation）是世界智囊团的开创者，在第二次世界大战以后，在以军事为主的综合战略研究中发挥了重大作用。现代信息咨询随着信息技术的发展而发展，在社会各行各业及经济、政治、文化、教育等各个领域，特别是在人们的工作、学习与生活中发挥着不可替代的作用，因此发展现代信息咨询教育具有重要的意义。

咨询业是知识密集型产业，是知识经济的代表。国外咨询业发达的一个重要原因在于拥有高层次人才。例如，成立于 1926 年的麦肯锡咨询公司（McKinsey & Company）专门为企业提供战略开发、组织结构、经营运作等方面的服务，到 2025 年，麦肯锡咨询公司在全球 70 多个国家共有 130 多家分公司，超过 4.3 万名员工，其中有近 6000 名横跨 30 多个行业和领域的专业咨询人员。《哈佛商业评论》和《麦肯锡季刊》（*The Mckinsey Quarterly*）是该公司出版的两种世界著名咨询杂志。我国发展咨询业，迫切需要培养德才兼备的专业人才。

根据咨询业的发展需要，全国信息管理与信息系统、工商管理、信息资源管理、大数据管理与应用、档案学、图书馆学等许多专业都开设了信息咨询类课程。教育部颁布的《普通高等学校本科专业目录》（1998 年颁布）将信息咨询课作为图书馆学专业规定开设的主干课程。在南开大学，信息咨询课程被列入本科图书馆学专业的必修课和档案学专业的选修课，在硕士生专业课程中开设了咨询学理论与应用课。1998 年，南开大学信息资源管理系杨子竞教授和钟守真教授主编的《咨询理论与方法》由北京图书馆出版社出版。2006 年，由柯平担任主讲的“信息咨询学”课程被评为南开大学校级精品课程，2007 年，《信息咨询概论》被列入“21 世纪信息管理丛书”并由科学出版社出版。经过十年的教学改革探索与实践，信息咨询课程形成了独具特色的教学模式，教学研究成果在专业期刊上发表。

2019 年 4 月，教育部、科技部等 13 个部门联合启动“六卓越一拔尖”计划 2.0，标志着新文科建设正式启动。2020 年 11 月，教育部新文科建设工作会议召开并发布《新文科建设宣言》，推动了包括图书馆学、档案学、信息资源管理等文科专业新一轮的专业建设、课程体系建设与教学模式创新。在新文科建设背景下，“信息咨询学”课程建设对信息资源管理人才培养与学科建设具有重要意义。

2023 年 2 月，南开大学启动新时代核心课程教材建设工程，《信息咨询概论》被列入全面修订自编教材之列，以增强教材的时代性、科学性和前沿性。

本书将“咨询”分为三个层次：第一层次是信息咨询（information consultation），是运用信息和知识解决各种问题的应用广泛的一种咨询，是所有咨询的基础，属于微观咨询；第二层次是专门咨询（specialized consultation），包括管理咨询、工程咨询，是依赖高水平的职业咨询师，运用高深专业知识和能力承担某一重大项目，解决复杂问题的行业性较强的咨询，属于中观咨询；第三层次是战略咨询（strategic consultation），指针对国家和重大领域的跨学科、跨行业的咨询，属于宏观咨询。因此，各章节均以基础的信息咨询作为讨论与描述的对象。

本书编写旨在实现三大目标：一是倡导新文科背景下的信息咨询教育，建构具有中国特色的信息咨询知识体系，培养德才兼备的新一代信息咨询人才；二是跟踪咨询研究前沿，适应各行业对咨询的新要求，特别是面向国家战略对咨询人才的需求，创新信息咨询理论与方法，为促进我国信息咨询业发展提供理论依据与实践指导；三是强化精品课高质量建设意识，创新教材内容与创新课程模式，使教学特色相统一。以课堂教学与社会实践相结合，突出课程思政与社会服务导向；以项目制教学，突出咨询师与咨询全过程能力培养导向；以产出创意设计与咨询产品，突出创新与团队合作导向。

基于以上目标，我们进行了教材内容设计，组织南开大学信息咨询学课程组教师，以及另外十余所高校和机构的信息咨询教学与研究人员开展编写工作。各章撰写与修改分工如下：

第一章由南开大学商学院柯平教授和湘潭大学公共管理学院彭亮讲师负责。

第二章由天津师范大学管理学院贾东琴教授负责。

第三章由长治医学院健康管理系陶丽霞讲师负责。

第四章由安徽大学管理学院胡银霞讲师负责。

第五章由南开大学商学院李樵讲师负责。

第六章由武汉大学信息管理学院博士后、吉林大学商学与管理学院王丹副教授负责。

第七章由东北师范大学信息科学与技术学院张文亮副教授和南开大学商学院张瑜祯负责。

第八章由四川大学公共管理学院赵媛教授和南开大学商学院杜艳爱负责。

第九章由郑州大学信息管理学院张雅琪讲师和云南大学历史与档案学院胡娟讲师负责。

第十章由国家图书馆出版社高爽副编审负责。

第十一章由西北大学公共管理学院王铮副教授和南开大学商学院潘雨亭负责。

第十二章由南开大学商学院肖雪副教授负责。

参考文献由潘晴负责整理。柯平负责全书统稿，刘倩雯、刘培旺、袁珍珍、王洁、包鑫、潘晴、罗芃君、孙宣、李筱颖、刘悦参与了资料整理与校对工作。

本书是关于信息咨询理论与应用的一部概论性教科书。全书内容包括四大部分：

第一部分是信息咨询的一般原理与方法，包括第一至第四章，揭示信息咨询的基本特征，概述信息咨询的产生与发展，反映国内外信息咨询研究的最新成果。重点介绍信息咨询业务的全过程，讲授信息咨询的具体方法与方法论。

第二部分是信息咨询业管理，包括第五至第六章，阐述信息咨询师与信息咨询职业的重要性，系统介绍信息咨询产业与信息咨询管理，探讨信息咨询业的发展趋势及信息咨询管理过程中的重要问题。

第三部分是信息咨询的应用领域，包括第七至第十章，分别介绍科技信息咨询、经济信息咨询、社会信息咨询和文献情报机构参考咨询，突出专门咨询的针对性，并选择典型信息咨询案例进行分析，适应实践教学与案例教学的需要。

第四部分是信息咨询理论与发展方向，包括第十一至第十二章，简要介绍智库的相关理论知识，提出智库信息咨询新领域与新方向，构建数智时代的咨询学知识体系，描述咨询与咨询学的未来。

本书是在南开大学新时代核心课程教材工程的推动下完成的，也是新文科背景下信息咨询教学教改的最新成果。在教材编写过程中，我们参考了众多相关教材和研究论著，在此，向本书参考文献中的作者致谢。感谢南开大学教务部、商学院及信息资源管理系给予的支持与推荐！感谢南开大学出版社周敏编辑为本书出版所做的努力与付出！

当一本新的教科书呈现给广大读者时，我们既兴奋又忐忑。由于时间紧、任务重，以及多人合作，可能会存在错漏及许多不尽如人意之处，希望得到批评指正。师与生同行，教与学共进。让我们携起手来，知中国服务中国，以创新驱动的信息咨询教育促进咨询业高质量发展，以实际行动为加快建设教育强国贡献力量！

柯平

2024 年 12 月 30 日于南开大学

第一章　信息咨询的基本理论 ……………………………1

1.1　咨询的概念与咨询业务的类型 ………………… 1
1.2　咨询的产生与发展 ……………………………… 13
1.3　信息咨询的构成要素与特征 …………………… 21
1.4　信息咨询业务的性质、功能与类型 …………… 30

第二章　信息咨询基本过程 ……………………………… 37

2.1　信息咨询委托过程 ……………………………… 37
2.2　信息咨询服务过程 ……………………………… 41
2.3　客户需求与客户关系沟通 ……………………… 49
2.4　咨询的基本模式 ………………………………… 61
2.5　咨询招标与咨询合同 …………………………… 69

第三章　信息咨询方法论 ………………………………… 85

3.1　基础数据资料获取与分析方法 ………………… 86
3.2　环境分析与战略制定方法 ……………………… 88
3.3　调查方法 ………………………………………… 92
3.4　问题诊断与方案制定方法 ……………………… 96

第四章　项目建议书与咨询报告撰写 ………………… 102

4.1　项目建议书 …………………………………… 102
4.2　咨询报告的类型 ……………………………… 107
4.3　咨询报告的撰写 ……………………………… 111
4.4　咨询报告提交与演示 ………………………… 120

第五章　信息咨询职业与管理……………………………… 122

5.1　信息咨询师的素质与道德规范 ………………… 123
5.2　信息咨询师的培养 ……………………………… 134
5.3　信息咨询管理的原则与主体 …………………… 142
5.4　信息咨询管理的主要内容 ……………………… 147

第六章　信息咨询产业………………………………………… 168

6.1　咨询产业和信息咨询业 ………………………… 168
6.2　国外信息咨询业的发展概况 …………………… 176
6.3　中国的信息咨询产业 …………………………… 189
6.4　信息咨询业的发展趋势 ………………………… 195

第七章　科技信息咨询………………………………………… 205

7.1　科技信息咨询的内容与特征 …………………… 205
7.2　科技信息咨询的对象与方法 …………………… 214
7.3　科技查新咨询 …………………………………… 221
7.4　科技查新规范与案例 …………………………… 234
7.5　科技信息咨询的新发展 ………………………… 247

第八章　经济信息咨询………………………………………… 259

8.1　经济信息咨询概述 ……………………………… 259
8.2　市场信息咨询　………………………………… 267
8.3　投资信息咨询 …………………………………… 271
8.4　竞争情报咨询 …………………………………… 276

第九章　社会信息咨询………………………………………… 283

9.1　社会信息咨询概述 ……………………………… 283
9.2　职业咨询 ………………………………………… 290
9.3　心理咨询 ………………………………………… 302
9.4　法律咨询 ………………………………………… 318
9.5　医疗健康咨询 …………………………………… 324

第十章　文献情报机构参考咨询…… 329

10.1　文献情报机构参考咨询的产生与发展 …… 329
10.2　文献情报机构参考咨询组织 …… 337
10.3　文献情报机构数字信息咨询 …… 347

第十一章　智库理论与应用…… 358

11.1　智库理论概述 …… 358
11.2　智库信息咨询的组织与运作 …… 369
11.3　智库信息咨询服务的主要类型 …… 374

第十二章　数智时代的咨询学…… 378

12.1　咨询学内容与学科体系 …… 378
12.2　咨询学理论流派 …… 399
12.3　智慧咨询与咨询学的未来 …… 411

参考文献…… 427

第一章

信息咨询的基本理论

信息咨询是一种业务，也是一个产业。作为现代咨询的基础部分和重要标志，信息咨询发挥着越来越重要的作用。本章阐述了信息咨询的概念体系及信息咨询业务的性质与功能，概述了咨询的产生与发展，特别是现代信息咨询的发展分期，讨论了信息咨询业务的类型。

1.1 咨询的概念与咨询业务的类型

如何理解和认识咨询是一个重要问题。“咨询”作为一个名词，在社会上广泛使用，本书将“咨询”作为一个科学术语进行讨论和研究，对其进行界定，需要明确其相关概念。

1.1.1 咨询的概念

1. 咨询的本义

咨询的本义是商量、询问，汉语的“咨”和“询”都有此意，但“咨”通常用于官方，而“询”则多用于民间。《舜典》：“咨亦谋也”。《齐民要术·序》：“询之老成，验之行事。”“咨询”一词最早见于《诗经·小雅·皇皇者华》，有“载驰载驱，周爰咨谋”，其意为君遣使臣，要使臣悉心察访民间疾苦以告天下。《楚辞·九思·疾世》：“纷载驱兮高驰，将谘询兮皇羲。”《三国志·吴书·仪传》：“太子敬之，事先谘询，然后施行。”

在现代汉语中，咨询含有询问、谋划、商量之义。《辞源》《现代汉语词典》都将咨询解释为“征求意见”。

欧美地区的一些语言中，“咨询”一词来源于拉丁文 Consulto，早期的含义是：同别人商量；向别人或书籍寻求知识或忠告；共同商议以提出或接受报告和建议。如英语中 Consult、Consultation、Consultancy 或 Advisory，这些词的基本内涵与汉语“咨询”的含义大体一致。

《现代高级英汉双解辞典》（商务印书馆，牛津大学出版社）2005 年第 6 版：

consult verb. 1. ~ sb（about sth）to go to sb for information or advice 咨询；请教。2. ~（with）sb（about/on sth）to discuss sth with sb to get their permission for sth，or to help you make a decision（与某人）商议，商量（以得到许可或帮助决策）。3. [VN] to look in or at sth to get information 查阅；查询。

consultant noun 1. ~（on sth）a person who knows a lot about a particular subject and is employed to give advice about it to other people 顾问。2.（BrE）a hospital doctor of the highest rank who is a specialist in a particular area of medicine 高级顾问医师；会诊医师。

consultation noun. 1. [U] the act of discussing sth with sb or with a group of people before making a decision about it 咨询；商讨；磋商。2. [C] a formal meeting to discuss sth 商讨会；协商会。3. [C] a meeting with an expert，especially a doctor，to get advice or treatment（向专家请教的）咨询会；（尤指）就诊。4. the act of looking for information in a book，etc. 查找；查阅；查看。

此外，法文的“咨询”为 consulter、consultation；德文的“咨询”为 konsultieren；俄文的“咨询”为 консультация，即会谈、质疑、磋商的意思。

戴维·赫西（David Hussey）指出：“‘consultancy’这个词指的是咨询业务，其解释应不仅包括咨询公司还包括独立从业咨询师。‘consultant（s）’这个词指的是在进入阶段或者咨询项目合同的实施期间代表咨询业务的资源。对于独立从业咨询师来说，‘资源’和‘咨询业务’可能是合二为一的，但是进行概念上的分立还是有必要的。”

2. 关于咨询的各种解释

关于咨询的认识，有各种不同的观点，归纳起来如下：

（1）提供建议或决策参考

“咨询在本质上是一项参谋性的服务工作。这就是说，咨询师不是受聘来管理机构或代表处替困窘状态的管理人员做出微妙的决定的，而是提供建议的人。他们的职责是要提出高质量、完善的建议，客户要承担采纳这种建议所产生的一切后果。”（国际劳工局《管理咨询专业指南》，1985）

“现代咨询的概念是：智囊团或思想库接受委托，就重要决策事项进行研究，提出科学的建议或比较方案，供委托人决策选择。”（兰之善《现代咨询》，1986）

“咨询是一个‘请教问题’和‘接受提问并提出适宜的建议和解决方案’的对立统一。”（郑建明《信息咨询学》，2010）

“从最本质的意义上讲，咨询是指提出问题和接受询问并提出适宜建议和解决办法的对立与统一的过程。”（丁栋虹《管理咨询（第3版）》，2013）

（2）提供专家知识与技能

“咨询是从组织外部聘请专家向组织提供专家技能的服务。”（贝切斯《造就卓越的咨询师》，2000）

“咨询是指具有专门知识和技能的自然人或法人接受其他个人或组织的委托，提供专门的知识、智能帮助的行为。”（马广林、黄志红《管理咨询原理与实务（第二版）》，2017）

（3）帮助客户实现目标

“咨询是指个人或公司帮助客户实现某一特定目标的过程。这种支持可以是信息、建议或者是真正的实际工作。”（伊莱恩·比斯《咨询业基础与超越》，1999）

“咨询是咨询方（即咨询专家或咨询机构）根据委托方（即政府机关、社会团体、企事业单位乃至个人等）提出的要求，以其专门的知识、信息、技能和经验，运用科学的方法和手段，进行调查、研究、分析、预测，提出对策，客观地提供最佳的或几种可供选择的方案（或建议、报告等），帮助委托方解决复杂问题的服务。”（崔槐青《论现代咨询的特点与功能》，1986）

（4）关于知识和信息的活动

“咨询是知识的‘扩大再生产’。它是科研人员头脑中已有的知识储备的反复应用，是科技内涵上的一种开发过程。”（康军《咨询业浅论》，1984）

“咨询是信息有针对性、有目的地传递和反馈的过程。”（于雄《咨询学略论》，1986）

“咨询是情报、信息的交流。从广义角度来说，咨询过程就是信息加工的过程，是一种信息的活动，即开发、加工、选择和利用社会的信息资源。”（金良浚《咨询概论》，1986）

“咨询不能仅仅理解为一种工作、产业和过程，还应当理解为一种人类的本质，理解为人类获取、传递和反馈信息的主动能力。”（卢绍君《咨询学结构的理论研究》，1987）

“咨询是人们以信息为基础，对信息、情报、资料进行综合加工和创新，为社会有关用户提供各种服务的一项智力活动。”（陈翔宇、甘利人、郎诵真《现代咨询理论与实践》，1994）

（5）提供知识和信息的服务

“咨询业务是根据用户的需要，提供知识、经验、技术、技能的一种服务行业，它与普通的劳务、代理、中间人等服务有所不同。它以专门的知识和技术作为手段，协助用户解决各种复杂问题。”（张培德《国外咨询业务概况》，1982）

“从广义的角度看，咨询是人类不断获取知识和信息求生存的一种本能，这种本能决定了咨询是无所不在的，它是人类社会普遍存在的现象。从现代咨询进入经济领域看，咨询是一种服务性产业，它以专门的知识、信息、技能和经验为资源，帮助用户解决各种复杂难题，提供解决某一问题的建议和方案，或为领域决策提供参谋性意见。或者说，咨询是一项提供与实际管理问题有关的专业知识和技术的服务性工作。”（焦玉英《咨询学基础》，1992）

“咨询业务实际上就是根据用户的需要，提供知识、经验、技术、技能的一种知识信息服务。”（詹德优《信息咨询理论与方法》，2004）

3. 咨询的定义

由于咨询在各领域应用的不同，人们对咨询的理解不同，从而形成了不同的咨询概念体系，但都具有共同的三大要素：①有鲜明的目的性，提供建议、帮助或解决问题；②与信息、知识相关，运用信息和知识或提供信息和知识；③有特定的对象，针对客户或委托人进行服务。我们认为，咨询是运用知识和智慧，为客户解决问题、改善客户工作系统与环境，并实现某一特定目标的活动。

1.1.2 国内外咨询业务的划分

在国外，按咨询业务内容的学科属性划分为五大咨询领域：工程咨询、管理咨询、政策咨询、科技咨询和专业咨询。联合国工业发展组织编写的《发展中国家聘用咨询专家手册》中介绍，咨询活动的范围包括设计和工程服务、技术服务、经济服务、管理服务、培训服务五大领域。

中国关于咨询业务的划分有两类：一类是狭义的咨询，即从企业的管理咨询角度划分的；另一类是广义的咨询，即从管理咨询、科技咨询等各个行业的咨询角度进行划分。

1. 狭义的咨询业务划分

中国企业管理咨询公司在《企业管理咨询的理论与方法》中将企业咨询分为技术咨询和管理咨询两大类。又按不同的标准区分：①按咨询内容分为综合咨询和专题咨询。②按咨询人员分为由外来人员咨询和由内部人员咨询两大类。由外来人员咨询包括外请第三者（遇到困难时）如专职咨询公司、上级指导机构，利害关系者（遇到矛盾时）如买方或交易对方、银行信贷部门、协作单位，上级主管部门或资格审定者（需要督促或评审时）如标准局、行业质量检验部门、上级主管部门。由内部人员咨询（自我咨询）包括总公司（总厂）对下属企业，厂部对车间、科室。③按发起者分，有指令性安排的咨询、自发性申请的咨询。④按咨询时间分，有长期、短期或一次性咨询。⑤按咨询对象分，有对企业群的咨询、对个别企业的咨询。杨世忠主编的《管理咨询》中亦有类似的划分：①按咨询主体不同分为自我咨询、利益相关者咨询和第三方咨询；②按咨询内容分为综合咨询、专业咨询、专题咨询；③按咨询的性质分为认定咨询和非认定咨询；④按咨询者介入的程度分为调查咨询、建议咨询和全程咨询；⑤按咨询者的目的分为营利咨询和非营利咨询。

王成主编的《咨询业务的全程运作》将咨询业务在纵向上划分为三个层次，即信息咨询业务、运营咨询业务和战略咨询业务。信息咨询业务是咨询产业的基础层，主要从事市场信息调查、收集、整理和分析业务，为企业决策提供准确、完善的辅助信息。运营咨询业务是对影响企业管理体系的管理职能的各个模块，如生产、人力咨询、财务等部门所进行的调查研究，并提出改善建议。战略咨询业务是管理咨询业务中的最高层次的业务类别，主要是为企业提供战略设计、竞争策略、业务领域分析与规划等服务。李雪所著的《咨询的真相——新华信管理咨询的故事》也将咨询业分为信息咨询（市场调查、市场分析、市场信息）、管理咨询（投融资、财务会计、税务、市场营销、人力资源、生产管理、工程技术、业务流程重组、管理信息化）和战略咨询（战略规划、业务领域分析、决策咨询）三个层次。李雪的划分与王成的划分比较近似。

中国科学技术大学管理学院教授丁栋虹所著的《管理咨询》从五个角度对管理咨询进行划分：①按范围分类，分为全局性咨询与单元性咨询；②按人员分类，分为企业内部人员咨询（包括外部环境咨询、专业领导咨询、经营顾问咨询）和企业外部人员咨询（包括需方人员咨询、体系认证前的体系咨询、咨询机构进行的咨询）；③按性质分类，分为企业管理咨询（属于战略性咨询、导向性咨询）与企业经营分析（属于战术性咨询、问题性咨询）；④按应用分类，分为经营战略咨询、组织结构咨询、制度体系咨询、管理流程咨询、营销工具与营销形式咨询、生产管理咨询、质量管理咨询、业务流程咨询、薪酬绩效管理咨询、人力资源管理与开发咨询、企业文化咨询；⑤按系统分类，分为基础咨询、功能咨询和产业咨询。

2. 广义的咨询业务划分

南京理工大学陈翔宇、甘利人、郎诵真等著的《现代咨询理论与实践》综合国内学者关于咨询活动的研究及咨询业的发展，将中国咨询领域划分为七大类：工程咨询领域、企业管理咨询领域、科技咨询领域、信息咨询领域、决策咨询领域、涉外咨询领域、专业咨询领域。

山东大学江三宝和张辉编著的《信息咨询》按四个标准划分咨询的类型：①按咨询机构的组织形式划分，分为内部咨询机构、外部咨询机构和柔性咨询机构三种类型。②按咨询机构的管理形式划分，分为企业性质的民间咨询机构、事业性的官方咨询机构及两种性质同时具备的半官方咨询机构；或者根据咨询机构和咨询工作划分：一是专为官方服务或主要为官方服务的官方咨询机构，二是主要为企业服务的企业咨询机构，三是社会咨询机构。③按咨询课题的层次和涉及范围划分，分为战略咨询（宏观咨询）和战术咨询（微观咨询），还有一种介于两者之间的战役咨询。④根据咨询的内容与特点划分，分为重大决策咨询、企业管理咨询、工程咨询、科技咨询、各种专业咨询和生活咨询。

南开大学杨子竞和钟守真主编的《咨询理论与方法》按三个标准划分：①按学科属性划分，如科技咨询、工程咨询、企业管理咨询、法律咨询等。这种划分对于发挥某类学科人才的专业知识与技术优势、认识该类咨询的内涵特征、开展咨询调研、探讨如何提出对策，以及对该学科的咨询建设都较为有利。②按行业划分，如机械行业、电子行业、化工行业、食品行业等行业的咨询，这种划分有助于探讨一个行业领域咨询活动的共性及该行业的分支行业的特性。③按用户划分，如群体用户与个人用户、国内用户与国外用户等，这种划分着眼于用户需求特征及其心理分析。

北京大学申静编著的《咨询理论与实务》按咨询的内容范畴，将咨询分为五大类：①决策咨询 / 政策咨询（policy consulting），包括国家方针、政策、体制、法律、宣传、外交、军事、科技、文化、教育等方面的咨询；②工程咨询（engineering consulting），包括规划、区域开发、工程建设、施工监管等方面的咨询；③技术咨询（technical consulting），包括产品设计、工艺、技术引进等方面的咨询；④管理咨询（management consulting），包括企业经营战略咨询、市场营销管理咨询、企业经营管理组织咨询、生产管理咨询、人事劳动管理咨询、物资管理咨询、设备和备件管理咨询、质量管理咨询、财务管理咨询；⑤专业咨询（speciality consulting），包括环境咨询、法律咨询、经济咨询、生活咨询。

黑龙江大学马海群等编著的《现代咨询与决策》将中国的咨询领域划分为八类：工程咨询、科技咨询、经济咨询、决策咨询、企业经营管理咨询、文献咨询、涉外咨询、知识管理咨询。

1.1.3　咨询业务的类型

我们认为，咨询业务按咨询的性质与功能划分，可分为三大类：战略咨询、专门咨询、信息咨询。

1. 战略咨询

“战略”（strategy）一词源于军事领域，初指关系战争全局的筹划和谋略，被广泛运用于政治经济领域后，在情报领域也显示其生命力。战略概念运用于企业，是第二次世界大战后在美国才普遍出现的。安索夫（Ansoff）认为，明确向企业战略发展的著作是1953年发表的《博弈论和经济行为》，由普林斯顿的两位学者冯·诺依曼（Von Neumann）和摩根斯坦（Morgenstern）所著。他们从两个方面即纯战略（pure strategy）和大战略（grand strategy）对战略进行了解释，从而阐明了在政治、战争和企业中解决冲突的方法。纯战略的一个实际例子是某个特定领域中的企业采取的一个行动或者一系列行动，如产品开发。大战略的一个实际例子是统计规则，根据统计规则，企业能够决定它要根据情况采取什么样的纯战略。安索夫于1965年出版了《公司战略》，被视作对企业内的战略决策提出可行方法的第一部著作。

战略咨询主要为面向组织的经营战略咨询。组织经营战略咨询，就是咨询人员根据组织发展的要求，在综合考察组织整体与部分的基础上，面向未来，为组织领导人提供某一领域战略抉择的方案（或建议），或通过对组织外部环境和组织内部能力进行综合、系统的分析研究，针对关于未来一个发展时期的预测，为组织领导者的长期发展或短期发展的战略抉择制定完整的方案。此外，还有面向地区的发展战略咨询和面向国家的发展战略咨询。

2. 专门咨询

专门咨询指针对特定的专业技术领域，必须由具有较高专业技术和咨询能力的专家提供具有高知识和高技术含量的咨询业务。专门咨询主要有：

（1）工程技术咨询

工程技术咨询的内容既涉及工厂建设、工业工程、水利工程、桥梁工程等工程领域，也涉及农业技术、工业技术、信息技术、智能技术等技术领域。主要包括以下方面：

①工程项目管理咨询。工程项目是在一定的资金预算范围之内，按预定要求成功地创造出一种先进工艺硬件而建立的一次性组织单位，如阿波罗登月计划。这种项目广泛地出现在高技术领域，如电子学、宇航学中。工程项目的任务具有开拓性，风险大，很难预见其后果。因此需要特殊的管理方法，特别是运用系统论原理，对项目进行综合、协调与控制，以期在技术要求、时间和费用三个最主要的变量之间求得平衡。矩阵式组织就是适应工程项目管理的需要而发展起来的一种组织形式。工程项目的任务有确定的时限，必须按期完成。工程项目的完成主要依靠来自各领域的职业专家的创造性活动。管理人员的职责在于说明工作要求并提供帮助。工作的细节和方法则要由专家自行决定。

②工程建设投资及可行性分析。在投资前要对新的建设项目的技术先进性、经济合理性和社会效益进行综合分析和论证，以期达到最佳经济效益。可行性分析是投资决策的主要依据，在20世纪30年代美国开发田纳西流域时开始运用，第二次世界大战后得到广泛发展。可行性分析一般分为四个阶段：①投资机会鉴定阶段。通过对与项目有关方面调查资料的分析，鉴别这一项目是否合理，或在几个投资项目中迅速而经济地做出选择。投资机会鉴别阶段研究比较粗略，不要求用精确的数字做详细分析。②初步可行性研究阶段。在投资机会鉴定的基础上，经济上对市场供求做进一步考察分析，技术上进行实验室

试验和中间试验，社会效益上做进一步研究。目的在于用较短的时间、较少的费用对建设项目的生命力做粗略研究。③技术经济可行性阶段。对项目进行深入的技术经济论证，内容主要有：调查市场近期和远期的需求，调查资源和能源、技术协作落实情况，研究企业规模，研究最佳的工艺流程及其相应设备，选择厂址和厂区布置，设置组织系统和人员培训，预计建设年限和安排工程进度。④评价阶段。包括估算投资费用、资金周转量、资本盈利率等，最后提出“工程评价报告”或“工程发展规划报告”。

（2）企业管理咨询

管理咨询，在英国通称为“management consultancy”，美国称为“management consulting”，日本则称为“经营诊断”。企业管理咨询主要包括企业经营战略咨询、生产管理咨询、质量管理咨询、市场营销管理咨询、财务成本管理咨询、物资管理咨询等。

杰罗·弗克思（Jerome Fuchs）对管理咨询做出了详细的分类，包括 10 个大类共 99 个小类（见表 1–1）。

表 1–1　管理咨询的弗克思分类

类别	大类名称	小类名称
1	一般管理	组织规划和结构；公司政策制定；战略业务规划和长期目标；一般业务调查；可行性研究；多元化、兼并、收购、合资；管理审核；管理信息系统；管理报告和控制；利润改善计划；公司转型；项目控制方法；运行研究；公共关系；社会和少数群体项目
2	制造管理	生产计划和控制；物料管理；工业工程；生产布局和工作流程规划；自动化；激励计划；质量控制；设备利用率；设备管理；厂房及选址；材料处理；仓库空间规划与利用；设施和能力研究；标准成本；系统工程；材料分布；运输
3	人事管理	管理发展；高管薪酬；劳动关系；人员选择、安置和记录；非管理人员培训计划；员工服务及福利；工资及薪金管理；工作评估和工作评级制度；与员工沟通；态度调查；心理和行为研究；健康和安全计划
4	行销管理	营销策略与组织；市场及产品研究；消费者营销；直销及邮寄；工业营销；销售；销售管理；销售预测；销售培训；广告和促销；市场营销审计；产品与客户服务；经销商支持；物流；销售人员薪酬；定价政策

续表

类别	大类名称	小类名称
5	财务与会计	总会计；成本会计；长期财务规划；短期计划、预算和控制；信用与托收；资本投资；边际收益分析；财务信息和报告；财务规划；估价及评估；税务
6	采办	价值分析；商品分类；采购；库存管理与控制；商店运营
7	研究与发展	基础和应用研究与发展；项目执行和管理；项目确定与评估；项目成本控制；研发工作的财务报告
8	包装	包装功能；包装机械；包装与营销设计；结构设计与测试
9	行政管理	办公室管理；办公室规划、设计、空间利用；综合电子数据处理；短间隔调度和文书工作措施；系统和程序；表单设计；记录管理和信息检索；数据通信
10	国际商务	区域发展；跨国公司的政策和战略；许可、合资和所有权；市场营销；融资；关税和配额

管理咨询有三个重要定义。英国的管理咨询协会（MCA）给出的定义是："针对有关的管理问题提供独立的建议和帮助。它一般包括确定和考察相关的问题以及/或者机会，推荐合适的行动方案，并且为所提出的建议提供帮助。"英国的管理顾问学会（IMC）给出的定义是："合格的独立人员或者人员小组为企业、公众组织或其他事业组织提供有关服务，确定和考察有关政策、组织和程序方法的问题，推荐适宜的行动方案，并且为所提出的建议提供帮助。"格雷纳（L. Greiner）和梅茨格（R. Metzger）给出的定义是："管理咨询是由经过特殊训练的合格人员向各种组织客观并且独立地提供以合同为基础的顾问服务，帮助客户组织确定和分析相关的问题，推荐解决这些问题的方案，并且在必要的时候为这些解决方案的实施提供帮助。"克莱夫·拉萨姆（Clive Rassam）认为，对咨询的界定几乎是有多少咨询师就有多少定义，而MCA、IMC、格雷纳和梅茨格的三个定义中包含着三个重要的主题：确定问题、推荐解决方案、帮助解决方案的实施。

王成主编的《咨询业务的全程运作》中提到，中国管理咨询与企业诊断的内涵和外延基本一致。管理咨询就是帮助企业和企业家，通过解决管理和经营问题，鉴别和抓住新机会，强化学习和实施变革以实现企业目标的一种独立的、专业性咨询服务。主要有两个企业目标：一个是诊断性目标，即通过诊查断定弊病的性质及其症状；另一个是治理性目标，即根治企业弊病、改善经营管理、提高经济效益。丁栋虹在《管理咨询》中将管理咨询分为进行诊断和实施指导两个阶段。进行诊断阶段由咨询机构调查并分析组织经营管理的现状，提出问题并分析问题产生的原因，然后设计改进方案，提出咨询报告。实施指导阶段是由咨询机构对受诊企业的相关人员进行培训，指导设计具体的实施方案，并帮助指导实施具体的实施方案。

（3）公共管理咨询

公共管理咨询是指为政府、事业单位等机构提供有关经济、科技、社会管理、公共服务、公共工程项目等方面的咨询，涉及调查、策划、课题研究、方案设计等多种类型。现代组织理论认为，社会组织若要保证活动的有效性与公共决策的准确性，必须配备信息、整合与表达三大系统。然而，随着现代公共管理问题日趋多元化与社会管理事务日益复杂化，公共管理事业的可持续发展对公共管理主体的专业能力提出了更高要求。面对外部挑战，公共管理主体因自身时间、精力与能力的有限性而不得不引进外部咨询力量辅助处理公共问题，公共管理咨询也就应运而生。

公共管理咨询将外部专家智慧与科学分析工具引入公共管理事业，以广泛的视野开展大规模实地考察、大体量资料收集、深层次数据分析等调查研究工作，为政府决策者提供系统、准确、全面、及时的辅助信息与趋势判断。在此过程中，咨询团队有机会深入审查公共管理的各个环节，对现行管理举措的优劣利弊、管理程序的效率水平、管理体系的问题障碍进行客观评估与鉴定，并借助咨询专家的丰富知识储备、咨询团队所掌握的大量动态信息与先进技术方法工具，针对重难点问题提出行之有效的解决方案，促进公共管理事业的科学化。特别是公共管理咨询具备广泛论证与归纳多数政策决策者意志的重要功能，并能将其集中化呈现给最高决策者，以此充分发挥公共管理多方主体的管理智慧，推进公共管理事业高效化。此外，公共管理咨询也为社会成员参与公共管理以及将公众态度与观点传递给决策者提供了重要途径，推动公共管理事业民主化。

显然，现代公共管理咨询扮演着智库咨询的角色，核心优势在于其可依据具体咨询需要，将不同专业领域的专家优化组合形成政府“智囊团”，达成专业领域广泛、人员组配灵活、咨询水准高等多重咨询条件，为公共管理主体处理经济发展、社会民生、科技事业、生态环境保护、公共文化发展等多领域复杂问题提供有效助力。

3. 信息咨询

从狭义上说，信息咨询是信息时代的产物，是经济与社会发展对信息需求的结果。信息咨询活动主要有以下几个方面：

（1）政府信息咨询

政府承担着政务信息的生产、加工与传递，以及信息咨询职能。特别是随着政府信息公开和电子政务的快速发展，政府信息咨询越来越重要。2007年1月17日，国务院第165次常务会议通过了《中华人民共和国政府信息公开条例》，2019年4月3日，国务院令第711号做出修订。其中第十九条规定："对涉及公众利益调整、需要公众广泛知晓或者需要公众参与决策的政府信息，行政机关应当主动公开。"第二十七条规定："除行政机关主动公开的政府信息外，公民、法人或者其他组织可以向地方各级人民政府、对外以自己名义履行行政管理职能的县级以上人民政府部门（含本条例第十条第二款规定的派出机构、内设机构）申请获取相关政府信息。"各级政府及其政务系统相应承担了信息公开与咨询的职能。

（2）公共服务机构的信息咨询

图书馆、档案馆、情报所及其他公共服务的信息中心都以信息咨询作为重要业务。图书情报部门的信息咨询来源于早期的文献咨询，后来称为"情报咨询"或"情报信息咨询"。图书馆信息咨询包括以二次文献为中心的书目服务、以提供读者帮助为中心的参考工作和参考服务、以文献信息检索为重要任务的参考咨询、以扩大参考咨询范畴为特征的信息咨询等。公共图书馆、高校图书馆、专业图书馆及其他各类型图书馆均开展咨询业务，大型图书馆一般设有信息咨询部或网络服务部。2015年12月31日，教育部印发《普通高等学校图书馆规程》（教高〔2015〕14号），第三十六条规定了"图书馆应加强各馆之间以及与其他类型图书馆之间的协作，开展馆际互借和文献传递、联合参考咨询等共享服务"。2018年1月1日起实施《中华人民共和国公共图书馆法》，其中第三十五条规定"政府设立的公共图书馆应当根据自身条件，为国家机关制定法律、法规、政策和开展有关问题研究，提供文献信息和相关咨询服务"。

（3）专业的信息咨询公司

信息咨询公司主要从事市场信息调查、收集、整理和分析业务，为组织和个人决策提供准确、完善的辅助信息。其业务特点是企业对信息咨询的需要一般以年为周期，如每年年底请专业咨询公司组织市场调查和分析，了解企业产品在市场上所占份额、客户对产品的满意度等。这类公司不仅为企业服务，也为政府以及媒体、公共服务部门等各种事业单位服务。

（4）网络信息咨询

随着互联网和自媒体的快速发展，网络信息咨询十分活跃。各类网络平台和自媒体平台提供咨询服务，包括 QS 问答服务、实时在线咨询服务、咨询网站服务等。

1.2　咨询的产生与发展

咨询是人类发展到一定的历史阶段必然产生的一项社会活动。咨询产生于人类的社会活动中，产生于解决问题的社会需求。在生产手段比较落后的社会，当时的农业和手工业以消耗自然资源为主，经济发展主要取决于劳动者和环境，人类在改造自然和社会的物质生产中不断地碰到各种问题，这些问题仅凭个人的经验和知识无法解决，需要求助于他人或请别人帮助解决。于是就有了咨询。

信息咨询是不断发展的社会活动，是与社会环境、生产力、人类文明的发展密切相关的。最初是简单的问题，随着人类对大自然的探索和社会生产的发展，问题越来越多、越来越复杂，信息咨询随之不断发展。

1.2.1　古代咨询的产生与发展

1. 国外古代的咨询

在西方，根据《圣经》记载，希伯来人的领袖摩西之岳父亚斯罗可称为世界上第一位著名的管理顾问，因为正是根据亚斯罗的建议，摩西运用管理的“例外原则”建立了一个包括“十夫长”“五十夫长”“百夫长”等职位在内的较有序的部族组织结构，《圣经》中还有人类文字记录中最早对咨询意义做出的说明：“不先商议，所谋无效；谋士众多，所谋乃成。”

在古希腊，有不少学问家充当统治者的“智囊”，如柏拉图曾是西西里统治者的顾问，亚里士多德是亚历山大的私人教师。

中世纪，英国的中央集体会议向国王提供立法咨询，辅助国王行政，但同时它又是王权合法性的重要环节。

17 世纪 30 年代，瑞典国王古斯塔夫二世在他的军队中设置了咨询助手，为他出主意。有人因此认为国外最早的咨询出现于军队中是不准确的。17 世纪中叶，英国资产阶级夺取政权后，将封建王朝的咨询机构——枢密院（原为国王的私人顾问委员会，主要行使政治和司法职能，辅佐国王办理政务），改造成为英国第一个负责对英国政府提供咨询和参谋工作的决策咨询机构。

2. 中国古代的咨询

在中国，原始的咨询方式比较简单，如古代人的结绳记事，以手势传递和交流生产经验。随着生产和社会的复杂化，许多问题需要解决，于是有了咨询活动。

《尚书·尧典》有“咨四岳”的记载。《尚书·舜典》载有“咨十有二牧”，意即舜帝治理国家要征询各个地方官的意见。《国语·晋语四》载周文王“即位也，询于‘八虞’而咨于‘二虢’，度于闳夭而谋于南宫，诹于蔡、原而访于辛、尹，重之以周、邵、毕、荣，亿宁百神，而柔和万民”。可见早有帝王与贤臣史官等谋议，是“问政”咨询之先例。西周还出现了“幕人”之职，《周礼·天官·幕人》载有“幕人掌帏、幕、幄、蛮绶之事”。

有人认为，儒家学说的创始人孔子（公元前551年—公元前479年）曾提供咨询，其毕生工作是教育、培育学生和向当政者提供咨询。而事实上，《史记·老子韩非子列传》载有“孔子适周，将问礼于老子”。此为早期士大夫求知“问学”之咨询。

孔子的同时代人，以“兵学经典”“世界第一兵书”《孙子兵法》闻名于世的孙武（公元前6世纪）最初在吴国的职位就相当于现代的战略计划（strategic planning）顾问，被视为古代战略管理的奠基人，也是世界上较早的管理顾问。此为“问兵”之军事咨询。

春秋时开始出现养士之风，到战国以养士为主的咨询十分活跃。齐宣王、燕昭王等是公室养士的代表，齐有“稷下学宫”，燕有“士争趋燕”。私人养士以战国时期“四君子”和吕不韦最为著名，当时“四君子”即孟尝君（齐国）、信陵君（魏国）、春申君（楚国）、平原君（赵国），以及吕不韦收养的食客达三千名，为其四处游说，出谋划策。这些“养士”“食客”达到较大的规模，实际上是顾问团。

在中国封建社会，顾问在政治和官僚制中占有一席之地。帝王将相为实行个人独裁统治和巩固自己的政权，在宫廷中设置“谏臣”“谏议大夫”等职位，各级官吏用自己的俸禄延请各自的“师爷”，这些谏臣和师爷相当于现代向各级管理者提供咨询意见的“内部顾问”（internal consultant）。由于咨政的发展，形成了自周至清以“士”阶层辅佐各地军政长官为特点的政治制度——幕僚制，这些幕僚，也称为幕友、幕客、幕宾、幕度、幕职等。

秦汉时期幕僚制度既存在于军政系统，也存在于行政系统。《史记·李牧传》有“莫府”（即“幕府”）一词。宫廷幕僚有博士、光禄大夫、太中大夫、中散大夫、谏议大夫、议郎、侍中等，均为博古通今之士，以备皇帝顾问应对。

东汉南郡宜城（今湖北宜城市南）人王逸为哀悼屈原而作的《九思·疾世》一文中，有“纷载驱兮高驰，将咨询兮皇羲”，其意是：屈原离国远去，将要同传说中有学问的、画八卦的伏羲商量和谋议。有人将这里的“咨询”作为中国最早使用“咨询”二字的记载，认为“咨询”一词的出现在中国已有1800多年的历史了。

三国时期蜀国宰相诸葛亮（181—234）在其著名的《前出师表》中强调了咨询的重要性：“宫中之事，事无大小，悉以咨之，然后施行，必能裨补阙漏，有所广益。”

至唐代，幕府政治日益兴盛，士人入幕普遍，李白、杜甫等皆为曾投幕府的著名士人。中央政权设学士之职，分为弘文和集贤学士、翰林学士，为皇帝参谋议、纳谏诤；而各个时期的边镇幕府、行营统治幕府和藩镇幕府均形成重大势力，影响深远。

清代，幕府制度走向成熟和完善，幕府职业化和制度化完成，上自总督，下至县令，均拥有人数不等的幕府，以至“无幕不成衙”。

3. 古代咨询的特点

综合国内外咨询的产生与发展，古代咨询主要表现为以下特点：一是凭个人的才能，依靠经验来解决问题。在古代，无论是政治咨询还是军事咨询，都是依靠极少数的聪明人或掌握知识较多的能人，开展个别的咨询活动。而且大量从事咨询活动的并不是专门的咨询人员，而是业余从事咨询或以咨询为辅业，专门的咨询人员很少。二是咨询活动总体数量少，体现出零散单薄的特点。古代咨询需求随意性强，咨询主观性强，咨询活动零星分散，未形成规模。三是咨询问题相对简单。一方面是社会并没有形成咨询意识；另一方面是因为文明和文化的落后，即使复杂的问题也不依靠科学、不依赖决策，因而咨询人员只能解决当时尚不发达的社会政治经济中出现的问题，这种方式与当时的劳动生产力水平是相适应的。总之，古代咨询可概括为经验咨询或传统咨询。

1.2.2 现代咨询的发展阶段

现代咨询起源于军政咨询。1805 年，拿破仑在军队中设立了以柏特尔元帅为参谋长的参谋本部，由 6 名将军和 8 名上校组成，既协助制定战略和军事计划，又具体负责后勤运输的组织、军事方针的贯彻和情报传递，这一咨询机制在耶拿战役中显示了充分的优越性。1806 年 10 月 14 日，普鲁士军队在耶拿战役中惨遭拿破仑军队重击，战后，普鲁士将军沙恩霍斯特在军队进行了体制改革，建立了参谋部制，成为普鲁士君主政体及其政治制度的支柱。军队用集体智慧帮助统帅进行决策的参谋制度完善了军事体制，也深刻影响了欧洲的政治决策。1848 年，法国成立劳工委员会，也称为卢森堡宫委员会，这是第一个国家性研究咨询机构，其任务是负责开办国家工厂、安置失业工人、处理劳资纠纷、探求改善工人阶级状况的办法，并向法兰西第二共和国临时政府提出建议。1848 年革命失败后，劳工委员会作为工人阶级组织被撤销，但咨询机构这种决策形式延续下来。

咨询活动进入政治领域，很快渗透到政府机构。美国第一任总统华盛顿曾建立了总统的研究咨询机构，协助他处理纷繁的国内外事务，各政府行政部门也效仿总统做法，设立相应的专门研究咨询机构，在决策制定和决策实施中起咨询作用。1828 年就任美国总统的杰克逊任用了一些智囊人物当顾问，这些人虽然没有官衔，却深受信任，并喜欢在白宫的厨房内讨论国事，其建议直接影响到总统的大政方针，因而有“厨房内阁”（kitchen cabinet）之称。

现代咨询以进入经济领域为标志。真正意义上的现代咨询是在第二次世界大战以后，美国、西欧、日本等国相继成立各种类型的咨询机构，协助企业和个人解决复杂问题，特别是为政府决策提供科学依据，被称为“智囊团”“思想库”或“软件企业”。

现代咨询按历史进程和活动内容，可分为六个发展阶段：

1. 分散化咨询阶段

从 19 世纪 60 年代起，英国经历了近百年之久的工业革命，在此期间，采矿业、制造业、建筑业、电气、煤气等公用事业快速发展，出现了许多公用公司，但当时技术人才短缺，各家公司均不可能配备足够的技术人员，从而产生了某个技术人员同时向众多的公用公司提供咨询服务的最早的个体咨询者。

这一阶段指 19 世纪初到 19 世纪末以个体咨询者的咨询活动为核心，以伦敦一群年轻的工程师 1818 年建立的英国“土木工程师学会”（Institution of Civil

Engineers，ICE）为标志的阶段。其特点一是以个体咨询者的咨询活动为核心；二是这些个体咨询者仅仅是学术团体，不具有法人资格；三是咨询活动分散、规模小。

2. 组织化咨询阶段

19世纪末20世纪初，伴随经济发展与海外投资规模的扩大，个体咨询业已不能满足发展的需要，出现对集体咨询的需求，英国的专业咨询公司应运而生。这一阶段的主要特点是：

（1）专业咨询公司产生并发展

在北美、英国及其他西欧国家相继出现了各种规模和类型的集体咨询公司。英国如1893年的普·卡·兰德公司、1899年的莫·麦克莱伦公司等工程咨询公司，均以营利为宗旨。

第一次世界大战后，英国出现了一批咨询公司，其中如1922年设在伦敦的亚历山大·吉布合股公司，它积极开拓海外业务，承担悉尼的航空码头建设项目及哥伦比亚港湾开发计划项目等工程。第二次世界大战后，该公司大规模打入国际市场。这些专业咨询公司大多具有法人资格，有独立的经营能力，以集体研究方式开展咨询活动。

19世纪末20世纪初，管理咨询公司在世界舞台上出现。在美国，麻省理工学院教授亚瑟（Arthur Dehon Little）于1886年创建了第一个现代意义上的管理咨询公司——亚瑟公司（Arthur D. Little），西北大学的教授麦肯锡（James O. McKinsey）于1926年创建了麦肯锡公司（McKinsey&Co）。20世纪30年代美国的大衰退为咨询业提供了舞台。

（2）企业和研究机构加入咨询服务行列，咨询产业初步形成

第一次世界大战期间，美国不少企业加入咨询服务行列。战后，美国还出现了将研究与咨询合一的脑库，如1927年建立的布鲁金斯研究所（Brookings Institution，BI）、1929年建立的巴特尔纪念研究所（Battelle Memorial Institute，BMI）等。1900—1910年、1911—1920年、1921—1930年，全球新增智库数量分别为18家（年增长1.6个）、25家（年增长2.5个）、42家（年增长4.2个）。

（3）咨询专业团体出现

继英国土木工程师学会后，1913年英国建立了“咨询工程师协会”（The Association of Consulting Engineers，ACE），它的成立，标志着从个体咨询阶段过渡到集体咨询阶段。20世纪初美国建筑业大发展，1905年在纽约建立了第

一个咨询建筑师和工程师协会，随后在芝加哥、旧金山等大城市建立了类似的协会。1910 年美国咨询工程师协会（American Consulting Engineers Council，ACEC）宣告成立。1913 年，由三个欧洲国家的咨询工程师协会组成了国际咨询工程师联合会（法文名称 Fédération Internationale Des Ingénieurs Conseils，FIDIC，中文译为“菲迪克”）。

（4）咨询领域扩大

咨询从土木工程扩大到工业、农业、交通运输、能源等各个经济领域。在殖民地开发方面（向英属殖民地及弱小国家延伸），咨询公司也发挥了重要的作用。

（5）政府性研究咨询机构建立

第二次世界大战前，为应对政治危机，加强对外扩张和处理战争问题，西方国家建立了政府研究咨询机构。在美国，1919 年“胡佛战争革命与和平研究所”成立，负责研究共产主义事务并提出建议；1921 年对外关系委员会创建，就外交政策向政府咨询；1927 年布鲁金斯学会成立，从事经济政策、外交政策和政府活动的咨询研究。

然而，这一阶段咨询服务发展缓慢，未得到社会的真正认可，人们对咨询活动还缺乏足够的了解和重视。

3. 综合化咨询阶段

这一阶段是 20 世纪 30 年代以后兴起的以各种现代新学科为基础而开展的综合性咨询研究阶段。其背景是：一战、二战后，科技发展日新月异，科学技术门类越分越细，学科交叉渗透明显，在传统学科与技术学科的边缘上，不断产生新的学科分类与新技术。因此，新产品、新材料、新技术、新工艺、新流程的突破，取决于系统的综合性水平，对于各个层次、各个部门的决策者来说，就大大地增加了正确决策的难度，这就要求人们在编制科技发展规划、研究制定开发方向、评价科研成果和改善管理体制等方面，应当开展跨学科、多领域、超行业的综合研究，综合性的咨询服务便应运而生。第二，二战后国际形势剧变，“冷战”持续 20 年之久，发达国家国内外亟须解决的问题接踵而来，特别是一些战略性、全局性的问题内容复杂、涉及面广，绝不是一个政府部门、一个企业、单一型人才与专业单一的咨询所能应付的。第三，计算机的出现及其与通信技术的结合为智力发挥提供了强有力的手段。

这一阶段的主要特征是：第一，从专业咨询发展到综合咨询；第二，从技术方法经验咨询发展到科学咨询；第三，从技术咨询发展到战略咨询。美国的斯坦福国际研究所（Stanford Research Institute International，SRI；1946年成立）、兰德公司（RAND；1948年成立）和波士顿咨询（Boston Consulting Group；1963年成立），英国的国际战略研究所（International Institute for Strategy Studies，IISS；1958年成立），日本的野村综合研究所（Nomura Research Institute，NRI；1965年成立）等著名脑库的兴起及其重大作用的发挥，充分显示了综合咨询的威力。1931—1940年、1941—1950年、1951—1960年、1961—1970年，全球新增智库数量分别为42家（年增长4.2个）、120家（年增长12个）、213家（年增长21.3个）、367家（年增长36.7个）。第四，从经济领域发展到政治、军事、法律等社会生活的各个领域。1932年，富兰克林·罗斯福为竞选总统，网罗了大批学有专长的人为其出谋划策。为应对经济危机，美国总统于1933年实施"新政"（New Deal），罗斯福的智囊团在霍普金斯的领导下，提出了一系列行之有效的政策措施并为罗斯福所采纳。罗斯福由此看到了智囊团的重要作用，此后一直主张大力发展决策咨询机构，使美国的决策咨询处于世界领先地位。

从20世纪60年代起，世界上很多国家的咨询企业和机构，在现代咨询业竞争日趋激烈的条件下，努力提高综合咨询的水平，运用运筹学、系统工程、技术经济学等手段，以及利用计算机技术提供综合性咨询，较好地满足了企业和个人发展的需求。由康奈尔大学商学与公共行政学院编辑的《咨询师和咨询机构指南》就收录了2612个咨询机构，7年后的1973年第二版收录数量达到5041个。康奈尔的保罗·沃瑟曼（Paul Wasserman）编辑的《咨询人名录》（*Who's Who in Consulting*）发表于20世纪70年代中期，包括了7500家咨询公司。

4. 国际化与智库化咨询阶段

几乎与第三阶段发展的同时，出现了国际合作咨询。二战后，随着国际社会相互开放和世界经济的发展，人类普遍关心的问题如和平与发展、环境生态、人口数量结构、贫困、资源能源、公害等成为国际社会问题，需要国际合作共同攻关才能解决；国际交往中出现的进出口贸易、技术与文化交流、交通通信、地区性产业等问题，也要求各国研究与咨询机构携手合作发挥作用。

这一阶段的主要特点，一是咨询服务合作化，二是咨询服务系统化，三是咨询服务国际化，四是咨询服务智库化。

国际合作咨询机构的大量出现是这一阶段的重要标志，如1972年，由美国与苏联为主的17个国家组成了跨国合作咨询机构——国际应用系统分析研究所（International Institute for Applied System Analysis，IIASA）。国际合作咨询机构从其组织形式分析，大体可分为以下五种类型：一是联合国统一创建的致力于在社会政策、社会计划和均衡的经济与社会发展等方面工作的全球咨询研究机构；二是联合国创建的区域性研究机构；三是区域性或集团性国际组织创办的相应地域范围内的咨询研究机构；四是利益相关的国家或地区自行联合创办的咨询研究组织机构；五是某一国家的国内咨询研究机构，同时与另外的国家或地区的同类组织机构建立合作关系。

在欧洲，1960年在巴黎由德国、法国、荷兰、英国、瑞典和瑞士这6个国家的著名管理咨询公司发起成立了管理咨询国家协会欧洲联合会（Federation Europeene des Association de Conseils en Organization，FEACO）。至1989年，FEACO拥有15个成员协会、2万多管理顾问。1987年，来自10个发达国家管理顾问协会的32位管理顾问在巴黎联合发起成立了管理咨询协会国际联合会（International Council of Management Counsulting Isntitutes，ICMCI），以执业管理顾问个人资格为入会条件，实施全球性“管理顾问证书”专业自律制度。

在经济全球化的背景下，咨询企业出现国际化趋势。1992年，美国A. C. Nielsen和IMS这两个全球最大的市场调查公司分别在32个和62个国家建立了分支机构。全球管理咨询公司排前三位的安达信咨询、库珀斯－利布立德管理咨询服务和麦肯锡的咨询业务分别有52%、60%和57%来自国外。

这一阶段，全球智库超速发展。1971—1980年、1981—1990年全球新增智库数量分别为612家（年增长61.2个）、1001家（年增长100.1个）。

5. 网络化与技术化咨询阶段

20世纪90年代以来，以信息化为标志的信息革命对整个社会产生了深刻的影响，新的国际秩序开始形成，咨询进入信息社会新阶段。西方发达国家的咨询业已发展成为相当规模的产业，营业额可达数千亿美元，年增长率超过10%。1996年全球最大的20家咨询公司的总收入为256亿美元，2000年全球咨询市场价值高达4750亿美元。

20世纪90年代中期，美国咨询业营业额突破300亿美元，每100家公司就有95家寻求外界咨询帮助，每100个管理人员中就有一名咨询管理工程师。信息化与网络技术为咨询业带来了新机遇和新空间，IT咨询业和网络咨询业方兴未艾。1996年，专门为企业转向数字经济提供咨询的咨询公司Agency成立，1999年营业额达到1亿美元。1998年，专门为电子商务企业提供咨询的公司Gomez成立。

全球 IT 咨询业 1998 年的总收入为 594 亿美元，占咨询市场总收入的 2/3。到 2000 年，全球范围内与信息技术和系统相关的咨询服务总收入接近 580 亿美元。德国南部大型管理咨询与 IT 咨询公司拥有全球雇员 1500 人，2018 年开始实施数字化发展战略，2015 年营业额超过 2 亿欧元。发展中国家的智库快速发展促进了全球智库规模的扩大，1991—2000 年全球新增智库数量为 1422 家（年增长 142.2 个）。咨询真正进入"I Consulting"新时代。

这一阶段的主要特征：一是咨询依赖于信息技术和信息资源，咨询业成为知识与技术的双密集型产业；二是虚拟咨询产生，网络咨询业快速发展；三是咨询在企业业务流程重组、信息管理、电子商务、信息系统实施应用、企业国际化发展等领域大显身手；四是智库加速发展，发展中国家智库发挥重要作用；五是咨询的社会渗透力更强，不断产生新的咨询领域。

6. 数据化和智能化咨询阶段

21 世纪初，以客户主导、去中心化的"Web 2.0"和以小世界为基础的"Web 3.0"概念相继提出。21 世纪 20 年代，以大数据和智慧化为标志的数智革命将咨询引入新的发展阶段，基于计算机的数据分析在咨询行业广泛应用，环境变化加速及未来的不确定性使情景分析在咨询中发挥重要作用，数据科学、开放科学等新兴学科成为咨询的理论基础。2000 年，全球咨询市场价值高达 810 亿美元。2022 年全球数字化转型咨询市场规模达到 604 亿美元，预计到 2028 年市场规模将达到 1278 亿美元，预期 2023—2029 年复合年增长率为 13.31%。

这一阶段的突出特征：一是咨询的大数据化，数据驱动的咨询模式普遍存在；二是智能技术在咨询领域广泛应用，形成智慧化咨询；三是智库稳定发展，新型智库亮相，高影响力智库占有重要地位；四是为决策提供科学依据，创造新的知识，运用智慧解决一切问题，咨询作为"智囊团"和"思想库"的作用更为显著。

1.3　信息咨询的构成要素与特征

如果从咨询与信息的关系看，自从有了咨询，就有信息咨询的存在。真正意义上的信息咨询是 19 世纪末才出现的。信息咨询是作为一种社会现象的有关各种咨询活动的集合，是信息服务的一个重要组成部分。本节面向信息社会，阐述信息咨询概念提出的意义，揭示其主要特征。

1.3.1 什么是信息咨询

1. 信息咨询概念提出的意义

（1）提出信息咨询概念是适应信息产业与信息服务的需要

吴增芳在《西欧技术市场与信息咨询市场》中提到，信息咨询是随着咨询的日益发展，特别是随着信息论的创立而形成的一个概念；咨询和信息是不可分割的，咨询服务实质上就是信息服务。孔祥智等人在《世界各国技术信息咨询业》中认为，事实上，提供咨询服务的过程，就是传播信息的过程。因此，在现代产业划分时，人们常常把二者合在一起，称为信息咨询业，这与有些著作上的“咨询业”的概念是一致的。金建主编的《当代信息产业咨询手册》中指出：信息咨询服务是人们以信息为基础，对信息、情报、资料进行综合加工和创造，为社会提供各项服务的一种智力型信息服务方式。

（2）信息咨询是现代咨询的标志

陈久仁等在《信息咨询理论与实践研究的升华》中认为，在“咨询学”前面加上“信息”，形成“信息咨询学”，能准确表达这一学科的本质，且更具有时代特色。马海群等编著的《现代咨询与决策》认为，信息咨询是信息化、网络化时代人们对咨询一词的更新与特征强调，信息咨询是咨询被赋予时代特征的产物。

（3）信息咨询对图书情报的意义

信息咨询是图书情报事业发展的需要，传统的参考咨询被延伸或扩展到信息咨询。信息咨询是情报服务、情报研究的重要方向。周文骏在主编的《图书馆学情报学词典》中指出：信息咨询是一种向提出问题的用户提供有关消息、数据、事实、资料线索的情报服务。辛希孟等在所著的《“情报研究与信息咨询”评估指标体系设计和计分法研究》中认为，信息咨询工作就是委托方提出问题，并征求解决问题的方案，受托方出主意、想办法，提出解决问题的建议。詹德优在所著的《信息咨询理论与方法》中认为，中国“信息咨询”一词是20世纪90年代以来在“情报咨询”基础上逐渐改用的一个词。对图书情报界而言，信息咨询可涵盖图书馆界的参考咨询和情报界的咨询服务。单就图书馆界来说，“信息咨询”更能反映参考咨询的“情报化”和“社会化”的发展趋势。随着社会信息化和图书馆信息服务社会化的不断发展，高层次的参考咨询已转移到以文献信息的深层次开发和智力的充分发挥为重心，运用现代化技术手段与科学方法为客户提供知识、信息、经验、方法和策略的服务。

2. 信息咨询与咨询的关系

关于信息咨询与咨询的关系，有两种观点。

第一种观点：信息咨询就是咨询。

黑龙江大学马海群等在编著的《现代咨询与决策》中认为："从本质上看，信息咨询（实际也包括所有的咨询活动）是社会的信息交流活动之一，是通过咨询的形式达到信息交流的目的的一种知识、智能、技能的传递活动。""作为应用于社会各领域的一般咨询的信息咨询。在这个层面上，咨询与信息咨询的内涵是一致的，但后者更突出了信息的本质功能，也更具有时代特色。"因而在该书中仍使用咨询一词来代替广义的信息咨询。复旦大学管理学院的戴伟辉、张红认为，信息咨询作为营利性质的产业活动，已有 100 多年的历史。信息咨询分为技术经济咨询、设计和施工咨询、规划和计划咨询、管理咨询。我们经常讨论的咨询业多涉及管理类咨询，即为科学管理服务的信息咨询。南京大学郑建明主编的《信息咨询学》认为，现代咨询即信息咨询，"'管理咨询''科技咨询''信息咨询'概念的提出就是咨询概念多样化的表现，随着信息时代的到来，信息咨询与咨询的概念内涵、外延一致，以信息咨询界定咨询符合咨询作为社会活动的本质"。

第二种观点：信息咨询是咨询的一种类型。

英国学者约翰·古恩西（John Gurnsey）和马丁·怀特（Martin White）1989 年在《信息咨询》一书中指出：信息咨询（information consultation）不仅仅是图书馆与情报专业的咨询活动，更不限于图书馆咨询，而应被恰当地看作更广泛意义上的管理咨询的一个子集。信息咨询的客户可能是寻求设计、出版新产品方案的出版商，或是寻求重建或推销数据库的公共机构或企业，也可能是寻求解决图书馆问题的一个社会组织。

南京理工大学陈翔宇、甘利人、郎诵真等著的《现代咨询理论与实践》将信息咨询作为咨询的一个类型，认为"尽管信息是一切咨询服务的基础……但从信息工作的特点来看，信息咨询本身应该有着独立的含义，对于一个专职性的信息机构来说，它的咨询重点应该是如何利用现代化的手段为各类用户解决信息查询的问题。因此，从这个意义上来讲，单独将信息咨询列出就有必要了"。

对以上两种观点，我们认为，咨询是一个广义的概念，而信息咨询是一个现代概念，用"信息咨询"替代"咨询"忽视了咨询的历史发展，影响了咨询的广泛应用空间，并易于形成人们对咨询多层次复杂性的认识。信息咨询不是咨询的一个新的类型，而是咨询的一个重要组成部分，是咨询的一个基本层次。

3. 信息与咨询的关系

（1）信息是咨询的基础

咨询是利用信息解决问题。信息是咨询的重要依据，没有信息，咨询无法进行下去。在咨询活动的每一个环节，都离不开信息的作用。

（2）咨询使信息增值

咨询过程实际上就是将信息进行加工、提取、分析、处理、传播的过程。咨询成果是一种智力与技术相结合的知识密集型的信息产品。大量的信息通过咨询得到充分有效的应用。

微软总裁比尔·盖茨（Bill Gates）在美国专业图书馆协会第88届年会上说："有效的信息是竞争取胜的关键因素。"如果信息是"金"，那么，咨询就是"点金术"，信息的价值通过咨询得以实现，通过咨询得以提高和深化。

（3）咨询与信息的有机结合，形成高层次的服务和产业

信息咨询业是构成信息服务业的组成部分，信息咨询的发展大大促进了信息产业的发展。

总之，信息与咨询是源与流的关系，是相互依存、相互利用、相互促进的关系。

1.3.2 信息咨询的构成要素

1. 关于咨询系统与要素的研究

著名行为科学家、应用心理学家罗伯特·布莱克（Robert R. Blake，1918—2004）1941年从弗吉尼亚大学获得心理学硕士学位，1947年在得克萨斯大学获得哲学博士学位，随后成为该校的心理学教授。1949—1950年，他作为一名学者担任英国阅读大学讲师、伦敦塔维斯托克诊所名誉临床心理学家，并成为哈佛大学的一名讲师和研究人员。他曾是科学方法公司总裁，1997年退休后，他把公司卖给方格（Grid）国际公司，并继续担任该公司顾问。管理学家简·莫顿（Jane Mouton，1930—1987）1957年在得克萨斯大学获得心理学哲学博士学位，不久担任该校心理学系副教授，专门从事行为科学，特别是组织与管理领域的研究。她曾经是科学方法公司总裁及共同创办人、美国心理学会会员、美国科学促进会会员。除了在组织发展领域的研究之外，他也参与冲突动

力学及创造性决策等主题的研究。

布莱克和莫顿从行为学角度进行研究，于 1976 年合作出版了《咨询：个体和组织发展手册》，1983 年出版第二版。他们分析了构成咨询活动的因素及其形成的相互关系，构建了一种以三个维度（dimension）表示委托方（the client）、咨询方（kinds of intervention）与咨询事项（focal issues）三者关系的、由 100 个单元构成的立方体咨询系统模型（见图 1–1）。

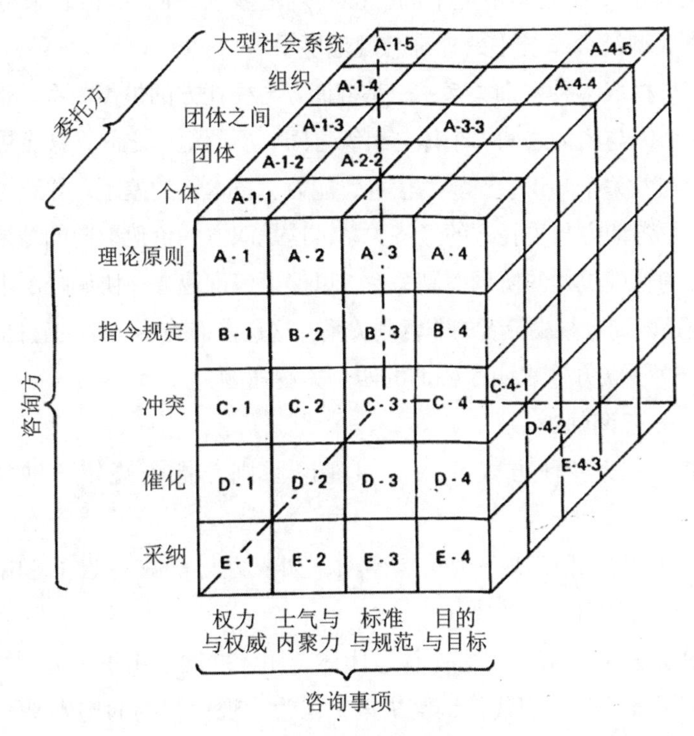

图 1–1 咨询立方体

资料来源：Robert R，Mouton J S.Consultation—a handbook for individual and organization development［M］. New York：Addison–Wesley Publishing Company，1983：11.

图 1–1 中，第一维度“委托方”主要有五个要素：个体（individual）、团体（group）、团体之间（intergroup）、组织（organization）、大型社会系统（larger social systems），分别用 A-1-1 ~ A-4-1、A-1-2 ~ A-4-2、A-1-3 ~ A-4-3、A-1-4 ~ A-4-4、A-1-5 ~ A-4-5 表示，共同组成立方体的顶层。第二个维度“咨询方”的介入方式有五个要素：理论原则（theory principles）、指令规定（prescriptive）、冲突（confrontation）、催化（catalytic）、采纳（acceptant），分别用 A-1 ~ A-4、B-1 ~ B-4、C-1 ~ C-4、D-1 ~ D-4、E-1 ~ E-4 表示。第

三个维度“咨询事项”主要有四个要素：权力与权威（power/authority）、士气与内聚力（morale/cohesion）、标准与规范（norms/standards）、目的与目标（goals/objectives）。立方体的正面展现了咨询方与焦点事项的组合。例如，A-1是针对权力与权威事项采取理论原则方式介入，B-2是针对士气与内聚力事项采取指令规定的方式介入。第三个维度（从前至后）表现了观察“委托方是谁”的问题的不同方式，附上相应的字母、数字。例如，C-3-3指以冲突式介入方式帮助解决团体之间情境下的标准与规范事项，E-3-5指以采纳式介入方式帮助解决大型社会系统中的标准与规范事项。

由这三方构成多种咨询关系：一是咨询方与委托方的供需关系，正是个体与个体之间、个体与团体之间、个体与组织之间、不同组织之间，甚至更大的社会系统之间存在着关于知识、经验、信息、能力、技术等的差距，导致了供需关系的产生；二是咨询方与委托方的经济关系，这是双方的价值取向的结果；三是咨询机构与咨询管理机构的协调控制关系，以保证咨询业务在协调控制中正常有序地运行；四是咨询者与决策者的非营利关系，这是咨询的独立性决定的。

总之，这一立方体表明了咨询的四个关键命题：

WHO——咨询师；

WHAT——以多种方式介入，如理论原则、指令规定、冲突、催化、采纳；

WHY——提出或解决一个焦点事项，如权力与权威、士气与内聚力、标准与规范、目的与目标；

TO WHOM——委托方，如个体、团体、团体之间、组织、大型社会系统。

马海群等所编著《现代咨询与决策》认为，现代咨询的构成要素有咨询人员、咨询设施、咨询信息、咨询程序、咨询产品与服务、咨询环境。

2. 信息咨询的六大要素

我们认为，信息咨询是一个系统，由六个要素组成。

（1）咨询主体

咨询主体是向客户提供咨询服务的组织或个人。根据所提供咨询服务的类型和特征，咨询主体分为专职咨询主体和兼职咨询主体两种。专职咨询主体是指专门从事咨询业务的组织或个人，如管理咨询公司、会计师事务所、投资顾问公司、保险精算公司、资产评估公司、IT公司、独立职业者等。兼职咨询主体是指不专门从事咨询业务但也能够提供这类服务的组织或个人，如科研机构、院校、政府组织、专家、教授等。

（2）咨询关系

咨询关系是咨询业务的前提。咨询关系由委托方和咨询方构成。因此，这一要素包括咨询人员（或机构）和客户两个方面。

（3）咨询环境

咨询环境是咨询业务的外部条件，主要指咨询的社会环境，包括政策环境、信息环境等。

（4）咨询技术

咨询技术是咨询业务的手段或工具，包括咨询设施、咨询方法、数据库系统等。例如，麦肯锡公司以信息技术为工具，以人为核心，建立了知识资源系统，由人员数据库、业务项目数据库、文献库和其他这四个部分组成，可通过网络获得最新、最及时、最贴切、最权威的显性知识和隐性知识。公司将年收入的10%作为知识创新的费用，设立信息与研究部负责公司知识资源网络建设和知识创新。信息与研究部有五个分部：按职能分类的知识信息资源中心（含生产、分销、财务、市场等37个职能类别），以分公司为对象的信息与研究部门，按行业分类的知识资源中心（含化纤、生物、电子、通信等24个行业类别），地区性知识信息资源中心以及特别创意组。

（5）信息资源

信息资源是咨询业务的基础和保障。例如，世界著名的邓白氏公司将采集的资料数字化，建立了仅次于美国政府的世界第二大数据库系统，其中包括全世界6000多万家企业的资料，还建立了全球性的信息监控系统。埃森哲的成功很大程度上得益于它的全球知识共享网络（Knowledge Xchange），分布于全球的300个Lotus Notes服务器上装载着数以千计的资料库，IT人员对资料库实现全天候技术支持。分布于全球47个国家的110个办事处共有75000个Lotus Notes用户。Knowledge Xchange提供业务文档、业务管理、专业研究、培训学习、交流沟通和获取外部资源等六大功能。Knowledge Xchange黄页为所有员工提供多种检索途径，其资料库全球同步更新，内容丰富，包括图书库、实务帮助、论坛、行业分析等，并按市场、行业、服务领域进行了分类。

（6）咨询产品

咨询产品是咨询业务的落脚点和咨询业务的结果。苏格塔·比斯沃斯（Sugata Biswas）和达瑞尔·敦切尔（Daryl Twitchell）在《管理咨询行业指南——成功跻身咨询业》（1999）中强调了咨询产品的重要性："咨询产品事实上是一种拥有巨大升值潜力并能带来重大变化的服务。因为管理顾问既不是算命先生也非魔术师，所以他们不能保证其工作肯定会带来某种结果，而只能提供可能会带来成功的最好建议，同时做好准备对意料之外的变化和阻碍做出及时反应，并同他们的客户紧密合作，为达到某一既定目标制定战略。因此，咨询服务的最终结果是一个目标而非一种保证，就像教师因帮助别人成长而获得报酬一样，管理顾问因帮助公司发展而得到回报。”

1.3.3 信息咨询的特征

1. 信息咨询是一种信息与知识交流

咨询首先表现为信息交流，以信息为前提和基础，加工信息、传递信息。信息咨询就是为了某种目的而进行的客户与咨询方的信息交流。

咨询也是一种知识交流，表现为从咨询方到客户的知识转移。王成等认为，咨询的过程可谓一种知识“转移”和“根植”，尽管咨询业务的出发点仅仅是“外购”知识。在咨询过程中，通过客户与咨询师之间的直接合作和互动来实现知识“转移”和“根植”是一种有效的方式。

以政务信息咨询为例，截至 2022 年 12 月，中国政府网站（包括政府门户网站和部门网站）总数达 13946 个。其中，中国政府网 1 个，国务院部门及其内设、垂直管理机构共有政府网站 539 个；省级及以下行政单位共有政府网站 13406 个，分布在中国 31 个省（自治区、直辖市）和新疆生产建设兵团（不含港、澳、台）。市级及以下行政单位共有政府网站 11761 个，占比为 84.3%。各行政级别政府网站共开通栏目数量 30.9 万个，主要包括信息公开、网上办事和新闻动态三种类别，其中信息公开类栏目数量最多，为 24.2 万个，占比为 78.4%；其次为网上办事栏目，占比为 10.8%。2022 年数字政府评估大会暨第二十一届政府网站绩效评估结果显示，超过九成的省级和重点城市政府政务服务平台实现办事系统的统一申报、统一查询、统一咨询、统一支付、统一评价等功能。平台建设为政务信息咨询提供渠道便利，使政务信息咨询更便利、简单。几乎所有地方都建设了互动渠道接受公众企业问询，接近 40% 的地方还提供了问题答复满意度评价功能，超过 80% 的省级政府和重点城市的数据开放平台上也提供公开数据的满意度评价功能，收集客户数据需求，有效提升社会满意度水平。在行业咨询方面，2023 年 9 月 1 日，国家税务总局青海省税务局开通 12366 纳税缴费服务热线跨境服务咨询专线，加强跨境经营高频疑难涉税问题的收集整理，不断完善跨境纳税人疑难问题解答体系，拓宽民营企业解疑释惑渠道。

2. 信息咨询是一种服务性活动

咨询具有服务的基本特征，但确切地说，咨询是一种高质量的信息服务。

以参考咨询为例，美国参考咨询与服务协会（RUSA）在2000年颁布的《信息服务指南》中指出："图书馆参考服务包括多种形式，包括为用户提供的直接帮助、指导、指引服务；从参考服务信息资源中优选用户需求的信息；咨询服务；主动发布用户需求或兴趣范围的信息；电子信息检索服务等。"并将参考服务分为前置服务和后置服务，前置服务是图书馆员为用户事先构思和准备的服务，如提供指引标牌、图书馆使用指南和丰富多彩的用户教育宣传材料；后置服务是图书馆为了回应用户的服务要求所提供的服务和协助。这些服务，虽然有低级与高级、简单与复杂之分，但与借阅服务、复印服务等传统信息服务相比，都是有一定技术含量和较高质量的服务。

3. 信息咨询是一种智力活动

咨询依赖于专业知识和技能，既要运用知识，又产生新的知识。培训大师伊莱恩·比斯（Elaine Biech）认为：咨询本身并不能体现自身的专业含义。不像医生或是会计，高水平的咨询师通常来自不同的环境。因此，她强调咨询必须与服务形式或专业领域相结合才有意义，每个咨询师都必须是某个特定领域的专家。

4. 信息咨询是一门科学和艺术

约翰·马利根（John Mulligan）和保罗·巴伯（Paul Barber）认为，咨询活动既是一门科学也是一门艺术。咨询是一门科学，因为它提供普及知识、增进理解的模型及诊断和评价工具。咨询是一门艺术，因为它是一个关系过程，是信仰和价值观的表达，是社会关系边界之内的一种情感探索。咨询活动的科学性和艺术性表现了咨询活动的阴阳本质。

阴：咨询师是艺术家	阳：咨询师是科学家
软性焦点	硬性焦点
内心世界指导	外部世界指导
通过经历来探索	运用理论
同情感和直觉协同	同思想和理性协同
遵从关系	遵从边界和规则
关注存在	关注行动
表现和创造	诊断和设计

所有的咨询实践和咨询师都可以归并到上面两种类型中去。这两种立场都无所谓对或错，只不过所采取的立场不同而已，而且双方都需要对方来作为有益的补充。

1.4 信息咨询业务的性质、功能与类型

信息咨询业务，或称信息咨询服务，在发展规划、政策制定、立法服务、科学研究、技术引进、企业管理、教育与人才培养等许多方面都发挥着十分重要的作用。本节将讨论信息咨询业务的性质与功能，介绍现有信息咨询业务的各种类型。

1.4.1 信息咨询业务的性质

咨询具有信息与知识交流的特征。咨询离不开信息和知识，咨询业务进行的过程就是获取信息、传递信息和反馈信息的过程，也是知识创造、传播和服务的过程。咨询业务是一种智力劳动，也是一种知识生产活动，是社会知识扩大再生产链条上的重要环节。

1. 服务性

咨询业务本质上是一种运用智慧的服务。服务性也可以称为产业属性。咨询是一个产业。

2. 科学性

信息咨询业务的科学性表现在四个方面：①咨询业务是一种科学劳动，属于科学研究的范畴；②咨询业务运用科学方法和手段；③咨询业务将科学技术与生产相结合，理论与实践相结合，为决策提供科学依据，是科学转化为生产力的中介；④咨询成果具有科学性，是凝聚知识和智慧的科研成果。

3. 社会性

咨询业务是社会发展的必然产物，是社会大生产和社会分工的结果。咨询业务是一种社会实践，凝聚了咨询人员的社会必要劳动，具有高附加价值。咨询业务广泛应用于社会生产与生活的各个领域，满足社会的需求，是社会化的事业。

1.4.2　信息咨询业务的功能

1. 信息咨询业务的基本功能

（1）分析判断功能

咨询业务就是分析问题，做出正确的判断。咨询业务能对实际情况做出客观全面的评价与判断。一般情况下，当某个公司管理层内部对某项工作意见不一致，无法做出判断时，最好采用外部咨询，所谓“旁观者清，当局者迷”。咨询业务能发现问题，并且能针对客户的要求做出各种分析判断，为客户提供信息分析、政策分析等方面的报告。

分析判断，也就是厘清解决问题的新思路，找到问题的正确答案，找出解决问题的有效措施。从某种意义上说，咨询业务也就是探索未知，寻求真理。

（2）预测功能

预测是咨询业务的主要功能。一般决策者往往把主要目标和精力放在解决当前问题上，而忽视了未来，对今后的发展考虑较少。而咨询业务既要与决策者同步，又要有超前思维。关注战略发展问题，集中考虑未来的长远利益，对发展做出正确的估计和预测是咨询业务的重要任务。

例如，20 世纪 40 年代末，兰德公司（当时为“兰德计划”）根据已有的科技成果对人造地球卫星进行了研究。50 年代初，该公司向美国国防部提出了一份关于人造卫星的初步设计书，并在说明书中详细解释了人造卫星在未来作战中的作用，但当时美国国防部对人造卫星一无所知，不采纳兰德公司的这一建议。后来，兰德公司又对苏联研制卫星的情况进行了预测，它所预测的苏联卫星发射时间与实际发射时间仅仅相差两周。1957 年 10 月 4 日，苏联人造地球卫星 Sputnik 上天，引起美国朝野上下强烈震动。此后，美国政府接受教训，采纳专家咨询意见，使美国航空航天技术迅速发展起来。21 世纪，兰德公司设有若干学部，每个学部涉及若干学科领域，研究范畴不断扩大（表 1–2），其作用不仅仅在于预测，还涉及全球经济与社会发展、军事、安全等各个领域的智库支持。

表 1–2　兰德公司的研究学部变化

时间	数量	研究学部
1955 年	5	物理，数学，经济，工程，社会科学
1968 年	9	物理，数学，经济，工程，社会科学，计算机，系统工程，管理科学，费用分析

续表

时间	数量	研究学部
1974 年	7	物理，经济，工程，社会科学，计算机，管理科学，信息科学与数学
2000 年	6	行为科学，政治科学，系统科学，信息科学，工程与应用科学，经济学与统计学
2005 年	6	行为与社会科学，国际与安全政策，政策科学，管理科学，技术与应用科学，经济学与统计学
2013 年	7	军事，教育，健康，法律和基础设施及环境，劳动与人口，国家安全，空军项目
2021 年	8	军事，教育与劳动，健康，国家安全，空军项目，社会和经济实力，澳大利亚，欧洲
2023 年	10	军事，教育与劳动，全球与突发风险，健康，国土安全，国家安全，空军项目，社会和经济实力，澳大利亚，欧洲

咨询业务的预测功能主要表现在：第一，为领导决策提供若干可供选择的方案；第二，设计和调整实施决策的具体方案；第三，向决策者提出战略性建议。

（3）决策支持功能

一般认为，信息是决策的依据和关键因素，没有信息，人们就无法做出决策或者说决策在此刻就是空中楼阁而无法实现。人们强调信息对决策的作用，实际上，决策仅有信息是不够的，还必然有咨询。仅仅有信息，可能会做出错误的决策，而如果信息加咨询，就会实现决策的科学性和准确性。

正面的例子有：1973 年年底，美联社发布一条消息，说 1974 年将出现的第四次天文对点（太阳、地球、月亮在一条线上）可能会引起异常大潮。中国气象部门检索到这一信息，提请紫金山气象台核实后，向中央有关部门报告，由周恩来总理等圈阅后通知沿海各省、市做好防护。果然，1974 年 8 月 17 日，第四次天文对点正遇上十三级台风，形成中华人民共和国成立后最大的风暴潮，影响到福建、江苏以北广大地区，由于事先做了防备，大大减轻了灾情。

反面的例子有：1973 年，“石油危机”严重冲击了依赖能源的汽车制造业，美国的克莱斯勒汽车公司根据掌握的信息，预测“石油危机”会很快过去，于是一如既往生产耗油量大的大型汽车，结果在 1974 年“石油危机”再度出现时，这种汽车的销量大大下降，库存汽车每天损失 200 万美元，企业濒临破产。

信息咨询业务提供决策支持，包括两层含义：

第一，咨询是决策科学化的必要环节，这是由决策的复杂性（需细致调研）、广泛性（多学科因素）、利害性（智者千虑，必有一失）决定的。不论决策过程怎样划分，在决策的准备、制定及执行各个阶段，尤其是决策方案的确定过程中，咨询都发挥着重要作用，这既表现在决策信息的提供上，又表现在决策方案的草拟、论证与优化过程中。

第二，专家咨询不能代替决策。这是因为：①每一决策里均包含量化内容和无法计量比较的内容，咨询专家主要帮助做好量化工作和科学定性分析，但决策的关键还在于对那些难以量化的内容进行价值判断；②咨询专家的思维特点及所运用的科学方法多半是从理想条件出发，制定理想方案，而运用各种权变技巧使理想最有效地实现，则是领导者的专长；③决策者对工作环境更熟悉，这种环境即客观条件，往往成为决策的制约因素，咨询专家对此知之甚少。

（4）信息开发功能

咨询业务也就是开发利用信息和知识，使信息和知识增值。

2. 信息咨询业务的社会功能

（1）生产功能

咨询业务是社会知识再生产的过程，是知识转化为生产力的过程。咨询业务创造巨大价值，是重要的产业。

（2）变革功能

没有变革的咨询不是真正意义上的现代咨询，为客户实现变革，经常是咨询活动的直接目标。

（3）管理功能

咨询为现代管理和科学决策提供支持和服务，而管理的本质是决策。咨询作为管理决策活动的重要组成部分，对决策行为的过程、结果等都产生直接影响。

（4）教育功能

咨询业务重要的不是为客户具体做什么，而是教会客户如何去做。正如美国的 L·厄威克所说："作为顾问，真正唯一值得去做的工作是教育——教会客户及其下属人员使其自己能进行更好的管理……不光是送你一条鱼，重要的是教会你钓鱼的方法。"

早在20世纪60年代，美国著名管理学家和咨询专家罗伯特·布莱克和简·莫顿对咨询的教育功能就十分重视。在他们构建的管理方格图中，“1.1”方格表示对人和工作都很少关心，这种领导必然失败。“9.1”方格表示重点放在工作上，而对人很少关心，领导人员的权力很大，指挥和控制下属的活动，而下属只能奉命行事，不能发挥积极性和创造性。“1.9”方格表示重点放在满足职工的需要上，而对指挥监督、规章制度重视不够。“5.5”方格表示领导者对人的关心和对工作的关心保持中间状态，只求维持一般的工作效率与士气，不积极促使下属发扬创造革新的精神。只有“9.9”方格表示对人和工作都很关心，能使员工和生产两个方面最理想、最有效地结合起来。这种领导方式要求创造出这样一种管理状况：职工能了解组织的目标并关心其结果，从而自我控制、自我指挥，充分发挥生产积极性，为实现组织的目标而努力工作。因此“9.9”型团队管理是最理想的管理模式。布莱克和莫顿利用管理方格的原理，帮助比德蒙公司西格马工厂实施了一项旨在加强企业管理的培训计划。该厂800多名管理人员和技术人员全部参加了培训，取得了显著成效。计划实行的第一年就明显地提高了劳动生产力，节约了几百万美元的可控制成本。通过咨询和培训不仅迅速改变了企业面貌，而且提高了管理人员自身的业务水平和素质，保证了企业实现长期稳定发展。

从知识管理的角度，咨询业务帮助客户组织成为学习型组织，具有知识教育功能。

1.4.3 信息咨询业务的类型

信息咨询业务按不同的标准，可分为不同的类型。

1. 按信息咨询的特征划分

按信息咨询的特征划分，可分为检索型信息咨询、分析型信息咨询和综合型信息咨询。

检索型信息咨询，主要特征是通过信息检索解决问题，常常是针对客户的提问或业务工作的需要查阅检索工具或参考工具，以问答的形式或检索结果的形式表现出来。检索型信息咨询包括以事实为目标的事实咨询和以数据为目标的数据咨询。图书馆参考咨询大多属于此类。

分析型信息咨询，主要特征是以信息为基础，以信息分析为核心，通过运用各种分析工具和各种分析技术方法解决问题，表现为各种分析报告、研究综述、研究述评、竞争情报服务。科技情报机构情报咨询通常属于此类。

综合型信息咨询，主要特征是综合运用多种信息方法，解决比较复杂的问题。包括解决组织信息化的问题，建立、维护和评价信息系统的问题，信息存储与信息安全问题等。企业信息化咨询就属于此类。

2. 按信息咨询的性质划分

按信息咨询的性质划分，可分为事实知识咨询、信息方法咨询、专题情报咨询。

事实知识咨询指查找具体的产品、数据、名词、图像、人物、事件等。其特点一是客户范围广，涉及经济、科学技术、社会、文化、生活等各个方面；二是特指性强，客户往往需要关于某一事实的具体信息或关于某一方面的专门知识；三是答案要具体，要能够切实解决客户的疑难问题。

信息方法咨询指解决客户在工作和学习中特别是查找信息的过程中，因不熟悉信息方法而遇到的困难。其特点是主动性强，信息工作者可以充分发挥自己熟悉信息工具和信息方法（包括获取信息的方法、阅读吸收信息的方法、加工处理信息的方法、传播信息的方法等）的优势，给客户以各种方式的辅导和帮助。

专题情报咨询指围绕客户提出的某一特定课题，查找有关信息、文献资料、情报线索及动态进展。其特点是系统性和回溯性强，要求提供的信息全面、系统、针对性强。

3. 按信息咨询的机构划分

按信息咨询的机构划分，可分为营利性咨询公司的信息咨询、非营利性信息中心的信息咨询、图书馆参考咨询、档案馆信息咨询、政府部门的信息咨询、企业的信息咨询等。

4. 按学科领域属性划分

按学科领域属性划分，可分为经济信息咨询、科技信息咨询、社会信息咨询等。

5. 按行业特征划分

按行业特征划分，可分为化工行业信息咨询、电子行业信息咨询、机械行业信息咨询、煤炭行业信息咨询等。

6. 按客户类型划分

按客户类型划分，可分为单位客户信息咨询和个人客户信息咨询，单位客户信息咨询又分为企业、政府、学校等客户信息咨询。

7. 按地区划分

按地区划分，可分为地区信息咨询、国内信息咨询、国外信息咨询等。

8. 按咨询的传递形式划分

按咨询的传递形式划分，有直接交谈咨询、书面咨询、声像咨询、电话咨询、网络数字咨询等。

9. 按咨询与文献的关系划分

按咨询与文献的关系划分，有文献信息咨询和非文献信息咨询。

本章小结

本章共四节。以信息咨询的概念与特征为基础，揭示咨询的产生，详细描述了现代咨询的六个发展阶段和信息咨询的三个阶段，阐述了信息咨询业务的基本功能与社会功能。咨询业务包括信息咨询、专门咨询、战略咨询，按九个标准对信息咨询业务进行了划分。

思考题

1. 如何理解咨询、信息咨询与信息产业的关系？

2. 为什么说咨询既是一门科学，又是一门艺术？

3. 从咨询的发展历史看，国外咨询有哪些先进的经验值得借鉴？中国咨询发展中存在的主要问题有哪些？有什么发展对策？

4. 选择一家咨询企业为案例，分析信息技术对咨询业务有哪些方面的影响。

5. 谈谈图书馆、科技情报所及档案部门在信息咨询中的作用与地位。

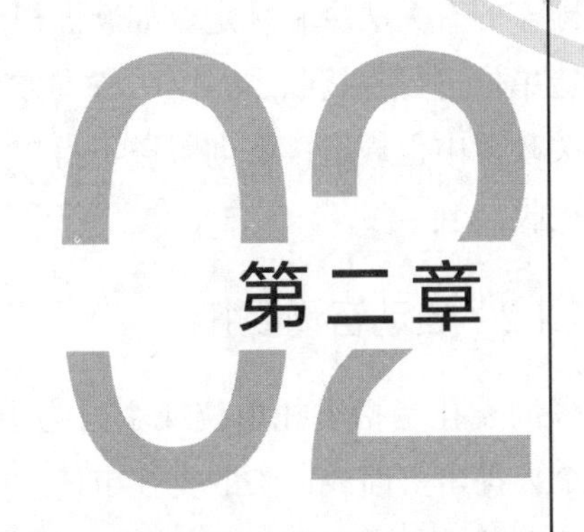

第二章

信息咨询基本过程

信息咨询是一种信息与知识活动，也是一种科研与探索活动，有着特定的规律。从原理上看，信息咨询涉及信息咨询人员、信息客户、信息工具、信息咨询成果等，与其他咨询既有相同的特点，也有内在的不同特征。从过程上看，信息咨询有一般的工作流程、工作模式、分析思路、工作文件等。本章概述信息咨询的委托过程和服务过程，讨论信息咨询中的客户关系沟通与咨询模式，对信息咨询过程中的咨询招标与招标合同的签订进行了详细的阐述。

2.1 信息咨询委托过程

2.1.1 明确咨询需求

当企业或个人遇到问题，决定向咨询机构咨询以寻找解决问题的途径时，在与咨询方沟通之前，首先应明确咨询的具体内容和方向，以便后续将问题清晰明确、准确高效地传递给咨询方。明确咨询需求应做到以下几个方面：①明确项目委托内容，即对需要解决的问题以及希望达到的目标、资金提供、完工日期等做全面的描述；②在对某些咨询业务难以提出问题的细节时，提出希望达到的整体目标；③无法明确要解决的问题，请咨询方提供一份咨询建议。

由于聘请咨询师涉及咨询合同、咨询费用、专家津贴等问题，所以应了解所在国家的有关法令和规定。如欧洲规定，咨询人员不得与设备供应单位或设备制造单位进行直接联系，以防咨询方利用咨询之便从事商业性交易。中国政府有关政策中也规定，咨询服务不得扩大到正常的生产领域，以免影响国家的正常税收。

2.1.2 启动咨询委托

咨询委托是指委托单位或个人为了一定的咨询目的和需要向有关咨询单位或个人提出书面或口头的委托申请。咨询委托者在选择咨询单位或个人时应经过调查了解，选择那些专业对口、能够胜任咨询项目的受托者；同时提出委托申请，将准备咨询的疑难问题全面地介绍给咨询方，使对方充分了解咨询问题，以便做出承接与否的恰当判断。通常委托申请书应包括咨询项目名称、内容、要求和完成期限，明确地表达委托者的意图和目标。一般来说，委托书只是洽谈的媒介，要使咨询机构详尽了解委托项目的背景、目的和要求，必须通过洽谈进一步说明。

委托方与咨询方进行谈判前，需任命项目负责人或组成项目协调委员会。委员会一般由委托方高层管理人员构成，负责对接咨询的全部工作，包括与咨询方取得联系、同咨询方进行谈判、推动项目、考核项目总体方案、参加重要会议、支持项目工作组的工作、推动方案和建议的实施等。

2.1.3 选择咨询方

在明确咨询需求之后，项目负责人或项目协调委员会面对众多咨询方，掌握着选择咨询方的权力，在提出委托时，应该说明自己所希望的服务方式。特别重要的是，委托方应明确提出咨询要求和希望达到的目的。客户对咨询企业的选择一般以招投标方式进行，其主要依据是咨询企业递交的咨询项目建议书。

毕马威（KPMG）公司曾经针对管理咨询客户做过一项调查研究（见图 2–1），结果表明：客户在选择咨询企业时，最为看重咨询师的资质及其在相关领域内的经验；而咨询师理解客户需求的能力、专业化水平、创造性技能、收费标准及同客户合作的历史等因素，也会影响客户的选择。

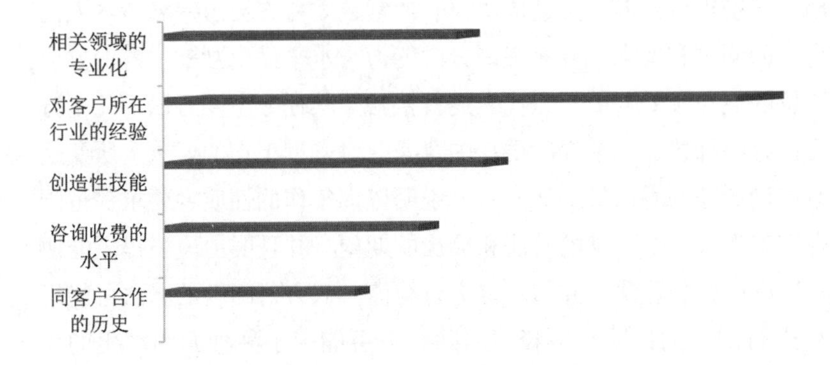

图 2–1　客户选择咨询企业的标准

资料来源：王成 . 咨询业务的全程运作［M］. 北京：机械工业出版社，2003：30.

综合上文，咨询委托方选择咨询方的办法一般有以下四种：①从过去曾聘用过的咨询机构或咨询专家名单中选择；②从国家有关部门，如计划部门、科技部门、工商部门、情报部门、行业组织等编制的咨询机构名录中选择；③广告或新闻发布会征询；④委托招标。

投标文件一般包括七个部分：①投标书、开标一览表；②报价清单表、简要说明一览表；③技术性能应答表、规格与技术参数偏离说明一览表；④服务承诺书；⑤授权委托书；⑥营业执照复印件、资格证明文件复印件、代表人身份证复印件；⑦其他需要提供说明的文件。

一般在管理咨询、工程咨询、技术改造咨询等一些大型咨询项目中采取招标形式，咨询公司参与竞标，在投标过程中应先完成以下任务：①全面了解客户委托咨询的详细内容和基本任务，并向客户提交请求、承担项目的申请书，以及承担该项目的计划和研究方法；②向客户提交本咨询机构的业务开设简况、以往业绩、承担其他项目的完成情况等材料；③表明能否如期完成咨询项目。在许多情况下，特别是在一些咨询企业协会的道德规范中，常常不允许咨询机构提交关于咨询费的允诺，这是为防止咨询方为中标而故意降低咨询费的报价，实行不平等竞争。通常，咨询费用的确定采用在选定中标者之后与中标者协定的方式。

2.1.4　谈判与合同签订

在委托方提出申请、咨询方有意向承接咨询项目后，双方将进行进一步的接触。其目的在于对有关项目的具体内容、服务方式、咨询目标及要求、完成日期、费用等问题进行协商，并达成协议。通常，委托方会由一名负责人向咨询方陈述自己的问题和要求，并对咨询方的能力与水平做出判断。咨询方应派出有相应职位的业务领导与委托方代表进行接触。其任务主要有以下几个方面：①倾听委托方的陈述，包括提出委托的背景、对咨询工作的要求、所要达到的目的、对咨询课题的看法等。②向对方说明咨询工作的性质、要求和范围等，使其对咨询工作有一个正确的看法和恰当的期望，并且明白应当提供的协助。③提出对咨询问题的看法，并与对方进行交流。双方对问题的看法可能不一致，这就要进行耐心的说明和解释，消除客户可能由于种种原因产生的偏见，或修正自己的观点使之更贴近实际。④通过接触给对方留下良好的印象，使其产生信任感，并确立咨询工作的信心，为进一步的合作打下良好的基础。⑤安排进一步调查的内容、范围和时间等。由于客户和咨询任务的不同，这种初步接触会有很大的差异，需要灵活应对。咨询方派出的代表应当是知识全面、工作能力强的人，要事先要收集对方资料以做到心中有数，在接触过程中要运用一定的谈判技巧，尽快触及事物的深层本质，并取得对方的信任。

协商取得一致，就可签订正式合同。合同签订完毕，咨询委托基本完成。签订咨询合同的程序与步骤详见本章 2.5.3。

案例讨论：

麦肯锡“兵败”实达

实达集团于1996年成功在上海上市后，在快速发展中遇到一系列问题，其中最大的问题是关于销售渠道和营销模式。实达开始寻求咨询，并于1998年底聘请麦肯锡管理咨询公司进行企业诊断和策划。

麦肯锡为实达提出两套方案，一套是一步到位的，要求企业有较强的承受能力；一套是过渡方案。实达认为自己有足够的能力一步到位，于是采用了第一套方案。实达支付给麦肯锡300万元咨询费，并耗资几千万元用以配套实施该方案。

出乎实达和麦肯锡意料的是，实施麦肯锡第一套咨询方案的过程困难重重。麦肯锡设计的新组织体系有新产品开发、定价调整、广告促销、品牌管理、关键客户管理、渠道战略管理和业务计划等七个程序，新方案要求实达由个人权力式管理方式向程序化管理方式转变，与公司原有的管理方式和决策管理层有根本性冲突。1998年底和1999年底，实达进行了两次规模很大、层次很深的结构性调整，打散所有的子公司体制，建立不同的事业部，整个集团的营销和销售统一到事业部进行，媒体称之为“千人换岗”大变革。

然而，麦肯锡开出的处方没有起到作用，却造成实达“感冒”加重。1999年上半年公司经营业绩大幅滑坡，大量的应收账款、物资、库存的积压，在这次结构性调整中形成一笔笔说不清的烂账，整体上造成了高达1.3亿元的亏损。5个月后，实达难以继续承受销售下滑的压力，被迫返回原有的管理、营销体系，麦肯锡为实达提供的方案宣告失败。事后，虽然实达与麦肯锡双方从相互指责到最后和解，但引发了咨询界和社会关于麦肯锡方案“本土化”和“洋”咨询的水土不服等的热议与激烈争论。

（本案例来源：李海龙.麦肯锡兵败实达究竟是谁的错？[J].当代经理人，2003（09）：42-44.）

2.2　信息咨询服务过程

对于咨询方来说，针对大中型信息咨询课题的咨询服务一般有四个阶段。

2.2.1　确定课题与项目准备阶段

1. 确定课题阶段

这一阶段也称洽谈与受理阶段，指与客户建立委托关系，接受咨询课题，是咨询服务的最初阶段。具体步骤如下：

（1）与客户初步接洽

客户一旦向咨询方提出咨询意向或咨询申请与委托，就有了咨询方与客户的初次接触。咨询问题或咨询申请的来源包括：相关业务延伸、客户慕名而来、第三方介绍、咨询机构自荐等。针对相关业务延伸，咨询方应做好已有业务的增值服务，争取获得更多的需求。针对客户主动请求，咨询方应高度重视、积极回应，并尽早安排较高级别的正式会晤。针对第三方介绍，咨询方应主动与客户约见，或安排非正式的会面，派经验丰富的咨询师前往接洽，尽快了解客户的需求与咨询的可能性。针对咨询方推介，可采取多种方式，如咨询方举办专题讲座、举办有关咨询问题的解释会、利用各种会议或交流活动向客户演示自己的专长与服务业绩、利用各种宣传材料向客户推荐、刊登广告宣传，以及借助网站、微信、微博和其他新媒体手段进行网络推广。

（2）接受申请与委托

客户提出咨询要求后，咨询方应考虑是否接受咨询委托项目，并给予回复。具体来说，从三个方面考虑：首先，研究客户的书面委托申请，明确客户的项目要求和项目的类型与难度；其次，考虑本单位的专业力量和实际条件能否胜任，应量力而行；最后，根据委托项目的难度和时间要求，考虑是否需要优先或稍后予以回答，注意及时响应。

对于重大项目来说，接受委托之前要进行初步的论证，明确项目的可行性及其现实意义与长远意义，初步评估项目的工作量及咨询机构内部的承担能力。

（3）研究确定课题

咨询方在接受申请与委托后，仍需要对委托项目及相关问题进行深入研究，确定咨询课题。

确定咨询课题的原则：第一，重要性和现实意义。围绕国家、地区、企事业的中心任务，着眼于有重大应用价值的课题。对客户关心的重大问题，有代表性、主导性的关键问题，予以优先解决。第二，为客户之所急，为客户之所想。客户提出的问题，一般都是急需解决的问题，应与客户进行深入的交流，从调查研究中确定课题。第三，主动选题。针对客户提出的不明确的问题，主动配合，运用新思想、新观点、新方法，发现问题，确定课题。第四，有明确的目标和可操作性。课题应具体明确，符合实际。

在明确咨询课题原则的前提下，咨询方要与客户深入交流。在交流之前，咨询方应尽可能搜集有关客户组织及相关行业的信息，做会谈前的充分准备。按照戴维·赫西（David Hussey）的解释，咨询师应当在会谈中尽量获取如下相关信息的问题：接受项目建议书的决策权在谁的手中？谁能够对这种决策产生影响？客户做出抉择的过程是什么？项目建议书应当在什么时间之前提交？其他被邀请参加项目投标的公司有多少？竞争对手是哪些公司？客户的组织结构和框架？客户所界定的问题是什么？这个问题为什么重要？为什么需要雇请咨询师？客户是否已经采取了一些行动来解决相应的问题？项目的规模（相应问题领域中的管理者和雇员数量、相应活动的地点、活动地点的数量等）有多大？客户期望从咨询项目中所获得的利益是什么？是否存在某些报告或文件可以进一步提供相应问题的信息？客户期望的项目进程时间表是什么？客户所能够提供的资源有哪些？客户是否同意咨询公司获得所有信息以及接触所有层次上的管理员和雇员？是否存在客户将施加而且还需要进行清晰界定的限制条件？客户同咨询师进行合作能够获得什么经验？对咨询项目的大致价格范围是否有共同观点？

通过交流，咨询方进一步了解委托方的意图、目的、要求，并就期限、费用等问题进行磋商。此时，委托方应明确告知咨询方具体要求和预算，咨询方根据这些情况，决定是否与委托方进一步磋商。

（4）签订项目意向书

咨询方同意接受委托后，双方根据咨询项目的背景、目的、范围、要求、完工日期、经费等进行具体协商、洽谈，签订项目意向书（或称委托书），建立正式的委托关系。

项目意向书并不是合同，只是双方洽谈业务的一种书面协定，不具有法律效力。项目意向书一般包括下列内容：双方单位的名称、地址；委托咨询项目的内容，即标的、要求等；提出项目初步方案或建议所需的费用。

（5）准备项目建议书

项目意向书确定后，如果客户仍不能确信咨询方是否具备承担该项目的能力，有必要进一步磋商，由咨询方提供项目建议书。撰写项目建议书的必要性在于：在双方对相应问题共同认识的基础上，清晰地说明项目的目的以及操作方式，证明咨询方对项目有充分准确的理解；必须是一个颇具说服力的销售档案，体现咨询方的实力与水平；取得客户的认可，为合同签订奠定基础。

项目建议书的撰写详见本章第四节。

（6）签订咨询合同或协议

在客户与咨询方双方对咨询项目完全认可的前提下，一般要签订咨询合同或协议，明确各自的权利、义务和责任。咨询合同是咨询双方为完成咨询项目而订立的契约。合同一旦签订，即具有法律效力。

在这一阶段，比较重要的有两个方面，一是咨询方与客户的接洽，二是咨询方如何进入咨询。咨询方与客户的接洽贯穿于整个阶段，咨询业务能否成功承接，在很大程度上取决于双方接洽的结果。从初步接洽到研究回复，再到深入商谈，才能达成比较一致的意见。当接洽达到一定程度，咨询方就正式进入咨询，双方就问题陈述及范围完全达成一致，签订合同或协议。

2. 咨询准备阶段

这一阶段主要是进行调查研究，着手项目咨询的各项准备工作，因此也称为调查研究阶段。

（1）组建项目组并制订详细工作计划

咨询方接受咨询项目后，应成立咨询项目小组或专门委员会，做好正式咨询的准备。第一步，选拔具有较高咨询水平和项目组织能力的咨询人员担任项目组负责人，主持项目组的活动；第二步，挑选项目组成员，被挑选的成员既要在专业知识和能力上符合该项目的要求，又要有一定的咨询工作经验；第三步，制订工作计划，包括工作目标、范围、主要内容、工作方法、日程安排、资料准备、费用预算、完成期限。在考虑日程安排时，要考虑人力的投入和总时间成本。在考虑费用预算时，要考虑被挑选的项目组成员的薪金水平是否在项目预算之内，在项目质量和研究成本之间取得平衡。

对于大型项目，通常要求建立项目的领导与执行组织。具体包括：①项目领导小组或领导委员会，由委托方与咨询方的主要负责人组成，通常由委托方有实权的领导担任组长，其任务是制定方针策略、审定项目目标与评价标准、批准项目计划并监控项目进程、解决重大问题；②项目执行小组或职能小组，由咨询方的咨询师或咨询人员组成，其任务是进行项目的计划与实施、负责项目的调查研究、负责方案的制定与协助实施、与委托方进行直接的交流、项目的培训与管理；③项目推进组（必要时建立），由委托方的主要骨干组成，其任务是配合项目执行小组进行项目的相关工作、与项目执行小组保持联系并向客户方领导报告项目的有关情况、组织和推动项目成果的实施、对项目进行评估。

项目组织建立以后，要有相应的详细工作计划和日程表。在必要的情况下，要召开咨询项目启动会。这是项目组与委托方的第一次正式会面，旨在确保委托方对项目给予充分关注。

（2）与客户正式沟通

要求客户提供必要的资料及联络人员信息，与客户建立定期或不定期的沟通机制，以便及时与客户沟通。

（3）搜集与咨询项目有关的资料和数据

要根据项目计划书开展数据信息的搜集工作。获取一手数据信息的基本途径有：①访谈，②现场考察，③问卷调查。获取二手数据信息的常用途径有：①查阅委托方提供的内部资料或数据，②向委托方索要必需的内部资料或数据，③查阅可获得的公开或内部发表的出版物，④查阅工具书中的资料或数据，⑤通过信息中心或数据中心的有偿服务获取。

对搜集的资料和数据要进行整理、综合和汇总。

2.2.2 诊断与分析阶段

诊断与分析阶段的工作主要是咨询公司对咨询问题和目的进行重新诊断，针对客户的委托任务，对客户进行更加深入和全面的了解，一般需要到客户公司进行实地调查，同时进行情况分析，研究提出的问题和客户目标之间的关系，评估客户解决问题的能力。

此阶段的目的是深入细致地诊断和调查客户面临的问题及追求的目标，识别问题产生的原因，找到解决方法，并尽可能多地搜集必要的信息。一般情况下，客户都会对咨询机构提出比较明确的要求，但有时也会存在一些模糊不清的情况。这时咨询师就要运用自身的专业知识和工作经验帮助客户厘清头绪，找到问题的根源。在对问题进行深入诊断后，咨询师需要向客户提交项目中期报告，介绍调研的结果和进行结论分析，但是并不包括解决问题的方案。此阶段的主要工作包括初步调查、深入诊断分析和提交诊断报告。

1. *初步调查*

首先，要求客户各工作部门详细介绍其职能和工作中存在的问题及改进要求。

其次，根据项目需要对客户进行问卷调查和重点访谈。

再次，主持和召开各种座谈会、讨论会，认真听取各方面人员的意见和要求。

最后，深入调查分析客户竞争对手及供应链的情况。

2. *深入诊断分析*

在初步调查之后，应选择合适的分析方法和工具对搜集到的信息进行深入分析，得到严谨科学的分析结果，帮助咨询方更好地了解客户所面临的问题。“由此及彼，由表及里”的信息分析过程，是整个咨询活动中最为重要的一个环节。在信息分析过程中，应该注意以下问题：

（1）选择熟悉的分析方法和分析工具

信息分析方法既有以事实、数据为基础的定量分析，以行动观察为基础的定性分析，也有两者兼而有之的综合分析方法。在大多数情况下，咨询师会选择自己所熟悉的分析方法和分析工具，以便从容应对不同案例中出现的复杂问题。

（2）选择合适的分析方法

方法的多样性为咨询师分析信息提供了更多的选择，但这种选择必须能够解决实际咨询问题。在竞争分析方面，有许多成熟的分析方法和分析模型可供选择：PEST、波特模型、SWOT、SCP、SPACE、相对资源的"成本－价值"（由 R-A 理论而来）、"市场共通性－资源相似性"等。具体选择哪种分析工具，则要视客户所在行业及所要解决的问题而定。在定性分析方面，水桶效应（短板效应）、鸟笼效应、青蛙效应、螃蟹效应、牺牲决策等均是比较成熟的分析方法。

（3）坚持个性化分析

信息分析是一种高度抽象的思维活动，具有鲜明的个性化特征。由于每个咨询师在知识结构、工作经历等方面的差别，在分析信息时都有自己独特的思路，并在实践中逐步形成相对固定的分析框架，甚至是分析模型。如波士顿咨询公司的"四象限矩阵模型"和麦肯锡公司的"四三模型"，均为咨询专家在实践中总结的极具特色的信息分析模型。

（4）信息搜集与分析的连贯性

一般认为，"搜集信息－加工整理－系统分析"是解决咨询问题的合乎逻辑的次序。然而，在实际咨询过程中，在相当多的情况下，咨询师在项目介入阶段，就会根据其丰富的工作经验，对咨询问题进行预判，并在脑海中形成分析的基本框架。在项目启动阶段，再根据事先考虑好的分析思路（分析方法、分析模型或分析工具），来确定信息搜集的重点。这种做法减少了信息搜集的盲目性，可以提高咨询工作效率。特别是一些信息搜集"面广""量大"的综合性咨询项目，按既定的分析框架确定信息收集范围，可以避免在信息搜集阶段投入过多的时间和精力。当然，这种做法也存在一定风险，思路一旦出现偏差，许多工作都得从头再来。因此，需要咨询师有强烈的责任心和丰富的工作经验。

3. 提交诊断报告

在深入诊断分析之后，对分析结果进行组织整理，提供初步改进建议及方案框架，并在此基础上着手撰写诊断报告，最后提交。

2.2.3 方案与问题解决阶段

这一阶段是对客户面临的问题提出针对性的解决方案，依据方案解决客户面临的问题。一般分为以下几个步骤：

1. 选择研究方法和技术路线

根据咨询项目的性质、难易程度等，选择适当的咨询方法，建立分析问题的模型，确定解决问题的路径，并制定科学的技术路线。

2. 分析课题与资料

主要内容包括：分析课题中的关键问题，分析相关的资料和数据，寻找解决问题的突破口。

3. 组织讨论

为更深入地分析问题，项目组应当多次组织讨论。应当明确的问题有：①项目组为客户尽力实现的目标是否改变？已做的工作是否符合既定的路线？②客户的核心问题是什么？客户面临的所有问题中最关键的是什么？③对客户来说，问题解决的优先序列是什么？④哪些问题已经明晰并进行了初步的研究？哪些问题还没有明晰也没有展开研究？⑤解决关键问题的思路是什么？有没有具体的措施与方法？⑥是否存在环境因素的变化对项目的影响？内部环境和外部环境是否改变？应如何应对？⑦建议的解决路线和变革措施需要的时间和条件如何？⑧建议与设计如何实施？

4. 拟定解决方案

解决问题的关键在于提出解决方案，主要是提出可行建议和拟定可选的若干方案。

在拟定备选方案时，咨询师要考察客户的一些特征：客户的直接需求、客户的长远要求、客户的技能和能力、客户的已有基础、客户的财务状况等。

5. 评价方案

由于拟定的每一个备选方案有各自的特点与优势，同时可能存在缺点、代价甚至风险。财务方面的利益也会因为备选方案的不同而有所不同，因此需要对各种备选方案进行评价和优选。制定论证目标及评价指标体系，利用评价指标体系对已拟定的若干方案进行比较，从中选择最佳方案。

6. 提交阶段性咨询报告

对于时效较长的咨询项目，咨询方在开展一段时间的研究工作后，应当向委托方提交阶段咨询报告或中期报告，以便及时与委托方交换意见，由双方确认阶段报告的合理性、可行性。要允许委托方对阶段报告提出质疑。

7. 起草咨询建议或报告

在已完成阶段成果或所提交阶段性报告的基础上，项目组应指定专人负责，进行研究成果的汇总，按咨询项目最终成果的要求，起草最终的咨询建议或咨询报告。在咨询报告初稿完成后，应约见客户，将初稿的完成情况与其进行沟通。此时，有必要对成果进行反复分析、论证、研究和修改。

8. 审定与评估咨询报告

咨询报告完稿后，要反复审读并经过审查，在提交给客户之前必须交由首席咨询师或咨询方内部审查机构审阅，一般情况下，后者还会在前者基础上对报告进行优化改进。在沟通过程中，客户可能会提出新的要求或应当在报告中增加的内容。遇此情况必须要对咨询报告进行调整和补充，完成后才可定稿。项目组要对咨询报告进行评估，形成评估报告。

2.2.4 报告与项目完成阶段

这一阶段指按委托方要求完成收尾工作，注意完成后的反馈。一般来说，以提交咨询报告为标志。

1. 根据委托方要求或合同要求提交正式咨询建议或咨询报告

咨询建议一般以口头方式提出，其目的是使决策者接受咨询人员提出的方案。因此，要求咨询人员把咨询过程中酝酿过的解决方案加以解释，说明选择建议的正确性，同时分析方案可能遇到的风险和阻力，以及实施方案所必须具备的条件和技术方法。

咨询建议或成果发布可采用幻灯片、投影、图表等直观辅助手段。

一般来说，咨询方最终应向委托方提交完成咨询项目的书面报告。该报告要求包含解决委托方问题的关键，它反映了咨询方服务的质量，关系到咨询方的声誉，因此，要求数据准确、论述有理、简明扼要、通俗易懂。

2. 根据需要和项目特点参与实施或跟踪实施

项目在以下情况下需要参与实施或跟踪实施：①咨询报告中有许多不易理解的内容，或实施存在一定难度；②项目实施过程中可能会遇到较多的变化因素，或存在较大的风险与阻力；③是工程项目及比较具体的项目；④属于大型项目。

项目的参与实施或跟踪实施主要有三项内容。①培训。包括与委托方一起制订培训计划，或按委托方要求制订培训计划；选择培训内容；制作培训材料或幻灯片；按计划分批分阶段培训。②协助进行项目的宣传、动员，积极发动相关方以确保项目的顺利实施。③对方案实施过程中出现的各种问题及时做出反应，排查分析原因，提出应急的解决措施，修正原方案。

3. 咨询反馈

项目完成后，听取委托方对咨询结果的意见，掌握信息反馈。

（1）实施效果反馈

与委托方共同开展实施效果的调查与分析。考察方案实施后有无明显的效果、有多大的效果。对于战略咨询短期内难以见效的，也应做出初步的估计。

（2）项目组服务反馈

包括：①对咨询师个人的总体评价，咨询方向委托方调查咨询师的服务态度，可以通过委托方填表打分的方法进行；②对整个项目组的评价，包括对报告质量的评价；③对整个项目过程与完成质量的综合评价。

4. 项目评估

项目评估包括多项内容。在提交正式报告之前，需要对咨询报告的有效性与针对性进行评估，以确定咨询成果的水平与质量。在项目结束时，应对整个项目的研究与实施过程进行评估，评定该项目的整体效果，及时总结经验与教训，为以后的项目咨询和项目管理提供有益借鉴。

5. 建立和完成咨询档案

从项目一开始，就应有档案意识，保留所有重要的资料。项目结束时，必须整理所有关于本项目的资料，归档、存档。因为其中有许多属于客户的内部材料和保密资料，因此对项目档案的查阅必须有一定的限制。

2.3　客户需求与客户关系沟通

2.3.1　客户需求分析

咨询学领域所界定的信息需求更多的是与未解决的问题相关。若是更深入地探讨，需求是由人的需要引起的要求，而需要则属于人的本能的范畴。人的需要一般都可以还原为对物质、能量和社会的需要，这些需要往往是具体的，但由于存在信息与物质、能量的转换关系，这些需要又常常首先以信息需求的形式表现出来，信息需求逐渐成为人的本质需要与人的行动之间的中介物。当人的本质需要与人的信息需求的转换和交互关系发展到一定阶段时，信息需求也成为人的一种基本需要，即人可以直接用信息来满足自身的某些其他的需要。

1. 需求结构与需求满足

客户信息需求的基本结构包括了对信息本身（即信息客体）的需求及为

了满足这一需求而产生的对信息检索工具和信息服务方面的需求。首先，客户对信息的需求。按信息的内容可以分为对知识型信息、消息型信息和数据、事实与资料型信息的需求。其次，客户对信息检索工具、系统与网络检索的需求。这是客户获取信息的重要途径，具体包括对现期文献通报、文摘、题录的需求，对累积性检索工具和各种专题检索工具的需求，以及对自动化信息检索系统的需求。最后，客户对信息服务的需求。客户对信息服务的需求是多方面的，除包括一次、二次、三次文献服务在内的文献信息服务外，还包括数据服务和交往信息服务；除包括信息获取与提供服务外，还包括信息发布与交流服务。总之，在信息化条件下，客户服务需求的多元化、综合化趋势会越来越明显。

客户信息需求的满足应该包括两层含义，一是指客户得到了他们想要得到的信息，实质上是显性知识的获取；二是指得到的信息能够真正为客户所用，实质上是显性知识向隐性知识的转化。对客户需求的满足应考虑客户特性、信息内容、信息类型、信息数量、信息完整度、信息准确度、客户习惯、需求的阶段性等八个方面的因素。

2. 影响因素

影响咨询客户信息需求的因素主要包括客户的自身因素和外部因素两个方面，前者是内因和根本，后者则涵盖咨询机构、服务人员和社会环境等多个层面。

（1）客户本身的因素。这个最主要的影响因素不仅涉及客户的知识结构与信息素质、思维方式与外界交往以及客户的心理与行为，还包括客户的性别、年龄、职业、经济状况、文化水平、专业特长、技术职称、吸收信息的设备条件等。一般来说，受教育程度高、有专业特长、技术职称高、拥有接收信息的设备条件的客户，信息需求量大，专业程度也深，其他则不同。

（2）咨询机构的影响。咨询机构的服务方式、服务水平、服务态度、资源收藏的范围、丰富程度、使用便利程度、保存时间以及其周边环境等，在不同程度上会影响客户的信息需求。

（3）咨询人员素质。咨询人员的素质会在其服务中反映出来，低下的素质很难提供优质的服务，对客户信息需求的积极性将造成很大的打击；反之，良好的工作素质和服务态度则会推动客户咨询需求的全面满足。

（4）收费问题。除了商业性的咨询机构，对图书馆等咨询部门提供的有偿服务，客户也开始接受，但其收费标准、价格高低仍会在很大程度上影响客户对信息的需求。

（5）社会信息意识。整个社会的信息意识、对信息的敏感程度都会在客户周围形成环境因素，并影响客户的信息心理和行为，进而直接作用于客户的咨询需求。

（6）市场发育程度。信息市场发育程度高，对信息供需情况反应灵敏，客户对信息需求就必然旺盛。另外，还有其他一些因素，如科技发展水平和经济发达程度、国家的方针政策等，都可能对客户的信息咨询需求产生直接或间接的影响。

在传统服务模式下，咨询活动可分为三个层次：一是简单咨询，相当于客户指南，主要回答使用图书情报机构的过程中的常见问题；二是辅导咨询，主要回答客户需要查找的文献信息资源的线索途径等问题；三是专题、课题咨询和课题跟踪服务等。网络的发展及服务对象范围的扩大使咨询服务所提供的内容应该突破以上三个层次，如针对客户个人兴趣的阅读指南，选择学校、更换工作等生活所需的信息，以及文献研究成果，供决策参考的方案、研究报告、政策信息、商业信息、法律信息等，这些动态信息的需求也应占一定的比重。

由于信息资源分布的分散性及信息技术利用的分离状态，传统的咨询服务中客户获取信息的方式是按个别需求的形式进行，客户对信息客体、对检索工具与系统，以及对各种信息服务等的需求往往也是通过不同的途径来实现。计算机及网络技术的高速发展，从根本上改变了信息资源的开发、组织和分布状况，使客户可以方便、快速地按主体客观需求在网络环境下集中获取所需信息。

咨询服务理论深化的表现之一，就是重视研究社会群体客户对信息咨询的要求。所谓社会群体，指人们通过一定的社会互动或关系而结合起来进行共同活动的集体。考察社会群体客户的信息需求时，最需关注的主要是与其职业角色有关的信息需求。

2.3.2　客户关系沟通

1. 沟通的意义与作用

美国一所大学在研究诸多成功管理案例时，发现在一个人的智慧中，专门技术经验只占成功因素的15%，而85%则取决于有效的人际沟通。有效的人际沟通是营造良好的人际关系、预防和解决人际冲突的一条重要途径。从某种意义上说，有效的人际沟通是一个群体取得成功的主要因素。

咨询人员良好的沟通能力是为信息客户提供优质服务的基本保证，是在信息资源与信息客户之间建立的一座必不可少的桥梁。成功的咨询沟通不仅依赖于咨询人员的观念、学识、技能，以及客户自身的信息能力，而且有赖于沟通所处的实体和社会环境。在非常重视人性化、个性化服务的国家，还就特殊条件下的沟通交流进行了详细研究，如针对儿童、年轻人、残疾人的研究，以及对客户指导接谈、远距离接谈（包括电话、E-mail、社交媒体、在线会议等）的研究。这一系列相关研究都在不同时期有效提升了客户的需求满意度，推动了咨询服务的不断发展。

在信息咨询工作中，客户有时候并不能清楚地表达他们真正的信息需求，另外，对咨询机构的某些误解也会导致他们不能充分表述咨询问题。一般情况下，如果咨询人员只是按照客户所问的问题做简单的回答而没有进行深入钻研，可能难以满足客户真正的信息需要。咨询服务中良好的客户沟通需要考虑的问题主要有：①客户的初次提问有时并非真正的咨询问题；②客户有时很难用一种咨询人员所习惯的表达方式提问；③有些客户常常问一些很宽泛的问题；④特殊的客户有特殊的信息需求；⑤客户的期望有时会过高或过低；⑥客户有时会出现迷茫或担心；⑦咨询结束后是否需要继续反馈跟进。

完美的沟通是思想或相关信息传递到接受者后，接受者所感知到的心理图像与发送者发出的完全一样。然而，在现实生活中不可能存在这样的理想状态，包括信息咨询在内的社会活动中会产生各种各样的沟通障碍，造成人际冲突。

（1）消除交流障碍

人际沟通中的障碍主要表现如下：一是语言问题，二是理解问题，三是环境干扰，四是信息含糊或混乱。另外，还有其他一些因素影响着信息的有效沟通，如成见、聆听的习惯、气氛等。在咨询活动中，工作人员和客户都会不同程度地受到一些负面心理因素的干扰，其中既有自身的原因，也有沟通不畅造成的障碍。

第一，客户的“刻板成见”。

在咨询活动中，客户可能因为对咨询人员产生不良印象从而形成某些成见，这种潜意识中的不良印象会妨碍客户对咨询人员性格特点和职业素养的真正认知，从而做出错误的判断。充分的沟通和全面的交流能够尽可能地避免客户“刻板成见”或“刻板效应”（stereotape）的产生，并消除已形成的成见带来的恶劣影响。

第二，咨询人员的“意志疲竭”。

“意志疲竭”（burn out）在咨询过程中表现为咨询工作者的情绪不稳定、行为倦怠、缺乏耐心等行为倾向。咨询人员长期从事固定且重复度较高的工作，烦躁不安、厌倦懈怠的情绪极易滋生，此时意志已逐步丧失对行为的控制力，从而导致咨询接谈的失败。但心理学同时认为，这种意志的波动是暂时的、正常的，只要咨询人员针对“意志疲竭”产生的动因加以适时调节，与客户之间达成良好的沟通和理解，这种消极状态是可以避免的。

第三，双方的心理障碍。

客户的心理障碍通常表现为害羞、顾虑、自卑等，导致其在咨询过程中不能有效地提出问题。一方面，由于他们内心中的羞怯心理使其不能成功地将潜在的信息需求转化为显性的信息行为，无法清晰流畅地表述出想咨询的问题；另一方面，在清楚自己信息需求的情况下，他们也不愿意暴露自己某方面的欠缺甚至无知，或是不确信咨询人员能为他们提供有效帮助，因此对提出的问题含糊其词甚至干脆缄口不语。除了客户，咨询人员本身也可能存在一定程度的心理障碍，可能对自身专业知识、业务技能的不足感到自卑，也可能认为职业地位不高而困惑、迷惘，诸如此类的心理劣势都将影响咨询活动的正常进行。尽管咨询双方的心理障碍都难以避免，咨询人员仍应当利用沟通技巧，通过自身健康、自然的言行举止和亲和力来逐步消除由此产生的负面影响。

（2）避免人际冲突

人际冲突泛指人与人之间的冲突，人际冲突问题是一个普遍存在的问题，它几乎存在于人与人的一切关系之中。引起人际冲突的因素主要包括以下方面：

①沟通方面。指语义理解困难、相互误解，缺少沟通或沟通过于频繁，以及在沟通渠道中的噪声等，都可能引起人际冲突。

②组织方面。组织变动、组织规模过大、组织中责权不清、管理者的风格不具有亲和力、激励机制不合理、分配给成员的任务与能力不符等均可能导致人际冲突。

③个人方面。多方面的原因导致人的价值观、世界观的不同，引发人们对相同问题的看法各异。

咨询活动中的人际冲突虽然表现得不是十分激烈，但轻微的关系摩擦和潜在的心理障碍仍会极大地影响咨询服务的质量。客户接洽及咨询机构的内部管理活动都需要以有效沟通为手段，消除交流障碍，避免人际冲突，高效适时地传递真实可靠的信息。

（3）优化咨询服务

在咨询机构业务活动的开展过程中，服务质量的评定也与客户沟通交流密切相关。

2. 沟通的原理

作为一种最为常见的社会活动，客户沟通的主要目标有：①获取客户的信任；②对客户所提问题有明确认识，以求尽可能完整回答；③确保客户对所提供的答案是满意的。整个沟通过程包括信息及其意义的传递与理解两个方面，其中涉及信息的编码、传递、解码、吸收等过程，包括噪声在内的环境因素的影响。

客户沟通是一个以客户和咨询人员为两端的双向交互过程，具有鲜明的特点。

（1）在客户沟通中，沟通双方都有各自的动机、目的和立场，都设想和判定自己发出的信息会得到什么样的回答。客户从自身的需求出发表达意愿，工作人员则以可控资源为基础接受请求，提供服务。

（2）客户沟通借助言语和非言语两类符号，这两类符号往往被同时使用。二者可能一致，也可能矛盾。沟通双方的信息传递通过多途径进行，在很多信息不对等的情况下，充分、反复交流显得尤为重要。

（3）客户沟通是一种动态系统，沟通的双方都处于不断相互作用中，刺激与反应互为因果。咨询需求得以满足，建立在信息的有效传递、获取和理解的基础之上，沟通双方在咨询活动中轮流承担主体的角色。

（4）在客户沟通中，沟通的双方应有统一的或近似的编码系统和译码系统。这不仅指双方应有相同的词汇和语法体系，而且要对语义有相同的理解。语义在很大程度上依赖于沟通情境和社会背景。

（5）客户沟通能力由三元成分组成：沟通倾向、沟通技能和沟通认知能力。在沟通认知与沟通倾向、沟通认知与沟通技能之间存在直接的相互联系，而沟通倾向与沟通技能之间则是通过沟通认知发生间接的相互作用。

3. 沟通的符号系统

人际交往必须借助一定的手段才能进行。符号系统是沟通交流的主要工具。在心理学的文献中，一般将符号系统分为语言符号系统和非语言符号系统。

（1）语言符号系统

语言是一种以社会文化为背景的约定俗成的符号系统。语言的社会功能主要表现在两个方面：一是思维的功能，二是交际的功能。语言的交际功能既体现在人们凭借语言交流思想，同时也体现在凭借言语交流感情。

语言符号系统是社交的最重要工具，是其他交往工具所无法代替的。除语言工具外，还有一些语言符号，如手势语、旗语、电报代码、灯光等。但这些都是在语言文字的基础上产生，它们只能起辅助的作用。当然，在某些场合也可能起到不可代替的作用。

（2）非语言符号系统

非语言交往一般指个体运用动作、表情、体态、语调等方式进行的交往活动。在一定的条件下，非语言符号系统可以独立地完成一些交往活动。如某个眼神，就包含了某种意义。

从社交的角度来看非语言的作用，可以将其分为动态无声、静态无声的非语言交往，以及有声的（副语言）非语言交往等三种形式。所谓动态无声的非语言交往，主要包括面部表情和手势等所起的交往作用。尽管它们都是无声的，但却是不断在发生变化的，因而被称作动态无声的非语言交往。静态无声的非语言交往，则主要指人们的体形、穿着及空间距离等。这些非语言交往的组成，都是在静态中传达信息，起到交流和沟通的作用的。所谓有声的非语言交往，主要包括说话时声音的音量、音调、变音转调、节奏和停顿等。辅助语言在社交过程中起着重要的作用，因为语调、音量大小、说话速度的快慢等，都能影响一个人情感的表达。如同样的一句话，只是语调或语速不同，表达的意义则完全不同。

4. 沟通的措施

咨询机构应积极运用客户沟通策略来处理与客户的关系，即采用多种形式的手段来疏通机构及其工作人员与客户之间的关系，实现彼此间信息的平等、互利的双向交流，最终实现相互理解、相互促进。通过实施客户沟通策略，还有益于塑造适合咨询机构生存与发展的良好的人文环境。

在咨询活动过程中，工作人员应坚持以下客观性原则：①不要突然插入自己对咨询主题的观点或评论，要尽可能地给出正确而客观的答案。如果有什么互相矛盾之处，要尽量在不同的地方去查找。除非工作人员是该领域的专家，否则应该向客户提供各种观点的信息，让客户自己去判断哪个答案才是正确的。②避免使用过多的行话，解答咨询时应注意使用客户能理解的术语。③尊重客户的隐私，在咨询结束之后不要传播交谈内容等。

具体的沟通举措涉及良好的环境塑造、语言和非语言沟通技巧的训练，以及主动的宣传推广等方面。

（1）良好的环境塑造

如果希望一次面对面的沟通取得成效，选择一个能够集中精力倾听的场所显得尤为重要。应尽量减少来自外界的，包括电话、电脑等办公设备在内的干扰，以免分散注意力并打断与咨询者的交谈。

关于环境布局，要根据沟通目的来选择合适的空间布置。比如，进行非正式的交谈就最好不要有桌子等隔离物，而对于正式的谈话，就应当选择桌子作为必要的业务工具。另外，还应当考虑沟通双方之间的距离。可参照人类学家爱德华·霍尔（Edward Hall）的研究成果，他将谈话者之间的距离划分成四个距离范围：亲密区（15cm ～ 46cm）、个人区（46cm ～ 1.2m）、社交区（1.2m ～ 3.6m）、公共区（3.6m 以上）。

第一印象是人际交往中的常见表现之一，指两个陌生人相见后形成的最初印象，是人们认知的最初产物。咨询沟通作为咨询人员与客户之间面对面的人际交流活动，很多情况下都始于第一印象。所谓“好的开始是成功的一半”，如果咨询人员能够在咨询接谈开始之初充分展示出良好的个人素养和友善态度，激发起客户进一步提问的内心需求和兴趣，在很大程度上就确保了咨询活动的有序进行。从心理学上来说，第一印象的产生有赖于人们知觉因素与情感因素的结合。咨询接谈时客户的知觉，主要包括客户对咨询台及其周围环境的陈设、布置等情况的整体印象，以及对咨询人员服饰、谈吐、面部表情、身体姿势等方面的综合感知。这些最初的印象将直接影响到客户的情感波动，从而影响到与咨询工作者的下一步交流。

国外对这一方面已进行了具体深入的研究，如关于咨询台设置（service desk）的论证，是采取柜台式还是桌椅式，是放置在专门的咨询接待室还是一般阅览室等，目的都在于如何使客户更容易产生开展情报行为的冲动。国外研究者还从有形设施（physical location）、标识醒目度（signage）、可访问性（access）及指南手册（brochures）等方面进行了详细研究。

随着信息科学和网络技术的进步，现代咨询机构的诸多业务工作发生了根本变化，传统咨询活动中工作人员与客户一对一、面对面的直接交流方式频繁地被以计算机网络为媒介的间接方式所取代。这主要表现为网上虚拟参考台、实时在线咨询、FAQ 解答等，使客户无须亲自面对咨询人员就能享受到信息服务。初看上去，咨询接谈中所谓的“第一印象”似乎已退居幕后，但服务环境的塑造重心转到了虚拟空间之中。咨询机构的网络主页设计，要注意界面的有序化、个性化和友好度，咨询栏目和窗口设置要充分考虑到客户的直观感受和心理，要力求给客户留下良好的第一印象，使其潜在的信息需求被调动起来，产生咨询渴望和现实的信息行为。

（2）语言沟通技巧

在具体的接谈过程中，要充分调动起咨询人员与客户的主观能动性，使两者达到和谐融洽的互动交流，咨询人员应灵活运用以下交流技巧：

①积极的倾听

史密斯（M. Smith）将积极的倾听这一概念应用到咨询沟通活动中来。它指先耐心地听说话人表述信息，然后接受者将所理解的信息用自己的语言反馈给说话人，以便证实其所要传达的真实含义，如果有误，再复述信息以重新验证。工作人员首先应该做到的就是耐心细致地倾听客户的诉求问题，以便领会客户的真实需要。

咨询专家杰拉尔丁·金（Geraldine King）将咨询沟通分成两个阶段，针对不同阶段采取不同的提问方式：在初始阶段，咨询人员要鼓励客户充分表达自己的要求，控制和引导接谈活动的有序进行。故这一时期应以开放式提问（非限定性提问）为主，鼓励客户尽量完整而详细地表达出信息需求。到了第二阶段，咨询人员可向客户提供指导，将咨询问题与可供利用的文献信息相联系。这一时期的提问方式随之变化，以封闭式提问（限定性提问）为主，具体落实到对所提问题的解答上。

进行开放式提问的关键在于咨询师通过向客户提问的方式对客户回应自己的内容进行控制。这样的提问可能限定在一个小的问题范围或者限定了问题的方向，以此进一步明确咨询需求的主题。开放式的问题通常以下面两种方式开始：第一，使用“如何”“什么”或者“为什么”。用这三个词语开始的提问能够让对方以自身的方式做出回应。例如，“你最终是需要什么样的信息载体？”或者“你对这个学科领域的现状最关心的是什么？”第二，通过开放式提问引出细节。比如，“请跟我讲一下……”“给我举个……方面的例子”“告诉我……”都是通过使用开放式的提问鼓励对方说出细节的办法。

②有效的提问

与开放式问题相比，其他类型的问题让工作人员能够以一种更直接明了的方式收集信息。

封闭式问题。封装式问题的提出，对于分离出明确的信息并揭示问题的真相和细节都是重要的工具。为得到明确的回应，组织你的问题时，封闭式问题的例子有："你需要相关的统计数据吗？"或者"你对这些外文资料感到满意吗？"这些封闭式的问题会将讲话者的回应限定在一定的范围内，通过引入明确的细节以便得到自己所期待的"是"或"不是"的答复。

假设性的问题。一个假设性的问题通常以"如果"或者"假设"开始，这有助于工作人员收集关于客户真实的思维进程和思想状态的信息。

强迫选择性问题。即让回应者被迫选择本身未必互斥的选项之一。这种类型的问题和其他封闭式问题一样，能够得到一个明确的回答。当想让客户在一两个问题之间做出选择的时候，这种选择性提问非常有用。

（3）非语言沟通技巧

美国传播学家雷蒙德·罗斯（R. Rose）认为，在人际交流中，人们所得到的信息总量只有35%由语言符号传播，其余65%则来自非语言符号，其中面部表情更是占到了总量的55%。语言交流是间断的，而非语言交流是连续的。在语言信息无法或难以传递的场合，非语言信息的传递并不受阻碍。实际上，人际交流中各类非语言符号有其特定的含义，非语言信息采集在各行各业都有很大的应用价值，它对于从事新闻采访、企业活动、学术研究、服务工作等的人员采集信息起着不可替代的作用。

非语言信息可信度高，对语言信息起着辅助、补充、强调和验证的作用。语言是受信息传播者直接控制的，是人们有目的、有意识地发出的。而姿态和动作等非语言信息是传播者难以控制的，它们更多的是处在人们无意识之中，或是在下意识中产生的。非语言信息具有文化性。同语言交流一样，非语言交流表现出一定的社会和民族差异。

苏联社会学家安德烈耶娃将非语言交流分为以下四类：①动觉符号，包括点头、皱眉、微笑、手势语言等（可归纳为面部表情、眼神、姿态动作）。②副语言，包括咳嗽、语气、语调等。③空间接近，包括交流双方的位置、方向和距离等。④视觉定位，包括凝视、斜视、扫视等。另外还有衣着、仪表、物品等内容。

非语言交流不同于语言交流，它是一种无声但有形的交流，能形象、具体地将要表达的意思通过非语言的方式表露出来。它和语言交流是补充、强调、替代、重复、矛盾的关系。

咨询沟通作为一种典型的人际交往活动，形式可分为有声和无声两种。整个沟通过程则是这两种形式的有机融合。有声主要指纯语言交流，这是信息交流中的重要渠道；无声则指非语言行为，主要涉及肢体语言（如面部表情、神态，身体的动作、姿势等）、辅助语言（如发出哼声、叹息声，沉默等）、亲近程度（如人与人之间的身体距离等）及接触（如握手等）。所谓“此时无声胜有声”，很多时候无声交流较有声语言更能传情达意，更能默契和谐地完成信息沟通过程。“察言观色”正反映了这种无声接谈形式的核心内容。这就要求咨询人员以敏锐的眼光和细腻的心去观察客户的神情、姿势、行为举止，从中判断客户的提问意图，了解他们的真实需要，促进咨询接谈的顺利进行。正如玛丽·乔·林奇（Mary Jo Lynch）所言：“咨询馆员从客户的穿着、他或者她携带的东西、其对于使用图书馆的信心如何等这样一些迹象中，同样能获得信息。”

为此，中国学者总结出一系列的“非语言沟通艺术”：

①情态语艺术

情态是人们感情、欲望、希望等一切心理活动的“展示器”。每个人的面容如同一幅反映自己生理和心理的“广告牌”，随时将人的身心状态刻画得既清晰又形象，因此倾听的时候应当注视对方的眼睛和脸部。在东西方文化中，眼睛的直视就表示信任。作为一名倾听者，如果有20%的时间都没有注视对方，就表示对话题缺少兴趣和投入度。通过关注客户的表情，工作人员不仅表现出自己对沟通交流的兴趣，而且能够通过非语言行为获得信息。

②体势语艺术

与脸部器官所表达的情态语不同，体势语专指人体的手、足、肩、腰、腿等躯肢动作姿势所表达和感知的特定的含义。例如，要保持投入的姿势就应该摆正自己的肩膀，直接面对咨询客户，不要转向一边，甚至给人“冰冷的背影”。同时，应当保持适当的前倾坐姿以显示倾听的专注。

③行动语艺术

作为传情达意的一种重要手段，“行动语”具有特殊的艺术魅力。它从多维的角度，并以隐喻的特性，向对方传达许多不便言传的信息，从而实现思想信息的交流。例如，人们在近体交际中的拉手、挽手和爱抚，以及当一个人在心情紧张或感到为难时表现出的各种潜意识动作，诸如搓手、揉眼、玩弄手指等，都会在不同的情境中表达出特定的信息内容。具体来说，在接受客户咨询时，不应玩弄手指、文具、头发或其他物品，不要踮脚或两腿晃荡。应当根据客户的肢体动作，自然地做出配合性的反应。

④标志语艺术

“标志语”是指一个人在环境设计、物体选用、服饰配戴等方面，借助物体所传递的具有一定意义的信号。在人际交往中，特别是初次接触与会面，一个人或某种情境给他人的印象、感受如何，在一定程度上取决于非言语的行为语言，而“标志语”是一种感染力很强的信息传播媒介。直接面对客户的咨询人员应该时刻关注自己的仪容仪表，恰当的修饰有助于实现和谐融洽的沟通与交流。

（4）主动宣传推广

除了沟通双方的直接交流，咨询服务的开展还离不开机构以宣传资源、推荐服务为目的的主动行为。这种面向非具体客户的推广活动同样能够获取一定的反馈信息，形成一种独特的沟通交流。其特有的覆盖面广、信息传递迅捷准确等优势显得尤为重要，是客户沟通中不可或缺的有效手段。

①口头宣传推广方式

也称“语言性宣传推广方式”，是一种借语言来传播宣传推广内容信息的途径。通过工作者对客户直接讲话或双方对话来完成组织机构的宣传推广目标。常用的方式主要有“个别交流”和“集中指导”两种。前者是客户工作中经常采用的一种最直接、最方便、最灵活的传统宣传推广方式，适用于对个别客户的针对性服务；后者主要包括“客户座谈会”“书评报告会”“专题讲座”等群众活动。

②书面宣传推广方式

也称“文字性宣传推广方式”，是运用文字材料传递宣传推广内容的一种行之有效的途径。具有内容准确、作用广泛、时效长远等优点，采用得最多的方式包括：墙报、板报；新书通报；专题书目、文摘、索引、动态、快报；等等。

③直观宣传推广方式

是通过直觉形象的展示进行的一种宣传推广途径。行之有效的方式包括：图片展览、宣传橱窗、实物陈列、网站互动、音视频播放等。这些直观的作品展示为客户提供了深入了解信息资源的多媒体窗口，开辟了客户沟通的新型渠道。

2.4　咨询的基本模式

咨询的模式有很多，有咨询业务流程模式，也有咨询机构组织模式。美国米克·科普（Mick Cope）在《咨询的7C模式：咨询业务全程指导》中提出了咨询过程的7C模式，即七个重要阶段：①客户（client），这一阶段重点是要正确理解所要涉及的人物和问题，确定客户的价值观、对形势的洞察力、最终结果、目标及能够影响最终结果的人物。一旦进入这一环节，必须明确：你能够为客户实现怎样的价值，同时客户能够回报你什么效益。②明确（clear），这一阶段的基本问题是要知道“发生了什么事情？”“又将会发生什么事情？”明确要解决的问题本质和细节，审慎组建系统，明确变化中包括和排斥的人物与事件，并确定任务安排过程中的风险区域。③创新（creative），这一阶段就是使用创新技术寻求一种持续性的解决方法。④变化（change），这一阶段要知道解决方案实施后将会有什么样的变化，明确有哪些相关因素会促使变化的成功，尤其要考虑到可能涉及的人的因素。⑤确认（confirm），通过定量和定性分析来确认即将发生的变化。⑥持续（continuance），确保项目脱离顾问指导后，变化仍可持续进行，已有的变化或建议能持续下去。⑦结束（close），终止和客户的雇佣关系，此时还应该明确最终结果价值增值、新型学习方法以及未来可能采取的行为活动。每一环节提供了实用的工具与方法。这里重点介绍咨询介入模式和咨询公司模式。

2.4.1　咨询介入模式

信息咨询的具体模式，一般是根据咨询方与委托方之间的关系或者针对委托方或客户的特点与要求，以适当的方式进行咨询介入的模式。根据赫伦（Heron）1990年对咨询师行为介入的六类分析框架，信息咨询的介入有权威式介入和推动式介入两种模式。

1. 权威式介入

权威式介入是指咨询方以某种权威的方式介入咨询过程，可能的情况是：咨询方利用权威的身份或关系（如客户的上级或老师）帮助客户解决问题；咨询方具有解决客户某种问题或某一类问题的权威性。权威式介入分为以下三类：

（1）指导性介入

指导性介入是咨询方以指导的身份介入咨询过程。介入者具有公认或客户认可的权威，介入的方式有指导、建议、推荐和要求。

（2）信息性介入

信息性介入是咨询方以信息利用的特征介入咨询过程。介入者拥有与客户问题相关的丰富的信息或信息资源，介入的方式有告知、解释、说明、反馈。

（3）对抗性介入

对抗性介入是咨询方以批评者的角色介入咨询过程。介入者有相当的权威性或取得客户充分的信任，介入的方式有反驳、不同意、提出挑战性问题、提高客户的关注程度。

权威式介入对咨询方的资质有较高的要求。咨询方必须具有符合客户需要的较高的条件，具有相当的权威，才能获得客户的信任和支持，并愿意采取这种方式。其优点是客户对咨询方有先入为主的较高评价，接受咨询的成功率比较高，客户愿意配合咨询过程，并易于接受咨询方的建议。缺点是咨询方的权威性导致客户对咨询方的过分相信和依赖；又由于客户存在较高期望值，一旦效果不佳，易于造成客户的失望，从而影响对咨询方的客观评价。

2. 推动式介入

推动式介入是指咨询方以一种从属、渐进的方式介入咨询中，可能的情况是：咨询方将客户放到主要地位而自己则处于从属地位，表现出一种低调的态度；鉴于客户对咨询方的实力和影响并不像同行那样了解，咨询方希望通过实际努力获得客户的支持和信任。推动式介入分为三类：

（1）理顺性介入

理顺性介入是咨询方以调理和调解者的身份介入咨询过程。介入者通过帮助客户协调解决内外矛盾、理顺各种关系来取得客户的认可。介入的方式有减轻压力、自然延伸、鼓励对方表达情感等。

（2）催化性介入

催化性介入是咨询方以启示和强化的特征介入咨询过程。介入者引入或深入客户的问题，通过启发和强化客户达到解决问题的目的。介入的方式有运用自我发现的结构、提出开放或封闭的问题、反思、总结。

（3）支持性介入

支持性介入是咨询方以支持者的角色介入咨询过程。介入者通过支持客户的某种想法或立场，获得客户的支持。介入的方式有评价、肯定、欣赏、表达自己的担心、欢迎。

推动式介入对咨询方的能力有较高的要求。咨询方在没有相应权威的情况下，必须依靠自己的介入技巧和实际能力获得客户的认可和配合。其优点是咨询方对咨询问题有深入的了解，并投入相当的力量进行有效的研究，咨询项目方案和实施的成功率比较高。缺点是易于造成客户与咨询方地位的不平等，使客户处于居高临下的姿态，从而影响客户在咨询过程中的配合度。

2.4.2　咨询公司模式

咨询机构是社会咨询系统的主体，是咨询服务的提供方。在一定的外部社会环境条件下，咨询机构的效能取决于内部的组织模式。具有一个健全高效的组织结构是咨询机构顺利开展咨询业务的前提。咨询机构的组织模式表示咨询机构内部各个部门之间的关系，是咨询机构管理的静态表现。由于咨询机构的规模、提供服务的专业、服务范围及独立程度不同，咨询机构的内部结构形式也有所不同。咨询机构的组织模式设计，与一般组织设计原理相同，即组织结构必须适应组织目标和发展规划，同时也必须适应外界环境的变化和要求。

1. 常见的咨询机构组织结构

（1）金字塔型组织结构

金字塔型组织结构是一种最简单、最古老的组织形式。早期咨询企业多采用这一形式。这种形式的机构中高级人员较少，中低级人员较多，处于最上层的老板在组织中具有绝对权威，对机构所有业务和客户关系保持个人的控制权，他将组织的总任务分成许多部分，分配给下一级负责实施，而这些下级负责人员又将任务进一步细分后分配给更下一级，沿着一根不间断的链条一直延伸到每一位雇员。通过职能专业分工、标准化的工作程序和规则对组织集中进行管理，组织的每一项任务都用一个有效的工作方法指导，有利于提高效率，规范组织内部工作机制，使各类人员可以齐心协力为组织的目标共同奋斗，极大地拓宽了组织所能达到的广度和深度。

在这种组织结构中，主任、经理或所长独自执行一切指挥和管理职能，除负责咨询企业对外联系和内部管理外，还同时参加咨询工作；机构内部很少设置专职的财务人员或内部管理人员，只配备少数职能人员，如会计、出纳、秘书协助领导工作。

咨询公司的金字塔型组织形式如图 2–2 所示。

金字塔型组织形式的优点是指挥系统单一、命令统一、指挥及时、决策和行动快捷、职责明确、管理费用低、机构简单。缺点是对管理者的素质要求高，同时管理者需亲力亲为许多具体业务，工作过度紧张，不能获得专业管理分工的利益，特别是随着企业经营业务范围扩大，企业发展时会出现管理危机。此外，组织内部的横向联系也较差。这种组织形式一般适合规模小、服务专业比较单一、业务范围比较窄的小型咨询企业。

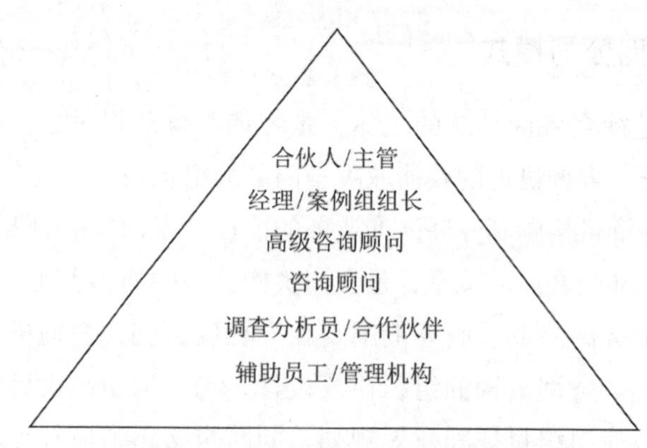

图 2-2　咨询公司的金字塔型组织形式

资料来源：苏格塔·比斯沃斯，达瑞尔·敦切尔．管理咨询行业指南——成功跻身咨询业［M］．北京：人民邮电出版社，2003：26.

（2）直线职能型组织结构

"直线职能制"或称"直线参谋制"（图 2-3），是对直线型组织结构的改进。在这种组织结构中，在总经理之下，按照职能的不同设置相应的管理部门和人员，分别从事财务、人事等专业管理，是各级领导的参谋或助手，职能部门仅有协调作用，负责对下级业务进行指导，而没有参与指挥的权利，指挥权归各级行政领导所有。同时，把经营业务人员进行分工，设置若干咨询组，咨询组内有若干专业相同的咨询人员。其优点是可以利用专业和管理分工的优势，提高管理效率，同时又便于统一指挥，使企业管理形成完整的系统。缺点是各部门之间横向配合困难，易发生摩擦，增加了管理工作的成本和费用开支。这种模式比较适用于中型或大型的咨询机构，如日本的三菱综合研究所（Mitsubishi Research Institute，MRI）、德国的工业设备企业公司等都采用这种模式。

（3）柔性型组织结构

柔性型组织结构又称任务型组织结构，是一种横向结构。这种组织模式是主从型、协调型，是咨询机构中最为常见的组织结构。它只有少量专职研究

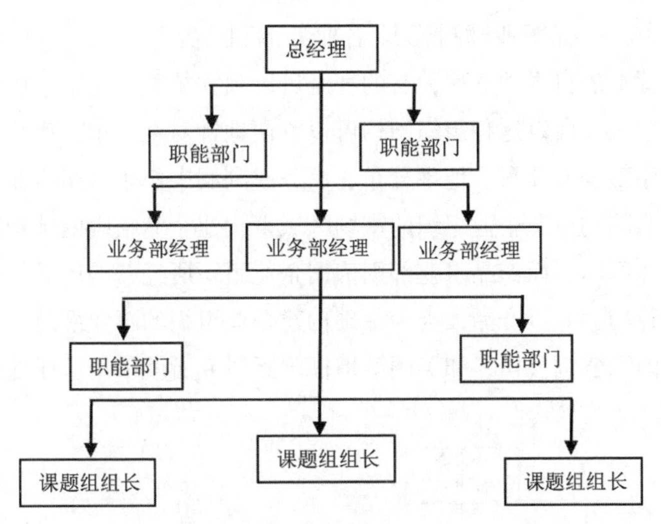

图 2-3 直线职能型组织结构

人员，不设研究部或研究室，但设有理事会、评议会、规划部、总务部等组织管理部门。专职人员主要担负组织协调职能，研究人员根据课题需要从外部聘请、组成研究小组，所以又称“任务型”。一旦课题结束，研究小组就自行解散。

这种模式的组织机构精简、灵活多变，可根据具体情况组成临时组织，并能经常选择最合适的人才，故效率比较高。但因没有自己的研究队伍，很难开展中长期研究。如美国的现代问题研究所、中国科协咨询中心及日本的政策科学研究所（图 2-4）等就采用这种组织结构。

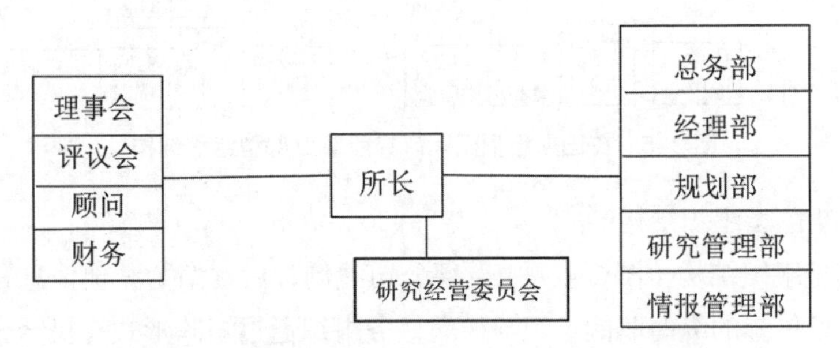

图 2-4 日本政策科学研究所的柔性型组织结构

（4）事业部型组织机构

事业部型组织机构是欧美、日本大型企业所采用的典型的分权制组织形式。其发展原因是多样性经营所引起的管理上的需要。特点是把咨询机构的业务咨询活动按专业咨询内容或地区的差异，建立若干咨询业务部和研究部（如地区事业部制、产品事业部制等）。各业务部和研究部在咨询机构总部的领导下，具有经营上的自主独立性，有的甚至可以独立核算，通常采用直线职能制的组织结构形式。所以这种组织结构可以方便地针对某个单一产品、服务、产品组合、主要工程或项目、地理分布、商务或利润中心来组织事业部。一般来说，地区事业部制按照企业组织的市场区域来构建企业组织内部相对具有较大自主权的事业部门，而产品事业部则依据企业组织所经营的产品的相似性对产品进行分类管理，并以产品大类为基础构建企业组织的事业部门。这种模式比较适合大型国际咨询公司，如美国斯坦福国际研究所就采用事业部型组织结构（图 2–5）。

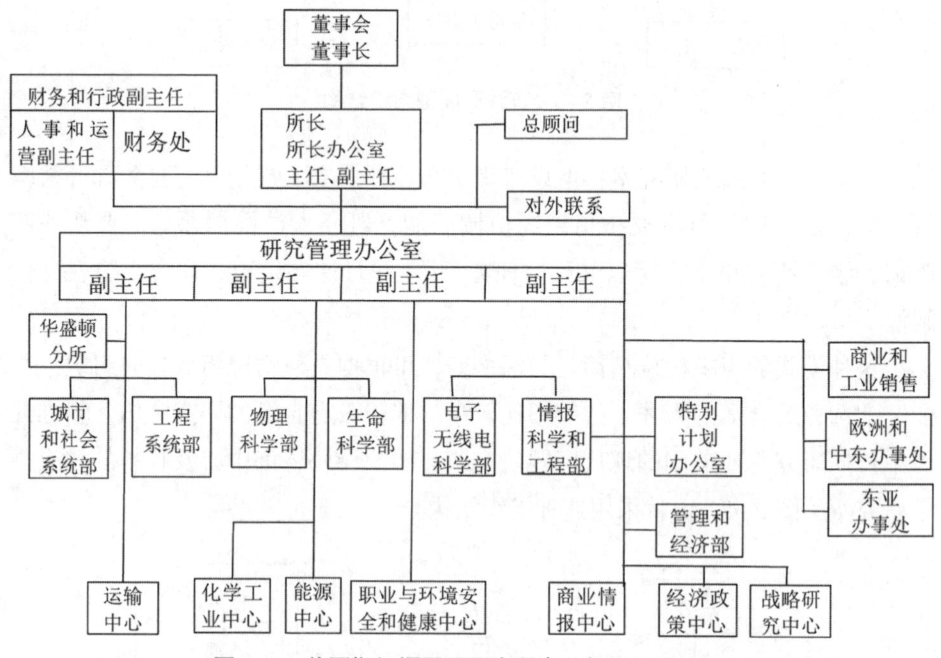

图 2–5　美国斯坦福国际研究所事业部型组织结构

（5）矩阵型组织结构

矩阵型组织结构（图 2–6）由兰德公司独创，后逐渐为其他信息咨询机构采用。它把传统的纵向职能组织与横向任务组织通过矩阵形式有机结合，从而形成一种具有双道控制系统的多元结构组织。既有按学科、按专业组织的研究室或部门，又有按任务或项目组成的临时课题组。在实施咨询项目时可以临时从各常设部门中抽调咨询人员组成项目小组，小组成员既受项目小组长指导，又受原来常设部门的行政领导。项目完成后，即回到原来常设部门或参加新的咨询项目的工作。该组织结构的显著特征是具有双向权力体制，具有高度的灵活性与可控性，便于进行多学科多专业的人力资源优化组合，既有利于发挥专家的作用，保证项目质量，又便于人才的培育与交流，而且有利于部门之间的横向交流，是许多现代咨询机构普遍采用的模式。但这种模式也不可避免地存在着缺陷，如容易形成多头领导、政令不一，造成项目经理和部门经理之间的权力之争。临时组建的项目小组要求成员具有高度的团体协作精神和适应力，能在短时间里相互磨合，形成高度团体凝聚力。

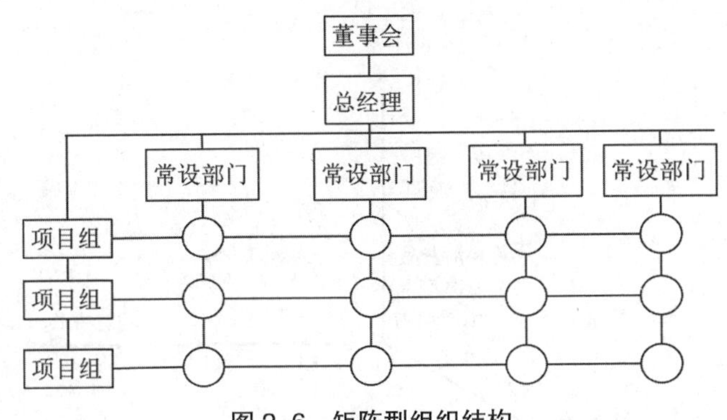

图 2–6　矩阵型组织结构

（6）多维型组织结构

多维型组织结构是由美国道–科宁化学工业公司于 1967 年首先建立的。它是矩阵型和事业部型组织机构形式的综合发展，又称为多维立体型组织结构。它在矩阵型组织结构（即二维平面）基础上构建产品利润中心、地区利润中心和专业成本中心的三维立体结构，若再加时间维度可构成四维立体结构。多维组织结构目前是西方国家的大型企业集团及跨国公司普遍推崇的一种组织形式。

信息咨询机构采用这种形式时，通常将组织结构划分成三个组成部分，形成三维型组织结构。①区域行政体系：欧洲、美洲、亚洲等区域国家。②行业或产业体系：交通、运输、钢铁、能源、电子等行业。③功能中心或专业体系：企业重组、技术管理、生产制造、组织绩效等。开展咨询业务时就从这三个系统中抽调咨询人员组成项目研究小组，针对客户的实际情况，最大程度地优化小组成员所具备的技能、产业和功能方面的不同专长与经验，达到优势互补，使每个项目小组都集中最合适的专家，从而高效率地提供专业化的服务。这种模式既能避免出现类似直线型组织机构中权力过分集中的情况，又克服了事业部型组织机构中权力过于分散的弊端，有利于削弱机构中的官僚作风，减轻公司高级经营管理人员的具体工作量，同时又增强了项目负责人及项目成员的责任感，使他们的积极性和创造性得到更大的发挥。

以某一消费品欲进入上海市场为例。咨询公司拿到这一项目后可从产业中心消费品部选咨询师，从功能中心营销部门选咨询师，再从亚太地区上海办事处选咨询师（见图 2-7 中带有“*”符号部分。），由这些人组成一个项目小组，选一个有经验的人当组长，再选 1 名或 2 名合作人或公司领导对项目小组负责。

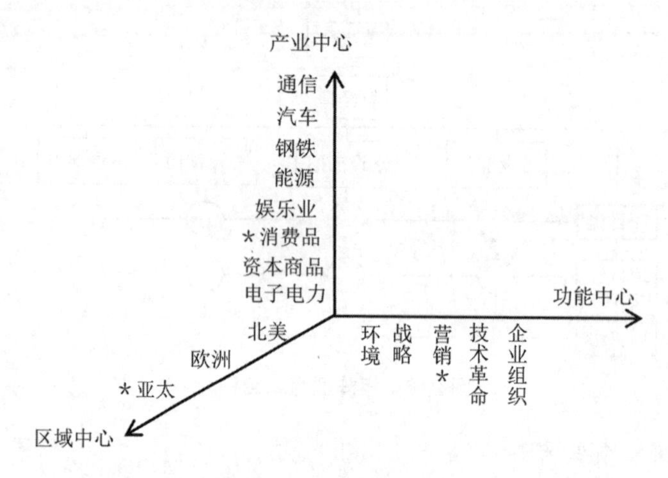

图 2-7　三维型组织结构

（7）附带型组织结构

附带型组织结构（图 2-8），意味着从事咨询服务的主体并非机构的主流力量，其咨询活动仅是整个企业活动的一部分。在有些企业中，咨询服务部门仅是一个极小的部门，附带被组织机构管理，所以附带型组织结构模式只适用于兼营咨询业务的企业。这种模式下的咨询机构应该有自身特色，不然就难以在众多咨询公司的包围下存活并发展。需要注意的是，咨询业是一个需要专门技术和特殊经营方式的行业，专业化是其职业水准的最佳体现，这样客户才会信赖其提供的服务，因此这类机构要避免因从事咨询业务外的服务而产生与客户利益相冲突或因利益牵连而降低自己的服务信用等现象的发生。

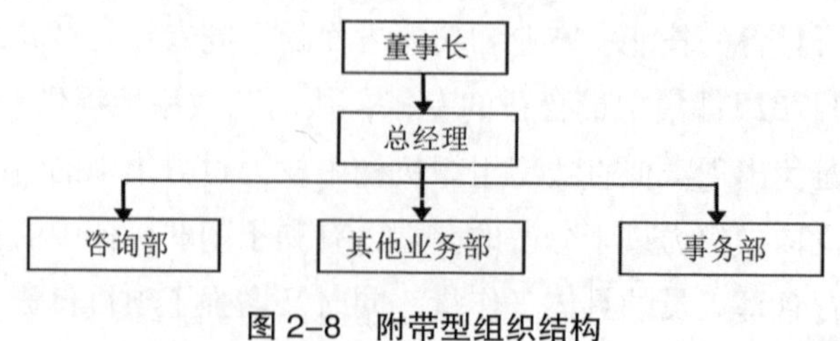

图 2-8　附带型组织结构

2. 选择咨询机构组织结构遵循的原则

随着经济全球化和现代计算机技术、网络技术及通信技术的发展，信息传递跨度迅速扩大，使得咨询机构的组织结构向着扁平化、网络化、信息化方向发展，由于矩阵式和三维式组织结构更有利于优化配置各种资源，从而频繁得到高层管理人员的采纳。咨询机构的管理者应根据机构的类型、特点、发展规模等实际情况选择不同的组织结构形式，以便能够最大限度地发挥组织的功能。在设计企业组织机构时，咨询企业应遵循以下一些共同的基本原则：①组织结构要服从企业的发展战略；②组织结构应适合企业的发展阶段；③组织结构要保持高度的适应性；④考虑人员素质、能力和关系等问题。

2.5　咨询招标与咨询合同

2.5.1　咨询招标

信息咨询招标是信息咨询委托方决定重大项目咨询的咨询方的重要方式。

委托方在招标过程中可能出现的误区有：将咨询招标等同于普通招标，不了解咨询招标的特殊性；过分依赖招标公司或招标结果而忽视招标过程；过分看重招标文件与价格而未以质量为根本。

案例讨论：

亚洲开发银行通过招标选择咨询公司

亚洲开发银行（以下简称“亚行”）技术援助项目选择咨询公司的招标程序分为四个阶段：长名单制定、短名单制定、建议书评估和合同谈判。

亚行出资项目咨询公司的选择必须遵循《亚洲开发银行及其借款者咨询人员使用指南》中规定的程序，即由咨询人员评选委员会（CSC）代表亚行负责咨询公司的选择工作。该委员会由3人组成，他们是咨询服务处（CSD）处长（委员会主席）、有关项目处长及有关规划处长。所有决议必须由他们一致通过。如果对某一问题有不同意见，必须将该问题提交有关项目局局长和综合项目服务办公室（CPSO）主任进行裁决。

在开始时，亚行只要求提供技术建议书，以它作为评估和排名的基础。在确定了提交最好的建议书的公司后，才要求提交财务建议书，然后进行谈判。

（1）长名单制定

①程序。选定适当的专长和服务代码，输入DACON计算机系统，可生出一个长名单。没有被列入信息库中但已表达了他们对该项目感兴趣的公司，只要对信息库做适当的增加，该公司也可被考虑。长名单产生后，有关项目处和咨询服务处的官员审查长名单中公司的注册资料及表示兴趣时提交的文件资料，然后列出一个他们认为最适当的公司名单提交咨询人员评选委员会。

②建议。建议有兴趣参加亚行项目的公司在DACON系统中注册，而且公司应随时更新他们的注册资料。如果亚行2年内得不到公司的信息，则原注册资料无效；如若该公司还愿参与亚行项目，则必须重新填写注册表。为了使公司的背景材料保持最新，建议公司获得一个合同后，立即准备一份新的项目描述单，提交亚行。亚行鼓励咨询公司表示他们的兴趣，但这并不能保证该公司能被列入短名单中。然而，如果公司按规定在亚行注册，则该公司将被自动列入长名单和短名单的考虑范围之内。为了能及时了解亚行当前的项目情况，建议咨询公司订阅《亚行商业机会》（*ADB Busines Opruntie*）月刊，该刊物可以向亚行信息办公室订阅部订购。

（2）短名单确定

①程序。咨询人员评选委员会专门为某一项目召开会议，确定一个短名单，并邀请他们提交技术建议书。通常确定短名单所考虑的因素包括：咨询公司在类似工程中的经验（包括一些具体细节）及其在类似地区的经验（特别是农业项目）。评选委员会根据这些因素来评估短名单中公司的经验，并从中选出5～7家最合适的公司。评选时考虑的其他因素有：某一年中被列入短名单的次数、以前项目的执行情况、取得经验的项目的地区分布以及对政治的敏感性等。

邀请函中列出短名单中公司的名称、提交建议书的最后日期、合同谈判的开始日期以及开始提供服务的日期。也简要列出建议书所要求的内容、传递的方法、评估及合同谈判的方法等。还应要求公司说明其提交建议书的意向。此外还应就背景材料和工作范围列出该项目的有关资料、所要求提供的服务范围，以及咨询人员提交报告所需了解的情况。该委员会对所建议使用的评估准则进行审查并批准，通常该准则包括三方面的内容：建议书提交者的资历，150～300分；所使用的技术方法，200～400分；人员情况，300～600分。

该委员会还制定咨询公司履约准则，包括如下内容：技术准则，350分；经济和财务准则，200分；管理准则，300分；特别项目准则，150分。该委员会通常给咨询公司60天的时间准备建议书。

②建议。咨询公司应定期更新它们在亚行的背景材料以便提高它们被列入短名单中的机会。所提交的项目描述应尽可能地包括它们在亚洲国家的项目情况。在收到邀请函后，公司应在7天之内用传真或电子邮件告知亚行是否愿意提交建议书，这将使亚行不必再发电子邮件追问此事。短名单中的公司将被通知派代表到项目现场进行考察，并与受援方人员讨论项目的构成情况。现场考察可能是合同中所要求的，它也为公司提供了一个与当地咨询商进行讨论的机会。现场考察后，公司还应访问亚行项目官员，就项目中尚不清楚的问题请亚行项目官员予以澄清。建议应在技术人员的支持下，由一个核心专家组来准备建议书。在准备建议书时，应遵守邀请函说明中的规定，省略所要求的信息可能导致废标。另外，不要伪造公司或咨询专家的背景材料来提高入选的机会，如果发现并证实存在这种行为，有关公司将受到亚行的惩罚。

（3）建议书评估

收到建议书后，咨询服务处将建议书送交咨询人员评选委员会的评审委员，让他们根据一致通过的准则进行独立评估。评审委员会对每一份建议书的结构进行简要评审，标出其突出特点，作为委员会会议向外推荐的依据。然后对所有建议书逐部分进行实质性评估和比较，并对每一部分进行打分，当建议书的每一部分都评估完成后，还应从整体上重新审查一遍，以保证所打分数能真实地反映每一份建议书的整体水平。

在评估所推荐的咨询专家的阅历时，通过将公司取得经验的项目与咨询专家按年代顺序的阅历反复审查以核实所提交的专家背景材料中是否有偏差。有关年龄、专业证书的颁发日期、职称、职务、参与项目的地点等还将参照其他资料进行核实。这种评审方法很有意义，它能清楚地表明咨询专家的工作经历。因此，在编写建议书时，应使项目的实施计划和人员分配计划相适应，并使所推荐的咨询专家与人员分配合理。另外，若建议书中对所提供服务的内容和工作范围阐述不充分，将被扣分。

该委员会对提交的每一份建议书按如下几种情况进行评估：90%～100%，优；80%～89%，良；60%～79%，中；40%～59%，中下；30%～39%，差。将所得分数进行累加，得最高分的建议书排名第一，次之为第二，以此类推。另外，由自己公司职员实施合同的公司比进行转包的公司得分要高。名次排定以后，该委员会将指出排名第一的建议书中所存在的缺点，并建议他们进行弥补。在被邀请进行合同谈判时告知该公司这些缺点。如果被推荐的咨询专家需要更换，则被更换的专家得到亚行的认可将是谈判的先决条件。

（4）合同谈判

如果所有合同谈判的先决条件都得到满足，则按规定的日期进行合同谈判。

通常邀请受援方的一名代表以观察员的身份参加合同谈判。他的作用是澄清合同中的有关技术问题，并确认向咨询人员提供所要求的配套人员及设备。亚行通常按成本加费用合同（cost plus fee）进行谈判。

合同谈判的内容包括下面几点：

①提交书面授权。咨询公司代表应提交授权他进行谈判的授权书以使签署的合同有法律约束力。

②工作范围。双方回顾并讨论项目的目标和工作范围，磋商解决咨询人员所理解的或建议调整的内容与亚行的观点之间的分歧。

③工作计划和人员安排。讨论每个阶段的投入和人员安排。

④财务条件。审查咨询人员所提出的财务条件，并达成协议。

⑤咨询合同。仔细审查亚行起草的合同草案以保证双方都已充分理解合同条款。如有必要，审查所有涉及各方讨论合同草案的修改意见，并达成协议。

咨询公司完成服务以后，项目组将根据咨询人员评选委员会准备短名单时确定的准则，写出一份履约评估报告。

2.5.2 咨询定价

咨询公司在为业务咨询定价时，应充分考虑以下因素：①正常的收费标准。②竞争对手的收费。咨询公司要掌握竞争对手的收费计算方式、定价政策及客户对其收费方式的看法。③针对不同市场区域的收费。服务不同的区域市场需要有不同的收费标准。典型的是对小企业和非营利的社会组织的服务收费比跨国公司更低。④促销性质的费用。促销性质的收费，有时用于推出新服务以刺激客户的兴趣。必须清楚促销期结束后，服务费用将恢复至正常水平。⑤与咨询公司形象相吻合的收费。收费标准是咨询公司专业形象的体现。因此，如果咨询公司把自己定位于向战略层的管理者提供服务，那么相应地就应该收取较高的费用。如麦肯锡的定位是向总裁、高级主管、部长、大公司的管理委员会，以及非营利性机构或政府高层领导就他们所关注的管理问题提供咨询。

世界排名前100家公司中有70%左右是麦肯锡咨询公司的客户，因此其收取动辄数以千万美元量级的咨询费用是可以理解的。

信息咨询的定价方法主要有6种，见表2-1。

表2-1 信息咨询的定价方法

定价方式	操作方法
按时计价	按咨询项目所花费的时间来计算咨询费用
合同定价	按合同中确定的咨询报酬定价，以后不再变动
效益收费	取得了具体成果之后才支付，费用的多少取决于成果的大小
成本定价	咨询师的工资、办公室租金、设备折旧、宣传费用、差旅费用、招待费用、公司预期的利润率等
参股收费	一些处于成长阶段的高技术公司以股本的形式支付咨询费
比例收费	房地产交易商和投资银行家对在兼并、收购、资产交易、债券发行中提供的服务采用按百分比酬金的方式付费

注：效益收费在管理咨询实践中一直存在争议，因为它对咨询公司来说，风险太大。

1. 信息咨询项目定价法

当信息咨询以项目的形式表现时，应按项目定价，参照管理咨询及其他专门咨询。通常有以下方法：

（1）成本定价报价法

该方法是以咨询方的人力投入成本为计算原则的方法。常见的做法为顾问人力投入报价加上差旅费。根据咨询师的技能、经历以及所承担的责任来确定咨询师的级别。在项目范围确定的情况下，顾问人力投入等于项目所需的顾问单位价格乘以项目顾问工作总时间。单位报价通常由咨询公司的成本加上预期的利润率组成。差旅费包括所有与项目有关的交通、住宿、饮食及其他与项目直接相关的费用。一般以整个项目顾问投入报价的百分比形式出现。通常差旅费占整个项目顾问投入的10% ~ 15%，也有在一定范围内实报实销的做法。

这种方法主要取决于咨询公司顾问的成本（包括咨询师的薪水、福利、税务和业务开支，福利又包括保险、退休计划和假期时间），有的采用“三倍规则”，如果咨询师的薪水是5万美元，那么咨询公司的报价至少是这个数字的三倍。

（2）基于咨询业绩的报价方法

这种方法是力求将咨询费建立在相应咨询项目给客户带来的新价值和利益之上。从 20 世纪 90 年代开始，国际咨询界出现了采用以价值为基础的收费方法。按照这种方法，咨询费由为客户创造的经济效益来决定。

（3）咨询项目报价的折扣

这种方法指在某种情况下，比如考虑大型项目或长期项目合作，咨询公司采取降低咨询费用的方法。在实际操作中，咨询费用折让决策由咨询公司承担工作量的大小、与客户的关系、市场行情、不实行折让可能失去相关咨询项目等因素来决定。

2. 信息咨询产品定价法

当信息咨询以产品的形式表现时，应按信息产品定价。

由于信息产品同一般物质产品相比具有其特质，因此信息产品的价格也有其特殊性，主要表现在以下方面：信息产品的独创性及其生产的非重复性决定了信息产品的价格有一定程度的垄断性；同一信息产品可能因交换内容的不同而具有不同的价格；大批量提供的信息产品的价格与它们的价值基本相符；信息产品的可复制性决定了其价格与价值之间存在更大的背离性；复杂劳动折算成简单劳动的比例系数在一定程度上影响信息产品的价格；信息产品的价格与其推广的广度和深度成正相关关系；信息产品使用价值的时效性，使得信息产品的价值起伏波动，决定着其价格的不稳定性；信息产品的产量越多，单位产品所包含的信息部分的价格越低；信息产品的售价与买方所得利益正相关，买方获利大，信息产品售价就高；信息产品的价格形成过程具有不确定性。

正是由于信息产品价格的这些特殊性，决定了信息产品定价具有一定的灵活性，从而增加了信息产品定价的复杂度。掌握信息产品的定价原则将有助于敲定信息产品价格。

信息产品的定价原则有：①尊重价值规律原则。既要尊重价值规律，又要考虑供求关系的影响，灵活地确定信息产品的价格。②按质论价、分等计价原则。可以实行品种差价，生产层次差价，时效差价，采集、处理、传输难易和有用程度差价。③利益分享原则。处理好各方面的利益关系。④递降原则。当出售信息产品的所有权时，由于是独占转让形式，其价格应从高；当出售信息产品的使用权（而不是所有权）时，如果转让次数少，信息新颖，技术适用，卖方在市场上处于有利竞争地位，则价格可增高，但随时间、空间的转移，转让次数增多，市场容量缩小，信息相对老化，价格就应逐次递降。⑤有利于开发利用、区别定价原则。⑥相关性原则。要使信息产品价格既要同与信息产品生产有关的物质产品（如计算机、复印机等）的价格关联，又要同国际市场信息价格关联。⑦自由价格、议价成交原则。

3. 信息咨询服务定价法

咨询服务定价，可采取按天收费（根据任务不同，每天工作时间在6～12小时不等）、按小时收费、按月固定收费、按参加者人头收费等。

文献信息机构开展咨询服务时，有免费服务，也有收费服务。信息服务定价除了主要依据机构的服务性质，还要考虑到地区的经济水平、检索类型差异和各检索单位的具体情况。

4. 咨询费用支付

咨询费用支付有一次性支付和分期支付。一般客户更愿意采取分期支付的方式。项目的付款条件一般分为首付、项目中付款和尾款三部分。例如，一个招聘类咨询项目的咨询费用支付可以按以下时间段进行：项目启动时客户向咨询方支付咨询费用总额的1/3；咨询公司向客户提交候选人名单之后，再支付费用总额的1/3；项目全部完成后再支付费用总额的1/3。咨询费用也可以按咨询师每个月的具体工作时间来支付。对于大型咨询项目，咨询公司的收费频率要高，如按周收费。如果客户中途提出取消或推迟项目的运作，咨询公司可以在合同中增加取消条款或推迟条款来寻求补偿。

2.5.3　咨询合同的签订

合同是有法人资格的双方或多方之间为进行或不进行某一特定事情而依法予以实施的一种协议。信息咨询合同是合同的一种特殊类型，是法人之间为实现一不定期的技术经济目的，明确委托方和咨询方的相互权利、义务的一种协议。

1. 签订信息咨询合同的条件

签订信息咨询合同的必备条件有：一是均有法定资格。根据合同法规定，双方或多方在法律上承担义务。二是相互同意。双方或多方都能在同意接受条件的基础上达成协议。三是相互履行义务。不能只写入单方面义务，而应写入双方或多方所应承担的义务。四是主题合法。合同或协议内容所指的产品与服务符合所在国的法律与国际法，不得有诈骗、隐匿罪证等不法行为。

签订信息咨询合同要遵循以下原则：一是自愿协商，二是平等互利，三是公平合理，四是计划和法制的原则。

2. 签订合同的程序

合同签订程序，即当事人就合同的内容进行反复协商，取得一致意见的过程。一般分要约和承诺两个阶段。

一是要约阶段。即订约提议，是当事人一方以订立合同为目的，向另一方提出的意向表示。提议订约人应将拟议的合同主要条款提供给对方考虑，以决定是否同意按提议的条件订立合同。

二是承诺阶段。即接受提议，是当事人一方同意按对方提议的条款订立合同的意向表示。接受订约的人在收到提议时，可以不附加任何条件，完全同意原提议的内容，或对原提议有异议，同提议订约人协商。只有当事人各方对合同条款协商一致达成协议，共同签订，合同才生效。

3. 签订咨询合同的基本形式

（1）口头协议

口头协议是客户在经过审核咨询师的书面建议书之后，口头同意的协议形式。如果客户认为咨询师能承担任务，并且掌握所需要的专业知识技能，即使没有评议建议书，也可以达成口头协议。

如果咨询师和客户之间有下列关系存在，那么采用口头协议就足够了：咨询师和客户双方都精通专业；双方绝对彼此信任；相互熟悉对方的业务（客户熟知咨询师的费用，而咨询师也知道可以从客户那里得到多少报酬）；任务量不是很大，并且不复杂（否则，由于没有任何正式的文件，双方将很难处理彼此之间的争议）。

（2）信函协议

亦称订约书、约定书、确认书或意向书，是专业服务合同的主要方式，广泛应用于许多国家。

（3）书面合同

如果咨询师和客户来自不同的职业，具有不同的背景，可能容易对对方的意向和态度产生误解，在这种情况下，书面合同是最好的选择。特别是涉及咨询师和客户双方中许多人员的大型、复杂的任务，最好使用书面合同。目前在管理咨询中，书面合同是主流。

书面合同的基本要求是：合同文件要求双方具备法人资格；合同受法律保护，签订后，双方必须遵守；合同中规定双方的违约责任和经济赔偿办法；合同在执行中，除不可抗拒的原因外，不能单方面违约中断；合同经双方协商同意，可以修补，作为正式合同的附件，附件与合同具有同等效力；签订合同可聘请法律顾问，以协助办理合同中带有法律性质的事项。

4. 信息咨询合同的内容与格式

咨询合同的内容指当事人双方一致同意的条款，并由此而确定当事人之间的权利义务关系。一般的咨询合同条款包括：①标的。即当事人权利义务共同指向的对象，或者说咨询要达到的目的。②数量和质量。这是衡量标的的指标，也是确定权利和义务大小的尺度。③价款或者酬金。即标的的代价，一般按咨询人员所付的劳动来计算，价款以货币数量来表示。④履行的期限、地点、方式。⑤违约责任。这是为维护合同的法律性，监督当事人履行合同的规定。⑥明确规定项目的技术经济指标或要求。

国际劳工局建议的咨询合同条款有：签约各方；任务的范围；工作成果及报告；咨询师及客户的投入；收费及支出；结账的付款程序；专业责任；版权；义务；分包商使用；终止和修订；仲裁；签字和日期。

日本竹本直一在《咨询理论与实践》中提出的咨询合同内容如下：①总则。明确合同当事人（客户与咨询管理者）的地位，即写明客户决定雇用该咨询机构或人员。②业务内容。包括协商事项，调查研究，提出可行性调查报告的必要性、经济分析的必要性，以及成本估算，制定初步计划和方案的必要性等。③报酬及其支付日期与办法。④客户的权利与义务。客户可规定项目完成的预定日期；要求咨询机构加入保险，借以应付咨询人员服务中发生差错带给客户的损失；禁止咨询机构或人员将业务全部或一部分转包给他人；咨询机构或人员废除合同时应支付赔偿费。要求咨询机构或人员向客户提出阶段性报告及在必要时向政府办理承认或批准手续等事项。⑤咨询人员的权利和义务。权利方面：对超出合同范围的业务，要求支付报酬；需要承担当初合同未规定的业务时，可以要求更改合同的条件；定期听取客户有关情况的介绍；要求客户履行在一定时期内确认的事项或手续，如免税、咨询人员及家属无阻碍且免费进入一个地区等。义务方面：维护客户利益，如工程咨询应力求造价低廉、质量良好；应保存服务的记录和账目并允许客户查账；随时向客户提供服务信息并保守机密；遵守所在国家的法律和规章等。

5. 书面合同的格式

咨询合同有表格式和条款式两种。

（1）表格式合同

表格式合同是指合同的内容设计在一份表格中（表 2–2），需要时逐项填写，适用于简单的项目和企业单位的经常性咨询业务活动中。

表 2–2 咨询合同的格式

<table>
<tr><td>咨询项目名称</td><td></td><td>编号</td><td></td><td>咨询项目类别</td><td></td></tr>
<tr><td>咨询项目的目的
或用途</td><td colspan="5"></td></tr>
<tr><td>咨询服务单位、
人员及电话</td><td colspan="2"></td><td colspan="2">委托方代表人员
及电话</td><td></td></tr>
<tr><td>咨询内容和
具体要求</td><td colspan="5"></td></tr>
<tr><td>技术和经济效果</td><td colspan="5"></td></tr>
<tr><td>甲方提供的
条件和责任</td><td colspan="5"></td></tr>
<tr><td>乙方提交的成果、
承担的工作责任</td><td colspan="5"></td></tr>
<tr><td>工作进度及
完工期限</td><td colspan="5"></td></tr>
<tr><td rowspan="3">经费核算及
支付方式</td><td colspan="5">1. 收费标准</td></tr>
<tr><td colspan="5">2. 费用概算</td></tr>
<tr><td colspan="5">3. 支付方式</td></tr>
<tr><td>咨询结果</td><td colspan="5"></td></tr>
<tr><td colspan="4">甲方代表签字（盖章）</td><td colspan="2">乙方代表（盖章）</td></tr>
<tr><td>备注：</td><td colspan="5"></td></tr>
</table>

（2）条款式合同

条款式合同是指将合同的内容一一列举，咨询合同的条款比较详细，包括以下条款。

基本条款：①协议日期。②客户和咨询方的身份，包括责任转移的继承人。如果客户是政府部门、事业单位、国有企业等公共团体，其权利和资金使用需严格遵循法定程序且涉及公共利益。因此，条款式合同中应标明其权力和现有资金来源，避免带来合同无效或者不能履约等风险。③项目的历史背景和简短说明。④项目的实际开工日期和估计的开工期。⑤客户机构和咨询机构的决策人名。

咨询方责任条款：①提供资料和专业帮助。②维持工作时间表。③提供人员（在附录中写明）帮助。④与客户商谈。⑤提交报告。⑥保护客户提供的资料。⑦保证履约，对差错负责。

客户责任条款：①提供资料、劳务、人员和设施。②与咨询方商谈。

合同期限条款：①完成项目日期。②经双方同意更改指定日期的条款和办法。③任何一方提前终止合同的条款和办法。④由于任何一方无力控制的事件而终止合同的办法。⑤延迟的条款。⑥罚款的条款。

财务条款：①客户所承担的全部财务义务。②咨询方开账单的方法及时间安排。③支付办法。④支付货币及其兑换率。⑤客户的付款保证。⑥延期付款时的利息支付。

一般条款：①解释合同的法律管辖权限。②保险条款。③咨询方和客户尽最大努力做出的保证。④通过仲裁处理争执。⑤签证、许可证、执照费、纳税等方面的义务。⑥合同的解释权。

以下是一个咨询合同样本：

甲方（委托方）：某集团公司（以下简称“甲方”）

乙方（受托方）：某管理咨询公司（以下简称“乙方”）

依据《中华人民共和国合同法》，甲乙双方经友好协商，就某集团公司总体管理咨询项目达成一致，签订本合同。

一、咨询项目名称

某集团公司总体管理咨询项目（以下简称“本项目”）。

二、咨询项目内容与成果

2.1　甲方企业内部诊断

项目成果为《企业内部诊断报告》，该诊断报告限于对甲方战略、集团管理架构及基础管理平台的诊断。

2.2　甲方战略

2.2.1　项目成果一为《企业战略澄清报告》，该澄清报告是以甲方对自身战略的理解和思路为基础，由乙方根据系统的企业战略框架进行整理，从而形成书面的成体系的企业战略。

2.2.2　项目成果二为《关键业务流程设计报告》，该报告将提出企业关键增值流程的选择与设计建议方案。

2.3　甲方集团管理架构

2.3.1　项目成果一为《集团管理模式报告》，该报告将提出甲方的集团构建模式和战略业务单元的管理模式建议方案。

2.3.2　项目成果二为《集团中心组织结构设计报告》，该报告将提出甲方集团中心组织结构的设计建议方案及各部门职责。

2.4　甲方基础管理平台

2.4.1　项目成果一为《集团中心财务管理方案报告》，该报告将提出甲方财务管理系统总体框架、组织架构、主要流程与制度及过渡方案。

2.4.2　项目成果二为《集团中心预算管理方案报告》，该报告将提出甲方预算管理系统总体框架、预算编审流程、预算管理控制流程及制度。

2.4.3　项目成果三为《集团中心监察审计体系方案报告》，该报告将提出甲方监察审计体系总体框架及工作流程。

2.4.4　项目成果四为《集团中心绩效管理方案报告》，该报告将提出甲方集团中心所有部门与岗位的绩效管理方案。

2.4.5　项目成果五为《集团中心薪酬管理方案报告》，该报告将提出甲方集团中所有岗位的薪酬管理方案。

2.5　跟踪辅导

2.5.1　项目成果一为提交以上所有报告最终修改稿。

2.5.2　项目成果二为《跟踪辅导反馈报告》，该报告将对已开始实施的方案提出反馈意见。

2.6　项目思路建议书

项目思路建议书仅是乙方根据对甲方的初步了解而提出的，最终项目思路以正式报告为准，思路建议书仅作为参考。

三、项目组成员与履行期限

3.1　项目组构成

项目指导甲：工商管理硕士、高级咨询人员

项目经理乙：工商管理硕士、高级咨询人员

项目成员丙：工商管理硕士、咨询人员

项目成员丁：工商管理硕士、咨询人员

项目成员戊：工商管理硕士、咨询人员

（注：本项目组的基本构成为 4 人，根据项目进行的不同阶段，具体人员构成将进行适当调整。）

3.2　履行期限

3.2.1　本项目总体安排16周时间，其中集中咨询15周，跟踪辅导1周。

3.2.2　集中咨询从××××年××月××日至××××年××月××日，从××××年××月××日至××××年××月××日为辅导期。

四、咨询项目工作安排与工作量界定

<table>
<tr><th>项目进度</th><th>项目工作内容</th><th>完成时间</th></tr>
<tr><td>启动阶段</td><td>介绍工作计划、开展相关培训</td><td>项目启动后3天内</td></tr>
<tr><td rowspan="2">调研阶段</td><td>项目调研</td><td>1.5周</td></tr>
<tr><td>内部诊断</td><td>1.5周</td></tr>
<tr><td rowspan="2">战略澄清</td><td>战略澄清</td><td>1周</td></tr>
<tr><td>关键业务流程设计</td><td>1周</td></tr>
<tr><td rowspan="2">集团管理架构</td><td>集团管理模式</td><td>2周</td></tr>
<tr><td>集团中心组织结构设计</td><td>1周</td></tr>
<tr><td rowspan="5">基础管理平台</td><td>财务管理体系</td><td>1.5周</td></tr>
<tr><td>预算管理体系</td><td>1.5周</td></tr>
<tr><td>监察管理体系</td><td>1周</td></tr>
<tr><td>绩效管理体系</td><td>1.5周</td></tr>
<tr><td>薪酬管理体系</td><td>1.5周</td></tr>
<tr><td rowspan="3">跟踪辅导</td><td>审核提交相关文件</td><td rowspan="3">1周</td></tr>
<tr><td>体系进一步完善</td></tr>
<tr><td>跟踪辅导反馈</td></tr>
<tr><td>合计</td><td></td><td>15周+1周</td></tr>
</table>

五、咨询项目费用及支付日期、方式

5.1　咨询项目总费用为100万元人民币。

5.2　咨询项目费用采取按各单项方案算、分4期支付的方式进行和支付。

5.3　合同签订后，在项目启动前，甲方向乙方支付项目启动费30%，即30万元人民币；完成集团管理架构后1周内支付30%；集中咨询结束后1周内支付30%；跟踪辅导期结束后1周内付清余款10%，即10万元人民币。

5.4　甲方支付每笔费用前，乙方应提供正规发票。

5.5　乙方项目组成员及项目督导的往返交通费、在甲方工作期间的食宿费、外出调研的食宿费及交通费由甲方另行支付。

5.5.1　乙方项目组4名成员在集中咨询阶段将往返4次，交通费包括机票、机场建设费及至机场的市内交通费。

5.5.2　乙方项目组至少2名成员在跟踪辅导阶段将往返2次，交通费包括机票、机场建设费及至机场的市内交通费。

5.5.3　乙方项目督导在整个项目期间将往返5次，交通费包括机票、机场建设费及至机场的市内交通费。

5.5.4　如乙方因项目需要外出调研，外出费用标准由甲乙双方协商确定，由甲方负担。

5.5.5　甲方应为乙方项目组成员及项目督导安排住宿。

5.5.6　甲方应向乙方项目组提供1间专用办公室，提供至少1部电话（可以不开通长途）、1台电脑（可上网）、1台打印机和足够的办公用纸。

六、咨询项目工作要求

6.1　为保证本项目顺利进行，甲方应确定1位部长为主要联系人，负责与乙方进行项目日常工作的接洽与沟通。

6.2　为保证本项目顺利进行，甲方应成立项目配合小组与乙方共同工作。该项目配合小组至少有甲方以下人员参加：

组长：张三总裁

副组长：李四副总裁

甲方确定的与乙方的主要联系人：王五

组员：行政经理、人力资源经理、财务经理、财务总监、生产经理、营销经理、法律顾问及其他必要的工作人员。

6.3　乙方在项目启动前应向甲方提交第一周工作计划，经甲方认可后，甲乙双方应按此计划安排第一周的工作。

6.4　乙方应于每周五上午10点前向甲方项目配合小组提交下周工作计划并进行沟通，甲方应于当日下午5点前将由项目配合小组副组长以上人员签字确认的工作计划返还给乙方。甲乙双方应按工作计划有关要求和规定开展工作，如有变化，须经甲乙双方共同认可。

6.5　甲方应给予乙方适当授权，即乙方对其认为与本项目有关的企业资料有知晓的权利，并可要求甲方的项目配合小组提供有关资料。如甲方认为无法提供部分资料，应与乙方进行沟通，协商解决办法。

6.6　对乙方提交的各单项方案，甲方应按乙方的要求及时提出书面反馈意见。甲方总裁及副总裁的意见可由甲方项目配合小组或乙方整理为书面材料，并经甲方总裁及副总裁签字认可。

七、权利义务

7.1 甲方权利与义务

7.1.1 要求乙方按时、按质、按量完成本项目。

7.1.2 按时接受本项目各项方案，并享有知识产权。

7.1.3 按时提供乙方所需的材料，保证其真实、合法、有效。

7.1.4 按时支付每笔费用。

7.1.5 根据项目进度，及时对方案提出修改意见，要求乙方按修改意见完成工作。

7.2 乙方权利与义务

7.2.1 按时完成工作并交甲方验收。

7.2.2 对甲方提供的材料提出意见，可要求甲方另行提供必要的材料。

7.2.3 按时向甲方收取咨询费并提供发票。

7.2.4 遵守咨询人员职业道德准则，严格保守甲方的商业机密。

八、合同的终止

8.1 乙方向甲方提交的各单项方案，如经沟通修改且连续提交三次甲方均未能签字认可，甲乙双方均有权终止合同。

8.2 合同因以上原因而终止的，甲方对已经签字认可的各单项方案应支付相应咨询费。

九、违约责任

9.1 甲方逾期付款，应向乙方支付每日 0.06% 违约金；逾期 1 个月，乙方除可终止合同、已收取费用不予退还外，甲方还应向乙方支付该逾期款项，并支付相当于总费用 20% 的违约金；逾期期间，对于乙方所提交的经甲方签字认可的方案，甲方应支付咨询费。

9.2 因乙方原因造成乙方未按时完成工作超过 1 个月，甲方除可终止合同、收回已付的费用外，乙方还应向甲方支付相当于总费用 20% 的违约金。

9.3 甲方延迟向乙方提供材料或未及时对乙方提供的方案提出修改意见，乙方完成本项目的时间可以顺延，甲方按本项目日均收费标准向乙方支付顺延期间的咨询费。

9.4 乙方将在甲方了解的有关情况、甲方向乙方提供的材料以及本项目方案泄露给第三人，造成甲方损失时，应承担全部赔偿责任。

9.5 甲方擅自变更或解除本合同，乙方不退还甲方已支付的费用；乙方擅自变更或解除本合同，应退还已收取的费用。

9.6　乙方向甲方提交而甲方未签字的方案，甲方不得自行使用或泄露给第三人。

十、争议的解决

履行本合同发生争议时，双方应友好协商解决，协商不成，提交有管辖权的人民法院处理。

十一、合同未尽事宜，双方可另行协商，并达成书面协议。

十二、本合同附件与本合同具有同等法律效力，自双方签字盖章起生效。

（本案例来源：王璞．在中国做管理咨询［M］．北京：机械工业出版社，2003：102–107.）

本章小结

信息咨询的基本过程主要分为信息咨询委托过程与信息咨询服务过程两个阶段。信息咨询委托过程包括明确咨询需求、启动咨询委托、选择咨询方、谈判与合同签订这四个步骤。咨询服务过程划分为四个阶段：确定课题与项目准备阶段、诊断与分析阶段、方案与问题解决阶段、报告与项目完成阶段。

信息需求是当人们认识到自己现有的知识储存不足以应对和解决所面临的任务或问题时产生的。而面对委托方的咨询需求，咨询机构工作人员的沟通能力则是为信息用户提供优质服务的基本保证。信息咨询模式可分为咨询介入模式和咨询公司模式两个方面。信息咨询的介入有权威式介入和推动式介入两种模式。咨询公司模式则是咨询公司内部的组织结构。

咨询招标是信息咨询委托方决定重大项目咨询的咨询方的重要方式。同时，招标时，业务咨询定价应考虑全面。签订咨询合同表示咨询项目成立，签订时要遵循自愿协商、平等互利、公平合理、计划和法治的原则。

思考题

1. 委托方在选择咨询方时应提前做好哪些准备？
2. 为什么要进行客户需求分析？
3. 客户关系沟通对于成功的咨询有哪些方面的意义？
4. 诊断与分析阶段怎样选择适合的分析工具？
5. 咨询程序在新的技术环境下有哪些变化？

第三章 信息咨询方法论

方法论是将具体方法抽象化、系统化而形成的一种理论体系。信息咨询是信息管理、管理与工程科学等学科的研究方向之一，其以管理学和信息学的研究方法为主，并可参照信息咨询研究活动中的具体情况来创造适合的研究方法。在信息咨询活动中，咨询人员通过借鉴其他学科经验和实践摸索创造了很多新的方法，推动了信息咨询活动的开展。本章所论述的信息咨询方法论是指，在信息咨询活动中人们所应用的各种方法所形成的一个体系。它是在人们的实践中总结出来的，并结合各种最新的理论成果加以升华、提高，经过系统梳理，形成了完整的理论体系。它来源于实践，高于实践，并在实践活动中加以检验和完善。按照不同的标准，我们可以对信息咨询方法进行不同的划分。

3.1 基础数据资料获取与分析方法

3.1.1 基础数据获取

数据，是事实或观察的结果，是对客观事物的逻辑归纳，是用于表示客观事物的性质、状态和关系的未经加工的原始材料。数据是信息的具体物理表现，借助数字、符号、文字、声音、图像、视频等形式记录信息。信息是数据的内涵，它加载于数据之上，对数据做出解释。网络环境中的所有数据构成数据集合（被称为“数据界”），从数据界中获取与我们的目标信息关联的数据集，为我们的工作和生活所用，这已然成为今天我们的日常状态。科学研究立足于文献资料和事实经验。托马斯·库恩（Thomas Kuhn）在《必要的张力：科学的传统和变革论文选》一书中指出：“虽然科学是由个人来研究的，它本质上却是集体的产物，不提及产生它的集体，它的特殊的效力和它怎样发展起来的方式都将不会被理解。”由此可见科学研究工作对数据的依赖。大数据时代，数据作为新型生产要素，已是备受企业和社会关注的重要战略资源。信息咨询更离不开数据的获取、组织、分析、挖掘和增值。大数据的资源价值、数据技术的更新迭代，不仅为经济生产注入活力，推动国家治理的升级创新，改变社会生活的方式，还从根本上颠覆了我们的思维方式，对我们思考问题的角度、方法和习惯形成挑战。重视“全数据而非样本”的全体思维、强调“相关性而非因果性”的相关思维及容错思维，无一不对我们的传统思维产生巨大冲击，引发思维革命。正是大数据思维的形成，使得我们今天的信息咨询不再拘泥于抽样调查的小样本，而能在纷繁复杂的数据集合中看到“总体”，分析出更全面、更准确的结果；也使我们不单单关注直线的因果关系，更能看到系统中多因素间的网络化相互关系，更好发挥系统分析、环境分析、层次分析等方法的作用。

基础数据获取，广义上包括数据收集、数据清洗、数据整合、数据存储和管理等。数据获取在狭义上即数据收集，是根据信息客户的需求，主动采用各种方法（如调查法），借助多种获取和分析工具（如搜索引擎）来聚集大量多类型有关目标主题的数据或参数的过程。收集的基础数据包括原始数据（metadata）、基本事实（facts），以及个人见解（opinions）和态度（attitudes）等信息。咨询机构要对这些数据和信息去伪存真、交叉核实，保证其真实性、准确性和应有的价值。

数据获取的方式一般有以下几种：

实验法：通过实施试验、实验获得实验对象或课题的基础数据和参数，多为数值型数据。

调查法：运用问卷、访谈、抽样等深入实际、到达基层、亲临现场的实地调查或间接调查是获取基础数据的主要方法。

搜索法：借助搜索引擎（如谷歌、百度）和各类数据库（如 CNKI、万方）等“检索”并下载文献型数据，利用 BBS 和 E-mail 等网络工具获得原始资料和数据。

数据整合法：从各给定的数据源获取一类专门的数据。首先通过分析数据源获得元数据，根据整合的需要，建立数据源的元数据和整合数据库的元数据的映射，即可获取数据。主要使用的工具如 ETL（Extra Transform-Load）。

3.1.2　内容分析法

产生于新闻传播学的内容分析法是一项系统、客观、定量的信息特征分析工具，包括人类编码分析和计算机辅助文本分析。所分析的传播内容形态丰富，有文字、图像、音频、视频等；文献多样，有图书、报纸、杂志、会议内容、信件、谈话记录、艺术作品、网络信息资源等。内容材料和内容结构都适用于内容分析法，可以帮助我们进行透过现象看出本质的隐性信息。

内容分析法应用范围宽泛，包括从市场和媒体研究，到人种和文化、社会学、政治学、心理认知科学等诸多研究领域。用途上可以分析面对面的人际互动；对从小说到网络视频等媒体场所的人物描述进行分析；对由计算机驱动的新闻媒体、政治演讲、广告和博客中的词汇使用情况进行分析；分析电子游戏和社交媒体交流等互动内容。

内容分析法体现了分析的系统性、客观性、定量性特点。

系统性：内容分析的过程中，无论内容分析的取舍，还是抽样的方案、测量的方式及编码和分析的过程，都需要遵循很高的系统性和规范性。

客观性：内容分析不受研究人员的个人看法和喜好影响，不带个人偏见。对变量分类的操作性定义和赋值必须明确且易于理解，他人重复本程序研究能得出相同的结论。另外，这一方法是在避免影响研究对象的情况下的非介入性的考查研究方法，更凸显其客观、真实性。

定量性：这是内容分析法的显著特点，从抽样方法、数据录入、数据分析到结果呈现，都是运用量化的思维进行的。

内容分析法一般采用的步骤：①建立研究目标；②确定总体和选择分析单位（资料抽样）；③设计分析维度体系（构建类目）；④内容编码（包括编码培训）；⑤信度检验；⑥数据统计分析。

关于内容分析法在信息情报领域的应用，武汉大学教授邱均平在早期文章中提到，内容分析法在社科情报工作中的应用，可以充分发挥情报部门文献积累的优势及研究人员高度的情报意识和信息处理能力，可以反映社会热点、探索时代趋势、对比文化差异，探讨文化、心理倾向等问题，成为管理者的“思想库”。内容分析法在信息咨询中可用于客户信息需求研究。信息需求及表达研究是关于客户对信息目标性满足与现实性不足之间的研究。信息需求研究主要考察客户的信息需求动机、信息需求的主题与形式、信息需求的目标等。

3.2 环境分析与战略制定方法

3.2.1 环境分析法

环境分析法（environmental analysis）属于企业管理学中的方法论，是一种综合把握环境的研究方法；是根据对企业所处的外部环境和内部环境的系统分析，推断环境可能对企业产生的风险与潜在损失的一种识别风险的方法。在获得大量的基础信息后，对各方面进行分析的同时，重点关注因素间的相互影响。通过分析因素间的联系及其影响结果的差异，以及一旦因素发生变化可能产生的后果，就能发现面临的风险和潜在损失。企业风险管理者通过分析诸如政府、资金、竞争者、客户及生产、技术、管理、人员等因素对企业经营活动的作用和影响，以发现风险因素及可能发生的损失并做出及时准确的反应。

环境分析法适用于信息咨询。咨询机构可以对客户的信息需求（关于项目、技术、条件等）进行内部和外部、微观和宏观的分析，给予客观中肯的建议，以便客户做出科学决策。

一般企业常用 PEST 分析模型和 SWOT 分析法对其所处的政治（political）、经济（economic）、社会（social）和技术（technological）四方面的主要外部环境因素及涉及企业的结构、管理、人员等内部环境因素进行分析，最终帮助确定发展方案。

1. PEST 分析方法

PEST 分析是关于宏观环境的分析。宏观环境又称一般环境，是指一切影响行业和企业的各种宏观力量。不同行业和企业根据自身特点和经营需要对宏观环境因素进行分析，分析的具体内容会有差异，但一般都应对政治、经济、社会和技术这四大类影响组织的主要外部环境因素进行分析，即 PEST 分析方法。如图 3–1 所示。

政治环境（political factors）是指对于组织各类活动有实际与潜在影响的政治力量和有关的法律、法规等因素。具体来说，政治因素包括国家的政治制度和体制、政局的稳定性以及政府对外来企业的态度等因素。法律环境主要包括政府制定的对组织活动具有刚性约束力的法律、法规，如知识产权法、税法、环境保护法等因素。政治、法律环境实际上是与经济环境密不可分的一组因素。

经济环境（economic factors）主要包括宏观和微观两个方面的内容。宏观经济环境主要指一个国家的人口数量及其增长趋势，国民收入、国内生产总值及其变化情况以及通过这些指标能够反映的国民经济发展水平和发展速度。微观经济环境主要指企业所在地区或所服务地区的消费者的收入水平、消费偏好、储蓄情况、就业程度等因素。这些因素直接决定着组织目前及未来的市场大小。

社会文化环境（sociocultural fators）包括一个国家或地区的居民受教育程度和文化水平、宗教信仰、风俗习惯、审美观点、价值观念等。文化水平会影响居民的需求层次；宗教信仰和风俗习惯会禁止或抵制某些活动的进行；价值观念会影响居民对组织目标、组织活动以及组织存在本身的认可与否；审美观点则会影响人们对组织活动内容、活动方式以及活动成果的态度。

技术环境（technological factors）指组织所处的环境中的技术要素及与该要素直接相关的各种社会现象的集合，包括国家科技体制、科技政策、科技水平和科技发展的趋势等。变革性的技术正对组织的各类活动产生着巨大的影响，这种影响可能是创造性的，也可能是破坏性的，组织要密切关注与本组织相关的科学技术的现有水平、发展趋势及发展速度，在战略管理上做出相应的战略决策，以获取新的竞争优势。

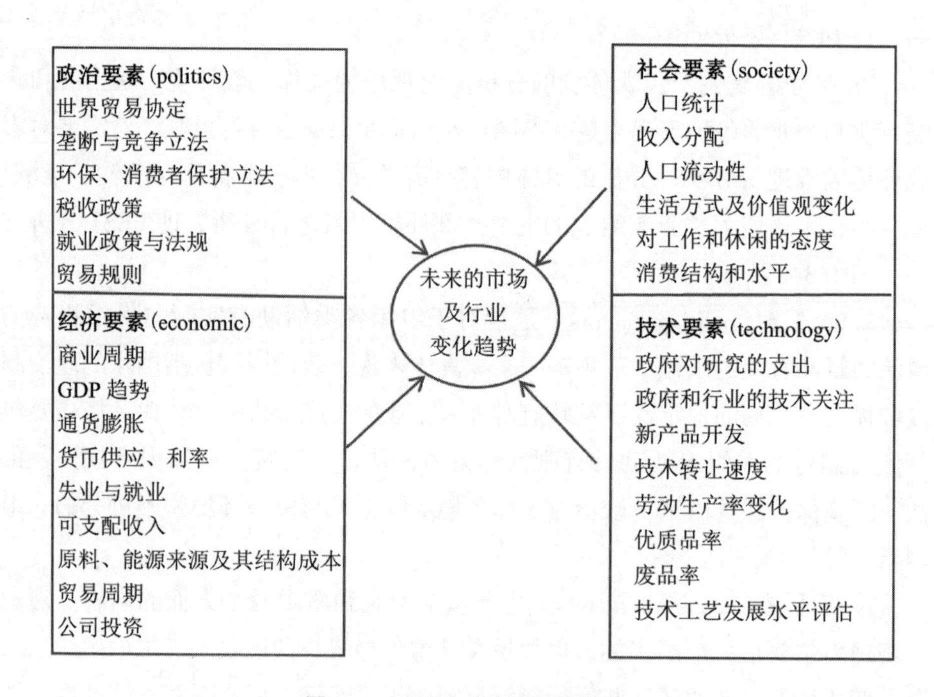

图 3–1　PEST 分析方法结构图

PEST 分析应用流程如下：第一，列出环境变化过程中确定的关键宏观因素；第二，根据各个因素对企业的具体影响来确定权重；第三，按照企业现行的战略对各个关键因素进行评分；第四，用每个关键因素的权重乘以它的评分，得出每个因素的加权分数；第五，将所有因素的加权分数相加，得到企业所处宏观环境的总加权分数。

2. SWOT 分析方法

SWOT 分析方法是 20 世纪 80 年代初由美国旧金山大学的管理学教授韦里克提出。SWOT 是优势（strength）、劣势（weakness）、机会（opportunity）和威胁（threat）四个英文单词的第一个字母的组合。它汇集了企业内外部的相关情况，其结果是企业资源实情（优势和劣势）和环境情况（机会和威胁）的简明表。在此基础上，咨询人员再根据咨询目标，按照客户的要求，进行综合的比较分析，本着使优势和机会最大化、劣势和威胁最小化的原则，制定相应的发展战略。

表 3–1 列出了在对公共服务部门的 SWOT 分析中一般需要考虑的因素。

表 3-1　公共服务部门 SWOT 分析中的潜在关键因素

潜在内部优势（S）	潜在内部劣势（W）
专有技术 创新能力 具有相当的规模资源 超强的服务能力 处于行业独特地位 对政策的反应能力 其他	经营缺乏自主性 资源开发有待深入 资金来源单一、投入不稳定 运营成本高 技术开发滞后 竞争意识弱 队伍素质有待提高 缺乏健全的监管和评估体系 其他
潜在外部机会（O）	**潜在外部威胁（T）**
有利的政策导向 政府的资金保障 多元化经营 用户的权利意识增强 国内国际同行业的管理和服务经验 市场活跃、增长迅速 对同类服务的需求增加 同行业的竞争对手优质的服务 其他	其他文化机构的个性化服务 经费投入不足 新的竞争者进入 区域性发展不平衡 顾客需求变化 替代产品或服务的销售额上升 其他

SWOT 分析可以按以下步骤进行：第一，确认组织当前实行的战略。这种战略可能是有效的，也可能会阻碍组织的进一步发展。第二，利用各种调查研究方法，分析组织所处的外部环境因素和内部能力因素，不仅要考虑这些因素的历史、现状，还要预测它们的未来。第三，确认组织外部环境中关键因素的变化，分析可能出现的机会或威胁，并根据组织的资源组合状况明确组织的优势和劣势。第四，按照各因素的重要程度，将其排列于 SWOT 分析图中，确定组织的核心能力。第五，对 SWOT 分析图中的各种因素进行系统分析，得出一系列可供选择的对策，并制订相应的行动计划。

因此，从微观看，我们利用环境分析法既可以对信息需求主体的环境机会和环境威胁进行分析，面对环境中不利于发展的挑战和不利因素，积极采取果断的战略行为，避免不利趋势削弱主体的竞争地位；而在对主体行为富有吸引力的领域（有利因素），看到并抓住利于主体发展的环境机会。从宏观的角度，我们可以利用环境分析法分析某个产业或行业的发展（如信息咨询业），在不同的政治、经济、文化及技术环境中，考虑影响其发展的关键因素，构建相互关联的因素影响模型，呈现将来可能出现的复杂的多种情形及情形组合，以协助判断该行业的趋势和走向。

3.2.2 战略制定

战略是组织根据内外环境及可取得资源的情况，为求得生存和长期稳定的发展，对发展目标、达到目标的途径和手段的总体谋划。它是组织经营思想的集中体现，是一系列战略决策的结果，同时又是制定组织规划和计划的基础。战略用于描述如何实现自己的目标和使命，具有全局性、宏观性、纲领性和长远性等特点。

战略制定是在分析和审视现有基础和条件的基础上，为了谋求长足发展而确定阶段性（一段较长时间）发展目标、制定发展方案、选择发展路径、解决未来做什么和怎么做的问题。战略规划的步骤：一是制定切实的目标，二是分析存在的问题和矛盾，三是设计方案，四是在执行计划中调整方案。

在上述的SWOT分析中，我们可以同时考虑四个方面中的任何两个方面，制定四种发展战略，即SO战略、WO战略、ST战略和WT战略。SO战略即增长型战略，是依靠内部优势去抓住外部机会的战略。WO战略即扭转型战略，是利用外部机会来改进内部弱点的战略。ST战略即多种经营战略，是利用企业的优势，去避免或减轻外部威胁打击战略的。WT战略即防御型战略，是克服内部弱点和避免外部威胁的战略。

3.3 调查方法

信息咨询是以大量的基础信息为前提的，因此获取基础信息的调查方法就成为信息咨询方法中最主要的方法。信息调查是深入现场进行考察，或以其他方式收集信息（数据）以探求客观事物的真相、性质和发展规律的活动。通常调查方法又可以分为以下几种。

3.3.1 问卷调查法

问卷调查法是以书面形式提出问题来搜集资料的一种方法。调查者通常将所要研究的问题编制成调查问卷，以邮寄、网上传送等方式发送给被调查者，让被调查者进行填写，来了解被调查者对于某一现象或问题的看法和意见。

问卷调查法是目前普遍使用的一种方法，操作相对简单易行，只要编制好相对规范的调查问卷，发放给被调查者并及时回收即可。调查者可根据咨询目的和要求灵活调整被调查者的范围，人数可多可少。而且利用统一的调查问卷，相对于实地调查和访谈，可以保证对每个被调查者的调查标准的统一，避免了各种客观因素的干扰。从调查结果来说，因为问卷调查法相对于实地调查法和访谈法来说调查对象的范围更广，所以取得的数据可能更多，更容易进行量化分析，使调查结果更为客观。但在进行问卷调查时，调查者可能不和被调查者见面，调查者对被调查者当时的状况不甚了解，对被调查者是否愿意配合调查也难以估计，导致被调查者随意填写调查问卷和拒绝回答的现象屡屡发生，问卷的回收率难以保证，从而直接影响到问卷调查的成效。

问卷调查法运用的关键在于编制问卷、选择被调查者和结果分析。调查问卷是用来收集资料的主要工具，形式是一份精心设计的问题表格。一般来说，一份问卷包括说明语、指导语、问题和答案以及其他资料。说明语是调查问卷的开头部分，用来对调查目的、调查意义和调查内容进行说明。其作用是引起被调查者的重视，提高他们的参与意识，争取得到他们的支持。指导语又可称为填写要求或填写说明，是用来指导被调查者填写调查问卷的各种解释和说明性文字。问题和答案是问卷的主体。从形式上看，问题可分为开放式和封闭式两种，开放式问题不为回答者提供备选答案，由回答者根据自己的理解自由回答问题。封闭式问题为回答者提供若干备选答案，要求回答者根据实际情况选择作答。问题和答案的质量直接影响到整个问卷的质量。目前，封闭式问题较为规范，有利于控制问卷调查的质量，应用范围相对较广。其他资料包括问卷的编号、调查员编号、调查日期、被调查者的合作情况等。有些问卷在该部分对调查有关事项做补充说明，有些问卷在该部分征询被调查者对问卷本身的看法。为了达到较好的调查效果，在问卷调查过程中必须遵循主题明确、对象明确、结构严谨等原则。在调查问卷的编制过程中，可选择若干专家和被调查人对问卷草稿进行初步测试，检验其信度、效度，以进一步提高调查问卷的质量，保证问卷调查的顺利实施。随着网络的发展，可利用互联网大量发送调查问卷，节省人力物力。但网络客户多为年轻人，有其局限性，可将传统的人工散发问卷和网络散发问卷的手段结合起来，更好地保障调查范围的覆盖性。

3.3.2 访谈法和焦点小组法

1. 访谈法

访谈法是调查人员以口头形式直接向被调查者提问，根据被调查者的回答，搜集较为客观的事实材料。访谈可以是正式的，如按照预定的规划在正规的会议室举行；也可以是非正式的，如在餐厅等非正式场合开展。

按照受控程度的不同，访谈可分为标准化访谈和非标准化访谈。标准化访谈是指调查者事先对访谈的具体内容进行详细规划，具体设计每一个要问的问题，并进行排序。在访谈过程中严格按照规划，向被调查者依次询问每一个问题，并认真记录每个问题的答案。非标准化访谈则相对随意。调查者事先仅仅对于访谈的目的、主题等进行大概的规划，具体要问的问题则在访谈过程中根据具体情况而定，调查者和被调查者可以进行相对自由的谈话。这两种访谈各有其优缺点。标准化访谈能够对访谈内容进行有效的控制，调查的结果也便于汇总整理，保证访谈达到预期的目的，但也存在着过于僵化的缺点，对于访谈过程中可能出现的种种问题缺乏应变方案，一旦被调查者不配合或词不达意就会使调查效果大打折扣。非标准化访谈则相对灵活，调查者可以根据被调查者的反应和回答灵活调整问题，也可以通过交谈来缓和被调查者的抵触或紧张情绪，使访谈达到理想的效果。但这对调查者的素质和能力要求较高，访谈效果不易控制。

咨询人员在访谈前要做好前期准备工作，了解被访问者的背景资料，准备访谈提纲，提纲内容包括项目介绍、访谈目的、主要假设、支持的事实材料及其他要点等。访谈过程要遵循既定的标准程序，控制谈话的主题和节奏，避免跑题现象的发生。

咨询人员运用访谈法一般要注意几个问题：①谈话进行的时间、地点和方式，咨询人员与客户讲话的时间比例控制在 3 ∶ 7 左右。②提问的技巧，要有清晰的问题树，留意客户的兴趣、态度和肢体语言。③不论客户职务高低，充分尊重客户，取得客户信任。访谈是建立合作关系的过程。④必要的备用方案，以应对意外情况。例如，当出现冷场时，可更换时间或人员（双方），或利用幽默感调节；当发现客户有难言之隐时，转换话题，不再追问；当客户批评他人或发表不实言论时，适当缓和气氛，不要参与讨论。⑤按规定对调查对象所做回答的记录和分类方法进行记录和整理，任何相关联的信息都要记录。

调查者通过访谈法获得的资料相比于实地观察法更为具体生动，而且具有较好的灵活性和适应性。但访谈法耗费大量的人力、物力，实施成本相对较高，实施周期相对较长，可能受到被调查者的情绪、行为习惯等的影响，有其局限性。

访谈法有一对一访谈（one-on-one），妈单独采访某一个人；也有多人或集体访谈，包括二人组访谈（triads）、成对组访谈（dyads）、多组访谈。集体访谈有多种形式，包括3小时座谈会、1小时座谈会、早餐/午餐座谈会、周末座谈会等。集体访谈可用于咨询师探索解决一些敏感的、对抗性的事件或问题，制定重要方案。

2. 焦点小组讨论法

焦点小组（focus group）讨论法是从研究所确定的全部观察对象（总体）中抽取一定数量的观察对象组成样本，根据样本信息推断总体特征的一种调查方法。通常以一种无结构的自然的形式，与一组从调研者所要研究的目标市场中选择来的被调查者交谈，从而获取对一些有关问题的深入了解，其价值在于常常可以从自由进行的小组讨论中得到一些意想不到的发现。

焦点小组讨论法请大约6 ~ 9个参试者（participant）对某一主题或观念进行深入讨论。焦点小组讨论法实施之前，通常需要列出一张清单，包括要讨论的问题及各类数据收集目标。在实施过程中需要一名经过训练的专业主持人，主持人要在不限制参试者自由发表观点和评论的前提下，保持谈论的内容不偏离主题。同时主持人还要让每个参试者都能积极地参与，避免部分参试者主导讨论、部分消极参试者较少参与讨论的情况发生。

焦点小组讨论法是一种定性方法，要避免通过焦点小组收集定量数据。这一方法具有自由开放、定性数据和适合探索目的等特点，特别适合于咨询师开展探索性目的的研究，在确定参试者使用产品或者服务的习惯、使用模式、态度，确定参试者语言，为新产品开发收集创意，为问卷调查等定量方法收集问题等方面均有重要的作用。

3.3.3 实地调查法

实地调查（field survey）最早源于19世纪后期的欧洲，数理统计学科的支持使其更具有科学性和准确性，在美国应用于传播学，成为传播学研究的主要方法之一。实地调查法也称现场调查。它强调调研人员深入实际，亲临现场，根据特定的研究目的，以感官活动为基础，结合积极的思维和其他科学手段，在不干预对象自然状态的前提下，系统地对客观事物进行感知、考察和描述。

实地调查法形式多样，可以是直接亲临的田野调查、访谈类的面谈，也可以是间接的问卷调查、电话访谈、邮件沟通等，随着科技手段的发达，其形式会更加丰富，获取数据也更便捷。

实地调查法是获得第一手感性材料的可靠来源，相对于其他调查方法，其操作更为简便，可根据情况灵活调整观察策略，根据咨询目的要求选择最为合适的时机进行实地考察。不仅能够收集到丰富的实际数据、资料，还能够收集到通过一般的文献资料所不能够了解的隐含在人们头脑中的实际经验。但实地调查法也存在不足之处。一方面，调查者容易受偏见的影响，戴着有色眼镜来观察事物，从而造成较大的偏差。另一方面，由于任何问题发生都有其必要的客观条件，由于客观条件的限制，很多问题在调查者进行实地调查时并不能够比较明显地显露出来，造成调查结果不准确。因此，要使实地调查法达到其应有的效果，首先调查者本人要站稳立场，不偏向任何一方，以客观公正的态度来进行调查，其次要综合各类问题所需要的条件，选取最合适的时机进行实地调查。

3.3.4 德尔斐法

德尔斐法（Delphi）又称“专家答卷对策法”，最先由兰德公司在20世纪50年代初创造。首先根据咨询需要编制专家调查问卷，选择专家（基本条件同头脑风暴法，人数可以较多）发放问卷，并提供主要答案参数，以匿名方式反复征询解答（一般为四轮）。其次对每一轮的咨询意见都进行汇总整理，并作为参考资料再发给各位专家，供其分析判断提出新的论证。最后采用中位数法等数学方法进行专家反馈意见的数据定量处理与统计，据此形成咨询方案。本方法的缺点是时间周期长。

3.4 问题诊断与方案制定方法

不同类型的咨询要选择不同的咨询工具与方法。对于信息咨询而言，通常要选择成熟的软件工具、信息系统和系统动力学等方法。而对于战略咨询，咨询师可选的战略工具与方法很多，如麦肯锡7S分析工具、波士顿矩阵（BCG Matrix）、波特钻石模型（Michael Porter diamond model）、波特五力模型（Michael Porter five forces model）、标杆管理（benchmarking）、陀螺模型（gyroscope model）等。当然，要选择与战略制定相匹配的方法，且这些方法要结合实际灵活运用。据美国贝恩咨询公司（BAIN & COMPANY）的系列报告，1999年的调查结果中，有10种工具的使用率超过50%，使用率最高的前三种工具为战略计划（88.8%）、使命和愿景陈述（85%）、标杆管理（76%）；2009年的调查结果中，使用率最高的前三种工具依然是标杆管理（76%）、战略计划（67%）、使命和愿景陈述（65%）；而在2013年，所有方法的使用率已经低于50%；2015年的调查，前三位已变成客户关系管理（46%）、标杆管理（44%）、员工敬业度调查（44%），战略计划的使用率下降到44%。

3.4.1 头脑风暴法和KJ法

1. 头脑风暴法

头脑风暴法（brain storming）又称“智囊团讨论法”“智力激励法”“自由思考法”，1938年由美国BBDO（Batten Barton Durstine and Osborn）广告公司创始人奥斯本（Alex Faichney Osborn）首创。这一方法对专家咨询会议讨论方式加以改进，在无拘无束、轻松和谐的气氛中，各专家互相启发，充分发挥自己的创造性思维，提出新设想、新方案，并进行自我改进与完善。其实施有会前、会中和会后三个阶段：会前阶段进行问题讨论设计并做好会议准备，如确定主持人、会议时间和地点，选择并通知参会人员；会中阶段，主持人进行相关事项说明和讨论前的热身，轻松自如地导入会议议题，在明确议题与问题之后，请参会人员畅所欲言，安排会议记录；会后阶段是会议结束后的两天内，由主持人对会上提出的各种设想、方案进行总结评价。

头脑风暴法分为直接头脑风暴法（通常简称为头脑风暴法）和质疑头脑风暴法（也称为反头脑风暴法）。前者是专家群体决策尽可能激发创造性，产生尽可能多的设想的方法，后者则是对前者提出的设想、方案逐一质疑，分析其现实可行性的方法。

美国人戈顿对头脑风暴法加以改进后，提出了一种被称为“戈顿法”的新智囊方法，也是通过咨询会议让有关专家提出新的设想、方案。与头脑风暴法的区别在于，“戈顿法”中会议的中心议题和目的除主持人之外，其他与会专家并不知道，讨论也不直接涉及，会后由主持人对与会者的思路进行归纳概括，并制定出课题的咨询方案。

头脑风暴法适合咨询项目组制定集体咨询方案。其使用必须注意：①要努力创造使人能够畅所欲言的会议环境。②要选择好咨询会议的主持人。主持人应具有丰富的专业知识和实践经验、敏锐的观察力、正确的判断思维和较强的语言文字表达能力；对于会上可能提出的设想、方案，主持人要有所准备，心中有数；同时还要在会议中随时进行启发诱导，在会后及时进行总结评价。③严格选择参会专家，参会专家的专业必须与所论及的问题相一致。头脑风暴法专家小组通常由方法论学者（专家会议的主持者）、设想产生者（专业领域的专家）、分析者（专业领域的高级专家）和演绎者（具有较高逻辑思维能力的专家）四类人员组成。④控制时间与规模。小型会议时间一般以 20 ～ 60 分钟效果最佳，规模以 10 ～ 15 人为宜。

2. KJ 法

KJ 法，又称 A 型图解法、亲和图法（affimity diagram），是最早由日本川喜田二郎（Kawakita Jiro）提出的一种质量管理工具，1964 年后被作为一种有效的创造技法得以广泛推广，成为日本最流行的一种方法。KJ 法的主要特点是将未知的问题、未曾接触过领域的问题的相关事实、意见或设想之类的语言文字资料收集起来，在找出内在关联进行归类合并的基础上由综合求创新。

KJ 法实施步骤如下：①准备。主持人和与会者 4 ～ 7 人。准备好黑板、粉笔、卡片、大张白纸、文具。②头脑风暴法会议。主持人请与会者提出 30 ～ 50 条设想，并依次写到黑板上。③制作卡片。主持人同与会者商量，将提出的设想概括为 2 ～ 3 行的短句，写到卡片上，每人写一套。这些卡片称为“基础卡片”。④分成小组。让与会者按自己的思路各自进行卡片分组，把内容在某点上相同的卡片归在一起，并加一个适当的标题，用绿色笔写在一张卡片上，称为“小组标题卡”。不能归类的卡片，每张自成一组。⑤并成中组。将每个人所写的小组标题卡和自成一组的卡片都放在一起。经与会者共同讨论，将内容相似的小组卡片归在一起，再拟一个适当标题，用黄色笔写在一张卡片上，称为“中组标题卡”。不能归类的自成一组。⑥归成大组。经讨论再把中组标题卡和自成一组的卡片中内容相似的归纳成大组，加一个适当的标题，用红色笔写在一张卡片上，称为“大组标题卡”。⑦编排卡片。将所有分门别类的卡片，以其隶属关系，按适当的空间位置贴到事先准备好的大纸上，并用线条把彼此有联系的连接起来。如编排后发现不了有何联系，可以重新分组和排列，直到找到联系。⑧确定方案。将卡片分类后，就能发现解决问题的方案或找到最佳设想。经会上讨论或会后专家评判确定方案或最佳设想。

KJ 法综合运用了头脑风暴法、归纳法和分类法，适用于情况较为模糊、牵扯部门众多、较为复杂的问题。这一方法在进行综合整理时，既可由个人进行，也可以集体讨论。咨询过程中运用这一方法，有助于开阔视野，将精力集中于解决问题，归纳整理难以理出头绪的事件与问题，在讨论中相互启发，找出解决问题的路径。

3.4.2　问题诊断

所谓问题，是现实情况与计划目标或理想状态之间的差距。管理学中系统分析的核心在于两点：其一是进行“诊断”，即找出存在的问题及其原因；其二是提出解决问题的最佳可行方案。

信息咨询工作就是帮助客户“把脉”，分析客户需求，获取基础数据，梳理脉络，提出问题，分析问题。要明确问题的本质或特性、问题存在范围和影响程度、问题产生的时间和环境、问题的症状和原因；要区分局部问题和整体问题；区分表面问题和根本问题，以检讨企业发展策略方向，并“开处方”，即形成报告并提出解决方案。可见，“诊断”是发掘问题，而解决问题最重要的是了解问题的症结及缘由，这个我们称之为“问题诊断法”。那如何诊断存在的问题呢？“化大为小”是管理学研究的必经途径，想将一个问题变得真正可操作，需要对问题进行细分，需要研究者对问题进行深入思考，直到研究中的每一个变量都可以被准确定义和衡量。（吴贵生，王毅．管理学学术规范与方法论研究［M］. 南京：东南大学出版社，2016.）

利用问题诊断法可以发现信息主体所需要信息的薄弱点或者主体的弱势之处，判断信息咨询服务中提供的决策正确与否，若有问题可及时进行纠错，使行为结果更接近目标。

问题诊断法中常见的一种方法即问题树（issue tree）分析法。问题树分析法是一种以树状图形系统分析存在的问题及其相互关系的方法。咨询时所涉及的问题往往多而复杂，而且问题之间常常是互相影响、互为因果的，这时候采用问题树分析方法就能够为咨询人员指出正确的解决问题的途径。系统而科学地分析这些问题及其相互关系是确定发展目标、提出解决方案的基础。

问题树分析法一般分为六个步骤：①找出客户目前面临的主要问题。这些问题的范围依研究目的而定。②在所确定的主要问题中，找出某一个问题作为“核心问题”或“起始问题”。此问题将是分析主要问题之因果关系的出发点。“核心问题”或“起始问题”的确定要遵循三个原则：首先，问题所包括的范围要广；其次，此问题要和研究目的紧密相关；最后，此问题如果得到解决，其他一系列问题都会迎刃而解。③确定导致“核心问题”或“起始问题”的主要原因。④确定“核心问题”或“起始问题”导致的主要后果。⑤根据以上因果关系画出问题树。⑥反复审查问题树，并根据实际情况加以补充和修改。具体结构模型如图 3–2 所示。

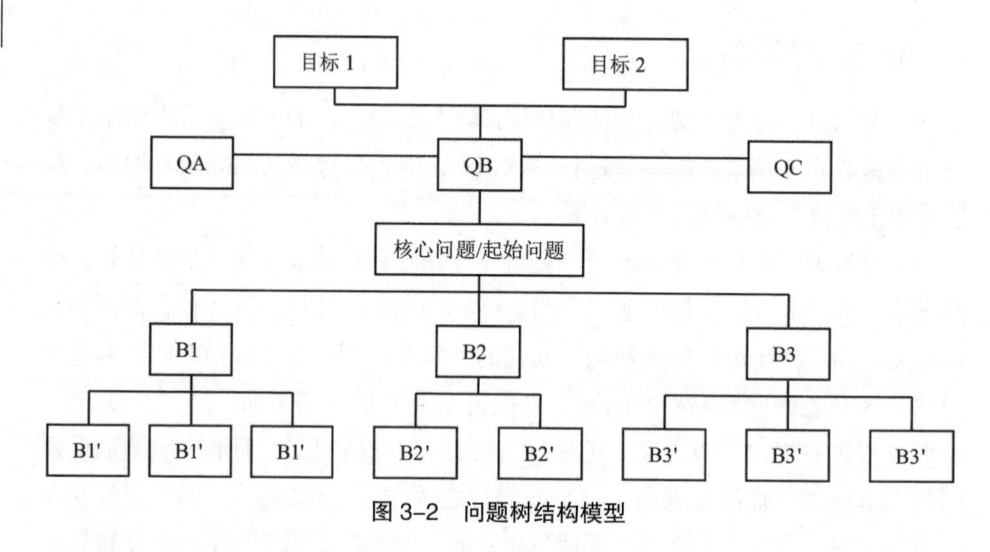

图 3–2 问题树结构模型

问题树分析法思路简单明了、形象、直观，不需要复杂的定量数据，但对问题的本质及其关系分析得十分清楚，实用性相对比较广，可用于复杂而多层次问题的分析。

3.4.3 方案制定

通过深入调查研究，真正有待解决的问题得以最终确定，产生问题的主要原因得到明确，在此基础上就可以有针对性地提出解决问题的备选方案。方案是解决问题和达到咨询目标可供选择的建议或设计，应提出两种以上的备选方案，以便提供进一步评估和筛选。为了对备选方案进行评估，要根据问题的性质和客户具备的条件，提出约束条件或评价标准，供下一步应用。

备选方案评估。根据约束条件或评价标准，对解决问题备选方案进行评估，评估应该是综合性的，不仅要考虑技术因素，也要考虑社会经济等因素。评估小组应该有一定代表性，除咨询项目组成员外，也要吸收客户组织的代表参加。评估过程可以先经过概略评估，即方案创造初期的粗略评估，去除明显不可行的，留下科学可行的方案，并将其具体化，再对具体的方案进行经济、技术等全方位的详尽评估，根据评估结果确定最可行方案。

提交最可行方案。最可行方案并不一定是最佳方案，它是在约束条件之内，根据评价标准筛选出的最现实可行的方案。如果客户满意，则系统分析达到目标。如果客户不满意，则要与客户协商调整约束条件或评价标准，甚至重新限定问题，开始新一轮系统分析，直到客户满意为止。

本章小结

在信息咨询方法论体系中，信息咨询研究方法以管理学和信息学的研究方法为主，借鉴其他学科经验，参照信息咨询研究活动中的具体情况而创立了诸多具体研究方法。这些具体的方法应用于信息咨询全过程和全生命周期，推动着信息咨询的发展。本章从基础数据资料获取和分析法入手，重点论述了问卷调查法、访谈法、实地调查法，为信息咨询获取基础数据提供了多种途径。同时从系统论的环境分析角度，对获取到的数据采用内容分析法、PEST和SWOT分析法进行分析和研究。基于此，提出问题诊断、战略制定和方案制定方法。信息咨询各个阶段的方法密不可分、环环相扣，都致力于解决方案的制定，落脚于咨询方案的给出。

简言之，方法论体系中的各种方法及其结合的价值已在信息咨询活动中被充分体现。它是在人们的实践中总结出来的宝贵经验，是对社会科学和自然科学中的最新理论成果的融合和升华，进而形成指导信息咨询的完整系统的理论体系。它将随着信息咨询的发展而发展，在实践活动中不断被检验和完善。

思考题

1. 什么是信息咨询方法论？
2. 基础数据获取法与调查法的关系是什么？
3. 什么是内容分析法？它如何在信息咨询中应用？
4. 环境分析法包括哪些分析方法？
5. 请比较调查法中问卷法、访谈法和实地调查法的特点。
6. 请简述问题树分析法的六个步骤。

第四章

项目建议书与咨询报告撰写

项目建议书与咨询报告是咨询服务过程中产生的重要文件，也是咨询研究的重要成果。项目建议书与咨询报告的撰写既是咨询服务质量的一个标志，也体现出咨询师的能力与水平。本章阐述项目建议书和咨询报告的作用与类型，重点介绍其撰写过程与撰写方法，提出项目建议书和咨询报告撰写的基本要求。

4.1 项目建议书

4.1.1 项目建议书的作用

1. 项目建议书的直接作用

一是初步诊断。项目建议书如同医生对病人的初步诊断，通过有关项目的基本必要信息整理，对项目做出一个基本准确的判断，有助于进一步“求医问诊”，找到获得问题解决办法的正确路线。

二是说服客户。通过说明咨询方已做的工作，阐述咨询方将如何完成任务，让客户相信咨询方有能力完成项目并且也应该交由咨询方来完成。

三是促进签订合同。通过说服客户做出决策，直接影响合同的签订。

四是为正式的咨询工作奠定基础。项目建议书不仅使委托方获得了一个凭证，而且为咨询方的进一步工作打下了基础。项目建议书既帮助咨询方制定了进一步的工作方案，也有助于咨询方制定较为合理的费用预算。项目建议书列出了具体的任务范围，从而为咨询工作提供了保障。

2. 项目建议书的间接作用

一是增进了解。项目建议书的形成过程是咨询方与委托方进一步相互了解的过程，咨询方要撰写项目建议书，必须与委托方加强交流，获得更多的信息和对咨询问题更好的理解。而委托方也可以通过这个过程了解咨询方及其工作状态，从而对咨询方产生信任。

二是提高针对性。项目建议书经过咨询公司的初步设计，使咨询有的放矢，使最终的咨询方案能够真正为委托方“量身定做”，行之有效。

三是咨询服务的销售。项目建议书是咨询服务销售的重要书面文件。

四是降低风险。对于重大项目来说，项目建议书是签订合同前降低风险的重要措施。在咨询过程中，委托方和咨询方都面临不同程度的风险，特别是委托方如果在签订合同前将重大项目交给咨询方要承担更大的风险，咨询方如果没有签订合同也可能导致在没有把握的情况下承担咨询的风险。通过项目建议书，委托方在合作初期用一个较少的“诊断”费用减少了投入较大咨询费用的盲目性，而咨询方通过初期“诊断”能够决定是否有能力接受咨询并增强对“治疗”的信心。

4.1.2　项目建议书的内容与结构

1. 项目建议书的内容

项目建议书是咨询公司向客户表明自己能力的文件，也是对项目初步研究的结果。其主要内容一般有四个部分。

（1）问题与目标部分

这一部分包括客户现状、业务情况的介绍与项目背景；对问题的理解；界定项目范围与协议范围；项目应完成的目标。开篇要开宗明义，主要说明写项目建议书的原因。向客户公司表明所掌握的有关背景情况：咨询师已掌握撰写本项目建议书的足够信息；咨询公司对这个咨询领域的熟悉度；确认客户方有关部门已经向咨询师提供了足够的信息。项目建议书要陈述目标任务和范围，陈述此项咨询将产生什么样的结果，包括达到的总体目标和具体的目标。通过简洁的陈述，为客户清楚地描述最终的目标。向客户陈述咨询项目包含的具体任务内容，包括要解决问题的重点和难点。

（2）技术部分

这一部分包括项目使用方法与技术、初步的项目计划、项目预期结果。项目建议书要陈述为完成任务需要采用的研究方法和手段，包括研究思路、研究途径、研究采用哪些科学的方法和现代化的手段，由此体现出咨询公司对完成该项目具有明确的路线、创造力，并且提出项目的进展计划，就咨询工作量、所需的时间、分阶段进行、各阶段应完成的任务等提出初步的意见。

（3）咨询人员与背景部分

这一部分包括同客户联系的形式与安排、咨询方对项目的人力与时间投入，以及咨询师的基本情况。项目建议书要陈述咨询公司人力投入的计划，包括参与该项目的项目组的构成、项目负责人和咨询师的基本情况、咨询人员的分工和职责。项目建议书要说明咨询师及咨询公司的项目经历、与本项目有关的背景资料，以及其他有助于证明咨询师和咨询公司能力和资格的材料。其目的是将咨询师销售出去，向客户证明自己的能力、水平，使客户确信聘用本公司人员作为咨询师是值得的。

（4）财务和其他部分

这一部分主要是商业款项细则和保证项目质量的措施。项目建议书要提供项目经费的初步估算，包括项目所需的成本费（调研费、资料费、差旅费、交通费、通信费、人员工资等）及利润。还要说明付款方式或其他费用要求。结尾表明咨询师对承接这一项目的兴趣和完成这一项目的信心。

2. 项目建议书的结构

对于简单的项目来说，可采用书信的形式。而对于复杂的项目来说，一般采用条款的形式。也可根据客户提供的格式来撰写。一般由封面、目录表、正文、附录四个部分组成。

项目建议书结构有详细陈述，也有简明陈述。以下是《管理咨询：优绩通鉴》提供的项目建议书结构（表 4-1）。

表 4-1　项目建议书结构

1. 相应的问题（在客户业务形势、战略和竞争地位的背景下进行描述）
2. 项目的预期利益
（1）咨询公司将要采用的方法
（2）这些方法的期望结果
3. 咨询公司的相应经历和人员
（1）咨询公司的经验和能力
（2）专业人员
4. 标准条款和条件
（1）专业人员费率和开支
（2）支付协定
（3）标准条款和条件
附录 1：关键项目参与人员的简历
附录 2：客户名单和相关项目实例
附录 3：（对方法、技术等）所做的技术说明

4.1.3　项目建议书的撰写

在撰写项目建议书的过程中要注意以下问题。

1. 编写建议书的准备

制作编写出高质量的项目建议书，是项目顺利实施的关键。因此，必须做好充分的准备，认真编写。

在编写项目建议书之前，要对客户的问题有准确的把握，要向客户了解情况，针对客户所希望的目标和所关心的问题进行分析思考。

编写项目建议书，可先打草稿或列出大纲，在征求客户方对建议书的意见或建议后，再进行正式的编写，使建议书的针对性更强。

2. 编写建议书过程中与客户协商

在编写建议书过程中会有很多问题需要与客户协商。例如，针对费用问题，可以提一个初步的预算，如与客户方的期望差别太大，再做必要的调整。又如针对项目的目标，可能咨询师一开始的理解与客户方有差异，需要与客户交流后再做调整。

3. 全面准确，突出重点

项目建议书是针对客户而编写的，既要向客户全面反映关于项目初步研究的情况，做到数据准确、内容全面，又要突出重点、方式简明便于客户理解，如采用项目流程图、项目进度甘特图、财务报表等直观方式。有些过于细节的内容可置于附件中。

4. 编写建议书的费用

编写项目建议书可能需要考虑调研、资料等费用，这些费用一般是由咨询方承担的。如果双方签订合同，这些费用或计入咨询费用之中。

5. 提交建议书的时间

咨询师要注意提交建议书的截止日期，保证按时提交。根据很多咨询公司的经验，在截止日期之前两天内提交比较合适，不宜太早提交。

提交客户时，在提交打印文稿的同时，考虑到效果，可使用演示文稿辅助展示。

4.1.4 项目建议书的演示说明

为增强项目建议书的效果，使客户更好地理解项目建议书内容，咨询方有必要召开演示说明会进行项目建议书的演示和说明。

咨询方在向客户进行演示之前，应当提前了解以下事项：演示说明会的目的是什么，客户对演示说明的期望是什么，是不是需要进行正式的演示说明，正式演示说明和讨论所允许的时长，参加演示说明的有哪些人，参加演示说明的人有什么兴趣和具体要求，客户还邀请了哪些咨询公司参加演示说明会。

在演示说明中，要做到以下四点。第一，进行演示说明会的策划，考虑演示说明会的效果及各种需要的准备工作，确定参加的人员及承担的任务。第二，进行排演训练，考虑客户要求的或能够承受的时长，以及客户可能提出的问题。第三，在正式演示中，以客户为中心，突出对客户最有价值的要点，并根据客户的需要和具体情形及时调整演示内容。第四，注重实际效果，利用视觉辅助工具，鼓励讨论，调动客户对演示和参与的兴趣。

咨询师要善于表达并保证咨询成果的简洁性，使客户更好更快捷地理解与接受。麦肯锡公司曾有过这样一个沉痛教训：该公司曾为一家大客户做咨询，咨询结束时，麦肯锡的项目负责人在电梯间遇见了对方的董事长，该董事长问这位项目负责人能否说一下现在的结果呢。然而这位项目负责人没有准备，即使有准备，也无法在电梯从 30 层到 1 层运行的 30 秒内把结果说清楚。最终，麦肯锡失去了这一大客户。从此，麦肯锡要求员工凡事要在最短的时间内把结果表达清楚，直奔主题和结果，凡事归纳在三条以内，这就是后来商界流传的“30 秒电梯理论”，或称“电梯演讲”。

4.2 咨询报告的类型

4.2.1 咨询报告的作用

咨询报告是信息咨询服务的重要文件，也是信息咨询直接和最重要的成果。因此，明确咨询报告的重要性是做好信息咨询的关键之一。

在什么情况下需要咨询报告？咨询师、培训师和学者卡尔弗特·马卡姆（Calvert Markham）指出：撰写报告是咨询活动的一个重要组成部分，但在考虑撰写报告之前，应该问自己是否有必要写这个报告。他认为，下列情况需要撰写报告：有需要报告的事情；你想宣布项目中取得的进展；为了激发对某个问题更多的思考和讨论；项目将近尾声。他认为，报告必须在有意义时才能撰写，因为：第一，客户很忙，往往更喜欢以面对面的方式接受信息，而不是通过报告的形式；第二，撰写太多报告不仅会占用咨询师的时间，而且会在客户与咨询师之间设立障碍。

4.2.2 咨询报告的类型

兰德公司的研究报告非常有名，分三个等次发行：一等的是给政府或国家安全部门做的战略报告或研究报告，保密，不公开，一项报告收费高达几百万美元；二等的报告给政府部门参考；三等的报告是解密后在市场发行的报告。它的一项大型战略报告，从收集、立项到完成，要 25 人次连续工作 1 ～ 5 年。

马卡姆将咨询报告分为三种类型：期间报告、讨论报告、终期报告。

下面介绍常见的咨询报告类型。

1. 项目方案

方案是进行工作的具体计划或针对某一问题制定的规划。通常的咨询报告以项目的最终方案表现。

例如，华夏基石管理咨询集团做的“中设设计集团‘拼搏者’人才新机制案例”主要有五大内容。一是案例背景，包括中设设计集团基本的情况、工程设计咨询行业介绍、中设项目需求、项目目标。二是诊断分析，包括中设核心竞争力诊断、中设人力资源管理体系总体诊断，人力资源实务效果诊断。三是解决方案的设计框架，包括设计理念、企业未来战略发展方向和核心业务目标、人力资源管理理念的系统思考、打造“拼搏者”人才新机制（拼搏者管理机制规划、拼搏者人才队伍规划、拼搏者管理者队伍规划）、“拼搏者”人才新机制方案。四是“拼搏者”人才新机制落地方案，包括初期工作计划、拼搏者文化实施长效工作机制（拼搏者文化传播、拼搏者文化强化、拼搏者文化活动）。五是项目评估和绩效说明，包括案例项目评估、绩效说明。

2. 可行性研究报告

可行性研究报告，是在研究确定某一建设项目或科研立项的可行性之后撰写的，提供给最高管理层作为最终决策依据的书面报告。

可行性研究报告有两个特点。一是专业综合性和公正可靠性。可行性研究报告要有项目的主要内容和配套条件，如市场需求、资源供应、建设规模、工艺路线、设备选型、环境影响、资金筹措、赢利能力等，从技术、经济、工程等方面进行调查研究和分析比较，论证项目实施的可行性和有效性。二是科学性和预测性。可行性研究报告是对项目建成后可能取得的经济效益及社会影响进行预测，从而提出该项目是否值得投资和如何建设的咨询意见，为项目决策提供依据的一种综合性的分析方法。

可行性研究报告一般单独成册，包括首页、正文、时间、附件等。大型、特大型项目报告，其中一种格式包括10个要素：①封面；②摘要；③目录；④图表目录；⑤术语表；⑥前言；⑦正文；⑧结论和建议；⑨参考文献；⑩附录。另一种格式包括14个要素：①首页；②目录；③项目建设的背景；④前景预测；⑤项目建设目标；⑥项目建设方案；⑦项目建设的内容与规模；⑧项目建设的实施进度；⑨物资采购计划；⑩项目的投资估算与资金筹措；⑪ 项目效益分析；⑫ 项目建设的管理方式；⑬ 结论；⑭ 附件。

改建项目的可行性研究报告，其正文部分中“方案论证”应包括：改建项目与企业总体规划的关系，新增生产能力或品种的规模、方案、工艺流程、设备选择，全企业的人员、设备、原材料、能源及公用设施的平衡，施工进度，投资估算及资金来源等内容。“投资效益预测”中应包括生产成本核算、经济效果的分析评价，主要是计算改建项目新增投资所能带来的新增效益。如果改建期间对原生产系统造成停产，经济损失也应计算在内。

新产品开发项目可行性研究报告的正文部分中“方案论证”的内容包括新

产品课题的国内外技术现状及发展趋势，新产品国内外市场的销售现状及发展趋势，国内引进技术的消化及国内同类生产企业先进技术的使用现状，本企业人文历史特点、品牌知名度、地理位置、设计力量及工艺水平、质量及检测、加工技术、现有设备、生产管理能力、营销水平、售后服务等各方面因素的优势和不足，本开发方案选择的分析论证等。“投资效益分析”中应包括开发项目的试制进度、经费概算、项目完成后对本企业经济前景的意义等。

3. 调查报告

调查报告是对社会上某个问题或事件进行专门调查研究之后，将所得的材料和结论加以整理而写成的书面报告。

调查报告是反映调查研究的成果，能够传播信息、推广经验、揭示真相、协助决策的一种报告类型。

调查报告的特点：一是客观性和纪实性。调查报告是在有大量现实和历史资料的基础上，用叙述性的语言实事求是地反映某一客观事物，包括时间、地点、人物、事件、结果五个要素。充分了解实情和全面掌握真实可靠的素材是写好调查报告的基础。二是针对性和完整性。调查报告一般有比较明确的意向，相关的调查取证都是针对和围绕某一综合性或专题性问题展开的。所以，调查报告反映的问题集中而有深度。调查报告十分重视报告客观事实的完整过程，对材料进行了系统而有逻辑性的整理，在结构上也比较完整。

调查报告有多种类型。按表达形式的不同，有公文式（在标题、前言、主体等方面及语言类似公文中的报告）、通讯式（标题和正文讲究一定的表现手法）、兼顾式（兼公文与通讯之长）。调查报告常被看作准公文或新闻文体。按反映内容侧重点的不同，有经验类、新事物类、问题类、考证类、研究类。按目的的不同，有反映情况的调查报告、总结典型经验的调查报告、结论性的调查报告、介绍新生事物的调查报告、考察历史事实的调查报告、揭露问题的调查报告、探索性的调查报告、专业性强的专题调查报告。

调查报告的标题有三种形式：①标题为文章标题的写法；②标题为类似于公文标题的写法；③正副标题写法，一般是正题揭示主题，副题写出调查的事件或范围。调查报告的正文有前言和主体。前言扼要说明调查的目的、时间、地点、对象和范围，以及做了哪些调查、所要报告的主要内容是什么。这一部分，主要是介绍基本情况和提出问题，写法灵活多样。调查报告的主体主要是对事实的叙述和议论。一般把调查的主要情况、经验或问题归纳为几个方面，分为几个小部分来写，每个小部分有一个中心，加上序码来表明，或加上小标题来提示、概括这部分的内容，使之眉目清楚。

4. 研究报告

研究报告是研究者对某一问题或主题深入研究产生的思想发展的忠实记录和研究成果，是学术交流和科研成果推广的重要形式。通常有实证性研究报告（如教育调查报告、实验报告、经验总结报告等）、文献性研究报告（如述评、综述）、理论性研究报告（论文）三类。在信息咨询中，研究报告综合了以上多种成果，表现为对课题的深入研究并以问题与对策为主要内容，以建议和措施为主要结果。其结构一般有三大部分：第一部分为引言、概述、研究背景和意义、研究方法和研究路线、研究对象等；第二部分为研究结果、研究内容及主要成果、探讨与认识、现状与问题、分析与讨论；第三部分为对策、结论、建议、说明、展望。

以下是艾瑞咨询发布的《2023年中国信创产业研究报告》大纲（2023年7月）：

（1）信创产业概述（1.1 信创内涵及本报告研究范畴；1.2 信创发展历程；1.3 信创产业图谱；1.4 信创市场规模）。

（2）信创产品服务研究（2.1 基础硬件；2.2 云基础设施；2.3 基础软件；2.4 应用软件；2.5 网络安全）。

（3）信创应用行业研究（3.1 信创建设整体情况；3.2 金融信创；3.3 电信信创；3.4 电力信创。

（4）信创企业研究（4.1 信创市场整体格局；4.2 典型企业案例）。

（5）信创建设面对的挑战及破局猜想（5.1 挑战一：生态薄弱，适配工作繁重；5.2 挑战二：部分产品与国外仍有明显差距；5.3 拥抱开源，助力技术开发与生态建设；5.4 云平台及平台型应用弱化适配难题；5.5 依托新型技术架构换道发展，加速创新）。

（资料来源：艾瑞咨询 .https：//www.iresearch.com.cn/Detail/report?id=4210&isfree=0.）

5. 检索报告

这类报告的基本规范要求有：（1）咨询报告内容应包括足够的信息，以便客户能够正确、合理地使用该报告；（2）咨询报告中的分析、描述、结论，都应以文献事实为依据、符合实际；（3）咨询报告采用描述性写法，使用规范化术语、文字、符号、计量单位，不使用含义不清、模棱两可的词句；（4）“检索范围与策略”需列出咨询过程中所使用的检索工具、主题词、分类号、年限和计算机检索系统、数据库文档、检索词等；（5）“检索结果”须反映所检数据库和工具书中的相关文献情况，以及对相关文献的主要论点进行对比分析的客观情况。

4.3　咨询报告的撰写

4.3.1　咨询报告的撰写步骤

咨询报告是咨询工作者向用户呈现咨询内容的载体，须秉持简洁、实用、高效、创新的原则，撰写过程中应恪守内容易理解、观点够鲜明、客户可接受的行文标准。一般而言，咨询报告的撰写可以分为以下几个步骤：

①编写报告大纲。大纲是咨询报告的核心逻辑，一份好的提纲能够提纲挈领，帮助撰写者顺着清晰思路前行，言之有序。在撰写时明确咨询报告中心，合理采用论证方式，正确划分内容层次并有序安排主次部分。

②背景与问题陈述。描述咨询客户的背景信息、历史演变、发展现状、劣势瓶颈、优势特长等基本情况，并重点阐述本次研究识别出的并致力于解决的核心问题。

③总结所有数据。陈述本次研究所获取数据的各类收集途径、数据体量与分析过程，证明所获数据客观充分，调查途径广泛深入，分析过程认真冷静。

④阐明研究结果。解释对所获数据的判断与评价，以质朴、客观、规范的文字阐明研究结论，包括关键问题的解决意见、未来发展趋势、核心推荐建议、需要开展的工作及时间规划，以及可获得的长短期收益等。同时，还应阐明潜在困难以及相关推荐行动与建议未实施到位可能招致的各类风险。

⑤撰写报告小结（或纲要性缩写本）。报告小结（或纲要性缩写本）是向客户强调咨询问题与咨询建议的重要模块，应以高度凝练、朴实易懂的文字将咨询报告的核心内容特别是主要咨询问题与关键研究结果向客户展现，避免因咨询报告内容过长、专业文字过多而阻碍客户的阅读与对主旨的掌握。

⑥撰写其他部分。包括封面、目录、图表、参考文献、附录等模块的设计与编写，其中图表的设计应当简洁鲜明，参考文献与附录的选取应当突出重点、诚信可靠，以彰显报告有理有据，增强客户的信赖与认可。

⑦反复修改与完善。初稿完成后，应当由咨询团队人员合力修改完善，并征求专家、群众的意见，反复推敲报告内容并润色文字，使咨询报告科学、准确且详尽。

4.3.2 咨询报告的内容结构

咨询报告必须要经过精心的结构设计和构思才能成为有价值的成果。第一，良好的结构和逻辑缜密的陈述会使观点一目了然，因此也就会使报告易于阅读和理解。第二，报告的结构越好，其中的观点越中肯，就越能有力地驳斥批评意见。

咨询报告一般应包括四个部分。

1. 前置部分

咨询报告撰写之前必须要思考："我为什么要写这个报告？"可能的回答或许有很多，但只有下列答案才能对下一步工作构成支持：①项目已经取得新的进展；②有需要报告的事情；③客户提出要求；④为激发对问题更多的思考和讨论；⑤项目已接近尾声或时机成熟。也就是说，只有在确认报告有了重要意义的情况下才能开始撰写。这部分包括封面、封二、题名、目次等。

2. 主题部分

报告应尽可能短小精悍，其中提到的每一件事情都要切合题意，所载内容必须经过精心筛选和设计，围绕宗旨，说理全面。所使用的数据一定要真实确切，计算时应确保无误。合理的内容加之缜密的分析，若再配以良好的结构就能使读者一目了然，观点坚不可摧。进行结构设计时需注意两点：一是客户对咨询师的变革建议或许仍持保留态度，二是报告中不仅包含咨询师对拟定议题的回答，还可能包括咨询师对新问题、新趋势的见解，这些内容都需考虑到。通常报告的结构是这样的：

开篇要做背景介绍，陈述客户的总体情况、项目缘起、问题所在、扼要观点。

总结整理所收集的各种数据，以示为了客观彻底地把握本项目，已充分利用了各种可能的调研途径，并据此对客户情形做进一步描述，最好是图文并茂。陈述研究成果，解释对所收集到信息的判断与评价。

此部分承上启下，必须有理有据，言之有物。清晰表达推荐方案，以及为此开展的工作，论证实施推荐方案后可能给客户带来的现实利益，尤其是财务优势，如入市份额的提高、可能降低的成本等，同时也要指出方案如果没有实施或实施不顺利可能产生的风险。另外，变革的时间框架也应该设计出来，既包括商业方面的考虑，也包括组织变革所需要时间方面的考虑。证明或表述变革所产生的意义和可能带来的影响。保持正面积极的态度，如果其中的某些影响比较麻烦，那也应该加以说明。

3. 附录部分

必要时，结尾加上附录。需要界定或解释的术语、正文不宜展开的图表和数据、对所采用方法体系的解释及其他未尽事宜都可以放在这一部分。附录部分一般分参考件和附加件两类。

4. 结尾部分

结尾部分含参考文献、索引、封底等。

4.3.3　咨询报告的撰写方法

咨询报告是整个咨询工作的最终成果。咨询工作者的素质水平、咨询的质量等都从中体现出来，因而撰写时必须实事求是，坚持科学性、客观性。撰写咨询报告时需要注意以下六个方面：

1. 重视不同客户的需求

咨询报告应符合客户需求，具有很强的针对性，客户的行业、层次不同，对咨询报告的要求也不尽相同。如提供给政府部门、企业领导层的咨询报告，应注意观点鲜明、结构严谨、叙述扼要，可减少文字，增加图片。如提供给专业技术人员的咨询报告，可使用专业术语，增强技术性和专业性等。

2. 关键在于提出解决方案和建议

咨询报告在撰写过程中要做到紧扣咨询项目中心，思路清晰，结构合理，主次安排有序。一份咨询报告最核心的部分是解决方案和建议的提出，因此咨询报告在撰写过程中要突出这一部分，加强论证。

3. 适当运用材料

图形、图表的运用使咨询报告充满活力。图形、图表能够直观地表达，加深读者的印象。图表材料应具有创意、特色和想象力。

4. 考虑组织的文化

注意表达的策略，如客户比较在意自己的缺点，就不宜过多涉及其缺点可能带来的不利影响。

5. 注意表达简洁性

咨询报告必须简洁，简洁性能够节省客户的时间，也能清晰地突出咨询顾问的观点。但简洁性不意味着内容单一、缺乏实质。

简洁性表现在语言文字上，语言要生动活泼，文字要简练易懂，行文要尽量以简短的句子表现丰富的内容。撰写报告时，最引人入胜的风格是文笔流畅，句子长短适中，避免使用过于冗杂的句子，选用常用而不是冷僻或绕弯的文字。要保持内容的明确性，不要让读者从字里行间体会多层含义，否则会因读者展开想象而造成不必要的误解和麻烦。

简洁性表现在格式上，与一般文章不同，要充分利用表格、图表与文字的配合，必要时采取条款化方式，运用颜色突出重要语句等。

6. 反复修改

一般撰写咨询报告的过程包括备好素材、编写提纲、撰写初稿、审定终稿。在这一过程中，咨询公司应当注意收集信息，尤其是与承担的咨询项目直接有关的环境、事务、人物等方面的动态信息，并征求专家、学者的意见和建议，从内容推敲到文字润色，反复修改，使得咨询报告能够客观公正、科学合理，经得起实践的检验。

4.3.4 咨询报告写作实例

咨询报告撰写过程中首先要调查研究确定目标，然后分析研究寻找原因，并且提出方案，最后是总结实施说明效果。本书的咨询报告实例可以为理解并撰写咨询报告提供参考和借鉴。

案例讨论：

某城投集团战略规划及全面管理提升

项目背景：

某城投集团（以下简称“某城投”）作为某省某区委区政府加快城市建设的重要依托，聚焦于城市公益事业、棚户区改造及保障房建设、土地一级开发、地产开发、旅游资源开发五大功能领域，有效发挥政府投融资主体功能，为城市建设和经济发展做出了巨大贡献。

成立至今，某城投在区政府主导之下，先后吸收合并了区内散落在各部门的弱小国有企业，成为该区资产规模最大的企业。但是，某城投资产依然以非经营资产为主（90%），经营性资产非常有限（10%）。

某城投业务主要是为城市基础设施建设和棚户区改造等公益项目融资，拥有少量经营性业务且处于亏损状态。其未来业务布局不清晰。

某城投为政府项目融资的资金来源主要为银行贷款和公司债券，其中银行贷款占比高达50%以上，每年还本付息支出需求大。其经营性收益非常有限，相对于公司总支出可以忽略不计，主要通过举借新债保证旧债还本付息。

国家及该省市加强地方政府债务管理，严格要求剥离融资平台政府融资职能，国资国企改革不断深化。在这样的背景下，某城投未来的发展定位是什么，如何继续争取政府支持，如何加快市场化转型，如何增强集团执行政府战略服务地方经济的能力，成为影响其未来持续发展的关键命题。

项目过程：

中国投资咨询公司项目组实施本项目的总体思路是，以战略规划为引导，进行内部管理诊断，通过企业外部环境分析和内部环境分析明晰企业战略目标，确认企业发展战略，优化公司组织结构，重新界定公司各部门职能，重组企业业务流程，并在此基础上引入员工工作分析、岗位评价，进行岗位优化，使企业员工更新管理理念，健全企业的基础工作平台。

在总体思路指导下，项目组按照以下几个步骤开展工作。

前期调研：对某城投内部进行全面深入的调研是本次管理咨询的起点，也是项目最初成功的基础。

项目准备：包括制定项目工作计划（滚动调整）；确定访谈计划（日程与对象）；访谈准备（预研、问题清单设计）；准备客户方资料需求清单。

访谈、收集资料：包括访谈集团公司及子公司中高层；访谈主要管理与业务部门负责人；收集行业数据及其相关资料；整理访谈纪要。

问题分析：包括整理客户需求，确定工作范围和重点；返现、确认关键问题并深入分析；确认目前现状与最佳实践和管理需求之间的差距；确定改进的机会并突出重点。

分组讨论：包括与客户就收集到的资料进行分组讨论，获得更准确信息，为下一阶段工作做准备。

最终确定以下几个重点方案：

（一）公司战略规划

1. 外部环境分析

项目组将对集团公司各个业务所处的宏观环境和行业做全面分析，以明确行业的竞争状况、发展趋势以及对自身的影响。

2. 标杆研究

选择2～3个行业内外优秀企业作为标杆进行研究，从而为集团公司的战略和管理工作提供借鉴。

3. 内部环境分析

在公司现状、资源、能力方面对集团公司进行全面调研与评估。

4. 战略规划

在公司总体战略、产业板块经营战略、职能战略和战略实施计划四个层面进行系统思考、统筹规划。

（二）公司治理与管控模式选择

1. 优化治理机制

打造子公司进取型董事会，通过出资人管理，强化二级公司的治理和管控。

2. 选择管控模式

以集团战略为基础，明确集团公司的管控导向，即总部对分公司、子公司的管控原则，针对不同的业务板块、不同区域的子公司选择管控模式。

集团公司并非采取单一管控模式，通常采用混合模式，而且也不是一成不变的。

3. 设计管控体系

根据管控模式，结合价值链分析，挖掘集团规模效应及范围经济，设计管控体系中的子体系，包括战略、投资、财务、人力资源和研发、生产营销、供应链、品牌及辅助的审计、稽核、风险等。

基于管控模式，为集团公司构建的管控体系是由多个核心管控子体系和其他可选管控子体系组成，通过复合衔接而构成的一个闭环操作、可复制的组合。

（三）组织设计与权责体系规划

1. 明确组织功能定位

明确总部及分公司、子公司的功能定位，形成清晰的管理层级和结构化的总分关系。

在集团公司组织体系设计过程中，打造价值创造型总部是有效提升总部控制力与凝聚力、实施有效管控的关键点。

2. 设计总部及子公司组织架构

设计集团公司总部及子公司的组织架构方案，规划各部门职能，对总部各部门的岗位设置提出建议，明确岗位职能及任职要求。

在明晰组织功能定位的基础上，项目组将根据公司整体战略及管控要求，采用系统方法，设计适合集团公司自身发展的组织架构及各层级组织管理方案。

3. 建立权责体系，理顺决策机制

细化总部各岗位的权限分配，释放总部价值，形成有效的决策机制，提高决策效率和决策的科学性。

在管控模式和集团组织体系整合优化的基础上，明晰母子公司管控界面，界定各级组织及关键岗位在制度框架内的核决权限。

（四）人力资源管理体系优化

1.“定机构、定职能、定编制”的“三定”方案设计

在战略承接、管理集中、专业分工、职责均衡等原则下，充分考虑运营需求及关键业务流程，对集团公司各职能部门进行岗位梳理，明确各职能部门的职责分工，指导撰写部门职责说明书，避免部门间职责混淆。

结合集团公司职位管理工作需要，在明确部门职责的基础上，梳理出了各部门的所有岗位，并综合运用业务流程梳理、职责模块划分、先进企业经验借鉴等方法，完成部门职责同岗位的匹配，确定集团公司职位说明书规范模板，撰写基准岗位说明书，并与所属部门负责人进行确认。根据集团公司的岗位配置情况，结合公司未来发展需求，核定岗位编制。

（1）工作分析与职位职责梳理

通过对集团公司领导、部门负责人、关键岗位员工的访谈，以及对公司现有资料的研读，了解发展战略、人力资源策略、管控模式，为组织架构与职位体系建设提供指引。充分考虑运营需求及关键业务流程，逐一明晰部门职责，逐一梳理对各部门的职位设置、职责合理性及必要性。

（2）职位说明书模板设计，职位分析培训

结合集团公司职位管理工作需要，确定集团公司职位说明书规范模板，确定集团公司基准岗位数量，撰写基准岗位的岗位说明书并与所属部门负责人确认。对集团公司人力资源部、各部门管理团队进行岗位说明书撰写培训。

（3）岗位人员配置梳理与完善

结合集团公司业务特点与管理现状，与集团公司人力资源部共同确定岗位人员配置的原则与测算方法（单位劳动效率定编法、历史数据分析法、预算控制法）。

通过测算，对集团公司岗位人员配置情况进行梳理，提供岗位定编、定员建议。

2. 基于岗位价值的薪酬体系设计

科学、合理的薪酬管理体系要考虑内部公平、外部公平和自我公平三大公平。

（1）岗位价值评估

职位评估是衡量职位间的相对价值，系统、客观地评价相关工作对企业发展贡献程度的过程，有助于最终形成企业一体化、量化的职位等级结构。其指导公司薪酬、绩效、员工发展、人才管理体系的构建。

项目组为集团公司提供科学、合理、客观的岗位价值评估工具，广泛选取参与评估人员，组成职位评估委员会；对参与评估人员进行培训，并全程指导岗位价值评估。

项目组收集评估委员会成员评估结果，经过专业数据统计形成集团公司的全部岗位价值评估矩阵。

针对公司岗位价值评估结果，项目组与公司领导、各部门负责人深入沟通与确认，对岗位价值评估结果进行确认，为后续基于岗位价值评估的薪酬体系设计、推广及应用夯实基础。

（2）薪酬体系设计

基于集团公司在行业、地区竞争市场中的战略定位，明确公司整体薪酬定位，保障薪酬外部竞争力。

基于现代企业薪酬管理“岗位价值＋个人能力＋绩效表现”的薪酬给付理念，根据公司职能管理、技术研发、市场营销、生产流通各岗位工作内容，明确各类人员薪酬给付策略。

综合集团公司企业文化、历史薪酬管理情况，明确整体薪酬趋势，设定薪酬带宽、级差范围。

开展集团公司不同层级岗位薪酬定位设计、不同职种岗位薪酬差异设计、不同岗位等级薪酬水平设计、带宽设计，获得员工薪酬套档结果，开展稀缺与特殊技能市场化薪酬给付水平设计。

开展集团公司不同职种岗位薪酬结构设计、全面薪酬项目归集。

制定集团公司工资总额编制方案。

制定集团公司薪酬动态调整机制。

编制薪酬管理制度与实施细则。

编制集团公司日常薪酬管理流程与工作流转机制。

对公司领导、人力资源部、各部门管理团队进行薪酬管理流程培训与宣讲。

（五）项目实施与跟踪辅导

中国投资咨询公司项目组将在确保方案具有针对性、实操性及便于公司过渡发展的基础上，根据集团公司的经营管理需要和实际状况，就咨询方案的导入实施提供操作性建议。

项目成果：

中国投资咨询公司项目组在深刻理解客户需求的基础上，基于自身丰富的服务国资国企的经验，为某城投提供了“以战略为目标、以资本运作为重要手段、以管理提升为有力支撑”的综合管理咨询方案。具体来讲有如下几个方面。

（1）战略层面：深刻理解内外部环境，基于优势顺势而为。项目组全面分析了某城投面临的政策环境、政府发展规划、宏观经济环境、各业务所处的行业环境，同时深入分析了客户公司的资源、信用、资金等优势和潜在劣势。以此为基础，项目组为其制定了未来五年面向市场化的总体战略、各业务板块战略、各业务具体竞争策略以及各职能保障战略，制定了三年中期规划和一年行动计划，为其争取政府支持、推进自身市场化转型指明方向和道路。

（2）资本层面：建议成立产业投资基金，借力资本市场化杠杆。为加快某城投市场化转型，项目组建议其组建该市首支主动管理型产业投资基金，通过基金运作加快自身转型升级步伐。同时建议其以产业基金为依托，重点实现两方面目标：一方面，通过撬动社会资本，拓展集团融资渠道，降低融资成本，缓解政府债务负担；另一方面，通过股权投资，迅速拓展集团产业半径，实现集团经营性业务的多点突破，加快集团市场化转型。

（3）管理层面：优化集团组织架构，改善薪酬绩效体系。通过系统研究国内省级优秀城投集团、地市级优秀城投集团和行业属性相近的优秀上市公司，重点借鉴同等量级的优秀城投实践，并结合某城投发展现状，项目组优化某城投原有事务导向型制度流程为业务导向型制度流程体系，制定了某城投战略导向型组织岗位体系。在此基础上，项目组基于某城投发展对优秀人才的极大需求，为其制定了市场化的薪酬和绩效体系，显著增强其对内外部优秀人才的吸引力，同时显著提高了集团的运营效率。

（本案例来源：中国投资咨询有限责任公司 . 融智融资：中国投资咨询案例[M]. 北京：社会科学文献出版社，2018：133–140.）

第四章

4.4 咨询报告提交与演示

4.4.1 咨询报告的提交

咨询报告类型不同，其提交时间是有差异的，如项目阶段报告在项目期中提交，而项目结项报告分别在项目期中和项目结束后提交。咨询报告提交的时间应与客户充分沟通后确定，一般应在既定日期的前后两天内提交，既不能太早，也不能太晚，太早容易让人产生不重视的感觉，太晚又会超出期限。

除有时间差异，在内容上也是不同的，期间报告主要是为了让委托方第一时间了解项目进度而进行的阶段汇报，或者是项目取得重大进展需要进行的汇报。这类报告的提交更多是为了解决项目进程中的一些重要问题，双方做进一步的交流讨论，有助于项目的顺利进行。咨询报告一定是在充分了解客户需求后所给出的具体咨询方案的报告。咨询报告的内容需要事先给客户审阅，中间可能会涉及多次修改，一般是在客户确认后方能提交最终的报告。

4.4.2 咨询报告的演示说明

1. 准备

（1）根据听众对象决定演示说明的内容

如果听众是领导，主要说明方案及方案的效果与效益。如果听众是业务骨干，应详细解释为何选择此方案及方案的详细内容。

（2）演示说明的准备有两种类型

一是排演，在正式演示之前准备好所有的文稿，一般应排演一遍。二是准备道具，检查必要的设备，提前做好设备调试，避免演示时出现设备问题而让客户等待设备调试。

（3）会议安排

提前下达会议通知，安排好会议程序并逐项落实，布置好会场，准备会场所需的各种用品。

2. 演示

（1）突出重点

听众最关心的是推荐方案，这也是演示的重点。在时间分配上，背景和其他部分应尽量简略。

（2）演讲

演示会即演讲会，不要宣读讲稿，而要提供引人注意、打动听众、扣人心弦的演讲。

（3）充分运用可视化辅助材料

充分运用图片、图表等，既引起读者兴趣，达到一目了然的效果，又能节约演示时间，让客户快速了解重点。

（4）善后

演示结束后，要做好善后工作，包括听取与会者的意见与建议，进行必要的解释，以及会场的整理、资料的移交等。

本章小结

项目建议书是咨询工作建立的前提，因此本章首先对项目建议书的作用、内容结构与撰写做了详细介绍。咨询报告是对整个咨询工作的书面呈现，因此咨询报告的撰写至关重要。本章详细介绍了咨询工作不同阶段咨询报告的重要性及具体撰写方法，如项目方案、可行性报告、调查报告、研究报告、检索报告等具体报告的内容及应用场景。重点介绍了各类咨询报告的类型、撰写步骤及方法、内容结构、演示说明及注意事项，并辅以案例展示了各类咨询报告的内容结构与编制体例，详细分析咨询报告的撰写过程，让读者对咨询报告有一个基本的认知，同时掌握基本的咨询报告撰写方法。

思考题

1. 项目建议书的主要作用是什么？
2. 咨询报告的常见类型有哪些？它们各自的作用分别是什么？
3. 咨询报告的撰写步骤有哪些？
4. 咨询报告的演示和说明需要注意哪些问题？

第五章

信息咨询职业与管理

从广义上讲，任何一种形式的咨询工作的实质就是向咨询对象提供某种专业信息与知识的过程，凡是以信息或知识的积累、应用、生产、传递与转化为目标的组织，都可以被认为是广义的信息咨询机构。从狭义上讲，产生于图书情报工作领域的信息咨询，其服务对象也非常广泛。他们主要凭借专业的信息组织与信息检索知识和技能，为咨询对象提供信息获取、信息处理与分析等方面的指导意见与解决方案，这在信息爆炸、注意力稀缺、专业知识分化程度不断加深的今天，具有非常重要的意义。不同性质的咨询工作所依赖的专业知识或技能、所服务的对象、面临的问题是不同的。随着信息咨询业的发展，其专业化程度不断提高，咨询部门或咨询机构的独立性逐渐增强，咨询业务规模不断扩大，尤其是专职的咨询从业人员——信息咨询师的成熟和规模化，表明信息咨询业的职业化发展水平正在提高。本章概述了信息咨询师的素质与道德规范、信息咨询师的培养，以及信息咨询管理的原则、主体和主要内容。

5.1 信息咨询师的素质与道德规范

信息咨询是一个以脑力劳动和知识生产为主的职业，其最重要的资本是人力资本与知识资本。信息咨询真正的价值来源是人，是提供管理咨询服务的项目组，不论这些项目组成员在提供服务期间受雇于什么咨询公司，真正决定咨询结果的是他们。咨询师的个人素质与道德水平对信息咨询的价值具有至关重要的影响。一个信息咨询从业者只有具备符合信息咨询职业要求的素质与能力，遵守职业道德规范和职业准则，才能成为合格的信息咨询师。

5.1.1 信息咨询师的素质

从进入咨询行业作为一名普通的咨询服务人员，到成长为可以独立从事咨询业务的咨询师，有一个过程。具备进入咨询行业的可能性（表5–1），达到咨询人员的基本要求，具有咨询师的潜质，是一个咨询师成长的必由之路。

表 5–1　考查进入咨询行业可能性的小测验

题项	选择
为了获得成功，我愿意每周工作 60 ～ 80 个小时	□是　□否
我热爱冒险，有了冒险我才会成功	□是　□否
我有厚脸皮，别人叫我“害虫”“强盗”“骗子”也没关系，我不在乎	□是　□否
我善于理解和揭示壮丽的图景	□是　□否
我注重细节	□是　□否
我善于沟通	□是　□否
我有很好的写作技巧	□是　□否
我可以在直觉和逻辑、整体与细节之间把握平衡	□是　□否
我有自知之明	□是　□否
我可以很简单地拒绝别人	□是　□否
我自律能力很强	□是　□否
与各种背景、各种层次的人说话我都感觉很舒服	□是　□否

资料来源：〔美〕伊莱恩・比斯 . 咨询业基础和超越［M］. 孙韵，译 . 北京：机械工业出版社，2002：15.

国外咨询机构十分重视咨询师（也称咨询顾问）的素质与能力，制定了一系列标准。下面介绍管理咨询师的素养要求，作为信息咨询的参考。

P. W. 谢伊根据美国咨询公司的经验，对咨询师的素质提出下列要求：①身体健康；②通晓职业规则和礼仪；③举止稳重；④有自信心；⑤讲求效率，有干劲；⑥正直（赢得信任的品质）；⑦独立性（有独立工作的能力）；⑧机智；⑨英明善断（较强的评价能力）；⑩有高度分析和解决疑难问题的能力（对各种复杂情况的基本因素，有分析、整理、归类、权衡和评价的能力）；⑪交际本领，包括能正确理解与处理人事关系，善于接受他人提出的新情况和新观点，有赢得顾客信任和尊重的能力，有促使顾客参与解决问题的能力，有说服顾客使之接受意见的能力，有运用计划变革原则和技术的能力；⑫ 进行交流和说服的能力（应超出一般平均水平），包括口头能力、写作能力、图解说明能力；⑬ 心理方面成熟。

日本中小企业对经营诊断士（即咨询师）的素养规定如下：①掌握透彻的专业科学知识和理论；②有说服对方的能力和口才；③有较高的文字水平和表达能力；④能处理好人与人之间的关系，密切与企业合作；⑤具有进取心与旺盛的精力；⑥有解决问题的能力；⑦有热心服务的精神；⑧具有被人信赖的品格；⑨通晓经济管理，对自己的能量有正确的估计；⑩善于考虑对方，善于按科学规律办事；⑪ 能够为企业保守秘密；⑫ 不利用对方的弱点骗取过多的咨询报酬；⑬ 实事求是，不乱指责、表态；⑭ 不诱惑他人的服务对象。

不同行业对于咨询师的素质与能力要求既有相通的部分，也有不同的部分。一般而言，信息咨询师应具有以下通用的素养：结构化的逻辑思维，知识和经验，精神和品格。

1. 结构化的逻辑思维

从研究过程讲，咨询师工作主要是与广泛、杂乱无章甚至相互矛盾的信息、数据、事实打交道，根据经历过的、听到的、看到的、感受到的种种信息进行研究工作，不仅需要知道客户所知道的信息，还要能够掌握客户所不知道的资料。从咨询报告来看，一份出色和成功的咨询报告总是蕴含巨大的信息量，包括结论和建议、方法和理论、事实和案例，不仅要让客户获得明确的研究结论，还需要提供确定的逻辑和信息来支撑这样的结论。这些都需要结构化的逻辑思维。一名优秀的咨询师，无论是在思考问题还是在表述观点时，都应条理清楚、层次分明；有理有据、逻辑完整；有因有果、有主有次。德明顾问有限公司认为这应是咨询公司挑选员工，也是客户挑选咨询服务人员的首个重要指标。

2. 知识和经验

信息咨询师需要具备三个方面的知识：一是专业知识；二是咨询知识；三是社会文化方面的知识。咨询职业存在于很多行业，不同行业、不同性质的咨询任务需要不同的专业知识。比如管理咨询师大多拥有管理方面的专长，也可能是战略管理、市场营销或人力资源管理方面的专家，很多的管理咨询师拥有MBA学历；IT咨询师需要具备IT相关专业的知识和一定的管理学知识；工程项目咨询不但需要某类工程行业的专门知识，还需要项目管理的专业知识；而政策咨询师则需要具备经济、政治方面的专业知识。对于有些咨询工作而言，需要有多个领域的专业知识，比如企业文化咨询的咨询师要具备更加全面的知识，包括战略、人力资源、组织结构、市场营销等多领域的专业知识。除了具有本专业的专业知识，还需要掌握有关咨询的知识，了解咨询的意义、方法、技能、标准等。另外，有些行业的咨询师还应该具备社会文化方面的知识。比如对于一个企业文化咨询师而言，要想成功地做好一个企业的企业文化咨询，需要深入了解该企业的文化成因，对该企业所在地区及关键人物、主要人员所属地域的文化特征和商业特征进行深入分析。政策咨询师、心理咨询师甚至科技咨询师也常常只有了解咨询对象的文化背景，才能更好地进行沟通、分析和诊断。

除了广博的知识，信息咨询师还需要具有丰富的实践经验。这种实践经验可以是专业操作经验，也可以是从事咨询工作的经验。比如一个经验丰富的咨询师或咨询公司可能接触过多家某行业的企业，拥有成功的经验与失败的教训，了解国外的最佳实践和业内的标杆。知识和经验的结合能够帮助咨询师在咨询项目中对所面临的问题进行快速、准确的诊断，为客户缩短时间，避免走弯路。理实国际管理咨询公司企业管理方面的咨询师强调两个“100%”，一个是100%都有硕士以上的教育背景，因为咨询需要有完整的理论基础和知识结构，另一个是100%有企业中高层管理的实践经验。新加入的咨询人员需要有针对性地定期接受信息咨询的专业培训，并在不断的学习和实践中积累项目经验，逐渐成长为成熟的专业咨询师。国外的有些咨询公司对学历要求较低，会将本科生慢慢培养做顾问。这与咨询的理念、服务模式与客户需求的匹配，以及咨询公司方法论的完善程度都有关系。

3. 精神和品格

这是对咨询师潜在素质的要求，包括咨询师的品性和职业信誉。咨询师不仅要借助知识技能和咨询经验建立起个人的可信性，还要处处体现出个人的魅力。正直、事业心、创造性、自信心、责任心、团队精神、坚韧的意志和毅力，都是个人品格的体现。

信息咨询机构需要与客户的中高层领导进行知识性交流，同时也需要项目组成员在知识共享的基础上进行创造性活动。因此，要求咨询师具备很强的团队合作精神，包括与客户的合作及项目团队内部的合作。咨询师之间需要互相取长补短，将团队的而非某个人的智慧结晶呈现给客户，以取得良好的咨询效果。咨询师应当做到换位思考、实事求是、坦诚相见、以理服人，与客户组成一个更大的“项目组”，以团队合作的精神开展工作，使项目方案能够顺利实施，并取得实际效果。管理咨询价值的根源就是平台支持和咨询师素质。

5.1.2 信息咨询师的能力

关于担任咨询师所需要的能力与素质，米兰·库伯（Milan Kubr）2005年在《管理咨询》一书中提出了七个方面的要求：①智力能力。包括良好的学习能力；观察、收集、选择和评价事实的能力；良好的判断能力；归纳和演绎推理能力；综合和概括能力。②理解他人并同其合作的能力。包括尊敬他人、容忍他人的态度；预期和评价人的反应的能力；容易和他人接触的能力；获得信任与尊重的能力；礼貌和良好的礼节。③交流、劝说与激励能力。包括倾听的能力；熟练地通过说与写进行交流的能力；教育与训练他人的能力；劝说和激励的能力。④智力和感情上的成熟。包括行为与行动稳重；独立做出无偏见的结论的能力；承担压力、忍受挫折与不确定性的能力；做事沉着、冷静，有一定的目标；所有环境下自我控制的能力；对变化的环境的弹性与适应性。⑤个人内服力与积极性。包括恰当程度的自信；健康的抱负；企业家精神；行动时具有勇气、积极性与毅力。⑥正直与诚实。包括真正愿意助人；极其诚实；确认一个人能力限度的能力；承认错误和从失败中吸取教训的能力。⑦身体和心理健康。包括能承受管理咨询中存在的特殊工作与生活条件。

优秀的咨询专家可以利用自己的知识技能和经验为客户提供巨大的附加价值，帮助其迅速解决所面临的复杂问题。这要求信息咨询师具备很强的综合能力，这些能力包括表达与沟通能力、分析和判断能力、快速学习的能力、创新能力、组织管理能力、执行能力和承受压力的能力。

1. *表达与沟通能力*

信息咨询公司在进行咨询项目投标时，需要介绍本公司的知识经验积累和咨询能力，说服客户与本公司签订咨询任务委托合同。当咨询项目正式启动之后，信息咨询师需要同客户公司的各部门和各类工作人员打交道，以全面了解问题；同时，咨询师还需要和团队成员不断讨论磋商，分析问题，提出解决方案。当咨询方案完成之后，咨询师要对客户进行辅导和培训，帮助客户将咨询方案付诸实施。这些都要求咨询师善于与人交流和沟通，具备良好的书面和口头表达能力，这是做好咨询工作的基本条件。

2. 分析和判断能力

分析和判断能力是咨询师必须具备的最重要能力之一。信息咨询师面对的多是难度很大的复杂问题。要在项目约定时间内通过零散的材料、大量的访谈以及调查问卷找到问题的症结、实质与影响因素，提出解决问题的办法，这就要求咨询师必须具备深入实际分析、解决问题与独立思考迅速判断的能力。要具备良好的分析和判断能力，不仅要求咨询师具有良好的先天资质，还要求咨询师掌握专业知识与相关的信息分析方法与技术，甚至要求能够熟练运用专业的数据统计与分析工具，如统计分析软件、数据挖掘技术等。

3. 快速学习的能力

信息咨询工作的特点之一是需要不断接触新行业、新客户，面对看似相同却又不完全一样的新问题。这不仅要求咨询师能够快速学习跨行业的知识，跟上客户所处行业的变革和更新，还要求咨询师适应不同性质、不同地域、不同规模和具有不同历史背景的客户的具体情况。这些都要求咨询师具备快速学习的能力，能在较短时间内，全面了解客户及客户所处行业的信息。德明顾问公司认为，一名优秀的咨询师，无论是对陌生的行业情况，还是熟悉的企业情况，都应该具有强烈的学习意愿、快速的学习能力和高水平的领悟能力，抓住问题的来龙去脉和关键环节。这应是咨询公司挑选员工，也是客户挑选咨询服务人员的又一个重要指标。

4. 创新能力

对于一个咨询师来讲，每一次面对的任务都有不同之处，没有哪两个客户会遇到完全相同的问题。要提出具有实际价值的解决方案，不仅要求咨询师具备快速学习的能力，还要具备很强的创新能力。创新能力意味着咨询师要具有洞察力、想象力和创造力。洞察力来自独立的视角，第三方视角没有预设条件与利益纠葛，可以更容易看清问题。想象力则是在现有信息与知识的基础上，发现新的规律、联系和新知识的能力，是创造力的基础。创造力则是创新能力的最终体现，是咨询师在分析潜在的、零散杂乱的规律和联系的基础上，运用特定的方法提出新知识或者系统化的解决方案的能力。

5. 组织管理能力

咨询任务常常以咨询项目的形式存在，要求资深的咨询师带领一个工作团队来完成项目任务。成熟的管理咨询师一般都具有在大企业内担任高层管理者的经历。以一个企业文化咨询团队为例，它的组成包括：①企业文化咨询专家，负责项目的总时间进度/方向性安排，与客户进行主要的沟通；②行业专家，负责对企业文化咨询的行业特征给予建议和意见；③企业文化资深学者，就学术上的总体问题及企业文化前沿问题给予企业文化咨询小组意见和建议；④文字功底深厚的人员，在企业文化专家的指导下负责企业文化纲要的撰写；⑤有媒体工作背景的人员，主要负责访谈工作的进行，尤其是对重点人物的访谈；⑥图形师，主要负责绘图工作；⑦分析师，主要负责调查问卷的数据统计与分析工作；⑧项目组生活后勤人员，负责项目日常生活工作的后勤事务。这样的咨询项目小组要求咨询师具备企业家角色的组织管理能力和项目管理能力，以协调团队工作，控制项目进程，按时保质地完成咨询项目。

6. 执行能力

一个咨询项目最终完成的标志不是咨询报告的形成，而是咨询方案的实施和价值显现。咨询公司需要帮助客户将咨询方案付诸实施并最终取得实效和价值回报。这要求客户企业与咨询公司都要具有执行力，因为咨询公司要帮助客户实施方案，这意味着咨询师不但要具有分析问题、提出方案的能力，还要具备一定的执行能力，包括计划能力、控制能力、监督能力与评价能力等。

7. 承受压力的能力

近年来国外咨询业、新兴咨询企业、高校和科研院所等相继进入咨询领域，国内咨询行业竞争日趋激烈。许多行业的咨询工作是艰苦的连续性脑力劳动，在激烈的竞争压力下，有些管理咨询公司需要咨询师工作很长时间，有时一周甚至达到60～100个小时。这就要求咨询师具备承受竞争压力、工作压力的能力，在高压、高强度的咨询工作中，能力得到锻炼和提升。

5.1.3 信息咨询师的道德规范

1. 咨询师道德规范的价值

（1）道德规范决定咨询服务质量

咨询业是咨询师运用智力为客户服务的行业。咨询师拥有客户所不具备的专门知识和经验，在咨询师和客户之间也存在着显著的信息不对称。在这种委托代理关系中，很容易发生道德风险。明确的职业道德规范可以帮助客户衡量咨询师的工作质量，判断咨询方案的真实价值。可以说，评定咨询师的能力及咨询服务质量的好坏，主要取决于咨询师的职业道德水平。

（2）道德水平决定咨询师的信誉

咨询业是一个发展迅速、竞争激烈的行业，不断有新的从业人员加入咨询师队伍。在咨询师市场上，能够获得客户认可和咨询公司争相重用的咨询师，都有良好的信誉。咨询师在业内的声望取决于其能力和道德水平。凡是有成就的咨询师，都具有诚实守信、正直负责的道德品质，严格遵守咨询职业道德标准。

咨询道德标准不仅规范咨询师的职业行为，还规定了咨询师的社会责任和义务，对于咨询师具有教育、引导、鼓励、约束的作用。同时，道德规范也保护了客户利益，通过声誉机制的约束减少咨询师可能对客户造成的利益损害。

（3）道德准则的缺失影响咨询业的整体发展

到目前为止，中国咨询业发展比较迅速。根据中商产业研究院整理的数据，近些年中国咨询行业市场规模大幅增长，由2016年的10.8万亿美元增加至2020年的21.3万亿美元，复合年增长率为18.5%，其中信息咨询在中国市场均取得最高增长率。但由于咨询行业长期缺少运营规则，没有共同遵守的职业操守，使得企业的利益缺乏有效的保障，咨询行业一直处于混乱无序、恶性竞争的状态之下，需要制定行业道德准则来保证咨询业的健康发展。

2. 通用性咨询道德规范

咨询业涉及的行业众多，不同专业的行业协会都有各自的道德规范。其中有些道德准则是不同行业的咨询业通用的，还有一些则主要适用于本专业咨询领域，比如心理咨询师就需要遵守许多本行业特殊的道德规范。我们把前者称为通用性的咨询道德规范，后者称为专业性的咨询道德规范。

咨询道德规范一般由咨询行业协会制定，但其最终的来源实际上是客户的需求。据调查，服务企业最为重视的咨询公司的服务属性包括：咨询公司所提出的服务计划内容；咨询师能了解我们的需求是什么；咨询师具有丰富的经验；咨询公司的声誉；咨询师在解决客户问题时，能考虑到本公司的独特状况；咨询师能保守本公司的业务秘密；咨询师的初步诊断报告及建议措施；咨询师非常积极协助公司解决问题；咨询师值得我们信任；当遭遇问题时，咨询师会热诚地加以解决；咨询师对问题的现况能充分掌握；咨询师所提的建议或解决方案对公司很有帮助；咨询公司具有承办大型项目的经验；咨询师做出的承诺均能及时完成；咨询公司所提报的服务价格合理。以上服务属性中相当一部分涉及咨询师的道德品质。

根据上述调查，结合多个咨询行业的规律，我们认为信息咨询业的职业道德规范应当包括：

（1）遵守法律

法律是道德的底线。任何一个行业的咨询师，在进行咨询服务时，首先应当遵守法律。这是所有职业道德规范的基础。有些咨询工作可能会触及法律问题，比如会计、审计、心理咨询、管理咨询等工作，可能出现造假账、出具虚假财务证明、泄露心理咨询客户的秘密或侵犯其相关权利、泄露客户公私机密或欺瞒客户等违反法律规定的行为。一个信息咨询师首先应当熟悉咨询项目的法律边界，严格遵守法律，才有可能真正维护客户、个人和咨询公司三方的利益。在咨询过程中，咨询师与客户共同制定的咨询方案不能出现直接或间接损害他人或社会的利益的内容，不能认为尊重客户就是迁就客户。咨询师要在法理和伦理方面做合格公民，对客户起到示范作用。

（2）客户利益高于自己的利益

在不违背社会和公众利益的前提下，把客户的利益放在自己的利益之上，一切为了客户的利益，这是咨询师应该具备的价值观。咨询机构的利益来源于客户的利益实现。只有当客户实施了咨询机构的解决方案并获得真正的利益时，咨询机构的服务价值才真正得到实现。咨询机构要想长期持续地发展，咨询师要想建立起良好的声誉，就不能过分贪图个人利益和短期利益，而应该将每一个咨询项目的成功定位在客户的价值实现上，有时甚至需要为此牺牲个人利益，比如有些咨询行业要求咨询师在向客户提供服务时，不接受额外佣金。

（3）为客户保守秘密

为客户保密是任何一个咨询行业的咨询师都必须遵守的道德准则。为客户保守秘密，不泄露客户的任何业务资料和信息。坚决不能利用客户的机密牟利，在管理咨询、决策咨询和科技咨询等领域都有严格的规定，这对于信息咨询师更是有着特别重要的意义。

为客户保密原则的规定在心理咨询领域是最为严格、最为详尽的。下面以心理咨询的保密准则为例来说明该准则的一些具体规定：

2018 年，中国心理学会发布《中国心理学会临床与咨询心理学工作伦理守则（第二版）》，对心理咨询师的保密工作提出具体要求，包括：①告知寻求专业服务者享有的保密权利、保密例外情况及保密界限。②按照法律法规和专业伦理规范在严格保密的前提下创建、使用、保存、传递和处理专业工作相关信息（如个案记录、测验资料、信件、录音、录像等）。心理师可告知寻求专业服务者个案记录的保存方式及相关人员（如同事、督导、个案管理者、信息技术员）等。此外，心理师应清楚地了解保密原则的应用有其限度，下列情况为保密原则的例外：①心理师发现寻求专业服务者有伤害自身或他人的严重危险；②不具备完全民事行为能力的未成年人等受到性侵犯或虐待；③法律规定需要披露的其他情况。

（4）客观、中立的立场

咨询工作的开展离不开咨询师与客户之间的磋商与合作。在咨询工作中，要求咨询师保持咨询工作的独立性，并客观、公正地从事业务活动。古人云："德者居其上，能者居其中，工者居其下，智者居其侧。"咨询公司属于智者的定位，应该"居其侧"，只有这样，才能够更清醒地看到问题，才能够不牵扯利益纠葛地解决问题。

在咨询过程中，咨询师要尊重客户的价值体系，不要以自己的价值观为准则对客户的行为准则任意进行价值判断。价值中立原则不是要咨询师丧失立场，不负责任地附和客户意见，成为高级秘书，也不能以"救世主""挑毛病"的心态对待客户，不能强迫其接受自己的观点和态度，而是要在其自愿的情况下，有意识地利用自己的价值观影响客户。

（5）诚实守信

一方面，咨询师要为客户保守秘密，另一方面，咨询师又要在工作中做到诚实守信。例如不隐瞒自己在客户的竞争对手企业中拥有股份或董事职位等私人事实，在合同约定完成的时间内提供辅导和咨询服务。

3. 信息咨询师的专业性道德规范

广义的信息咨询职业涉及管理咨询、决策咨询、科技咨询、教育咨询、工程项目咨询等多个行业。不同行业的咨询协会各有不同的道德规则，专业性的道德准则包括了一些比较清楚、明确、实际和容易实施的行动准则。下面以《国际咨询工程师联合会（FIDIC）职业道德准则（2015）》为例加以说明。

附：国际咨询工程师联合会（FIDIC）职业道德准则（2015）

FIDIC认为工程咨询业的工作，对于取得社会和环境的可持续发展成就至关重要。

为了充分有效地进行工作，不仅要求咨询工程师不断提高自身的学识和技能，而且要求社会必须尊重咨询工程师的诚实与正直，信任咨询工程师的判断，并给予合理的报酬。

所有FIDIC成员协会都同意并认为，如要取得社会对咨询工程师的必要信任，以下准则对其会员的行为是极其重要的：

（1）对社会和工程咨询业的责任

咨询工程师应：

承担工程咨询业对社会所负的责任；

寻求符合可持续发展原则的解决方案；

始终维护工程咨询业的尊严、地位和荣誉。

（2）能力

咨询工程师应：

保持其知识技能水平与技术、法律和管理的发展一致，在为客户提供服务时运用应有的技能，谨慎、勤勉地工作；

只承担能够胜任的任务。

（3）廉洁

咨询工程师应：

始终维护客户的合法利益，并廉洁、忠实地提供服务。

（4）公正

咨询工程师应：

公正地提供专业建议、判断或决定；

告知客户在为其提供服务中可能产生的一切潜在的利益冲突；

不接受任何可能影响其独立判断的酬劳。

（5）对他人公正

咨询工程师应：

推动“根据质量选择咨询服务”的理念；

不得无意或故意损害他人的名誉或业务；

不得直接或间接地试图取代已委托给其他咨询工程师的业务；

在客户未通知其他咨询工程师前，或在未接到客户终止其原先委托工作的书面指令前，不得接管该工程师的工作。

如被邀请评审其他咨询工程师的工作，应以恰当的方式谦恭地进行。

（6）廉洁

咨询工程师应：

既不提供也不收受任何形式的酬劳，对咨询工程师的选聘或对咨询工程师的公正判断产生影响的酬劳；

与所有合法组成的、对服务或施工合同管理进行询问的调查机构充分合作。

5.1.4　信息咨询师的行为准则

道德规范与行为准则共同构成了咨询业的道德准则，二者有着密切的联系，很难清晰地区分开来。我们在这里把道德规范定义为道德层面的原则和立场，而把行为准则定义为咨询师在咨询工作过程中必须遵守的一些行为约束标准。

据调查，受服务企业感知最好的15项服务属性，依次如下：咨询师具有良好的学历；咨询公司的人员穿着规范得体；业务代表服务态度很好；咨询师、业务人员对本公司同人很有礼貌；咨询师能保守本公司的业务秘密；咨询师有良好的表达能力；咨询师能配合企业正常的上下班作息；咨询师会事先告诉客户辅导计划；咨询师能依客户的需要安排辅导时间；咨询师具有丰富的经历；咨询公司不能随意更换咨询师，除非客户要求；咨询师能获得咨询公司支持，以做好辅导工作；咨询师会于答应完成的时间内提供服务；咨询师能了解客户的需求是什么；当遭遇问题时，咨询师会热诚地加以解决。在这15项服务属性当中，有一部分属性表明咨询师的行为规范直接影响着客户对咨询工作的评价。

信息咨询师需要遵守的行为准则概括如下：

1. 接受力所能及的咨询任务

咨询师的工作效果与个人的知识、经验和能力直接相关。咨询师要客观、正确评价自己的能力，根据自己的资质和能力，接受有能力胜任的业务，而不能夸大吹嘘，接受超出其能力范围的任务，导致不能完成或出色完成任务，使客户和公司利益受损。

2. 不诋毁同行

目前各类咨询市场竞争激烈，要求咨询师在竞争中遵守职业道德规范，进行“良性”竞争，争取“多赢”或“共赢”。咨询师之间不以咨询价格进行恶意竞争，不得直接或间接地排挤、干预或介入其他咨询师已经受托的业务，不能在客户面前诋毁同行。

3. 着装得体

咨询机构是一个经常与客户公司各个层面打交道的组织，要求咨询师注重仪表，穿着得体，这既是对客户的尊重，也有助于咨询工作的顺利开展。一般来讲，咨询师的着装应当稳重大方、干净整洁，有一定的品位，给客户留下踏实干练、值得信赖的印象。

4. 态度礼貌

礼貌的态度能帮助咨询师建立相互信任与相互尊重的人际关系。咨询师在跟客户与项目组成员打交道的过程中，应当态度礼貌、不卑不亢，营造融洽的交流与合作氛围，以便迅速了解客户需求，弄清问题的实质，运用团队的智慧找到解决问题的方案。当遇到问题时，咨询师应当热诚地解决，而不应冷漠推诿。

5. 守时

对于咨询师而言，守时不但意味着准时参加客户访谈、会议，而且要求咨询师能根据客户的实际情况，合理安排访谈与辅导计划，并能够在计划时间内完成相应的咨询服务。咨询师在履行职责中最大的责任是维护大众的安全、健康和幸福，并在整个咨询活动中为客户的最大利益服务。

以上行为准则和道德规范是咨询师进行公正的职业咨询的规则，是咨询师职业的重要内涵，对于咨询业的职业化发展有着重要的意义。

5.2 信息咨询师的培养

如前所述，一名合格或优秀的信息咨询师，应该具备良好的素质与能力，遵守特定的职业准则。而随着中国进入发展新阶段，信息咨询行业也将面临新的机遇与挑战。党的二十大报告提出的新理念、新思想、新战略，成为引领信息咨询业发展的行动指南。对此，信息咨询行业要贯彻党的二十大精神，进一步提升咨询服务质量，以高质量咨询供给创造引领高质量咨询需求。这同时也对咨询师的教育、培养与资格认证提出了更高的要求。

5.2.1 信息咨询师的市场需求

随着咨询行业的快速发展，一方面，广义的信息咨询业包含越来越多的内容，如管理咨询、战略咨询、企业文化咨询、科技咨询、心理咨询、工程咨询、投资咨询、法律咨询和职业咨询等；另一方面，咨询职位的功能区分也越来越清晰、细化，如属于战略咨询类的平衡记分卡咨询、新兴的大数据咨询、心理测量咨询、呼叫中心运营咨询、公共卫生解决方案咨询、流程再造（BPR）管理咨询、早期教育咨询、品牌策划咨询、供应链咨询、税务咨询、ISO 认证咨询和卡耐基课程咨询等。

市场上出现众多的新的咨询职位，一方面是因为新的行业不断出现，并且高速发展，导致个人或企业对新的专业知识的需求增加。有些咨询服务早已出现，只是因为以前市场不大，不被人们关注。随着所服务的行业或领域发展加速，从业人员规模扩大，最终成为被人们认识较多的职位类别。另一方面，由于“智力服务”这一概念被越来越多的企业接受，企业逐渐意识到了“外脑”的重要性，更多地到第三方机构去寻找解决方案。企业的经营方向日趋多元化，不断分裂出新的业务领域，相应的咨询业提供的咨询服务种类也跟着呈现出多层次、多方向的趋势。

咨询职业越分越细，新兴咨询职位不断诞生，咨询的业务范围缩小了，必然要追求专业的深度，对从业者在专业的“高、精、尖”方面提出了更高要求。比如大数据咨询是基于技术驱动数字化转型的需求，通过咨询的方式，帮助企业更好地规划数据智能的未来。围绕数据构建企业的数字化转型能力和数据生态，让数据真正发挥业务价值，更好地帮助企业进行战略规划、组织设计和人才管理等。

咨询业是智力密集的产业。不断出现的新职位一方面对咨询人才的培养提出了更高的要求，另一方面，也导致了人才的激烈竞争，人才成本的上升使一些咨询巨头面临风险。例如，EDS 宣布由于旗下的管理咨询公司科尔尼（A. T. Kearney）亏损，考虑将其出售，以此回归到自己的核心竞争力上来。进入 2000 年后，科尔尼增长开始放缓继而出现亏损现象。EDS 大中国区总经理伍壮明称：“这是全球的趋势，咨询业最近几年的发展都在放缓；另一个重要原因是人才成本的增加，近年来咨询业人才争夺激烈，同时还有投行和其他公司的参与，科尔尼为了留住人才，这部分成本上升很快。”

专业人才的缺乏对于中国的咨询业发展有着很大的影响。据调查，中国的管理咨询公司真正为企业提供过管理咨询服务的极少，管理咨询项目在整个咨询公司业务量中的比重非常小。这种发展缓慢、业务量不饱和的最大症结在于人才问题，即缺乏一批通过正规学习而成为真正职业化管理咨询师的人才。曾有专家预言，如果中国不加快管理咨询服务队伍的建设和培养，今后国内管理咨询市场90%以上的份额将被国外机构占据。这种局面表明，中国必须大力加强专业咨询人才的教育和培养。

5.2.2 信息咨询师的教育与培养

1. 国外信息咨询师的教育培养

（1）美国信息咨询业人才的培养

美国对信息咨询业从业人员的素质要求较高，咨询人员基本是在实践中培养起来的。美国的各类大学虽没有专门的咨询专业，但是在大学高年级、硕士研究生和博士研究生中，开设信息咨询选修课，目的是让学生毕业后适应咨询业的需要。教学方式主要是聘请咨询公司的高级从业人员讲授咨询业务的运作、咨询程序、咨询案例及相关法律问题等。除课堂教学外，还要求学生到咨询公司学习和实践，由咨询公司承担全部费用，并支付学生一定的薪金（一位硕士生做10个左右的项目，可拿一万美元的薪金）。咨询公司可从中培养、选拔出较优秀的人才，从而储备咨询从业人才。咨询业从业人员的培训也主要采取上述方式。美国哈佛大学的企管学院有各种各样的案例分析资料，供教学和培训人员使用。

（2）德国信息咨询业人才的培养

德国信息咨询业发展迅速，各咨询公司对人员的素质要求是很严格的。德国著名的罗兰德·贝格国际管理咨询公司（Roland Berger）认为，咨询人员水平不高，就不可能有好的咨询成果，而咨询成果关系到公司的信誉和生存。德国各咨询公司很重视对咨询人员的培训，要求所有的咨询人员（包括经理、项目负责人）每年都要有一定的学习培训时间，培训方式一般有送大学深造、专题讲座及内部交流经验等。德国咨询协会（BDU）也为其会员单位提供丰富的咨询经验、信息交流服务，并进行咨询人员培训。

德国完善的教育体制是信息咨询人员拥有高素质的必要保证。德国为中学毕业生提供两种教育机会——大学教育和职业教育。德国大学教育直接培养具有硕士学位的高素质人才，而职业教育则帮助学生掌握信息时代所要求的各领域的职业知识，具有严格的职业培训标准，使毕业生具有理论和实践经验，为学生提供跨企业、跨行业就业的机会。

（3）法国信息咨询业人才的培养

法国的高等管理学校普遍实行“教学、研究、咨询”三结合的方式培育咨询人才。法国咨询业的特点是不搞纯理论研究，仅就具体的、与社会生活有关的实际问题开展咨询。体现在人才培养上，就是注重理论与实践相结合。在法国，教授的最主要工作是教学，但各学院又都规定教授们要有一定时间到企业去研究问题或当顾问，接受企业咨询，然后把咨询得来的素材编入教材，变成教学的实例。教学中教授要求每个学生设身处地地为一个企业家思考问题。这样，学生毕业后既能在企业搞管理，又能在咨询公司当顾问。

（4）日本信息咨询业人才的培养

日本政府十分重视信息咨询人才的培养，除向大学宣传培养工程咨询人才的迫切性之外，还鼓励企业举办业务研究班，吸收新的知识技术，加强企业之间的人才流动。为了使咨询人员积累丰富的经验，还向国外派遣咨询项目的研究生，使他们接受实地训练，或通过外国教育来培养。

2. 中国信息咨询师的教育与培养

（1）中国信息咨询师教育与培养的途径

近年来，中国信息咨询业的整体实力不断上升，信息咨询师的教育与培养也不断发展，目前国内信息咨询师的培养途径主要包括：

①高等院校的基础教育

高校拥有密集的人才、知识与信息资源，是信息咨询师培养的重要基地。如前所述，信息咨询师既需要某一领域的专业基础知识、咨询专业知识和社会文化知识，也需要实践经验。大学在信息咨询人才的专业基础知识与咨询学相关知识的提供上具有不可替代的作用。比如心理咨询师需要接受系统的心理学理论培训，管理咨询师需要接受系统的管理学教育，工程项目咨询师需要接受专门的工程项目管理教育等。另外，中国的咨询学教育也在不断发展，一些学校在研究生阶段设定了信息咨询研究方向，有些院系或专业将咨询学设为学生重要的选修课程。中国目前已有很多高等院校开设了MBA、MPM、MPAcc、MPA等专业学位教育与信息管理专业，在咨询专业人才的培养方面发挥了重要作用。

②咨询机构的在职培养

优秀的咨询师需要丰富的经验积累，单靠学校教育远远不够，还需要“干中学”。这就要求咨询公司建立良好的人才在职培养机制。具体包括以下培养方式：

第一，咨询公司内设立培训部，对刚进入咨询行业的人员进行初级培训。培训课程主要讲授咨询的基础知识、业务流程、职业准则与公司章程，使他们尽快掌握咨询服务的基本知识和技能。

第二，老职员对新职员的领入培训。咨询业是一个实践性很强的行业，有许多“隐性知识”。新职员需要在有资历的咨询师的带领下，通过参加咨询项目，逐渐适应业务环境，掌握咨询业务技巧。

第三，咨询公司定期开展在职培训。信息咨询职业要求咨询师必须拥有精深、前沿、广博的知识，因此，必须促使在职培训制度化、长期化、经常化。具体包括通过定期邀请国内外的咨询名家举办讲座和培训、组织公司咨询人员进行现场交流和讨论等方式，帮助咨询师了解国内外的咨询业发展情况与先进技术，学习先进经验、新的咨询理论与实用的咨询技巧，加强知识共享，增强业务能力。

③专职培训机构的专门培训

目前，除了高校与咨询公司，还有一些专职的培训机构对咨询人才进行培养和资格认证。这些机构既有政府性质的机构，也有企业性质的。中国信息产业部（2008 年改为工信部）在 2004 年 3 月实施了全国信息技术人才培养工程。同年，为加大信息化人才培养，信息产业部电子行业职业技能鉴定指导中心推出了 IT 管理咨询师技术资格培训与考核项目（ITMC）。ITMC 认证是中国第一个由政府主管部门推出的信息化管理咨询人才的考核培训体系。该认证的推出为从业人员确立了国家职业标准。另外，南开越洋公司通过自身独特的学习和培训机制，能够快速地（一般是 3 个月到半年）培养欧美市场上需要的 IT 咨询师，为欧美客户提供专业的 IT 咨询服务。这些咨询师通常具备五项能力：IT 市场研究、项目与文件管理、CRM 与客户沟通、UI 设计与可用性、BZ 应用与 IT 解决方案。

（2）中国信息咨询师培养存在的问题

尽管中国的信息咨询教育已经有了一定的发展，但是根据徐恺英等人的研究可知，与国外发达国家相比，中国信息咨询师的教育培养仍存在较大差距，具体表现为：

第一，缺乏专业的信息咨询学科体系和培训体系。目前中国高校的“信息咨询专业”学科体系尚未形成，信息咨询专业人才培养教育还没有形成科学的体系和规范的模式，社会培训还没有形成规模。

第二，缺乏规范的培养和认证标准。中国的信息咨询业资格认证考试制度历史较短，首先是在北京、天津、江苏、上海等地开设试点，之后进行全国推广。这些认证培训的力度和范围较小，考试缺乏认证制度和管理规范。

第三，加强中国信息咨询人才培养的对策。根据目前存在的问题，应该从以下几个方面着手提高中国信息咨询人才教育与培养的水平：

①加强大学咨询学教育。

目前，中国大学的基础教育体系已经相当成熟，但是对咨询学专业知识的教育比较薄弱，应该强化相关专业的咨询学课程体系建设，使学生掌握咨询学理论知识，以适应各类咨询市场的人才需求。另外，大学还应与咨询公司之间建立良好的关系，以咨询公司为实践基地，培养学生的实践操作技能。

②强化咨询师资格认证的规范与管理。

目前中国各类咨询师资格认证工作正在展开，但是有些领域缺乏规范与监管，导致咨询师资格认证比较混乱，影响了咨询企业的成长与发展。加强咨询师资格认证的规范管理，将会促进咨询师在职培训体系的完善，提高咨询师准入门槛，并有利于建立咨询师声誉市场。

③促进咨询行业协会的形成。

行业协会承担着咨询师职业道德准则的制定，对会员企业有一定的监管与规范作用。行业协会可以促进咨询师之间的信息交流，有利于咨询师共享咨询经验与知识，对于咨询师的成长有着积极的作用。目前，中国一些地区、一些行业的咨询行业协会建设还很不完善，需要进一步加强。

5.2.3 信息咨询师的资格认证

资格认证是咨询业职业化发展成熟的一个标志，是对从业人员的咨询能力与职业道德水平的检验。2004 年 7 月 1 日正式实施的《中华人民共和国行政许可法》要求，除法律、法规规定的少数执业（从业）资格由政府或授权组织进行认证并设定职业准入外，绝大多数职业资格的培训认证工作主要由专业协会组织实施。目前中国的咨询业还没有全面纳入行业统一管理，没有形成强制认证的标准。

由于管理咨询行业发展迅猛，从业人数逐年上升，经有关部门批准，由四川省咨询业协会负责组织进行注册资格认证的试点培训。注册企业管理咨询师资格证书既是今后行业内执业（从业）准入的通行证，也是从事企业经营管理能力的证明书，为学员的执业（从业）提供最为便捷的途径。

中国工程咨询单位的资质认证始于 1996 年，2017 年国家发改委发布第 9 号令《工程咨询行业管理办法》规定，通过咨询工程师（投资）职业资格考试并取得职业资格证书的人员，表明其已具备从事工程咨询（投资）专业技术岗位工作的职业能力和水平。

咨询师的资格认证，标志着咨询骨干队伍的壮大和咨询行业组织化水平的提高，对于中国咨询业的健康发展有着重要意义。咨询师资格认证的主要内容，就是衡量咨询师的咨询能力与道德水平是否达到了一定的要求。下面以国际注册管理咨询师（Certified Management Consultant，CMC）的认证为例加以说明。

CMC要求申请认证的咨询师参加CMC认证答辩报告，答辩人选择一个咨询报告来展示自己的咨询能力，包括价值观与行为、技术能力与商业洞察力，以便评审专家评估其能力。要求答辩人以合乎逻辑的方式组织报告，反映其在项目中调查、分析、诊断、思考和建议的全过程，并呈现必要的故事情节。基于保密原则，答辩人在陈述时，可以不透露客户身份和高度敏感资料，但需要提供此客户的联络资料以供证明。

CMC要求答辩人展示的咨询能力如表5–2、表5–3、表5–4所示。

表5–2　自我评估以证实答辩人具备咨询能力的程度——价值观与行为

能力细分	能力要素	核心要素的定义
信念系统	价值观、道德规范与职业标准	遵守职业道德和行为规范，体现职业操守，言行一致，行为透明，责任感与可靠性
分析技巧	观察与分析	调研现实情况，分析现状，识别问题
	形成概念与解决问题	使用结构化方法产生创意，进行评价并对方案做出选择
义务、责任与沟通	复杂性、变化与多样性	了解执行环境的复杂性，以及行动的选择过程对其他人造成的冲击
	沟通与表达	在某情况下，运用一定的技巧与方法向客户传达想法与建议
	责任和义务	对自己的行为负责，体现自己的适应能力、勤奋态度，并对结果负责
	影响力	令人信服地陈述观点，以产生明确的结果
个人发展	时间管理	及时交付解决方案，平衡时间管理中优先与有效的关系
	自我发展	具备经证实的、可追查的自我发展和个人成长记录

表 5–3　自我评估以证实答辩人具备咨询能力的程度——技术能力

能力细分	能力要素	核心要素的定义
专业领域	知识和技能	在自己的领域内是公认的专家，能提供一个或多个行业的专家意见
咨询洞察力	以客户为导向	准确把握客户需求，提供清晰易懂的建议书。识别项目的推动者并进行紧密合作、战略协调并给客户带来商业利益
	项目管理	有效地管理客户项目，包括设定目标、时间期限和预算，运用合适的项目管理工具和方法，确保顺利完成项目
	咨询过程	运用专业技术，包括简化技术，提交满足双方利益的解决方案
	知识	以一种结构化的方式捕捉、分享、应用与咨询协议相关的知识
	合作与网络	有效地利用关系网络，吸收专家意见，发展与其他咨询师的合作关系
	工具与方法	选择与运用一定范围的适当的工具与方法论
	风险与质量管理	定义质量标准，保证交付质量与客户满意度，定义风险标准，识别、控制与管理风险

表 5–4　自我评估以证实答辩人具备咨询能力的程度——商业洞察力

能力细分	能力要素	核心要素的定义
咨询环境	咨询的商业知识	了解咨询市场、竞争对手和自身能力的内在关系
	咨询项目的商业角度	显示对咨询项目中商业因素的理解，包括咨询的范围、风险、合同条款、客观条件及如何定价
商业环境	外部环境的敏感性	展示对政治、经济、社会、科技、法律与环境（PESTLE）的理解，及这些因素对工作领域的影响
	商业知识	了解商业的组织结构、程序、管理与规则，以及这些因素对自己工作领域的影响
	了解客户	研究并理解客户企业的商业运作和工作计划

咨询公司对员工的要求之高异乎寻常，咨询师的素质与能力决定了咨询企业的核心竞争力，标志着企业在智力资源的市场领先地位，同时也是公司内部活力的源泉。因此，咨询师的培养与认证对于咨询企业、咨询行业的发展都有着至关重要的意义。

5.3 信息咨询管理的原则与主体

信息咨询管理既是一门科学，又是一门艺术，不仅对信息咨询活动起到放大作用，而且在一定意义上是社会生产力的重要方面。实现科学化的信息咨询管理有着理论上的必要性。而做好信息咨询管理工作离不开各主体的通力合作。信息咨询管理活动中涉及政府、行业协会等各类主体。《“十四五”数字经济发展规划》中也提到，要围绕“聚焦转型咨询”，培育一批第三方专业化服务机构。了解信息咨询管理的原则与主体，对我们更好地把握信息咨询事业的发展方向有着重要的意义。

5.3.1 信息咨询管理的原则

1. 系统管理原则

从系统论观点看，信息咨询系统是由人、机构、财物、信息、时间等一系列要素组成的有机整体，因而具有与其他人工系统一样的输入、加工处理、输出和反馈等基本功能。因此，对信息咨询的管理，首先应遵循系统管理的原则，具体包括以下几个方面：

（1）整体性原则。信息咨询管理的整体性原则有两层含义：一是把信息咨询活动看作一个完整的过程，对其中各阶段各因素之间的相互关系实施管理；二是信息咨询各阶段的任一环节都可能对其最终目标的实现产生影响，所以信息咨询管理应着眼于最终目标的实现。

（2）与环境协调一致原则。信息咨询系统与咨询环境构成了一个有机的整体，不仅要受内部环境（如人员素质、技术设备、管理制度、服务手段等）因素的制约，也要受到其外部环境（如国家有关的政策、法规、社会文化等）因素的影响。因此信息咨询管理应着眼于信息咨询系统与内外环境的协调一致，随环境变化及时调整系统的整体功能，从而达到信息咨询的目标。

（3）动态原则。信息咨询是一项新兴的事业。它的发展应与国家经济改革和科技体制改革的要求相适应，应根据国家的有关大政方针，不断在调整中求发展。

（4）定量化原则。信息咨询管理的定量化原则体现在两个方面：一方面，信息咨询涉及专业面广，因素复杂，对于许多具体咨询课题，要求进行数量上的描述，以便从本质上做出正确的分析；另一方面，量化原则对咨询系统自身的科学管理也十分重要，如对咨询目标及实现过程可采用各种数量关系表达，由此建立模型，探求其规律性。但这不是说量化原则适用于系统的每一个环节和每一个问题，尤其是现代社会发展中出现的许多复杂的综合性课题，有时往往不能单凭数学计算来解决，而要求定性分析和定量分析相结合。

（5）最优化原则。信息咨询管理的最优化原则要求咨询系统整体最佳，具体内容包括：使系统在等级、层次结构上协调一致，达到系统整体联系的最佳、有序状态；使系统局部的功能和目标服从系统的整体目标，达到整体最优——要求咨询研究确定出最优目标，形成最佳控制状态，追求最优成果。

2. 经济管理原则

信息咨询机构内部有经济活动，与外部也有经济联系，如技术承包、技术服务、管理咨询和成果转让等。可以说，经济活动是一个咨询机构各项活动的纽带，也是它的支持系统。也可以说，咨询机构是一个经济活动的实体（尤其是从事工程咨询和技术咨询的机构）。因此，经济管理在咨询活动中不可缺少。所谓经济管理，就是采用企业式的办法进行管理，保持经济上的自立，利用经济杠杆控制咨询活动。

在中国，不是所有类型的机构都适合企业式管理。例如，中国的决策研究机构就属于事业性单位，不能按企业方式管理。中国其他类型的咨询机构在经济管理方面也有很多有待解决的难题，其主要原因是对咨询业的性质存在认识上的差异，这也是咨询业发展过程中的必然。咨询毕竟与一般科学研究不同，它既不研究自然界各种事物发展变化的基本规律、发现新的原理和新的规则，也不对技术中存在的共性问题进行理论性探讨，而主要以“横向”学科，如系统工程、控制论、信息论、未来学和管理学等学科的理论和方法，去解决现代科学技术、生产中带来的各种复杂的社会现象和问题。因而，咨询研究成果也不同于一般的论文和专著，而是供决策选择的方案、建议或报告，其成果最终是否被采纳，主要取决于决策者而不是咨询者。这就决定了咨询经济管理的特殊性。目前，咨询机构在国家有关具体政策指导下，主要靠技术承包、技术服务、预测、可行性研究等办法解决经济来源问题。在所有制方面，大多数咨询机构属于企、事业两栖单位，经济管理尚未纳入国家经济发展的正式轨道。但是咨询机构毕竟是社会发展过程中的一种重要的劳动组织和社会组织形式。它和其他的科研活动一样为国家创造财富，因此目前条件下对各类咨询活动实行经济管理，不仅是一项原则，也是咨询研究的一个重要课题。

3. 效率原则

以最少的投入获得最佳的效果，是任何系统都想追求的目标。对于信息咨询来讲，这项原则主要包括：咨询机构内部各类人员数量的最佳比例原则，管理层次与管理幅度相互制约的原则，精简行政并加强理论指导的原则等。总之，合理的组织机构、高水平的研究人员、科学的方法和手段，多出成果、快出成果、出好成果，应是衡量咨询工作效率原则的重要标准。

4. 民主化原则

现代信息咨询的科学化与民主管理密切相关。所谓民主管理，是指决策部门为信息咨询活动创造平等、协商的政治环境，使信息咨询人员能充分发挥自己的聪明才智和主动性，做到客观地开展研究，保证信息咨询的科学性。实行民主化信息咨询管理，要牢固树立民主管理的思想，并在组织上形成一种制度，成立相应的机构。

5.3.2 信息咨询管理的主体

1. 政府

在信息咨询业的发展中，政府扮演了三个角色。以美国政府为例分别陈述三个角色的具体内容：①客户。长久以来，美国联邦政府就是商品和服务的最大顾客，接近2000亿美元花在商品和服务上，43亿美元预算是为信息咨询服务，其中大约56%是国防部要求的。信息咨询服务涉及所有可能的学科范围，从政策研究到对高度专业性的工程服务和技术开发的调查。项目可能是一次性研究或为开发和运行主要系统而延续几年的，如空中交通控制。咨询服务的合同可能限制在25000美元以下，亦可能高达10亿美元。联邦政府已经帮助建立了一些在私人公司或大学联盟之下单纯提供合同服务的机构，如能源部和国防部的国家实验室。有些咨询机构在创立之初为联邦政府服务，后脱离政府独立，尽管它们很可能还依赖于政府的经费，但它们也为其他公共或私人部门提供服务。②社会和经济政策的促进者。虽然联邦政府的作用仅仅是作为一个商品和服务的主要获得者，但是它能够影响咨询产业的结构和运行。参与政府签约的公司需要内部执行一定的政府政策，比如无毒品工作区和无种族歧视雇佣实践等。同样对数额较大的合同，如超过100万美元的合同，公司必须显示一定比例的工作是由少数不具备优势的公司承担的子合同。签约者亦要求把一定的政府合同条款汇总，以便引起所有的二级签约者的注意——州和地方政府基本上采用与联邦政府类似的政策。政府已经建立了一些计划来帮助少数和其他不具备优势的公司获得进入联邦咨询项目的机会。这些公司要么在有限的基础上竞争，要么获得一种来源基础上的合同。联邦部门必须内部分配一定配额的预算方案给这些公司。这样的公司能一直保留在此类项目中，直到它们达到一定的规模，它们必须在平等的基础上与所有公开竞争的公司竞争。③法律的制定者。规制特定领域问题的联邦法规的变动将引发该领域的变革，从而给这一领域的咨询专家带来机遇。例如，税收法规的变动常常给财务计划者和会计公司带来商业机会。

纵观信息咨询业在各国的发展历程，不难看出政府的角色至关重要。不管咨询业是起步阶段还是发展时期，都离不开政府的扶植和支持，无论是发达国家还是发展中国家都毫无例外。可以说，支持信息咨询业是时代赋予政府的责任。近年来，咨询业在世界范围内的崛起已是不争的事实，如何使之快速健康地发展，真正成为促使经济腾飞、参与世界竞争的龙头行业，是各国政府都在思考并着力解决的问题。政府作为国家经济建设和发展中的最高管理者和指导者，有责任顺应时代潮流调控经济发展的方方面面，尤其是中国在咨询业发展初级阶段更迫切需要政府创造一个良好的环境，为咨询业提供一系列强有力的扶持措施。

2. 行业协会

行业协会是地区、国家或国际性信息咨询行业的联合会。它们的建立，一方面是政府对这一行业管理的需要，另一方面也是中小型信息咨询机构为了联合力量、增强竞争能力、提高社会声誉与地位、共同承接海外业务的内在需要。

在许多国家，为了行业的利益组建了信息咨询行业协会，这些行业协会已在信息咨询业发展中发挥了重大作用。各国都建有各种类型的咨询行业协会组织，如英国的咨询业主要是由各咨询专业的行业协会进行管理。咨询行业协会一方面代表咨询机构和咨询者个人的利益，负责同政府及有关团体联系，推进咨询业的发展；另一方面将政府的法规、政策化为具体的制度和方法，约束会员行为，对行业实施自律性管理。这种管理既是松散的，又是严格的。松散在于参加或者退出这些行业协会都是自愿的，没有任何强制性；严格在于参加这些行业协会必须具备一定的条件，还要遵守协会的规章制度及协会制定的职业守则和行业准则。

3. 信息咨询机构

信息咨询机构是运用现代科技知识、科学决策与科学管理的相关知识，采取现代方法与手段，通过咨询人员的创造性劳动，为政府、企业、社会团体与个人解决面临的科技、经济、社会及生活问题而提供智力服务的机构。信息咨询机构管理，就是在特定的环境下，通过计划、组织、领导、控制和创新等活动，协调以人为中心的组织资源，以实现既定的组织目标。信息咨询机构作为一个实体机构，需要进行有效的管理，提高运作的效率与质量。在实践中，这个最基本的道理常常被忽略。有许多咨询机构，包括一些颇具规模的大公司，将全部的才能和精力用于寻找新任务及处理客户的问题，忽略了本身运作的管理。这种态度将不可避免地导致低效率、内部矛盾和为客户服务时出现问题。

信息咨询活动生产的是知识产品，而生产是有一定的程序的，这与一般问询或一问一答显然有原则性区别。信息咨询机构与一般生产企业相比，具有以下特点：①咨询机构是以自己的知识和智慧推动社会文明的建设和发展的。信息咨询机构的成功就在于帮助别人出主意以获得成功——帮助别人成功的业绩越多，咨询公司自身的社会信誉就越高，在市场上占有的份额也就越大。②咨询机构是生产智慧或“观念产品”的产业，产品质量是它的生命。咨询机构产品不同于实物形态产品。客户付款和咨询报告的提交，并不等于交换的完成。只有咨询机构“心对心、手把手”地把自己的智慧变成客户的智慧，并使客户收到良好效益时，交换才算真正完成。③商店和顾客之间是一种纯粹的交易关系，我卖你买，交易完成后双方不再保持往来，而咨询机构与客户之间的关系不单纯是交易关系，应该是持久的合作关系。客户的满意度、关系亲密度将极大地影响到双方的合作与选择，所以不应把咨询市场的营销看作个别的、不连续的和短暂的交易活动，不应追求每一笔交易利润最大化，而应将其看作一种连续的、长期稳定的、互利互促的伙伴关系，并建立、发展和保持这种良好关系。咨询机构的首要目标是追求客户利益的持久化、最大化。④传统企业经营强调竞争。特别是在信息与通信技术迅速发展，以及这些技术在咨询机构得到广泛应用的时候，咨询机构得益于各种智力资源和信息资源与不同企业和部门开展合作和协调经营。咨询机构注重竞争，更注重合作，尤其注重竞争中的合作。⑤为了向客户提供更多有价值的咨询产品（好的计划、方案），咨询机构需不断改进咨询的工作方式。咨询机构不仅要在观察、分析问题后，提交建议或咨询报告，更重要的是与客户保持长期合作，因为所完成的报告可能被客户吸纳的成分只占 25% ～ 30%。咨询机构提出方案、计划、对策的过程中应十分注重以互动的方式与客户共同工作。他们与客户高级管理人员共同组成项目团队，共同分析、探讨和解决问题，并随着彼此议题发展而对最后的建议方案形成支持力量，也将客户对自身行业中娴熟的知识与咨询师的技能、专长和经验组合到一起，所形成的咨询产品成为变革的依据，以及改革的最有利的条件。⑥如果说咨询机构在短期的市场竞争中主要体现为知识产品的价格与质量的竞争，那么从长期来看，这种竞争是咨询机构核心能力的竞争，而核心能力是知识体系的结合。咨询机构竞争的关键不在于资本，而在于人才队伍的水平和能力。

5.4　信息咨询管理的主要内容

随着中国信息化和现代化建设不断深入，信息资源日益丰富，信息需求也在不断增长。各行各业对信息咨询的依赖性越来越强，亟须加强信息咨询管理。总体来说，信息咨询管理既涉及宏观的发展路线规划与管理体制构建，也关系到微观的内部组织结构与咨询行为管理等。具体来说，信息咨询管理包括政策法制管理、行业管理、信息咨询市场管理、信息咨询机构管理、信息咨询成果评价等内容。

5.4.1　政策法制管理

1. 政策引导

鉴于信息咨询业是一种特殊的知识型产业，因此政府要大力扶植它的发展。一方面，应在税收、信贷等方面给予优惠政策；另一方面，在人才、基本建设投资等方面给予政策倾斜；此外，还应在发展方向、管理体制和开拓市场等方面给予政策引导与保护。政府对信息咨询业的引导与扶植集中体现在产业政策上，这是政府为了弥补市场经济的缺陷而采取的宏观调控手段，其基本内容可以分为狭义和广义两个方面，狭义就是关于信息咨询业发展与否的直接性经济政策，即单就信息咨询业本身做出的政策规定，主要包括咨询业的投入政策、开发政策、税收政策、信贷政策和其他优惠政策；广义是指除直接性咨询产业政策之外，还包括与信息咨询业发展有关的包含性与相关性产业政策。

（1）直接性产业政策

①投入政策

投入政策是国家关于信息咨询业是否给予投入、投入增减、投入方向和投入办法等的规定，这类政策是政府直接干预信息咨询业发展的政策，对信息咨询业的影响也是最大的。投入的主要内容包括人、财、物、信息等，投入量取决于社会需求状况、政府发展信息咨询业的信息和投入政策本身，投入方式主要有财政支持、补贴、信息支持等。

②开发政策

开发政策是国家关于信息咨询业由谁开发、如何开发、开发范围和开发重点等的相关规定。在国际上，这方面涉及比较多的政策规定是关于开发的鼓励性政策，即国家通过政策和运作方式上的倾斜，鼓励民间资本进入信息咨询业，参与和促进信息咨询业的发展，同时强调交流与合作，以充分发挥信息咨询业的总体效能。

③税收政策

税收政策是国家关于咨询机构、咨询从业人员纳税的规定。它对于咨询业的影响较大，尤其是在咨询业发展初期，减免税收的优惠政策会有利于咨询业的成长壮大。国际上通常采用的税收政策分为两种：平等型税收政策，即针对咨询业与一般企业一样，征收所得税；优惠型税收政策，即咨询机构享有减免税收的优惠政策。

④信贷政策

信贷政策是国家金融部门根据政府现期发展方针，对信息咨询业发展的贷款数量、贷款期限、贷款利息等所做的规定。在国际上，许多国家采取单项支持信贷政策，如法国、巴西政府为了提高本国信息咨询机构的竞争能力和服务水平，成立专门机构筹集“计划和项目研究金融基金”。该机构与 14 家发展银行合作筹集资金，向信息咨询机构提供长期低息贷款，以解决其资金不足问题；美国和英国对承担海外信息咨询项目的机构实行信贷优惠政策；意大利政府对技术咨询机构实行低息贷款政策，凡这类机构需要资金，可从金融机构的中期信用中央金库得到低息贷款，平均年利率为 8%，付款期限为 5 ～ 6 年，由政府设立的国际保险公司提供担保。

（2）间接性产业政策

指与信息咨询业发展有关的包含性和相关性产业政策，即针对其他产业，同时对信息咨询业的发展有重大影响的政策规定，具体包括第三产业政策、新兴产业政策、软科学发展政策和信息服务业政策等。由于信息咨询业属于第三产业中的一个子产业，第三产业政策的变动对其也将产生相关影响。信息咨询活动属于应用性科学实践活动，软科学理论的发展对咨询活动效果的影响是直接的。

自20世纪80年代初，中国通过一系列的文件和规定，对发展咨询业的投资主体和咨询业在国家产业结构中的定位做出了逐步明晰的规定。1985年3月，中共中央发布《关于科技体制改革的决定》将咨询业从业机构从科协、协会扩展到"主要从事技术开发工作和近期应用研究工作的独立研究机构"。1993年6月，国家科学技术委员会、原国家体制改革委员会联合发布的《关于大力发展民营科技型企业若干问题的决定》，以及1995年国家计划委员会、国家经济贸易委员会、对外经济贸易部联合颁布的《鼓励外商投资产业指导目录》（2002年版），又将民营科技企业、外商纳入咨询业投资主体范围。至此，中国咨询业的投资主体扩大到了包括国家机关事业单位、民营企业和外商在内的宽泛范围。20世纪90年代以来，中国一直将咨询业放在重点发展的地位。2015年5月，国务院印发《国务院关于积极推进"互联网+"行动的指导意见》，明确提出支持发展信息咨询服务。2016年5月，中共中央总书记、国家主席习近平在全国科技创新大会上提出："要加快建立科技咨询支撑行政决策的科技决策机制，加强科技决策咨询系统，建设高水平智库。"目前，在中国，作为第三产业中重点发展行业之一的咨询业，不仅已取消了对其投资主体的限制，而且正在逐步实现咨询实体的独立，以期早日实现与政府的剥离，走上市场化调节的道路。

2. 立法规范

信息咨询法规由广义的国家立法机关批准制定，并由国家执法机关的强制力保证实施的，是调控信息咨询实践活动（包括经济关系和社会关系）的法律规范的总称。

（1）国外信息咨询法规的特点

一是专门的信息咨询法规较少。信息咨询相关法律条文多分散在相邻的法律法规中，这与咨询活动本身的边缘性、复杂性有关系，而且与其他法律交叉甚多，再加上咨询业形成的时间短，相关立法尚不成熟。二是信息咨询法规与有关政策相辅相成，构成政策法规体系。虽然有些法律没有直接对咨询问题做出规定，但是可以被援引作为咨询问题仲裁的依据。三是信息咨询法规与本国国情密切相关。各国的国情不同，信息咨询业发展水平也不同，因此所颁布的法律名称和法律种类也不尽相同。

（2）中国信息咨询法规存在的问题

①缺乏基本法。信息咨询法规是由法律、行政法规、地方性法规、行政规章、司法解释等不同层次的法律与规定构成的体系。以上各个组成部分具有

不同的法律地位、法律效力和可操作性，其中由全国人民代表大会或全国人民代表大会常务委员会制定的信息咨询法律是能够对信息咨询实践活动进行概括性、全局性调整的基本法。目前，中国信息咨询法规建设所面临的最主要问题如下：现有的信息咨询法规以部门规章和地方政府规章为主，立法层次低，法律效力低；尚未出台一部完整的关于信息咨询业的法规，无法通过咨询立法强化信息咨询业的地位与服务质量。

②立法分散重复。中国现行信息咨询法规以规章制度为主，由某个领域归口政府部门起草，导致法规起草部门与执行部门之间存在利益相关性。由于立法权力被条块分割，同样的内容，各部门、各地区、各行业各自立法，重复立法和资源浪费现象严重。

③存在法律空白。已有信息咨询法规体系不仅缺乏一部系统、专门的法律统筹全局，而且缺乏整体规划，具体体现在：①有限的涉及信息咨询的法规条款分散在知识产权、技术法规和信息法规中；②现有信息咨询法规主要集中在工程咨询、法律咨询、政府决策咨询等领域，对管理咨询、涉外咨询、环境咨询等专业咨询方面立法薄弱；③在一些重要的咨询领域或咨询问题上，如网络咨询、咨询程序的规定、收费制度、咨询保险制度等涉及少，甚至存在法律空白，找不到相应的法律依据；④现有的信息咨询法规普遍缺乏相应的处罚办法或制裁措施。

④缺乏配套的法律法规。信息咨询法规只有与其他法规，如信息技术法规、信息交流法规、知识产权法规等构成一个完整的体系，才能充分发挥法律效用。与一些发达国家相比，中国与信息咨询业发展密切相关的配套法规非常缺乏，大大影响了信息咨询法律效用的发挥。

3. 信息咨询法规立法原则

关于中国信息咨询立法，主要存在四种意见：第一，主张完善已有信息咨询法规，如咨询合同问题归入《民法典》合同编中进行完善；第二，主张建立《边缘知识产权法》，把现有知识产权法中遗漏的突出法律问题综合在一起形成一类法律；第三，主张建立独立的信息咨询法规；第四，主张先将有关信息咨询的法律条款列入已有法规，逐步向信息咨询独立法规过渡。

无论是以什么方式建立信息咨询法律法规，都应该遵循以下原则：

（1）充分体现信息咨询活动的特殊性。信息咨询最根本的特点是依赖信息咨询专家的知识、经验为客户提供信息咨询商品的智力服务。

（2）体现国家的产业和社会发展政策。因为咨询业是服务业中的支柱性产业和先导性产业，所以要体现国家对咨询企业的投入、咨询市场的开发、税收、贷款等优惠政策。

（3）注重与其他法律、法规的协调和衔接。如咨询合同必须考虑到与《民法典》合同编的协调问题。

（4）参考国际惯例。在《管理咨询服务指南》国家标准的制定过程中，就参考借鉴了《管理咨询服务准则》（ISO 20700：2017，*Guidelines for Management Consultancy Services*）。

4. 信息咨询法规体系

信息咨询法规体系应该是一个有机的体系，其构成要素应涵盖不同的领域，并在体系中谋求解决各种问题。一个有着科学设计和超前规划的信息咨询法规体系，不仅可以解决当前信息咨询业发展中所面临的各种问题，还能够有效防止立法中的短期行为。鉴于信息咨询原则上可以由信息咨询主体、信息咨询行为和信息咨询商品构成，因此信息咨询法规体系必然涵盖以上三个方面。此外，从有利于信息咨询业发展的角度考虑，信息咨询法规体系还应包括信息咨询产业发展和涉外信息咨询方面的内容。

（1）信息咨询主体法规。在制定这部分法规的时候应考虑以下问题：信息咨询主体权利、义务、内容的明确化；信息咨询人才培养的制度化，建立统一的适合于整个信息咨询行业的机构与人员资格认定制度和奖励制度；建立政府决策的法定信息咨询制度，以提高投资效益；推动信息咨询机构体制改革，深入开展"脱钩改制"工作，破除垄断竞争行为，营造公平竞争氛围。

（2）信息咨询行为法规。一是从行为方式角度立法，通过制定政策法规，支持和鼓励正当合法的行为方式，打击和制裁非法或不正当的行为方式。正当行为主要包括：倡导公平竞争行为，鼓励交流与合作行为，合法风险规避行为。不正当行为主要有越位行为、垄断行为和不正当竞争行为。二是从行为内容角度立法。首先，应明确信息咨询行为的性质，承认其"有偿智力服务"的行为本质；其次，应明确信息咨询机构的行为范围；再次，应明确信息咨询的行为流程；最后，应形成重要领域的示范性合同。

（3）信息咨询商品法规。信息咨询属于知识密集型产业，相关法规应该包括以下内容：产权归属，应建立相应的产权界定制度；表达形式与表达内容，表达应明确、细致，具有可操作性；收费制度，应明确信息咨询费用标准，克服信息咨询商品收费标准混乱的弊端；评估制度，要确定评估原则，规范评估过程或步骤，制定科学的效益综合评估系统和评估指标体系；责任制度和处罚规则，一般包括承担责任的法定要件、归责原则、处罚情形及免责条件等。

（4）信息咨询业发展法规。由于中国信息咨询业的发展仍处于“政府主导”阶段，因此在制定信息咨询业发展法规的时候应注意加紧制定鼓励与扶持信息咨询业发展的法规；制定有利于信息咨询业专业化、集约化和规模化发展的法规；关注大数据咨询等新兴领域的发展；逐步向“市场主导”过渡，通过市场机制调控信息咨询的资源配置。

（5）涉外信息咨询法规。在信息咨询业国内规则与国际规则接轨中，注意以下问题：制定有利于信息咨询业务“走出去”“请进来”的发展战略；规定涉外咨询业务的种类和服务对象，规范涉外咨询业务行为；制定有效鼓励和促进信息咨询机构开展涉外咨询业务的法规，如税收、贷款、信息支持等。

5.4.2 行业管理

在市场经济条件下，加强信息咨询行业管理，除了发挥政府职能部门的作用，还要充分发挥行业协会的作用。借鉴国外信息咨询业发展经验，中国业已建立的信息咨询行业协会要进一步完善并实现宏观调控功能、信息服务功能及培训功能三大功能，在政府与信息咨询机构之间充分发挥桥梁和纽带的作用。

1. 行业协会的作用

（1）行业代表

维护和支持本行业成员单位、专业人员和其他从业人员的正当、合法权益，并采取各种积极措施帮助成员单位和个人增进利益和福利。

（2）行业与外界沟通的桥梁和纽带

一方面，在专业化发展中向其他三方主体（政府、大学、客户或公众）及时反馈本行业的发展状况及具体诉求，以帮助政府制定行业政策，帮助高等教育机构设置相应课程和学位项目，帮助客户或公众有效消费其专业服务；另一方面，将客户和公众的意见、大学科研成果，以及政府的具体法律、法规和政策要求带给其成员，以提高专业服务的效率、效益和质量。

（3）行业内业务交流和信息沟通的平台

通过出版会刊、书报、杂志和召开例会、年会或举办庙会、展览会等形式，为行业内的咨询机构和个人在地区、国内和国际范围内创造信息沟通、业务交流、相互学习和经验传递的机会，同时也进一步强化行业/职业与外界的沟通和交流。

（4）行业内专业技术和管理培训的基地

通过经验或学术交流、资助研究发展、与高等教育和科研机构合作等手段，密切关注本专业科学知识体系的发育发展状况，并通过各种形式、定期或不定期的培训将相关知识、技能和技巧传授给会员单位和个人。同时，也重视管理咨询公司/组织自身建设和管理方面知识和技能的教育培训，以促进行业整体管理水平的提高。

（5）行业的自治制度

通过整合从外部环境中获取的综合资源，协会建立和发展一整套内部规章制度和系统，包括涉及专业人员职业操守的伦理法规，以及保障专业服务质量的注册管理顾问信誉制度，用以惩治和纠正非专业行为，保护客户和公众利益，标准化专业服务产品，滋养和维护一个建立在特有知识和服务基础上的专业文化体系。

2. 信息咨询行业协会的职能

（1）制定并严格执行咨询行业职业道德规范。建立全国性咨询业协会或下级咨询业协会，制定咨询行业职业道德标准，并严格执行，在社会上树立起良好的咨询职业形象。

（2）建立咨询业从业人员资格认证制度。借鉴国外经验，咨询业协会首先要制定一个入会前的严格审查制度，为尽快研究制定注册咨询师资格认证制度打下基础。

（3）对现有咨询公司实行信誉评级制度。采用科学的方法对咨询机构的业绩、知名度、咨询能力、业务水平以及职业道德等方面的内容做出客观、公正的评估。为了确保信誉评估的权威性，可以采取征询客户反馈、聘请专家评议或由协会考核评定等方式进行。政府部门或行业协会定期给予入选咨询公司“信誉咨询机构”的荣誉称号，并向社会公布评定结果。

（4）促成合理咨询市场价格体系的形成。对咨询服务的价格，一般应由咨询机构和咨询委托方根据供求关系决定。对少数公益性强的咨询服务，如提供社会发展统计资料、气象预报等，应由国家制定统一的收费标准，防止因部门垄断而造成价格的不合理提升。

在宏观管理体制上，国外咨询业的管理基本上都实行政府的宏观调控和行业协会的自律相结合的管理体制。各国都建有各种类型的咨询行业协会组织。目前中国的咨询行业协会还处于逐步建立阶段，相关协会一般都挂靠于各个部委之下，很难以独立的姿态立足于市场。另外，多数协会仅仅起着人员培训和信息交流的作用，不能真正发挥辅助管理的作用。因此，中国有必要加快对咨询业行业协会的建设和管理。

案例讨论：

赛迪数据造假风波

成立于1986年的赛迪顾问是中国电子信息产业发展研究院（CCID）直属的股份制企业，是内地首家在香港创业板上市的现代咨询企业。2010年“五一”期间《理财周报》报道称，在企业（尤其是企业板企业）IPO前，赛迪顾问为它们提供咨询服务的过程中对其市场容量、排名等重要数据进行包装，甚至达到“给钱就办事”的地步。报道指出，赛迪顾问已被中国证监会正式立项调查。报道称，其在过去5年中为80～100家企业提供过IPO咨询，主要涉及市场占有率和行业排名等咨询服务，数据涉嫌造假。

事件起因于正方软件IPO被中国证监会驳回，正方软件的主要数据由赛迪顾问提供。就在正方软件即将过会的时候，遭到举报。中国证监会在审阅正方软件的上市申请时也发现了赛迪顾问提供的报告中出现“教学管理类软件领域超过25%市场占有率”等一些不实问题。事件曝光后，诸多疑点浮出水面，立立电子、网宿科技等近百家企业受到市场质疑。2010年5月10日，《理财周报》突然发布一则致歉声明，称5月3日所发《证监会暴怒：赛迪顾问造假涉及100公司，给钱就办事》一文报道不实。5月11日下午，赛迪顾问也对“造假风波”进行了详细回应。

此风波引发社会热议和咨询行业的信任危机与反思，促使有关部门加强对第三方数据咨询公司的监管。事件后，相关问题讨论仍在继续。

（本案例来源：纪晨．案例十　数据造假监管之殇——“赛迪顾问造假风波”引发的思考[J]．公司法律评论，2011.）

5.4.3　信息咨询市场管理

信息咨询市场管理是指信息咨询公司通过各种方法开拓信息咨询市场、创造咨询价值的业务活动，包括咨询市场分析、咨询市场选择和咨询市场建立等环节。

1. 咨询市场分析

咨询市场分析是指信息咨询公司对咨询市场规模、性质、特点、市场容量等调查资料所进行的经济分析，是指通过市场调查和供求预测，根据产品的市场环境、竞争力和竞争者，分析、判断咨询产品在限定时间内是否有市场，以及采取怎样的营销战略来实现销售目标。咨询市场分析的主要任务是分析预测社会对咨询产品的需求量，分析同类产品的市场供给量及竞争对手情况，初步测算咨询产品的经济效益。

2. 咨询市场选择

咨询市场选择是指咨询企业在市场细分的基础上，根据市场潜量、竞争对手状况、企业自身特点所选定和进入的市场。中国咨询公司要想获得巨大发展，就一定要明确市场定位，确立核心业务。中国信息咨询公司未来的发展必须走专业化的道路，抛弃旧的小而全的小作坊经营模式，强调专业领域的精耕细作和反复积累验证，打造自身的核心优势和专业服务能力。此外，咨询机构应对客户建立起负责的服务观，形成长期稳定的合作关系，提供差异化服务，即面对不同需求的客户提供不同的服务方式和服务内容等。建立企业的经营网络并实行人员属地化。

3. 咨询市场建立

由于一般公众不是咨询公司的消费对象，所以信息咨询公司通常不会在大众媒体上进行大规模宣传。信息咨询公司的市场建立可以借鉴其他产品的营销方式，包括赠送内部刊物、发表专栏文章、经常出没高级别的公众论坛、参与大学的MBA课堂和公开讲座、开展培训业务、出版专著、运营网站，以及积极参加政府与行业协会的项目或活动等。

5.4.4 信息咨询机构管理

作为一种专业的服务机构，信息咨询机构如果想在给客户提供高质量服务的同时也取得满意的商业效果，就需要卓有成效的管理。

1. 信息咨询机构的管理职能

管理工作是由一系列相互关联、连续进行的活动构成的，这些活动可以被归类为五大主要的管理职能，即计划、组织、领导、控制和创新职能。

（1）信息咨询机构的计划职能

计划是信息咨询机构各项管理职能的前提和核心，必须以管理工作目标化、计划工作系统化为手段，通过计划将信息咨询机构在一定时期内的活动任务分配给内部各个部门、各个流程的每个成员，从而不仅为这些部门、过程和个人在该时期的工作提供依据，而且便于咨询机构的全面组织和协调，有效合理地实现信息咨询机构的决策目标。

（2）信息咨询机构的组织职能

信息咨询机构是知识型组织，其组织管理具有自身的组织结构和管理活动的特性。信息咨询机构的内部构造和外部联系都凸显出组织的知识特性，即知识的增值能力远远超过资本的增值能力。信息咨询机构的组织突出了对管理活动中各种信息的整合与交流，强化了组织管理链条的信息沟通功能，保障信息管理、知识管理、人力资源管理、物质资源管理等活动的整合，这些新变化突出体现在组织结构的变革上，总体发展趋势表现为扁平化、柔性化和虚拟化。

（3）信息咨询机构的领导职能

领导是管理的重要职能，是贯穿于管理活动中的一门非常奥妙的艺术，其能力与水平的高低直接决定着组织的生存与发展，具有指挥、协调与激励作用，包括如何采取有效的方式指导和激励所有的参与者，以及如何解决冲突问题。要实现信息咨询机构的活动目标，管理者不仅要根据组织活动的需要和个人素质与能力的差异，将不同的人安排在不同的岗位上，为他们指定不同的职责和任务，还要分析他们的行为特点和影响因素，创造并维持一种良好的工作环境，调动他们的工作积极性，引导和改变他们的行为，并且通过沟通实现领导方式和激励行为的一致性。因此，领导职能的实现依赖于有效的指导、激励和沟通。

（4）信息咨询机构的控制职能

信息咨询机构的控制工作要立足于组织的特色与管理现状，明确控制的特殊性，突出重点，强化功能，主要表现为：淡化他人控制，突出自我控制；淡化过程控制，突出成果控制；淡化数量控制，突出质量控制。因而，以人为本，将成果控制与自我控制相结合，增强信息机构的服务能力和水平，提高产品的市场占有率，将是控制的主要任务。

（5）信息咨询机构的创新职能

作为知识型组织，创新是信息咨询机构的本质属性，主要体现在目标创新、技术创新、制度创新、组织结构创新和环境创新上。对于信息机构的领导者来说，要根据创新规律和特点的要求，不仅对自己的工作进行创新，更要对组织下属进行创新。

2. 信息咨询人力资源管理

人力资源管理包括人员规划、工作分析、招聘与筛选、绩效管理、薪酬管理和职业发展规划等管理活动，力图在组织和组织成员之间建立起良好的人际关系，求得组织目标和组织成员目标的一致性，提高组织成员积极性和创造性，以有效地实现组织目标。

（1）人力资源规划

人力资源规划是根据信息咨询机构的战略目标，科学地预测未来人力资源供给与需求状况，制定必要的人力资源获取、利用、保持和开发策略。确保信息咨询机构对人力资源在数量和质量上需求的长期计划，弥补人力资源需求与现实状况之间的差距。在外部环境、组织战略、组织环境和人力资源现状的框架下，对信息咨询机构的各级、各类人力需求和机构内外人力供给进行预测之后，制定人力资源总规划及各项人力资源管理政策，按照调查、预测、规划与应用四个方面的顺序依次进行。

（2）员工招聘与甄选

根据信息咨询机构的业务要求，应从素质要求、教育程度、工作经验和年龄四个方面综合评价应聘人员。各个信息咨询机构在这四个方面的评价侧重点也是不一样的，但大多格外注重员工的个人素质，包括思考和解决问题的能力、良好的沟通能力、超强意识和创新精神、远大的志向和坚忍的毅力、学习力等。此外，信息咨询机构在员工招聘与甄选中要注意两点：一是不要过分重视学历和文凭，学习力才是最重要的；二是不要过分注重经验，信息咨询活动既需要经验，更需要创新。

（3）员工培训

信息咨询业是一个对创造能力要求极高的行业。招聘到恰当的人员仅仅是迈出了人力资源管理的第一步，要将他们的全部潜能释放出来，还必须帮助他们进行开发。培训对于所有层次的人员都非常重要，尤其是对于信息咨询机构招聘的有知识、有潜力，但既无相关专业知识也缺乏实践经验的应届毕业生。

（4）绩效管理

绩效管理是现代人力资源管理中的一个重点与难点，包括制定绩效计划、实施绩效评价、进行绩效反馈，以及指导绩效改进的全过程。它可以为奖惩、晋升、培训、解雇等人力资源管理决策提供重要的信息。对于信息咨询机构来说，做好知识型员工的考核，可以促进信息咨询的资本价值增值，提高组织的竞争力；能够开发知识型员工的潜在能力，实现组织“创新－效益－再创新”的良性循环；还有助于组织吸引优秀人才，并在知识型员工中形成良性竞争态势，促进组织的发展。

（5）薪酬管理

作为组织激励制度的重要组成部分，薪酬在决定工作满意度、吸引和保留优秀员工、激发员工工作热情、增强组织凝聚力、改善组织工作绩效和组织文化建设等方面起到重要作用。咨询机构要想吸引和留住优秀员工，必须制定出合理的薪酬制度。在制定薪酬制度时要遵循公平原则，既要保证外部公平，即相对于其他同层次的咨询机构，完成相似工作的员工待遇是相当的；又要实现内部公平，即组织内部员工从事工作的相对价值与支付的报酬是相当的。要做到薪酬的公平就要做到业绩考评的公平，因为员工业绩评价是支付薪酬的基础。

（6）职业生涯管理

职业生涯管理也是咨询机构吸引和留住优秀人才的一个强有力的武器。现在，大多数咨询公司都建立了明确的员工升职标准，多以业绩作为基础。许多咨询公司采取合伙人的组织形式，即一个普通咨询人员可以通过自己的努力一步一步晋升为公司合伙人，持有公司股份，甚至进入公司董事会。咨询机构要根据自身的实际情况，借鉴国内外其他优秀企业的做法，建立一套适合自己的员工升级标准和体系。

（7）离职管理

员工离职可能是项目操作失败、退休、冗员、辞职等方面的原因引起的，信息咨询机构应该制定相应的规定来处理这些可能出现的情形。有的制度可能会同组织的业务有着直接的联系，如信息咨询机构可能执行“要么升职要么离职”的政策，如果不能在恰当的时候获得晋升，员工就必须离开。这种做法背后的观点是：只有高素质的人员才能留在咨询公司。

3. 信息咨询机构知识管理

知识管理把组织的知识作为第一要素，以人为本，充分体现了信息咨询管理中信息与人的高度统一，具有重大的理论创新意义和实际应用价值。信息咨询机构是典型的知识密集型组织，知识是组织的命脉，对组织内外的知识进行有效的管理是构建信息咨询机构核心竞争力的关键。

（1）信息咨询机构实施知识管理的意义

全球知名信息咨询机构毕马威（KPMG）在其研究报告中指出，企业导入知识管理后所获得的具体效益分别是：可以协助企业做出更佳的决策（71%），可以对顾客的掌握度更高（64%），可以让企业对外在环境变化的应变能力更迅速（68%），可以让组织成员学到更多技能（63%），可以增加生产力

（60%），可以协助企业降低成本（57%），可以协助企业增加利润（52%）。信息咨询机构是典型的知识型组织，是服务于决策的，知识是咨询机构的立足之本、服务之源、核心利润源，所以咨询机构研究和实践知识管理，有着极其重要的意义。具体体现在以下几个方面：①信息咨询机构进行有效的知识管理，使已有知识被快速提取、重复利用，大大降低由于信息收集所造成的成本；②整合组织内部资源，提高核心竞争力；③信息咨询机构为客户服务时，如果能使已有知识快速提取、原有成功经验重复利用（但不是完全照搬），就大大节省了时间，能够争取更大的市场份额；④使员工在交流中了解更多知识，通过解决实际问题，不断产生学习新知识的动力，促进员工与组织共同成长。

（2）信息咨询机构的知识管理模式

信息咨询机构作为知识先导型组织，所拥有的知识是产品和服务的重要组成部分。通过实施知识管理模式，咨询机构不仅能够改善内部管理，而且能够将知识融入组织的咨询与服务中，更加有效地利用组织的知识瞄准客户的需求，从而大大降低了响应客户的时间和成本，提高了效率和无形资产的利用率。

①编码管理模式

编码管理模式是指利用计算机技术、通信技术和网络技术，开发信息收集、外部知识获取、内部知识存贮和内外知识整合、加工的管理系统，并利用这一系统对知识进行重复利用，为客户提供产品或服务。国外各咨询公司、工程咨询公司大都建有信息协作网、咨询案例库、业务信息库等。

②人格化模式

人格化模式是指在人力资源上的投资，即大量引进国内外一流专家、学者，通过与公司员工和客户交流探讨，为客户寻求解决实际问题的最佳途径。它们注重的是人员间的直接交流，而不是数据库里的知识对象。对未经编码或无法编码的知识通过脑力激荡和一对一交谈进行传播。咨询师们就所需解决的问题一起反复探讨，共塑洞见。

③技术创新模式

世界上还有一些公司不惜投入巨资致力于技术创新，组织技术研发团队，应用现代科学研究成果开发新产品、新方法、新手段、新工艺。这是一种传统的知识管理方式，只不过新的形势赋予了它新的内涵，即作为企业战略和核心竞争力来研发新技术，以技术团队的形式激发公司员工创新的积极性、主动性和创造精神。但是它往往只适合那些专业性工程咨询公司，尤其是中小公司，使他们通过技术创新在某一领域或某一专业保持领先的优势。

（3）咨询机构实施知识管理战略的途径

①在投资战略上。投资于人才培训和创新激励，为员工创造良好的知识信息工作环境，形成“在干中学、边干边学”的机制。

②在竞争战略上。注重知识产权的获取和保护，把蕴藏在产品和服务中的知识量作为在竞争中取得优势的关键；注重了解客户需求，推动知识传播，承担咨询机构的社会责任。

③在成长战略上。依靠知识产权等无形资产的创造和增值来实现机构成长，依靠信誉的增强和创造更多客户价值来吸引客户，培养客户忠诚度。

④在运营战略上。知识管理是适应信息化、网络化和知识经济时代激烈竞争的环境而出现的一种新型管理理念与管理模式。知识管理的好坏，将成为咨询业成败的关键。

（4）信息咨询机构项目管理

任何规范的咨询机构都有一套严格的管理流程。一般来说，咨询机构都实行项目管理制，即把每一个咨询项目按照项目管理的要求，进行独立的范围界定、人员配置、成本核算、质量监督、风险控制和时间管理等。

①信息咨询项目的生命周期

第一阶段：咨询项目认定阶段，也称咨询项目评估阶段。这一阶段的主要活动是与客户进行访谈，初步调研客户需求，提出客户能获得的利益或需求建议，与客户进行沟通并通过需求建议书（request for proposal，RFP）等方式将利益与需求确认下来。与此同时，信息咨询机构还要评估自己公司实现客户利益的能力，如能力满足需求，则可进入第二阶段。

第二阶段：咨询项目承诺阶段，也可称咨询项目签约阶段。这一阶段的主要活动包括信息咨询双方对提供的有关服务内容及工作方法进行了解与确认，包括项目范围的详细定义、客户潜在变革的对策方案、客户付费的方法与进度安排、客户对项目提供的支援、保密条款等。如果咨询双方承诺上述内容，即可完成合同签约。

第三阶段：咨询服务提供和实施监控阶段。这一阶段的主要活动是召开项目启动会，开展客户现状调研访谈、现状分析与编写诊断报告，在与客户达成一致意见基础上开展改进方案设计工作，与客户高层管理人员沟通，修订、补充与提交方案并指导帮助客户实施。在上述工作进程中都应设有质量监控检查点，对偏离项目目标和范围的事件及时处理，以保证项目顺利进行。

第四阶段：咨询项目收尾阶段，主要内容为项目总结。当咨询项目结束时，某些后续活动仍须执行。这一阶段的一个重要任务就是评估咨询项目的绩效，从中得知该对哪些方面进行改善，以便在未来执行相似项目的时候有所借鉴。此外，还应当从客户那里获取反馈，以查明客户满意度和咨询项目是否达到了客户的期望等；同样也应该从项目团队那里获取反馈，以便得到有关未来项目绩效改善方面的建议。

②信息咨询项目管理

在信息咨询项目管理中，要获得成功，必须遵守“3C”原则，即预定的目标“明确”（clarity），团队成员对完成任务有“承诺”（commitment），对成员的工作表现给予相应的“奖惩”（consequence）。项目目标的成功实现通常受到四个因素的制约，即工作范围、成本、进度计划和客户满意度。这就需要项目经理一定要注意正确判断评估标准、使项目团队成员责权对等，并且要设计有效的激励机制。

作为项目化管理的领导者，“项目经理”不再是传统意义上的经理。项目化管理的领导者与团队成员的关系，更像是教练员与运动员的关系，咨询机构不再是被事先规划好流程的办公地点，而更像是在举行长时间的场面不可预期的运动会。这种管理模式实质上是以项目管理为中心，进行动态的团队管理，而不是依靠固定的组织结构来展开职能管理。

在具体的管理过程中，咨询项目经理拥有一定的实权，并承担着一定的责任。具体而言，咨询项目经理拥有的实权包括：a. 强制权。如果一个人能使他人失去某种有意义的东西或者施加给他人一种他不想要的东西，这个人就对他人拥有强制权利。b. 奖励权。如果一个人能给他人他们认为有价值的奖赏，就对这些人拥有奖励权。c. 法定权。代表一个人在正式层级中占据某一职位所相应得到的一种权利。d. 专长权。来自专长、特殊技能或知识的一种权利，来源于知识。e. 个人影响权。一个人所拥有的独特智谋或特质的确认，源于一个人的资历、人品和感情。

咨询项目经理的责任就是通过一系列的领导及管理活动使项目的目标成功实现，并使项目相关者都感到满意。具体来说：首先，对于所属上级组织的责任，包括保证咨询项目的目标符合上级组织目标，充分利用和保管上级分配给咨询项目的资源，及时与上级就咨询项目进展进行沟通。其次，对于所管咨询项目的责任，包括明确咨询项目的目标与约束条件；确定适合咨询项目的组织机构；招募咨询项目组成员，建设项目团队；获取咨询项目所需资源；领导项目团队执行项目计划；跟踪咨询项目进展，并及时对项目进行控制；处理与咨询项目相关者的各种关系；咨询项目考评与项目报告。最后，承担对于项目相关者（参加或可能影响咨询项目的所有个人或组织）的责任。这些项目相关者有顾客、消费者、业主、合作人、提供资金的金融机构、承包商、社会大众等。

因为咨询项目经理是实施项目管理的领导者，是整个团队的核心，因此他的选择是整个项目能否顺利实施的关键。在选择项目经理的时候，要注意候选人是否具有以下素质：良好的职业道德、知识和经验、系统的思维能力、综合的管理及决策能力、创新能力和健康的身体。

5.4.5 信息咨询成果评价

1. 信息咨询成果的特点

信息咨询成果是一种产品，但不同于物质产品，大多是以咨询报告、工作建议、实施方案等形式出现，当然也可以是专著或论文，是一种智力产品。信息咨询成果与专业咨询和战略咨询的成果有所不同，与其他科技成果也有很大的区别。信息咨询成果作为一种特殊的科研成果，与其他科学技术成果相比，具有自身的一些特点。

（1）结果的客观性

信息咨询成果的客观性表现在以下两个方面：①信息咨询活动是在公正立场情况下对调查分析结果的如实反映。它包括对客户提出的重大问题提供解决方案，对准备决策的方案提供可行性论证意见，将项目有关的情况及时反馈到客户，对未来发展提出科学预测等。②信息咨询成果是咨询人员在掌握大量情报资料的基础上，采用科学方法和手段开展调查研究，经过分析、推理、判断而完成的，对于咨询对象及其结果的描述具有客观性。

（2）效益的间接性

信息咨询成果从表现形式上看，是观念、建议、方案、报告等形式的成果，并不直接用于生产，其效益也隐现于客户和决策者行动之中，只有被客户和决策者所利用，才能转化为具体的政策和工作措施，才能用于指导生产实践，转化为生产力。从效果上看，由于决策行为是领导者个人或者集体行使权力的一个过程，咨询人员可以通过咨询成果对领导决策施加影响，但不能强迫领导执行。咨询成果对于决策行为和生产实践活动的这种依附性决定了它的间接性。

（3）产品的针对性

不同的社会分工都会产生自己的独特劳动产品。信息咨询成果就其内容而言既不是某一科学理论的形成，也不是某项技术的发明创造，而是向其服务对象提交情况反映、研究报告、优选方案等产品作为完成任务的标志。这一成果既是建立在科学的基础之上的独立自主研究结果，又对客户具有很强的针对性，大多不是普遍应用和社会通行的成果。

（4）相对的保密性

信息咨询成果一方面是面向客户、交给客户的咨询建议、方案，作为客户决策的依据或实施项目的方案，因而咨询成果对咨询委托方是公开的。但另一方面，咨询师方必须遵守职业道德，为客户严守商业秘密，不利用咨询成果为自己或组织谋利。因此，委托方有权要求咨询方对咨询成果保密。

2. 信息咨询成果的评价步骤

信息咨询成果评价包括对已经完成的咨询成果本身质量的评价，以及对咨询成果投入使用后产生的经济效益和社会效益的评价。作为评价方式，前者为即时评价，后者为最终评价。即时评价着眼于客户对咨询成果的初步反映，而不考虑该项成果可能产生的精神或物质的社会效益。最终评价则要求根据成果投入使用后所显现出的社会效果进行。这两种评价方式构成一个完整的评价过程，即时评价为最终评价奠定基础，最终评价对即时评价起验证作用。

信息咨询成果的评价工作十分重要，它不仅关系到能否正确看待咨询人员个人的劳动成果，授予他们应得的荣誉和奖励，更直接影响到咨询事业社会地位的确认和发展。

信息咨询成果的评价是运用系统的、综合的观点和方法，从整体角度出发，对咨询成果进行多层次、多方位的分析和论证，最后做出对咨询成果的总评价。咨询成果评价的目的是通过对咨询结果的全面分析和全面审查，促使成果更加完善，为相关决策部门提供取舍选择的依据。

信息咨询成果评价的一般工作步骤如下：

第一，确定评价目标和范围。

评价的具体目标，要根据咨询课题的性质、范围、类型和条件等确定。目标的确定通常要考虑到未来、效果、全局和可行性，主要取决于课题本身的性质和决策的要求。此外，还应进一步调查达到目标的各种因素，分析各因素之间的相互制约关系，从中找出关键因素，恰当地确定相关趋势和影响范围。

第二，制定评价指标体系和评价标准。

在众多评价方案的因素中找出能科学、客观、综合地反映该项目整体情况的指标及影响这些指标的因素。选定评价指标后，应制定相应的评价标准。根据过去的实践经验和科学的依据，制定出可行的标准。每一个指标，都应有详细的评价标准，能量化的尽可能量化。

第三，设立评价指标的原则。

这些原则包括：动态分析与静态分析相结合，以动态为主；定量分析与定性分析相结合，以定量分析为主；全过程分析与阶段分析相结合，以全过程分析为主；宏观分析与微观分析相结合，以宏观分析为主；价值量分析与实物量分析相结合，以价值量分析为主；近期效益分析与远期效益分析相结合，以远期效益分析为主。

第四，确定指标权重和满足程度的评价标准。

各个指标的重要程度在评价中是不同的，需要通过加权给予修正，对不同的指标给予不同的权重。加权理论与方法在国外都有广泛的应用和研究。目前，权重的确定主要依靠专家，因此如何搜集专家意见是获取理想权重的关键。

第五，选择评价方法。

在咨询成果评价过程中，选择评价方法对评价工作起着决定作用，为了使评价具有科学性，必须精心选择和使用评价方法并将不同方法加以合理配合。当评价对象为单目标时，其评价工作是容易进行的；当评价对象为多目标时，这项工作就困难多了。现实中，咨询成果评价往往涉及多种因素和目标，这种特点决定了评价方法的多样性。目前在咨询成果评价中使用的方法和技术有许多种，大部分是从已有的科学研究方法中借鉴过来的，也有一部分是由咨询专家们在实际工作中创造出来的。

信息咨询成果的评价方法主要有定性评价方法、定量评价方法及两者相结合的方法。

定性评价方法是凭借专家个人判断的一种主观评价方法，一般通过选择、推荐或评委寄出评语的方式进行。评价等级分甲、乙、丙（或一、二、三级）三等。这种评价方法简便易行，不必烦琐计算，评价人员也不需专门训练。其不足之处是人为性太强，不够精确。

定性评价方法通常在以下条件下进行：上级主管部门制定统一的评价原则和标准；评委会成员根据评价标准，对每一项待评成果进行评议；成果评定委员会综合各评委意见，对每一项参加评定的成果给出评定等级。在定性评价中，一般以半数以上评委给出的等级作为评委会对某项成果给出的最终等级。

关于咨询成果的定性评定，国内目前尚无统一的标准和等级规定，在定性评价中可以参考有关软科学成果鉴定的标准。

相对于定性评价而言，定量评价是比较科学的评价方法，但这种评价方法的计算工作比较复杂，需借助计算机才能进行。其评价方法的关键是取得成果质量的指标，并使之数量化。在评价时根据各指标质量的不同，分别选择不同的计分制，如小数制、十分制、百分制等，并配合各种公式进行评分统计。

鉴于定性评价和定量评价方法各有利弊，人们发展了定性定量相结合的方法。其中比较适合咨询成果评价的方法主要有层次分析法和模糊综合评判法。

由于层次分析法在解决目标决策方面比其他方法更简便、实用，因而比较适合对咨询成果进行评价。层次分析法用于咨询成果评价遵循以下步骤：①确定咨询成果评价的层次结构；②构造判断矩阵；③进行层次单排序运算和一次性检验；④层次排序。

咨询成果评价涉及两个问题：一是成果本身的质量，二是评价者的着眼点。从第一个问题看，构成成果质量的因素很多，如先进性、可行性、学术价值等，而且成果的内在学术价值高低、先进性强弱、方案是否可行等难以给出准确测度。从第二个问题看，评价诸多因素对成果影响程度往往受到人们认识水平和阅历的限制，导致评价上的差异。就是说，产生这两个问题的根本原因在于模糊性的客观存在。在评价过程中如何充分体现每位参审人员对成果评价的作用，又兼顾各种评价指标对成果评价的综合作用，关键问题是处理模糊信息。20世纪60年代诞生的模糊集合论，后来发展成为一门新兴的分支学科——模糊数学，正是处理这种模糊信息的一种有效数据处理方法。运用模糊集合论对不同咨询成果做出不同等级的定量分析，从而可得出定量化的综合评价结果。

第六，确定综合评价的判据。

综合评价判据可以是单一的，也可以是若干个指标。综合评价的单一判据，多为定性与定量相结合的评价值，用来和临界值比较；另一种为不设临界值，而以实际数值大小排序选优。

第七，综合评价结果进行综合分析。

在明确的目标和范围内，根据所定的指标和判据，采用选择的方法，进行综合评价。这包括一系列的预测、分析、评定、协调、模拟、综合等工作，而且是交叉反复地进行。综合评价要进行各种方案的优劣对比，对存在咨询缺陷和劣解方案的成果提出改进意见，供决策者参考。

第八，提出评价报告和建议。

咨询成果评价的最后一个步骤是提出评价报告和建议。报告中要说明评价资料、数据的来源与评价方法，特别应说明评价的结论与建议。

3. 信息咨询成果的评价指标体系

信息咨询成果评价指标是指对咨询成果的价值、水平和可靠性方面的审议和评价工作。指标是评价成果的基准和依据。成果评价的关键是建立指标体系，使人们可以按照统一的标准对同类成果进行评价，并且可以消除评价中可能会产生的主观性、片面性和任意性，使得咨询成果的评价更加客观、公正、科学、合理。

咨询成果评价指标体系分为两个层次：准则层和相应的指标层。准则层分为意义、难度、先进性、可行性、时效性、效益性等六项。

评价时，确定好准则层与指标层后，还应采用科学方法或组织有关专家进行讨论，对不同重要程度的差异采取不同的方法，赋予不同的权重值，以求获得评价的科学性。

本章小结

本章主要介绍了信息咨询职业的发展情况。信息咨询最直接的价值来源是人，信息咨询师们凭借专业的知识和技能，持续输出高质量信息咨询服务，助力各行业发展与国家战略实施。为促进信息咨询职业发展，需要不断培养出高水平的信息咨询师，确保其具备信息咨询职业应有的基本素质与能力，能够严格遵守职业道德规范和职业准则。同时，由于信息咨询职业及其咨询活动的重要性，加强信息咨询管理势在必行，不仅需要明确信息咨询管理的原则与主体，还应做好与信息咨询活动相关的政策法制管理、行业管理、信息咨询市场管理、信息咨询机构管理，并开展信息咨询成果评价，以帮助信息咨询职业得到更好的发展。

思考题

1. 信息咨询师在中国市场的需求如何随着社会变革和技术进步而发生变化？探讨新兴领域和人才需求对信息咨询师市场的影响。

2. 考虑到中国多样的地理和社会环境差异，信息咨询师在不同地区的需求和教育需求有何不同？探讨在不同地域和社会背景下定制培训和认证计划的挑战和机会。

3. 信息咨询师应具备哪些素质和能力，以提供高质量的咨询服务？探讨这些素质和能力对于解决客户问题和促进客户自我成长的影响。

4. 如何应对可能会出现在信息咨询实践中的道德冲突？在咨询过程中应始终遵循哪些道德准则？提供实际案例或情境来说明如何解决道德困境。

5. 信息咨询师的哪些行为准则会直接影响到客户对咨询工作的评价？请结合你的实际生活体验，谈一谈这些行为准则会产生怎样的影响。

6. 在中国文化和社会背景下，信息咨询师需要关注哪些特定的道德问题或跨文化挑战？如何确保咨询实践尊重客户的文化差异，同时又遵循道德准则？

7. 人工智能时代的到来对信息咨询管理提出许多新的要求，请你结合某一信息咨询管理主体，谈谈其在人工智能时代应该采取什么样的发展思路。

8. 请分析中国现行信息咨询管理的法律法规框架，并对法规体系的完善提出建议。

第六章

信息咨询产业

信息咨询产业是现代信息服务业的重要组成部分。现代咨询活动主要以产业化方式存在，随着信息服务业的壮大和知识经济的崛起，咨询产业的发展也越来越受到人们的关注。本章主要介绍了以下四方面内容：其一，信息咨询业的概念与结构，以及特征与类型；其二，国外信息咨询业的发展概况；其三，中国信息咨询产业的发展情况；其四，信息咨询业的发展趋势。

6.1 咨询产业和信息咨询业

信息咨询业是信息产业的一个组成部分，了解和把握咨询产业需要从对信息产业的认识入手。

6.1.1 咨询产业的社会功能

在现代咨询活动中，咨询专家开发出严格、系统的工作程序、方法和技术，不仅满足了人们对咨询的基本需要，还为其他社会工作提供了参考和帮助。与此同时，现代咨询在重大决策活动中还有助于提高民主化、科学化水平，不断对未来做出基于事实资料和深入科学研究基础上的预测，以专家协作的方式帮助人们对复杂事物进行认识和把握，以简明方式向用户提供有针对性的信息，加快科学理论、技术成果向社会实践领域中的应用性转化，促使生产力水平和社会管理水平不断提高。在世界500强企业中，有70%左右的企业聘用咨询公司为其提供各类管理咨询服务；发达国家的各级政府决策部门，将咨询作为重要决策的前提条件；世界各国普遍规定，政府财务支出与上市公司等的财务数据，以及超过一定数额且具有重大社会影响的投资项目等，必须经过审计咨询和科学的咨询论证。这些都充分说明了咨询活动在当代社会运行中的重要作用。

咨询产业进行信息收集与整序，致力于知识的创新与传播，提高各项社会活动的科学化、知识化水平，提升各类社会组织的管理效率，是典型的知识经济产业，为知识经济的发展带来了活力，也是新经济的增长点。

作为一个产业化运作的部门，咨询业为社会各界服务必定会产生较高的经济效益。美国管理咨询协会对20世纪80年代管理咨询项目的投入产出比进行抽样调查，得出这一比值大约在1∶1.7和1∶3.1之间。日本对20世纪70年代到80年代科技咨询活动效益进行的调查表明，咨询投入会获得5～7倍的回报。中国在20世纪也曾对科技咨询活动的投入产出情况进行调查，结果显示咨询活动具有较高投入产出比。应该说，正是对咨询投入所获得的收益，使社会各界保持了对咨询服务需求的持续增长。

6.1.2　信息咨询业

1. 信息咨询业的定位

现代信息咨询或者在浩繁的信息海洋中搜寻、整理、提供信息，有针对性地满足人们在不同情形下的信息需求，或者根据客户的实际情况，经过调查和深入研究为之提供各种专业化的解决方案，或者为宏观战略决策提供服务。任何一个信息咨询服务项目，都需要咨询服务人员经过信息的调查、获取、分析、整理，乃至进一步深入研究，得出对咨询课题和研究对象的认识，把握其中存在的规律，有针对性地提出在完成任务、达到目标、克服困难、改进工作、提高竞争力等方面的建议和行动方案。在这个过程中，需要遵守严格的规范和要求，运用科学的手段，根据客户需要和实际开展工作，是一种运用信息、知识和智能的工作，其产出也是无形的知识与智力产品。现代信息咨询机构主要是由掌握现代科学理论、技术与方法且具有较高智能和丰富实践经验的专家组成，委托方则可以是政府部门、企业、各种社会机构乃至个人。信息咨询产业的发展顺应了社会高度分工的发展趋势，也是各级各类决策活动中解决越来越复杂、困难决策问题的有效途径。

从本质上说，信息咨询是由于决策者个人或集体的知识、智能、精力等与决策要求之间存在的差距所产生，这种差距随着社会进步与发展越来越大，人们对信息咨询的需求也就越来越强烈。也就是说，人们在各种社会活动中对信息、知识、智能需求的无限性与现有信息能力的有限性之间的矛盾，以及现代社会发展要求人们掌握的信息、知识和具有的智能越来越高级、复杂，而人们能力的增长程度和环境的要求相差甚远，从而对由专门的行业来解决这个问题所提出的要求，促使了信息咨询产业不断发展。因此，从广义的角度而言，信息咨询是人类不断获取信息和知识而求得生存与发展的一种本能，这种本能决定了信息咨询是无处不在的，它是人类社会普遍存在的现象。

从现代信息咨询进入经济领域看，信息咨询是一种服务性产业，其以信息、知识、专业技能和经验等为资源向用户提供信息服务。今天的信息咨询产业已经成为信息服务业的重要组成部分。从知识经济发展的角度看，信息咨询是以知识为基础的，是对知识的灵活运用，它针对的是不同客户的不同需要和不同问题，需要以新的视角、新的思维、新的观点去观察、探索，帮助客户实现可行和有效的变革。只有不断创新，我们才能使信息咨询服务实现其价值。因此，信息咨询产业也属于知识产业。

信息咨询业是现代市场经济中不可或缺的一个行业，也是当代知识经济中的重要组成部分。随着经济社会的发展，知识的创新及运用对经济增长和社会进步的贡献日益增大，加强信息和知识在社会各部门之间的有效交流与及时反馈，加快信息与知识的扩散和运用，不仅可以克服传统经济资本投入回报率递减的不足，而且会通过信息与知识的投入促进收入递增。现代信息咨询产业及其活动不仅可以传播、收集和运用已有信息与知识，改进产品性能和社会组织结构，提高社会生产和运行效率，减轻经济增长和社会发展的资金和资源压力，而且能够进行知识创新，从而满足现代社会对知识创新、传播与运用的强烈需求。在知识经济初露端倪，信息化、全球化水平不断提高的背景下，各国的信息咨询产业呈现出加速发展的态势，并出现了一些新的发展特点和动向。

2. 现代信息咨询产业的产生与发展

信息咨询作为一项活动产生已久，但现代意义上的信息咨询活动是在工业化时期以产业化形式出现的。20世纪中期以后，信息咨询业在发达国家普遍得到较大发展。到了20世纪后期，许多发展中国家开始意识到信息咨询产业的重要性，其信息咨询业也迅速崛起。近年来，信息咨询业在世界范围内受到普遍重视，并逐渐发展成各国国民经济中的重要组成部分，尤其是被作为知识经济条件下的战略性产业来加以引导、鼓励和促进。

纵观现代信息咨询业的发展历程，一般分为个体信息咨询、集体信息咨询、综合信息咨询、国际合作信息咨询几个阶段。

现代信息咨询业开始于个体信息咨询。19世纪初，英国出现了最早的咨询事务所，提供土木建筑方面的专业性咨询服务，随后又有提供其他业务的咨询事务所诞生。与此同时，各西方工业国家的公共图书馆、大学图书馆事业获得迅速发展，开始面向读者开展利用图书馆就知识性问题的辅导与解答活动。后来，有些商人根据人们市场交易的需要，收集和提供市场信息并获取收益。到了19世纪后期，为企业提供管理咨询服务的活动也已经出现。这些都标志着现代咨询活动和咨询产业的诞生。这种早期的现代咨询活动，都是以专业人员个人的力量承担咨询项目和完成咨询任务，而且是按照科学理论和方法提供专业咨询服务，为客户解决实际问题，并且主要是按产业化的模式运作，所提供的服务具有专业化、智能化的特性。

现代信息咨询的产生，首先得益于当时社会发展的大背景。随着工业化进程的深入，社会的蓬勃发展对专业性服务的需求日益普遍而强烈。科学技术理论体系的建立和研究方法的完善，以及大规模发展的现代教育培养出的专门人才，则为信息咨询活动的开展提供了有力支持。工业革命后，市场经济体制的建立与完善使信息咨询的产业化运行顺理成章。

19世纪末20世纪初，欧美各国经济发展呈现出一片繁荣景象，社会各界对于信息咨询服务的需求范围和深度不断增加，原来的个体信息咨询服务方式已经不能满足社会的需求。在这种情况下产生了集体信息咨询，一些集中了较多人才的、具有一定规模的咨询公司得以产生，并获得迅速发展。同时，专业化的研究机构、高等学校等也凭借人才优势开展咨询活动。而图书馆进行的信息咨询活动逐步进入协作完成阶段，并且在内容、规范性等方面有很大改进。

在集体信息咨询时期，信息咨询活动无论是在规模还是在质量上都达到了较高水平。咨询机构大多具有法人资格，有独立的经营能力，开始形成规范化的运作与管理。许多国家也纷纷成立咨询行业协会，对行业行为进行规范和管理。由于信息咨询机构集中了不同专家，在咨询力量上有了很大的增强，可以承接和完成大型咨询项目。信息咨询机构的专业服务范围也大大扩展，进入很多专业化咨询服务领域，如提供经济信息咨询服务的就有市场供求信息、金融证券信息、人才信息等不同专业领域。

第二次世界大战结束后，由于科学技术进步，经济加速发展，社会环境更加复杂，各级各类决策的难度也越来越大，人们对于信息的需求越来越强烈，这些需求与激烈的竞争日益紧密地联系在一起。在这种情况下，信息咨询服务市场很快发展壮大，信息咨询产业也进入一个黄金发展时期。信息咨询业发展到综合信息咨询阶段，就是在提供信息咨询服务时，既考虑技术和专业层面，也注重战略研究和不同因素的相互作用，不仅着眼于现实利益，还兼顾长远的持续发展，以帮助客户完成日益复杂、困难的决策任务，适应日益多样化的社会需求。

信息咨询市场的扩大，对信息咨询服务也有更高要求，已经不仅仅满足于专业人才提供的专业服务。信息咨询活动面对的服务项目不再是单独某一方面的问题，而是面对跨学科、跨行业、跨部门的技术、资源、环境的综合问题，咨询机构必须从社会、政治、经济、科技等各个方面进行研究和分析，帮助委托方寻找最佳解决方案。这一阶段的一个典型特征是在发达国家出现了一批高层次的综合信息咨询机构，与此相对应，在各种信息咨询项目中，咨询人员也需要从战略角度对咨询课题进行综合化的研究，才能满足客户需要，为用户提供价值。

国际合作信息咨询与综合信息咨询同样在第二次世界大战后兴起，是在全球化进程不断加速的大背景下产生的，很难说是一个单独的信息咨询发展阶段。在现代信息咨询产业的发展中，信息咨询市场中存在的许多问题不是一个单独的机构所能解决的，许多信息咨询项目也需要不同咨询机构之间进行不同形式的合作，有时需要解决的是综合性的国际问题，或者需要国际协调，这就对国际合作信息咨询提出了要求。

经过几十年发展，国际合作信息咨询已经成为国际交往中的重要部分，它包括咨询机构为外国客户或为本国客户的海外业务提供的服务，各种国际组织及国家间共同建立的咨询机构所开展的活动，以及其他与国际交往有关的咨询活动。目前，信息咨询业的国际化已经十分普遍，随着国际交往的增多，尤其是服务贸易在国际贸易中所占比重的增大，加上发达国家极力推动服务贸易的国际协调，以促进其服务行业（包括信息咨询业）跨国业务的发展，使得国际合作信息咨询业务呈现出迅速发展的态势。

此外还有人提出，IT 咨询与网络咨询的出现是信息咨询业发展的新阶段。但信息技术主要作为一种手段和工具，其应用也具有普遍性，并没有使信息咨询活动和信息咨询产业发生根本性变化，因此该提法没有被广泛接受和采纳。

6.1.3 信息咨询业的地位

咨询业形成于企业和市场的动态发展之中，其定义与边界也在随着企业和市场的发展而不断变化。因此，本书中讨论的信息咨询业采用广义范畴。信息咨询业是适应社会信息化、科学化、现代化发展而兴起的现代产业，也是第三产业中发展最快的产业之一。现代咨询业的核心作用是提高人们决策和行为的科学化水平，对于其他行业的变革、国家的经济发展，以及保持国际竞争优势等起着非常重要的作用。信息咨询业的地位主要体现在以下三个方面：

1. 信息咨询业支撑其他行业的变革

随着全球化、信息化扑面而来，大数据带来的“信息爆炸”让企业在生产运营、品牌营销、竞争战略制定等方面难度更大，更加需要专业的信息咨询服务。而咨询公司具有丰富的人才储备、专业的技术分析，可以科学地为企业提供定制化的信息咨询服务。越来越多的企业开始重视信息咨询业，不仅可以节约时间成本，还可以得到更加完善的方案。越来越多的企业已经离不开信息咨询业。有数据显示，美国 75% 的企业都要请教咨询公司，日本 50% 的企业要在咨询师的帮助下改善管理。经营管理科学化、精细化需求的日益增加，使作为知识密集型产业的信息咨询业对其他行业的支撑作用越来越突出。

2. 信息咨询业经济产值高、发展前景好

20 世纪 60 年代，美国的管理咨询年收入为 10 亿美元，70 年代增长到 20 亿美元，80 年代达到 50 亿美元，至今已达到 200 亿美元。根据全球和中国咨询服务市场的历程回顾与发展概况分析，2022 年全球咨询服务市场规模达到 19268.7 亿元人民币，同时中国市场规模达到 3131.16 亿元人民币（数据来源：睿略咨询）。

随着经济全球化和中国市场竞争的日益激烈，国内企业对于管理咨询的需求增长迅速，信息咨询业的经济产值将会持续快速提升。此外，信息咨询业是一类需要吸纳大批高学历、高素质人才的知识密集型产业，从事的是一项智力活动，产出的是“知识”，属于高端生产性服务业和绿色环保产业，不仅不会产生污染，而且符合中国转变经济增长方式、提高经济增长质量的发展要求，有着良好的发展前景。

3. 有助于保持国际竞争优势

自“信息化带动工业化”成为我国现代化建设的战略举措以来，作为应对全球化的重要对策及刺激内需拉动经济的重要手段，IT 咨询的作用日益凸显，IT 咨询行业的繁荣有助于国家战略的推进和落实。各种政策的制定遵循“咨询先行”的原则，不仅具有前瞻性和科学性，而且能降低政策可能产生的风险，有助于保持国际竞争优势。

6.1.4 信息咨询业的时代变革

越来越多的企业正把数字化战略提升到一个全新的高度，加快数字化转型的速度，转型的进程也从浅层次的点状 IT 技术升级或者形式大于内容的“全面拥抱”“多元融合”宣示，走向深层次的数字化全面顶层设计及数字内核的嵌入与实施，如同埃森哲宣称的：“今天，所有公司都是科技公司”。站在信息咨询业的角度讲，所有的专业咨询机构都应具备“数字化咨询”能力，无论是在战略、业务层面，抑或运营和技术层面。

1. 信息技术从 IT 到 DT——云、网、端

IT 是以计算机技术为基础的信息技术，是以自我（组织和个人）建设为主的信息管理与应用技术。DT 是以“云 + 网 + 端”协同共建的数据处理技术，而 DT 技术是以共建共享、改变生产组织、提高运行效率为主的信息管理与应用技术。

那么什么是“云 + 网 + 端”呢？云：存储、计算、大数据。网：互联网、物联网、资金流。端：PC、移动终端、传感器、物理端（端是数据源点 + 创新源点 + 生产及服务终端）。实现万物互联，数字化是前提，网络化是基础，智能化是方向。

2. 传统咨询与数字化时代的专业数字化咨询异同之处

从国际咨询公司的转型可以看出，咨询公司大都走在利用技术进行创新的道路上，如应对和引领客户的数字化转型。尽管不少咨询公司从单独设立数字化线条开始进行变革，但毫无疑问，未来所有的管理咨询都将是数字化咨询，未来的数字化咨询将建立在数字思维、数据分析与数字化工具和技术基础之上。试问，在数字化时代和前数字化时代，管理咨询的内容和方式是否存在异同点？

（1）信息咨询服务在数字化时代始终不变的三点

①核心目标：无论是数字化时代还是前数字化时代，管理咨询的核心目标

都是帮助企业改进其业务运作和决策制定过程：明确方向，创新业务，提高效率，降低成本，优化体验，提升利润。

②三大视角：借鉴人力资源管理和项目管理中的“3P”理论，数智化时代的管理咨询仍然需要重点关注以下三个方面：人（people）、过程（process）和技术平台（platform）。对于人，咨询的重点是改善组织结构，提升人的能力、效率与满意度；对于过程，咨询的重点是辨析企业价值创造过程，找出并优化运营与作业流程中的瓶颈和低效环节；对于技术平台，咨询的重点是如何最有效地使用现有的IT技术与OT技术来赋能业务、生产与管理过程。

③分析与设计过程：在任何时代，管理咨询都需要利用通用与特定的方法论、工具箱来进行深入的内外部分析与审时度势，通过推理、推演、归纳、启迪引导等明辨方向、制定策略、设计路径、创制方法、提出方案。

（2）差异化的四个方面

①数字远见卓识：数字能力给企业和客户带来变化的可能性日益丰富。数字化伴生的数字向善、数字安全要求日渐重要。咨询公司要把握趋势，预测变化，不断提升构思创新的门槛。

②技术多元性理解驾驭：数字化时代的企业面临的技术挑战要比前数字化时代复杂得多。在传统的CT（通信技术）、IT（信息技术）、OT（营运技术）之外，DT（数字技术，含大数据、人工智能、机器学习、区块链、算力网络等）自身又在不断迭代和快速升级。管理咨询团队的多维度经验与技能成为必备要求。

③敏捷性、灵活性及远程交互与分享中心：由于数字化技术的引入，架构设计更加快速敏捷，框架构建与能力转移日益重要。多重知识与能力即时聚合的意义将远超咨询师个人经验与风格的积累与呈现。远程知识交互中心和强大的领域专家网络将成为咨询赋能和交付的有力工具。

④客户成功管理：随着数字化转型的深入与数据平台数据运营的展开，咨询行业的商业模式与甲乙双方的生态关系同样在发生变化。单纯的业务拓展（BD）或关系式销售将日渐式微，基于对客户数据与成长轨迹的理解洞察，持续性、共生型的客户成功管理成为咨询交付与收入来源的重要方向。

3. 数字化咨询师的能力要求

技术的日新月异和客户要求的不断提高，对于咨询师提出了更高的要求。咨询师不仅需要具备企业战略、管理、营销、财务、IT等方面的知识积淀、批判性思维、第一性原理思考、逻辑性推理归纳等基本咨询素养，还要具备新的技能和能力，包括：

①数据驾驭能力：咨询师需要能够处理和解析大数据，从中获取有用的信息和洞见。咨询师需要了解数据分析工具和技术，比如SQL、Python、R语言、Tableau等，以及统计分析、预测模型、机器学习算法，当然也可通过指挥基于AIGC的数字顾问助手来实现任务。

②数字技术把握：了解并理解新的数字技术，包括云计算、人工智能、机器学习、区块链、新型网络、大模型、元宇宙、Web3.0等。这些理解不一定是程序员或架构师层面的“动手能力”，更多是对技术特性与能力的把握以及对技术发展趋势的判断。

③专业数字素养与数字化设计能力：咨询师需要具备理解企业首席执行官（CEO）和首席数据官（CDO）双重角色的能力，并与之对话和换位思考，能够基于“对象－过程－规制数字化”的理念框架与方法检视分析企业业务，勾勒企业发展与创新的蓝图。

④数字化专业工具与平台使用：在数字化时代，咨询行业内外的通用与专有智能工具平台正不断出现。咨询师应当对任何数字化创新应用具备好奇心，抢先尝试，勇于体验，并由此提升自己的知识面、敏捷性与动手能力。

6.2 国外信息咨询业的发展概况

20世纪中期到80年代，咨询产业在西方发达国家有着较快的发展。首先，形成了较为完整的产业体系，有为政府决策、企业管理、工程建设等提供咨询服务的各类咨询机构，有面向社会各界提供系统性信息资料的咨询公司，有针对个人生活的小型咨询组织，图书馆、科技情报机构、政府信息部门等为社会提供公益性的咨询服务也形成了完整体系；其次，咨询业务范围扩展到几乎所有社会活动领域，具有广泛的社会影响，政府、企业、各种社会组织都经常成为咨询公司的客户；最后，各咨询行业大多形成行业管理体系，在业务标准、从业人员素质、咨询机构管理等方面形成严格制度，并发展出完整的咨询服务工作程序、工具与方法体系，使咨询服务趋于规范。与此同时，在一些社会主义国家，也建立了面向政府的内部咨询体制，以及由图书馆、科技情报机构组成的咨询服务体系，为咨询服务的进一步发展奠定了基础。

20世纪80年代中后期，世界范围内的知识经济发展初露端倪。世纪之交，知识经济的发展成为世界性潮流。与此相对应，作为知识传播、运用和创新行业的咨询业受到空前重视，各国开始从国家信息战略和知识经济发展的高度促进咨询业的发展，使全世界咨询业的产值以 15% ～ 20% 的年均速度增长，形成最有希望的迅速发展的知识服务行业。在这种情况下，世界各国咨询产业又都有着各自的发展情况和特点。

6.2.1　全球咨询业的发展特征

从地理市场的视角看，国际上一般把全球的咨询市场分为四大板块：以美国为主的北美市场是现代咨询行业的起源，也是全球规模最大、最领先的市场，其中美国就占据北美咨询市场的 90% 以上；欧洲则是全球咨询业的另外一个增长极，不过习惯上一般把欧洲、中东和非洲放到一起来考虑，组成了所谓的泛欧市场；亚太则是全球咨询市场的第三个板块，虽然规模有限，但一直以来拥有较快的增长速度，这在很大程度上也是受到了中国咨询市场快速发展的影响；剩下的则是拉丁美洲。从区域规模上看，基于不同数据来源的综合分析可以发现北美占据 45% 的份额，泛欧区则占 35%，亚太占总体的 15%，拉美则仅占 5%，且区域规模占比分布长期处于稳定状态。在市场规模增长方面，亚太地区是行业的最前沿。亚太地区 2018 年的市场规模为 470 亿美元，约占全球管理咨询业的 17%，其中中国市场是增长龙头，年复合增速超过 10%，是全球市场的两倍。根据咨询公司基于 2018 年 ALM 数据的分析，北美地区（美国和加拿大）是咨询公司的最大区域，占全球 2770 亿美元产业的 55% 左右，其中美国市场是全球管理咨询行业最大、最成熟的市场。

从国别市场视角看，基于慎思行公司通过行业组织、研究机构等多个渠道获取的数据，可以把全球不同国家的咨询市场分为四个大群体，即美国、德英日法、第三世界及发展中市场。其中，美国作为咨询服务的发源地和美式管理理论的构建者，以 800 亿美元的市场规模成为单一的最大市场和全球咨询行业的领先者。紧随其后的是德、英、日、法，作为老牌的资本主义国家，咨询业发展相对较早，且深受美国咨询公司的影响，经过多年的耕耘也获得了长足的发展。根据数据显示，在咨询市场规模上，德国为 400 亿美元，英国为 200 亿美元，日本为 150 亿美元，法国也达到了 100 亿美元。而与这两层市场相比，欧洲其他发达国家，澳大利亚等大洋洲国家及部分亚洲国家的咨询市场规模则普遍在 40 亿～ 80 亿美元之间，由此组成了第三世界市场。最后，发展中市场则包括中东欧、南美和亚太等中等发达或发展中经济体，咨询市场规模普遍在

10 亿美元以下。而在这四类市场中，中国的咨询市场按照窄定义估算，2022 年规模在 77 亿美元上下，只能被归为第三世界市场。

6.2.2 美国咨询业的发展

美国的咨询产业起步于 19 世纪后期，20 世纪 50 年代，其咨询业的发展走在世界前列，70 年代咨询业产值年均增长达 25% ～ 30%，80 年代进入调整期，进入 90 年代以后，咨询业随着知识经济崛起和信息经济的飞跃性发展而空前繁荣，成为知识经济发展的典型代表。进入 21 世纪，美国咨询业已经相当发达，咨询领域除工程咨询外，还包括决策咨询、技术咨询、管理咨询、专业咨询（会计、法律、税务、医药等）等领域，咨询服务几乎涉及社会生活的各个方面，而且市场运作规范、专业化程度高、收费合理，已形成相对稳定的咨询行业与服务体系。美国咨询业收入占 GDP 的 1.2%，美国咨询行业增速为 10.5%。在 IT 咨询领域，根据品牌目录（Brand Directory）发布的“全球最有价值的 25 大 IT 服务品牌”排行榜 TOP10 中，美国 IT 咨询知名品牌占比最高（高达 32%），远高于排名第二的印度（占比约 20%）。其中，美国的埃森哲（Accenture）、国际商业机器（IBM，IT Services）、高知特（Cognizant）分别居于第一、第二和第五位，品牌影响力较强。

1. 咨询产业概况

美国咨询业的主体是按市场机制运作的，市场行为规范且有一定的宏观调控和微观约束机制，并通过刺激客户需求开拓和培养咨询市场，形成了相当规模的产业，咨询服务渗透进社会生活的各个领域，专业化程度高、收费合理、运作效率高，不仅有兰德、麦肯锡、盖洛普、波士顿咨询、埃森哲等从事不同咨询业务的世界一流大公司，还有大量从事各种咨询业务的中小型咨询公司，以及由美国国会图书馆领衔、各级各类图书情报机构构成的高效的信息咨询服务网络。美国政府内部的信息机构组成的面向社会各界的咨询服务体系，加上其他类型的咨询服务机构，形成完整的产业体系，体现了美国知识服务和知识经济的发达。目前，美国的咨询产业总体来说实力雄厚、规模庞大、服务能力强，对各行各业的渗透程度高，具有很强的国际竞争力。

美国社会具有良好的咨询意识，不管是大型公司，还是中小企业，无论是政府机构，还是各类社会团体，乃至民众个人，都经常借助咨询服务获得信息，依靠知识型的咨询服务达到决策目标，各种咨询方案的实施率也高达 70% 以上。而且，不同业务类别、不同规模、不同性质的咨询机构分工明确，各自针对不同客户、不同咨询课题、不同社会需求开展业务，相互补充，相互协作。比如，在提供信息咨询服务方面，政府机构的信息咨询部门定期发布各类统计信息、政策信息，以及其他由政府掌握的公共信息，这些信息大量被其他咨询机构所收集、整理、利用。图书馆咨询服务体系主要满足知识性咨询的需要，以及针对性、系统性信息的积累、获取、整理的需要，并帮助客户利用信息设施等。像邓白氏、盖洛普这样的咨询公司，则专门向社会提供信息调研、信息分析等服务，满足经济活动、社会管理等方面的信息需求。这些不同的信息服务，加上完善的基础信息设施和严格的管理体制，使美国的咨询服务体系完整、高效，有效满足了不同的信息服务需求。

2. 咨询产业发展的特点

美国咨询业的繁荣是美国知识经济发展水平高的具体体现，也是由多种因素促成和决定的。其主要特点包括：

（1）规模庞大，体系完整

美国国内的咨询服务市场十分发达，既有大量产业化运作的咨询机构，也有像政府信息机构、公共图书馆等为社会提供公益性咨询服务的体系，它们相互补充，共同促进全社会的信息传递和利用，帮助微观主体获得信息和克服决策困难。在美国，各类咨询业务都很活跃，独立咨询公司与公益性咨询机构等不同咨询力量的结合比较紧密，咨询机构运作规范，专业化程度高，收费合理，提供的服务具有很强的策略性和实用性，能够满足各种社会需求。如前所述，美国各种类型、不同规模的咨询机构全面发展，服务体系完整，具有国际领先水平。以管理咨询为例，世界著名的大公司多在美国，年营业额达500亿美元以上，占全球市场的比例超过60%。美国一些大型管理咨询公司的分支遍布世界各地，占据所有重要市场，并有着明显的领先水平。在其他咨询业务领域，情况也大体如此。

（2）政府大力支持

美国咨询产业获得政府的高度重视。政府不仅作为咨询业的大客户，还在内部设置了一些大型咨询研究部门，其中有些十分著名。政府对于咨询项目的设立、招标、考评、工作程序，以及承担政府决策咨询项目的咨询机构和人员等，制定了严格、明确的规定。

美国政府对咨询产业还给予一系列扶持措施，如规定咨询服务费用可以计入成本而免征所得税，对于海外咨询业务、中小企业的管理咨询、高技术企业的咨询、技术引进咨询、出口贸易咨询等可以给予适当补贴，政府内部的信息机构、统计部门必须按规定发布信息和为民众提供信息咨询服务。对于公共信息设施，则通过财政支持帮助其完善咨询业务。

（3）行业管理严格规范，市场环境好

美国拥有完整的咨询业管理机制，各种咨询行业协会运作规范、表现活跃，不仅制定了完整而严格的咨询机构、人员、业务标准和业绩考核、工作程序等，而且监督检查有力。各种行业协会还开展行业培训和人才培养，传递市场信息，在咨询机构和客户之间充当协调人，对于咨询公司开展海外业务提供信息、人员等方面的支持。

在美国，社会各界的咨询意识强烈，市场需求旺盛，信息设施先进，信息收集和咨询工作紧密结合，市场运行机制完善，咨询业具有良好的社会发展环境。

（4）具备成熟的“智囊团”，助力国家发展

美国咨询业不同于其他国家的特点在于有一批实力雄厚的大型公司，如以军事为主从事研究及咨询的兰德公司，以政府、企业、团体为服务对象的斯坦格国际咨询研究所，以经济、外交政策和政府活动为主要咨询内容的布鲁金斯研究所，以保护自由主义体制、发展经济和解决国内问题为中心的美国企业公共政策研究所。这些咨询公司机构庞大、研究人才集中、经费充足，有力量担负起一些全局性、战略性、综合性的研究课题，具有很强的国际竞争力，有助于国家政策的科学化。

6.2.3 德国咨询业的发展

1. 德国咨询业的发展历程

德国的咨询业始于20世纪50年代，随着第二次世界大战后马歇尔计划的推进，美国企业开始进入全球化发展阶段，而以麦肯锡为首的多家美国咨询公司，从服务美国跨国企业开始，自1964年起陆续进入德国市场。海外咨询公司的进入，刺激了德国本土咨询业的发展，所以德国的大型咨询公司在20世纪六七十年代陆续成立。20世纪80年代之后，德国咨询市场高速增长并逐步成熟，1996年德国咨询产业额达到153亿马克，从业人员达到46900人，人均营业额高达32.6万马克。这期间不仅美系战略咨询公司的市场渗透率进一步增加，大型国际会计师事务所的咨询部门也开始在德国市场攻城略地，而德国的本土咨询机构在这一阶段也普遍获得了高速发展。

近年来，德国咨询机构发展迅速，咨询公司遍及工业、农业、交通、能

源、经济等各个领域，已成为一个成熟的现代知识产业，在社会经济发展中扮演着重要角色。有关资料显示：仅在管理咨询领域，就有近7000家德国咨询公司。一些大型咨询机构通过兼并和业务渗透，形成了少数综合性“咨询巨头”。而小型咨询机构由于经营灵活、收费低、具有一定的专业特色，在咨询市场也颇具竞争力。德国继美国之后，成为全球第二大咨询市场。

2. 德国咨询业的业务类别

德国咨询业的业务范围十分广泛，咨询服务全面系统、覆盖面广、渗透力强。主要分为四类：一类是政府决策咨询机构，这类机构能够为政府部门提出新兴技术和行业发展方向、前景，对咨询业的理论、技术方法进行深入研究，对重要课题进行技术经济论证，将科研部门的研究成果向企业推广、转让等；第二类是兼有投资功能的咨询机构，多以协会或科技部门做后盾，如柏林的工程师技术中心，工程咨询是德国发展最快也是最领先的咨询项目；第三类是以及时有效地向企业推广科研部门和大学最新研究成果为主的咨询机构；第四类是纯营利性的咨询机构。

3. 德国咨询业的发展特征

德国的咨询市场长期以来一直处于健康发展的状态，即便历经几次全球性的危机，受到的冲击也比较有限。长期以来，德国咨询行业的市场结构也比较稳定，即大型咨询公司凭借品牌和规模一直处于市场的主导地位，而小型咨询公司由于数量众多、各有专长、服务灵活、性价比高等原因，也占据了德国咨询市场的重要份额，这个格局20年来基本没有改变。

德国咨询行业市场结构的另外一个特点是美国化的问题，在大型咨询公司这个细分市场，尤其是市场前20名中，美国咨询公司的市场份额占比高达70%。事实上，这种现象在欧洲市场乃至全球都非常普遍。

德国本土咨询公司的前十名总体规模接近30亿欧元，占到了德国咨询市场总体规模的10%左右。更难能可贵的是，德国本土咨询公司在价格和服务品质上已经逐渐与美系咨询公司接近。只是，除了极少数的全球化、全业务领先者，绝大多数德国本土咨询公司仍属于聚焦于特定职能领域和行业领域的精品咨询公司，以及聚焦于德国和欧洲其他市场的区域性咨询公司。

如果更深入地看德国咨询市场的业务类型和客户领域分布，可以发现德国咨询市场还是有着其自身的独特性的。从客户行业来看，制造业是德国咨询业最为重要的市场，而汽车行业也成为这一领域的单一最大客户行业，这与德国汽车业本身的发达程度有着密切的联系。在其他国家居于主导地位的金融行业，在德国只能居于次席。

在德国咨询业发展中，行业协会发挥了积极作用。1954 年成立的德国咨询协会（BDU）仅有 25 个会员单位，现已发展到 413 个会员单位，咨询人员达 6400 人。协会不仅帮助会员单位改善咨询行业的经济环境，定期出版刊物宣传协会和咨询企业，还帮助会员单位协调各种社会关系，为会员单位提供一些社会福利性服务工作。

4. 德国咨询业的发展动力

德国是市场经济体系较为完善和发达的国家。在这样的环境下，德国的咨询业获得了快于经济增长的高速发展，主要源于市场经济发展的客观要求。具体表现在：

第一，在市场经济发达的德国，企业决策完全是自主进行的。面对越来越激烈的市场竞争和越来越复杂多变的环境条件，无论是在经济景气还是不景气时，企业都需要咨询支持。

第二，德国的统一以及俄罗斯和东欧国家的经济转型大大增加了咨询市场的需求。德国统一后，大批原东德企业进行了私有化转变，原来实力雄厚的咨询公司和几年间涌现出的一大批新咨询公司积极参与原东德企业的改造咨询。近年来，不少德国咨询企业都把东欧市场作为重要目标进行开发。

第三，德国政府的重视和支持也为德国咨询业提供了极大助力。德国面向中小企业的管理咨询服务非常活跃，尤其是面向高技术类中小企业的服务受到政府补贴、政府聘用高级专家等的支持。

第四，技术的优势、市场的复杂性和管理的相对薄弱，让德国企业产生了巨大的咨询需求，从而给了咨询公司在德国发展的优良机会。

第五，国外咨询公司进入德国，刺激了德国咨询业的发展。西门子入驻德国吸引了麦肯锡的进入，随后西门子一手引入了 BCG 和贝恩两家美国咨询公司，并促成了他们在欧洲首家办公室的建立。西门子在德国产业界有着举足轻重的影响力，随着美系咨询公司的工作逐步在西门子受到肯定，越来越多的德国本土公司慕名而来，使得德国成为国际咨询业的重镇之一。

6.2.4 日本咨询业的发展

1. 日本咨询业的发展历程

第二次世界大战以前，日本还没有完全独立的咨询企业。日本的咨询业是在二战结束后的战后重建中起步的。其发展经历了五个阶段：第一阶段

（1960—1970 年），向欧美学习咨询，缩小差距。20 世纪 50 年代后期，随着日本综合开发事业的发展，许多公共事业方面的咨询企业纷纷涌现，咨询业快速发展。1960 年成立了日本经济调查议会，1963 年成立了日本经济研究中心，1965 年成立了野村综合研究所，1966 年成立了日本能源经济研究所，1967 年成立了三井情报开发研究所，1969 年成立了社会工程学研究所。20 世纪 60 年代后半期，一些综合咨询机构开始开展国际业务，日本咨询业步入了稳定发展时期。第二阶段（1970—1973 年），咨询机构数量有较大幅度的增加，咨询业也获得了社会的公认，并制定了《综合研究开发机构法》。日本兴起“咨询热”，产生了一批具有实力的咨询公司，如 1970 年成立的三菱综合研究所，1971 年成立的未来工程学研究所和政策科学研究所，1973 年成立的社会开发综合研究所等。这一阶段咨询业进入大发展时期，咨询机构数量、从业人数都有较大幅度增长。第三阶段（1973—1975 年），咨询业发展较快，并开始出现竞争，导致当时规模较大的“日本综合开发研究所”破产。第四阶段（1975—1999 年），咨询业发展达到高潮，咨询企业很快达到 250 多家，以中小型居多，年咨询营业额在 1 亿美元以上。到 1978 年，咨询机构达到 1570 余家，仅管理诊断咨询业的从业人员就达 5 万多人。据日本通产省 1988 年的调查，占日本咨询机构总数十分之一的大型综合性机构年均总收入高达 1000 亿日元以上。第五阶段（2000 年以后），咨询业稳步发展。进入 21 世纪，日本的咨询产业已成为重要的知识型产业，达到相当可观的规模和发展水平。

2. 日本咨询业的特征

日本的咨询业市场化程度高，各类用户的咨询意识强，市场体制完善，市场需求带动了咨询业的发展。日本咨询业主要面向政府部门和企业，涉及的专业领域十分广泛，从国内到国外几乎涉及所有领域，囊括现代社会出现的各种问题，影响着日本社会的各个方面。日本咨询机构分营利性和非营利性两类，共有咨询机构 1000 多家，主要集中于东京等几个大城市，其特点是：第一，官办咨询机构作用突出，有 200 多个由总理大臣及各省、厅管辖的专家学者为主要成员组成的审议会，提供决策咨询；第二，全国有 100 多个“脑库”，为地方的经济建设服务；第三，对企业诊断甚为重视，二战以后日本从欧美等国引进的企业管理咨询，称为“企业诊断”，在中小企业中最为流行。

由政府主导建立的中小企业诊断制度是日本咨询业发展的一个特色。在有关法律规定下，由政府建立咨询诊断国家资格考试制度和资格认定制度，实施规范、严格的管理，保证咨询人员的素质。对中小企业的诊断业务由各级政府部门中小企业综合指导与管理机构安排和执行，并实行政府出资补贴。咨询过程和结果也都有严格的评价、追踪制度，对中小企业发展起到重要作用。日本咨询业发展的另一个特点是信息咨询的发达，一方面十分注重基础信息设施的建设，另一方面制定了一系列鼓励政策，建立了面向社会各界的信息咨询网络，尤其是面向企业服务的竞争情报体系和面向民众的信息咨询服务体系。

3. 日本咨询业的发展动力

日本的咨询业起步较晚，但能迅速崛起，得益于信息技术的突飞猛进，以及信息咨询和信息技术咨询市场的高速成长。

日本咨询业重视人才和人员结构，人员经常更新。在学科结构方面，咨询业中理工科研究人员是社会科学研究人员的三倍，如三菱综合研究所有研究人员 510 名，其中理工科背景的 380 名、社会科学背景的 130 名。在年龄结构方面，咨询业中青年占主导，咨询机构大多由 30 ～ 40 岁的研究人员支撑。据统计，研究人员平均年龄 30 ～ 39 岁的咨询机构占总数的 70%，平均年龄 40 ～ 49 岁的仅占 12%，平均年龄 50 ～ 54 岁和 25 ～ 29 岁的各占 4.8%。在企业经营方式上，日本采取独特的“派出研究员”制度，即政府、大学、企业和研究所向咨询机构派出研究员，工作 2 ～ 3 年，工资由原单位发放，到期回原单位工作。据统计，日本 43.2% 的咨询机构有这样的“派出研究员”，其中 80% 来自企业。日本中小型咨询机构走人才小而精的路线，据日本《智囊团年报》提供的资料，在日本的 250 个著名咨询机构中，有 150 个智囊团专业人员在 20 人以下，这与日本咨询企业 90% 为中小企业的现实是一致的。

日本政府在推动咨询业发展中发挥了重要作用。日本政府积极扶植和引导咨询业的发展，建立了专门的管理机构和细致、规范的管理制度，推出倾斜性扶持政策，加强相应的法规建设，使咨询活动处处有法可依、有章可循，保证了行业的健康发展。政府为鼓励涉外咨询业务的发展，设立了专项奖励基金，对拓展海外咨询业务的机构，以及派赴国外收集情报的联络员、涉外情报交换和宣传人员发放补助金，协助咨询机构收集海外情报。

日本的专业咨询协会一方面与政府及有关团体联系，通过沟通信息、争取应有权益等为咨询机构服务，并发挥辅助管理的职能；另一方面将政府的法规、政策通过协会章程等形式转化为具体行业制度，对咨询人员从业资格、职业道德等做出了明确的规定，约束会员行为，对行业实行自律性管理，在保证咨询业协调、有序发展方面起到积极作用。从 20 世纪 50 年代初期开始，政府先后颁布的《中小企业诊断实施基本纲要》《中小企业指导法》《建设咨询人员注册章程》等法规法令，为企业诊断提供了法律保障。可以说，日本政府在制定与完善政策、采取措施大力推动咨询业的发展方面，是发达国家中最为突出的。

日本重视咨询研究，每年的咨询研究费约占日本科研经费的1%，且在财政、税收、信贷等方面给予支持，如政府对咨询机构外出调查的费用给予补助。

6.2.5 英国咨询业的发展

1. 英国咨询业的发展历程

作为近代咨询业的发祥地，英国的咨询业诞生至今已近两百年，其伴随着产业革命的兴起与市场经济的繁荣而快速壮大，在国际咨询领域一直享有盛名。

英国最早的咨询业务诞生于建筑领域，早在19世纪，为解决建筑工程方面的难题，一批土木建筑工程师建立了世界上最早的咨询公司——土木建筑事务所，专门承接建筑方面的个体咨询业务。1913年，英国正式成立了“咨询工程师协会”（ACE），因该协会设置有严格的入会要求，故其成员享有较高的社会地位。而后，在工业与经济持续发展中，英国咨询业规模也逐渐扩大，全国性的信息咨询行业协会开始出现，基于集体的咨询活动带来了英国咨询质量与水平的不断提高。第二次世界大战之后，英国咨询业进入了综合咨询阶段，咨询业务从技术发展到战略，从经济发展到政治、军事、外交乃至社会生活的各方面。几乎同时，英国开始拓展海外咨询业务，基于英联邦国家的全球优势、英国政府对海外咨询业务的支持、咨询机构本身的强劲开拓精神等有利条件，英国的国际咨询业务也迅速发展。到了20世纪90年代，全球掀起了信息革命热潮，在国际社会信息化与计算机、网络化、数字化等新兴技术的加持下，英国咨询业成为国家支柱性产业。

自诞生至今，英国咨询业沿着“个体咨询－集体咨询－综合咨询－国际咨询”的路径全面推进。无论是其庞大的咨询公司规模与咨询从业人员数量，还是其广泛涉及工程咨询、产品与技术咨询、管理咨询等诸多咨询服务范围，抑或是其广阔的国际咨询业务市场，均彰显着英国咨询业在国际咨询行业的重要地位。

2. 英国咨询业的特征

英国咨询业人员素质高，协会管理严格，咨询机构组织严密。据资料统计，英国现有咨询企业2000余家，按其服务范围可以分为工程咨询、产品与技术咨询、经营管理咨询三大类。其中，工程咨询企业900余家，产品与技术咨询公司约有1000家，经营管理咨询公司数百家。80%的英国大中型企业常年雇佣咨询公司，进行战略制定、组织、管理、生产及信息技术等的咨询服务。2003年，英国商业和管理咨询总收入高达100亿英镑，其中出口达10亿英镑。目前，咨询业已经发展为英国新兴支柱产业。但就欧洲市场而言，美系咨询公司的份额要占到英国市场整体的60%以上，英国咨询业是美国化水平最高的咨询市场。

此外，英国咨询业的海外业务发达，发展迅速，英国工程咨询在国际市场上占据重要地位，主要原因是：第一，英联邦国家是发展海外咨询的有利条件；第二，政府对发展海外咨询业务的重视和支持；第三，国家规定对外援助项目都由本国咨询公司承担业务；第四，咨询机构具有较强的开拓精神。

6.2.6 法国咨询业的发展

1. 法国咨询业的发展历程

法国是继英、德之后，在欧洲市场咨询业比较发达的国家。法国咨询业的发展大致经历了三个阶段：第一阶段（1945—1955年），属于战后经济的恢复期，当时企业管理人才缺乏、生产水平低，众多企业需要生产技术、财务管理等专业知识的帮助，在政府的大力支持下，咨询业得以发展；第二阶段（1955—1975年），法国加入了欧洲经济共同体，法国企业开始进军国际市场，在激烈的竞争环境下，法国咨询业由原来技术咨询、财务咨询、法律合同咨询转向了市场开发和企业管理方面，20世纪60年代开始，各种专业的咨询企业由小到大快速发展，建立起一些管理研究的大型咨询公司；第三阶段（1975年至今），咨询业进入了变革时期，咨询的重点转向了企业的战略研究方面，并且开始重视国际市场，研究发展中国家对咨询的需求。

2. 法国咨询业的特征

法国咨询业规模稳定。各种专业诊断公司有2000多家，如欧罗基普公司（EUROOUIP）、管理研究公司（SEMA）、经济发展研究公司（SEDES）等都是国际著名的管理咨询公司，仅SEMA就拥有管理咨询人员2150人，每年与50多个国家签订有关合同。截至2021年，法国咨询市场规模为100亿美元，拥有约4万名咨询师。

法国重视咨询业行业规范。1973年以前，只要有大学或高等学校的毕业证，就有资格从事咨询工作。此后，法国建立了严格的资格审查制度，设有负责咨询人员资格审查的“建设咨询人员和技术人员资格审定机构”（OPQIBI），执业资格证书由政府机构认定。还建立了“研究和咨询企业协会”（SYNTEC）和“法国咨询工程师协会”（CICF）行业组织。

法国咨询机构主要有政府系统和民间系统两大类。政府系统有三种形式：一是在开发原殖民地产业和设备的活动中发展起来的政府咨询企业；二是在协助政府向国外推广技术的活动中发展起来的政府咨询企业；三是研究某一特定技术的政府企业。民间系统有两种形式：一是产业集团下属的咨询公司，资金来源主要靠大型企业投资；二是具有独立资本的咨询企业，由原来的个人咨询企业和小型咨询企业扩大发展而成。

6.2.7　其他国家咨询业的发展

21 世纪，发达国家的咨询业比较成熟，一批发展中国家的咨询业迅速兴起，欠发达国家和地区的咨询业总体较为落后。

韩国咨询业发展历史较短，但在中小企业管理咨询、技术转化咨询、竞争情报咨询等业务领域的发展卓有成效，而且政府为这些咨询项目提供财政补贴、减免税收等优惠，并给予信息等方面的支持。

意大利的中小企业管理咨询对于意大利以中小企业发展获得世界级竞争力起到很大作用。政府从实际出发制定政策，企业主联合组织性质的雇主协会向企业提供政策、法律、市场、技术、经济和金融方面的咨询服务，研究中小企业面临的各种问题，提供技术“诊断”“保健”服务并获得政府补贴，深受中小企业主的欢迎。

印度的咨询产业早期是以图书馆信息咨询为主，发达完善的图书馆体系拥有很好的用户服务意识，积极向图书馆用户和社会各界提供信息咨询服务。20 世纪 80 年代后期开始，随印度软件业发展，其信息技术咨询业务发展很快，并获得印度政府在政策、税收等方面的支持。

统计资料显示，2015—2017 年，由印度、巴基斯坦、孟加拉国、斯里兰卡、尼泊尔、不丹、马尔代夫和英属印度洋领土组成的南亚地区咨询市场规模增长了 30%。与此同时，东南亚的管理咨询业也发展迅速，印度尼西亚和越南等国家的咨询市场规模在这两年间也增长了 25%。中国和蒙古国的咨询市场增长了 24%，新加坡的金融服务业依赖的咨询行业也同样蓬勃发展。日本和韩国仍然是亚太地区最大的咨询市场，这两个地区的平均增长率为 6%，而合并后的市场份额为44%。在咨询业务上，日本和韩国的咨询市场主要集中在IT和运营工作上。澳大利亚的咨询业务在很大程度上依赖于该国的自然资源和电力行业，两者占其咨询市场总量的近一半。

6.2.8 各国咨询业发展的启示

世界各国都是根据自身的实际情况发展咨询产业，形成了各自的特点。对中国咨询业的发展而言，主要有以下值得借鉴的地方：①政府支持咨询业发展。各个国家咨询产业的发展都得到本国政府的有力支持，这种支持又基于各国国情。从法律保障到行业管理，从财政、税收优惠到信息提供、市场环境营造，从政府作为咨询服务的客户到支持本国咨询公司的海外业务，对咨询产业给予战略性重视，是促使各国咨询业发展的重要保证。②咨询机构的独立性和超脱性。各个国家的咨询组织，无论是政府内部咨询机构，还是独立的咨询公司，或者是提供公益性咨询服务的信息服务组织，都注意保持咨询服务的客观、中立，在选择或确定咨询项目时，不受其他部门的影响和约束。咨询成果的评价主要以实践检验为准，咨询机构十分重视自身的信誉，极力推崇其独立性、公正性和客观性，使所提供的咨询研究成果能为用户带来新的观念、新的视角、新的方法，咨询成果的价值也得到了保证。③行业管理严格、有效。各种行业组织制定严格完善的行业管理制度，对人员、机构、业务、工作程序、成果评价等都制定出规范，并积极开展业务与人才培训，组织行业内部及其与社会各界的交流，维护咨询机构与人员的合法权益，对会员单位提供信息支持并帮助其获得政府扶持等。④咨询业务规范，工作程序严格。经过长期发展，发达国家的主要咨询业务各自形成了严格而富有成效的工作程序、方法与工具体系，有些著名咨询公司还拥有独立的外部智力网络，自建有数据库、案例库、信息库，长期出版一些行业刊物，有一些独特而行之有效的营销方法和客户管理体制。⑤人员素质高。在发达国家，无不对咨询人员的素质提出较高要求，通过行业协会等对人员进行考评，还通过各种途径培养人才，如行业协会组织的培训、咨询公司吸收实习生、大学开设有关课程等。在许多大型咨询公司，会根据自身业务特点，招聘不同专业、不同资格与水平的咨询人员。咨询公司大多以合伙人方式吸纳优秀人才。此外，咨询机构还和社会各界的专家建立不同形式的合作关系，可以在必要情况下获得这些专家给予的外部智力支持。⑥品牌价值高，服务体系完整。少数咨询公司掌握着全球多数的咨询业经济产值。国外咨询公司的品牌价值高，有着成熟的企业价值观和市场定位，比如麦肯锡公司“客户利益高于一切”的职业道德观念，“把客户群定位在CEO等领导决策层”的市场定位。同时具备成型的咨询体系，拥有咨询案例数据库，并且动态信息源充足，服务体系完整。⑦聚焦咨询领域，形成本土咨询特色。全球咨询业发展200多年来，在许多国家得到了高速发展，这些咨询强国又有各自的强势领域，在咨询业独树一帜。比如英国在国际组织方面、德国在工程技术方面、美国在企业管理方面、日本在产业情报方面，都有明显的优势。

6.3　中国的信息咨询产业

6.3.1　中国信息咨询业的发展历程

咨询活动在中国历史上的发展由来已久。计划经济时代，国家建立了一些具有咨询能力的机构，如科研院所、设计部门、政策研究机构、科技情报组织、图书馆等。这些机构的共同特点是经费由政府拨付、成果非商品化、无偿服务，其活动领域和范围相对有限。在改革开放后，中国咨询业开始了产业化发展，又可以分为多源头产生和初步形成的萌芽时期（20世纪70年代末至80年代初），产业化发展和逐步壮大的成长时期（20世纪80年代早期至90年代初），走向市场化、专业化、综合化的迅速发展时期（20世纪90年代初至今）三个阶段。

1. 咨询产业的萌生

国内管理咨询服务行业出现于20世纪70年代末，咨询机构多带有“官办”身份，与政府机构的任务紧密相关，行业整体发展较为缓慢。改革开放后，在对以往重大决策失误的反思中，社会各界开始重视科学的力量，逐步认识到需要在决策程序、方法与体制上做出调整，这个阶段咨询产业发展的特点主要体现为改革开放政策所带来的社会咨询需求增加。与此同时，随着对外交流的扩大，许多国外咨询活动的著名事例得到广泛传播并产生了一定影响，在接受国外援助项目时，其严格规范的咨询论证也给有关部门以很大启发，使国内初步认识到现代咨询活动的价值。伴随着改革开放进程，社会各界逐步产生了对咨询服务的客观需要。1980年，第一家专门从事信息交易和咨询的机构——沈阳技术信息服务公司成立，正式拉开了中国信息咨询业发展的序幕。

该阶段的主体力量是科研机构中的部分软科学、技术和管理科学方面的研究人员。在吸收国外成果的基础上，软科学在决策过程中的重要作用得到了深化，并受到科技界的重视。在党中央领导下，各级政府部门普遍建立了政策研究室、发展研究中心等咨询机构，为政府决策服务的软科学研究也很活跃，这种政府决策机制的变化为咨询业的崛起与发展起了示范、推动的作用。政府部门还以不同形式直接推动咨询业的发展：一是引导各种咨询力量为社会服务，包括组织中外科技专家、管理专家为工程建设和资源开发、地方经济发展、企业生产经营等提供咨询服务；二是直接组建科技、经贸、工程、管理、投资、财会等方面的咨询公司；三是为咨询业发展制定方针并做出具体指示；四是推出了一些有利于咨询业发展的政策。上述这些都对咨询业的崛起起到促进作用。

随着商品经济发展，市场上也开始出现自发的咨询服务活动，其中既有科研部门、图书情报机构、专业组织开展的代查代译资料、会计、审计、法律、市场调查等专业性咨询服务，也开始有了个体及其他非国有机构的咨询服务，尽管规模小、水平低，却发展迅速，代表了咨询产业化发展的方向。在这个时期，北京（1979 年）、上海（1979 年）、沈阳（1980 年）等地相继创立了科技咨询服务部（公司）。20 世纪 80 年代初，中国工业系统掀起了引进技术改造现有企业的高潮，并从联合国所属机构引进了工程项目可行性研究的评估技术与方法，与国外开展了企业诊断与引进改造相结合的活动，引进管理咨询的理论与方法，培养了一批咨询人才。中国国际经济咨询公司和中国国际工程咨询公司相继成立，成为中国咨询业走向现代化、走向世界的标志。

总体来说，这一时期咨询产业开始萌芽并产生了一定的社会影响，科学决策、专家参与的观念获得认同，专业咨询机构诞生，相关的软科学研究有所发展，在咨询机构建设、人才培养、理论与方法探索等方面积累了一定基础。但由于各方面条件的限制，咨询服务种类少、水平低，咨询机构的市场观念不强，行业发展缺少管理与规范，发挥的作用和社会影响有限。

2. 成长时期

随着改革开放速度加快并向全面发展，决策主体趋于多元化，社会各界对咨询的认识和需求逐步加强，行业发展的外部环境持续改善。20 世纪 80 年代中期，党中央决定一切重大决策事项必须经过充分论证，重大决策咨询制度逐步确立，政府内部决策研究机构获得极大发展。党和政府领导部门还广泛利用社会力量，共同参与重大决策的咨询研究。其中的软科学研究广泛集中了专家力量，起到了很好的作用。随着改革开放的深化，政府有关法律法规、产业政策不断完善，对咨询业发展起到了保障和推动作用。中央诸多关于经济改革的重大决定、决议中，把咨询作为促进科技进步、技术转化和经济发展的重要手段。与此同时，政府部门继续以不同形式直接参与咨询产业发展，包括创办咨询机构，扶持咨询公司的成长，提出和制定咨询业发展的规划、政策等。

这一时期，咨询业规模迅速扩大，咨询机构由1985年的1.2万个增至1989年的3.3万余个，从业人员由28万人增至69万余人。到1991年，在工商行政管理部门注册登记的全国性咨询机构共3.4万多个，从业人员70万人，注册资金87.7亿元。

在咨询业中，科技咨询业发展最快。据《中国科协系统统计资料（1989）》，到1989年底，中国科协系统共有咨询机构13560个，职业人数87539人。其中，中国科协、省、地（市）科协直属机构237个、职工2429人，咨询中心分支机构10333个、职工63898人；全国性学会、省、地（市）学会直属咨询机构1596个、职工12851人，咨询中心分支机构1304个、职工8361人。中国科协系统参加咨询科技人员达1078133人次，完成咨询合同数124278项，咨询合同实现金额95351万元，咨询净收入13717.9万元。其中，中国科协、省、地（市）科协科技咨询机构参加咨询科技人员达865788人次，完成咨询合同91862项，咨询合同实现金额65853万元，咨询净收入11219.9万元；全国性学会、省、地（市）学会科技咨询机构参加咨询科技人员达212345人次，完成咨询合同32416项，咨询合同实现金额29498万元，咨询净收入2498万元。此外，到1989年，全国各省市的企事业单位共建有6.5万个职工技术协作委员会，拥有会员295.9万人，有偿技术服务机构领域营业执照达万余个，有专职人员5万余人。1989年，中国县级以上的研究与开发机构已有5354个，咨询服务总收入达12.2亿元。到1989年底，各民主党派和工商联拥有各类咨询机构约2000个（其中民建和工商联537个，民盟201个），共完成咨询项目3万余项。1989年，全国共有集体、个体或联营性质的民办咨询机构6424个，咨询及服务收入4.23亿元。其中民办科技咨询机构约500个，职工达1. 82万人，经费收入6162. 1万元。1990年，全国县以上研究与开发技术咨询服务总收入15.54亿元，全国县以上社会科学与人文科学咨询服务总收入552.6万元，全国集体和个体科技机构技术咨询服务总收入5.17亿元。1991年，咨询服务总收入16亿元，技术合同交易额90多亿元。

第六章

3. 迅速发展时期

20 世纪 90 年代，随着中国放开外商投资的审查和限制，国外企业开始大举进入中国进行投资，国外的一些大型咨询公司也逐步在中国建立分支机构，国内咨询企业也逐步走上职业化、规范化的发展道路。1996 年，中国工程咨询协会加入咨询业的菲迪克组织（FIDIC）。

这一时期，咨询机构数量增长很快、规模大大扩张、实力不断提高，所有制结构走向多元化，国有咨询机构、民营咨询机构和初步进入中国市场的国外咨询机构共同发展，初步构造出咨询产业的体系结构。在实践中，中国咨询业学习引进国外先进的咨询理论、方法和服务规范，逐步形成了有效的工作体系，部分具有较高学历、丰富实践经验与广泛知识面的学者和专业人士投身于咨询行业，服务水平和能力不断提高。在咨询业务方面，类别趋于齐全，服务对象扩大到各类社会组织。随咨询产业的壮大，初步形成行业管理体制，全国和地方性科技咨询协会、管理咨询协会、工程咨询协会纷纷建立，承担起行业规范、评估、统计、管理与学术交流等职能。

进入 21 世纪，2002 年党的十六大明确提出了信息化带动工业化，以工业化促进信息化的新型工业化道路。随后全球化、信息化更是加剧了这种趋势，IT 咨询行业的发展受到了越来越高的重视，政府也投入大量资源来支持这一行业的发展。与此同时，管理咨询行业的客户比例从 2004 年突破 30%（达到 30.7%）至 2007 年达到顶峰（达到 35.23%）。2005 年咨询业的营业额达 519 亿元人民币，占当年 GDP（约 18.3 万亿元）的 0.28%。2008 年，74.2% 的上市公司选择了民营咨询公司的服务，管理咨询市场中人力资源管理咨询和战略咨询的比例最高，分别为 48% 和 46%；东部、南部和北部沿海地区的客户数量占到了客户总数的 57%。

从最近的数据来看，中国的 IT 咨询行业市场规模达到了 2256.4 亿元，同比增长 13.4%，其中在线服务市场规模达到了 619.4 亿元，同比增长 23.5%。虽然中国咨询行业发展较晚，但由于中国企业发展迅速，加之政府部门对咨询行业的重视，中国咨询行业发展迅速，已经形成了百花齐放的局面。

6.3.2 中国信息咨询业发展现状

随着市场经济体制的确立和信息经济的快速发展，以及知识经济初步发展，知识的开发、扩散与运用成为经济社会发展的重要动力因素，社会各界产生了对智力服务的强烈需求，中国咨询业迅速发展壮大，咨询机构数量、从业人员、营业额、市场规模、规范程度都达到一定水平，业务范围、客户满意度、服务质量都有很大提高，已经成为具有一定社会影响力的产业部门。

1. 代表性咨询领域的发展现状

（1）IT 咨询

在 IT 咨询市场中，除了仍然占据主导地位的国际大型咨询公司，以及中国本土的管理咨询公司之外，还有一些企业管理软件厂商及代理商的咨询团队，比如源天软件、蓝凌软件、泛微软件等。此外，在中国 To B（To Business）市场，近年来传统甲方巨头开始招兵买马，重兵投资咨询市场，如华为推出自己的咨询和华为云服务，美的成立了美云智数，三一成立了树根互联。这些公司大多是既有平台，又有各类产品，还有服务（咨询和实施），虽然发展势头良好，但也导致了其市场定位没有十分确定。对比美国咨询市场而言，中国 IT 市场的格局还不够清晰。

（2）管理咨询

根据 IBIS World（宜必思世界）与中国企业联合会管理咨询委员会数据，2016 年中国管理咨询行业的收入规模约为 1600.2 亿元，同比增长 9.22%，到 2017 年达到 1752.9 亿元，同比增长 9.54%。2018 年由于国内经济不景气，中小微型企业面临很大的困境，对管理咨询行业的增速造成轻微影响，2018 年管理咨询行业的收入规模约为 1894.7 亿元。

（3）证券投资咨询

证券投资咨询业务包括证券投资顾问业务和发布研究报告这两种基本的服务形式。2019 年，投资咨询业务实现净收入 37.84 亿元，同比增加 20.05%。截至 2019 年底，证券投资咨询公司共 84 家，近年一直保持稳定。2019 年证券投资咨询机构的注册证券从业人员 8729 人，较上年增加 975 人，增幅达 12.57%，从业人员在继续扩张。其中，注册证券投资咨询业务（分析师）178 人，较上年增加 19 人，近年在持续增加；注册证券投资咨询业务（投资顾问）2209 人，较上年增加 59 人；一般证券业务 6342 人，较上年增加 897 人，是证券投资咨询从业人员扩张的主要动力。

整体上看，对比中美两国咨询行业发展数据，中国与美国差距很大，美国咨询业收入占 GDP 的 1.2%，中国仅占 0.18%；美国咨询行业增速为 10.5%，中国为 12.6%。美国咨询业已进入成熟期，中国还处于成长初期，发展空间巨大。

2. 咨询业竞争格局

中国管理咨询的市场需求较为庞大，不同企业的管理水平存在较大的差别，所需要的管理咨询服务也多种多样。然而，中国咨询市场中的大部分份额掌握在以麦肯锡、波士顿、贝恩、埃森哲等为代表的国际咨询巨头手中。近年来随着中国经济增速换挡和信息技术的快速发展，广大中小企业面临的市场环境更加复杂，对管理咨询的需求也持续增长。拥有一定知名度的本土咨询服务机构迅速成长，占据着中小企业管理咨询服务市场。此外，行业内还存在大量小型咨询机构，这些机构通常人员较少，提供的咨询服务有限，收入规模较小。

3. 咨询业区域发展不平衡

整体上看，国内咨询行业地理分布呈现出东强西弱、南强北弱的特点。大多数成熟的咨询市场分布的中国台湾、香港和澳门地区，其中中国香港和中国澳门咨询市场的关注重点在金融服务业。东部地区咨询服务占全国咨询服务的90% 以上，体现出智力集中化的特点，这也与东部经济发达的情况相吻合。据统计，2013 年浙江省咨询营业收入全国占比达到 4.6%，约有 16% 的新成立公司落户于浙江和江苏两省，大多数为小型公司，占有全行业约 14.3% 的劳动力。

6.3.3 中国信息咨询业存在的不足及其分析

经过 40 余年的发展历程，中国咨询行业与国外咨询行业间还存在着较大的差距。中国咨询业既有发展中的成功，也有曲折和失误，既有优势所在，亦有不足之处。中国咨询业存在的不足主要体现在：

1. 政府支持与调控力度有限

德国推动咨询业的发展所依赖的是德国联邦经济部下属的全国性公益机构德国经济合理化建议委员会（RKW）。RKW 成立于 1921 年，可以说有着相当悠久的发展历史，其成立的主要目的是通过服务中小企业来推动经济发展。而中国本土咨询行业，虽然政府推动建立了首家咨询公司，但是后期并未有明确的政策和 RKW 这样的组织助力咨询行业的发展。原因在于中国早期的发展以投资拉动为主，经济增长也以国企为载体，对效率的要求关注有限，因此在以 GDP 为目标的高增长时代，咨询行业本身的复杂性和对 GDP 的微薄贡献，很难引起政府机构的真正关注。虽然国内也有协会组织的推动和影响，但是仅限于咨询行业内部，而并未像 RKW 那样以更加市场化的方式，促进企业与咨询机构建立联系。

2. 市场定位不清晰，高端市场占有率较低

中国咨询业尚缺乏准确的核心业务定位，缺乏具有国际影响力的企业品牌。中国的咨询企业数以万计，却没有让业内人士脱口而出的企业，也没有几家众望所归的咨询权威。大型公司的竞争优势非常明显，全球咨询业收入的50%来自位列前30位的大型咨询公司。高端市场的咨询服务90%以上还掌控在国外公司手里，如大型企业、特大型企业和企业集团的并购、重组，以及大集团法人治理结构和海外跨国经营运作的咨询服务。就连在国内研究咨询业发展较快的深圳，其咨询公司的业务主要集中在营销培训、品牌培育、产品代理等初级业务，很少涉及企业战略、信息决策等较高级的咨询业务。

3. 咨询体系不够完善

咨询公司的服务尚不规范。与国外的大型咨询公司相比，国内的咨询公司还有一定的差距，没有成型的咨询体系，没有咨询案例数据库，并且动态信息源不够。咨询业缺乏系统的行业规则，没有自己的运营规则，没有共同遵守的价值观与职业操守。

咨询公司小而散，形不成规模。全国各地有数百家咨询公司，有的只有几名雇员，也有十几家在短短几年内发展到约1000名雇员。管理咨询领域具有实力的本土公司大约只有200家，真正能承接战略咨询的不足10家，从业人员鱼龙混杂，这既与咨询业缺乏高级专门人才有关，也与没有咨询专家资格认证的严格标准和权威机构相关。相比之下，麦肯锡在全球拥有1.8万名雇员，其中在大中华区雇用了500名研究员和咨询师。

6.4 信息咨询业的发展趋势

6.4.1 信息咨询业的外在影响趋势

1. 咨询产业的发展趋于国际化

在信息化与国际化浪潮的推动下，咨询产业走向国际化成为必然趋势。促成咨询业走向国际化发展道路的动力因素很多：世界经济一体化的趋势使国际咨询迅速发展，国际关系的复杂多变和国际交往的日益增多要求咨询工作的帮助，各种国际合作活动与国际组织越来越多地把咨询参与作为基本手段和重要内容，各国政府为本国咨询业发展海外业务提供了大力支持等，都使咨询业的

国际化不断加强。另外，全球通信系统和信息网络的建成也是国际咨询迅速发展的重要原因，通信的快捷方便、价格的低廉与信息的快速、有效传递，刺激了对国际咨询服务的有效需求，也使国际咨询业务得以方便地开展与进行。

目前，国际合作咨询的营业额、参与的咨询机构和咨询项目数量、涉及的国家和业务范围等都在快速增长，许多全球性咨询公司在本土化方面也不断取得进展。随着全球化的进行，这一进程还在不断强化。面对知识经济的浪潮，各国正在发展国际咨询业务方面做出更大努力。需要注意的是，在国际咨询业的发展中，存在着严重的不平衡，少数发达国家凭借技术、信息、人才等的优势，占据了大部分国际市场份额，多数发展中国家在国际咨询业务方面作为有限。

2. 政府对咨询业的支持力度不断加大，方式和手段趋于多样化

进入“十三五”时期，新一轮科技信息革命引发世界经济深刻变革，产业结构升级加快，服务业占 GDP 的比重进一步提高，咨询服务业在经济中发挥着越来越重要的作用。由政府采取措施支持重点产业发展，已成为各国政府推动经济发展的普遍做法。咨询业作为代表知识运用的典型产业，符合知识经济发展的需求，也越来越受到各国政府的重视和支持。各国政府根据本国国情和社会发展的实际情况，对咨询业发展所采取的鼓励措施各不相同，大体包括以下几个方面：一是制订实施有关法律法规，以立法形式确立咨询业的社会地位，如在产业政策方面，国家鼓励大力发展战略规划、市场调查等提升产业发展素质的咨询服务，对咨询业发展起到了保障与推动作用；二是把咨询工作作为促进企业发展，尤其是中小企业进步的重要措施；三是给予咨询业以税收、财政补贴等方面的优惠政策，对扩大咨询规模、争取咨询项目、提高服务质量、扩展服务范围、使用先进技术等起到了较好的推动作用；四是帮助开拓海外业务；五是推动有关产业发展的国际协调工作；六是规定政府信息部门面向社会提供信息咨询服务的职能，满足咨询企业所需要的信息资料需求；七是对图书馆、情报研究机构等开展咨询服务给予财政支持。

随着全球竞争的日益加剧和知识经济的发展，各国政府对于知识型产业的支持力度必将不断加大，手段与方式也会越来越灵活多样，从而为咨询业发展带来强大动力。

3. 网络技术产生的影响

现代信息技术渗透到了咨询业的方方面面，在数据分析、云计算、人工智能等前沿技术的辅助下，真正深入各行业企业客户的各项核心业务环节，输出

全面、精准、符合客户个性化需求、具有较强可操作性的咨询服务方案，并在方案的具体实施环节提供更全面、周到的服务，帮助客户解决方案落地执行的问题。此外，随着新技术的不断涌现，尤其是近期 ChatGPT 的风靡，虽然取代一个行业的可能性较小，却能帮助一个行业变得高效。如基于自然语言处理的机器人，其咨询决策在不断优化的算法帮助下应更准确且更有效率。因此，咨询行业的业务模式和咨询服务将会变得更加智能化、个性化、高效化。

4. 随社会发展而变化

从整个咨询业的发展看，咨询业总是不断受到社会发展的影响。这种随经济社会发展所做出的调整，不但可以从咨询业的产生到咨询业壮大并成为重要知识产业的历程中看出，而且在咨询业务内容和种类、服务对象、活动范围与方式等种种变动中也能体现出来。

随着信息经济、知识经济的崛起，咨询业的发展呈现出一些新的动态。①咨询服务内容继续扩展。如 IT 咨询与网络咨询，以及面向电子商务、面向信息管理的咨询业务等。②工作程序不断优化。如在信息咨询中逐渐不限于提供信息，而是对信息资料进行深入分析，从而大大提高客户服务的价值。再如在一般咨询项目中，不仅向客户提供决策建议，还特别注重协助客户分析和实施咨询方案，大大提高了委托方的收益。③客户管理和客户服务精细化。如引入全面客户管理系统，从项目推荐、发展客户、选择咨询项目，到保持和发展与客户的合作关系，千方百计增进双方的互相了解、互相信任，并在项目结束后开展客户跟踪、信息反馈，继续为客户提供周到细致的服务。④咨询活动的综合化和专业化。一方面，在各类咨询业务中，需要综合考虑技术、经济、社会、文化、政治等各种因素，既从具体项目和任务的角度，也从长期战略方面分析处理问题；另一方面，包括大型综合性咨询组织在内，各种咨询机构都在咨询服务中发展自己的优势咨询业务，在特定咨询领域针对特定用户开展活动，使咨询业出现了既有专业化分工，又相互补充相互合作的发展态势。与此相对应，不仅大型咨询公司在市场上产生巨大影响，大量小型的专业化咨询服务机构也获得了很大的成功。⑤咨询机构的组织结构灵活多样。随着活动领域、机构规模的扩大和咨询服务活动要求的更新，各类咨询机构的组织形式趋于灵活化、多样化，既有 IT 与网络咨询公司较多采用的网状组织管理结构，也有分别按照行政区域、服务对象的行业、业务功能划分的矩阵式结构，有的则采用了层级式结构，还有咨询公司的组织结构属于混合式。⑥政府和社会管理机构的咨询需求将迅速增长。随着政府职能的转变和社会管理的改革，政府工作部门及社会管理机构会在有关重大决策和专业化管理方面，把大量调研和管理专业工作交由专业咨询机构协助完成，从而保证决策的科学性，降低决策的风险和管理的成本，同时也为咨询行业带来了新的市场需求和发展机遇。

现代社会存有大量信息，但其有效运用则经常是一件困难的事情，咨询服务向各种经济、社会部门，尤其是企业传递信息、转移知识，使信息发挥作用，代表了知识经济的发展方向。

6.4.2 信息咨询业的内在动力趋势

1. 知识产业的特征愈加显著

咨询业本来就是汇集高级技能人才并运用丰富知识与经验为社会提供智能化服务的行业，近些年这种知识型产业的特征随知识经济的发展愈加明显，也成为咨询服务受到重视的深层次原因。其具体表现又有诸多方面：①越来越多的现代科学成果被咨询业传播和运用于各种社会实践，与此同时，大量科学技术与手段也被应用于咨询业务，有些著名咨询机构还在咨询业务中不断发展现代管理科学、经济科学、社会学等学科的理论与方法成果。②咨询产业的发展与包括信息技术产业在内的高技术产业紧密结合、相互促进，形成当代知识产业群内的共振效应。③现代咨询活动在预测社会发展、研究社会问题方面不断取得成就，产生了越来越广泛的影响。④作为服务型行业，咨询活动以智力、知识为主要资本投入，以信息分析研究报告、思想、计划、方案等为成果，这一行业的特殊性要求咨询服务为用户提供更深入、具体而广泛的帮助。现代咨询业十分重视提供咨询服务时充分理解和领会委托方的目的与要求，在工作过程中充分与委托方配合，在调查、研究、方案制定和报告编写过程中顾及客户的实际情况及各种可能的限制条件，使得咨询服务的知识传递与运用的效用得以真正发挥。⑤现代咨询业不仅汇集了一大批高级技能人才，还借助广泛的社会网络调动社会各领域高级专家的智慧，在重大咨询项目、专门研究领域、关键性疑难问题、未来变化的判断、不可预知因素干扰的应对等方面获得外部智力的必要支持，构成了为全社会服务的高效知识和智能网络。⑥各类咨询机构普遍引进知识管理，将其作为提高管理水平和效益的长期战略，并且在大量咨询项目中帮助委托方建立知识管理体系，实现知识管理的目标。

2. 咨询业发展受到广泛重视，产业发展呈现加速态势

咨询业是新兴服务业的支柱产业，可以引导产业结构的合理化，对企业、行业、地区和国家的发展起到了杠杆作用。随着信息、知识在经济社会发展

中的重要性逐步增加，人们对咨询产业的关注程度也在增加，不仅各国政府把咨询作为做出决策的重要依靠力量，各国企业在许多发达国家和经济发达地区面向个人生活的咨询业务也有很快增长。咨询机构和咨询业从业人数近几十年来以较高速度不断增长，如以提供政策咨询为主导的智库类机构，就已经达到1000家，以工程咨询、造价咨询为主业的工程咨询公司数量更是达到了11000家以上。

3. 行业管理趋于严格化、规范化

为保证咨询业健康、协调、有序发展，各国均建立了各种专业咨询协会，实行严格的行业管理，不断制定高标准的行业规范，对个人与机构的从业资格、咨询业务标准、咨询人员职业道德等提出更高要求，这已经成为各国咨询业发展的潮流和趋势。国际性咨询协会和各有关组织的活动也越来越活跃，提出一些国际化的行业标准与行业规范，最为典型的就是管理咨询协会国际联合会（ICMCI）。以对个人会员的要求为例，各国行业协会和国际性行业协会分别制定了较高的接纳会员标准和严格的管理制度，要求咨询工作者具有丰富的经验、良好的才干和综合反应能力，具备深厚的专业知识、资历及较高的声誉，具有较强的运用技术和知识解决问题的能力，能与他人沟通并具备合作精神等，这些规定对于咨询业的健康发展将起到很好的作用。

6.4.3　信息咨询业的技术变革趋势

1. 信息技术的发展趋势

信息咨询业的独特之处在于它需要综合考虑市场、技术和商业的因素。这种跨学科的性质使得信息咨询的从业者必须掌握技术发展动态，利用新兴技术手段，通过数据分析和个人判断力提供准确且有针对性的建议。所以，信息咨询业需要不断跟踪最新信息技术的发展。从目前来看，未来具有前景的信息技术包括：

（1）人工智能：人工智能将成为未来信息技术的核心。随着深度学习、自然语言处理、计算机视觉、语音识别等技术的不断发展，人工智能将逐渐成为实现自动化、智能化、智能决策的重要手段。未来的人工智能将拥有更加广泛的应用场景，如自动驾驶、智能医疗、智能金融、智能家居、智能机器人等。

（2）云计算：云计算将继续成为未来信息技术的重要基础设施。云计算将不仅仅是托管应用程序和数据的方式，更将成为一个集成应用、计算、网络、存储和安全等服务的综合平台。未来的云计算将呈现出更加多样化和个性化的服务模式，如混合云、多云、边缘计算等。

（3）大数据：大数据将成为未来信息技术的重要基础之一。随着物联网、互联网、社交媒体等应用的普及，数据的规模和种类将不断增加，而大数据技术将帮助人们更好地分析、处理、挖掘和利用这些数据，以推动更多的应用场景的发展。

（4）物联网：物联网将继续成为未来信息技术的重要组成部分。未来的物联网将不仅仅是连接设备和传输数据的方式，更将成为一个集成感知、智能控制、数据处理和应用服务的完整生态系统。未来的物联网将逐步演变为更加智能化的系统，能够自主感知、自主决策、自主协作和自主优化，实现更加高效和智能化的应用场景，如智慧城市、智能制造、智能交通、智慧农业等。

（5）区块链：区块链技术将继续在未来的信息技术中发挥重要作用。未来的区块链技术将更加注重隐私保护、安全性、高效性和可扩展性。未来的区块链将不仅仅是数字货币和金融领域的应用，而是将在更多的领域发挥作用，如供应链管理、物联网、智能合约等。

（6）量子计算：量子计算技术是未来信息技术中的一个重要发展方向。未来的量子计算将可以解决当前计算机无法处理的问题，如模拟复杂分子、优化金融风险、解决人工智能中的优化问题等。未来的量子计算机将会变得更加强大、可靠、可控和可扩展，从而促进更多领域的创新和应用。

2. 信息技术驱动下的产业变革

目前，信息技术服务作为软件产业发展的主力军保持平稳较快增长态势，云计算、大数据加快应用落地和产业化发展，人工智能、虚拟/增强现实、区块链等前沿领域不断演变出新应用、新模式。未来，中国信息技术服务业仍有望延续稳中趋缓的发展态势，面向制造业的信息技术服务成为重要发展方向，大数据、人工智能等新兴领域为产业发展增添新动能，企业创新助推产业升级，开源成为基础和新兴领域创新的重要模式。

（1）多项利好政策带来产业发展新机遇

国家在“十三五”期间发布一系列利好政策，大力促进信息技术服务业发展。《“十三五”国家信息化规划》《关于深化制造业与互联网融合发展的指导意见》《软件和信息技术服务业发展规划（2016—2020年）》等重大政策为信息技术服务业开拓了新的发展空间，为产业发展提供了更多的创新突破口。尤其在大数据领域，工信部发布的《大数据产业发展规划（2016—2020年）》全面部署“十三五”时期大数据产业发展工作，为实现制造强国和网络强国提供强大的政策支撑；国务院办公厅发布的《关于促进和规范健康医疗大数据应用发展的指导意见》，交通运输部发布的《关于推进交通运输行业数据资源开放共享的实施意见》，原环境保护部（现生态环境部）发布的《生态环境大数据建设总体方案》等政策明确了大数据应用和产业发展的方向，进一步优化了行业应用发展政策环境。未来，随着国家级规划文件的实施和落实，各地将结合自身优势出台促进大数据、云计算等新兴信息技术发展的配套政策和支持措施，信息技术服务业的政策环境将得到进一步优化，为信息技术服务业突破式发展提供新机遇。

（2）面向制造业的信息技术服务成为重要发展方向

随着经济社会各领域对信息技术服务需求的不断增长，信息技术服务在智慧城市、智能制造、智能交通等重点领域的应用取得显著成效。特别在国务院发布的《关于深化制造业与互联网融合发展的指导意见》等政策的推动下，中国信息技术服务在智能制造领域迅速发展。软件企业通过加速整合 PLM、MES、ERP、3D 打印等相关技术、产品和服务，推出按行业、领域定制的解决方案，推动发展以云计算为代表的平台化业务模式，为制造业企业直接提供业务流程支持的各项服务。海尔、航天云网、三一重工、徐工、华为等国内巨头竞相推出各自的工业互联网平台，推出支撑制造企业柔性生产、产品个性化定制、产品运行过程监控及相关的个性化服务。另外，越来越多的制造企业将各项业务系统集成，构建私有云平台或依托公有云开展服务。未来，越来越多的制造企业将接受和重视智能制造、绿色制造、服务型制造的理念，与传统制造业融合发展的信息技术服务业市场空间和规模将不断扩大。同时，随着面向制造业信息技术服务的发展，构建适合行业特点的智能工厂解决方案将成为企业内部纵向集成的方向，工业云对技术、工艺、模型等各类制造资源的虚拟化将成为支持产业链协同的核心。打造完备的数据采集、分析和利用体系成为推动制造业转型升级的重要着力点。

（3）大数据、云计算、人工智能等新兴领域汇聚产业发展新动能

以云计算、大数据为代表的新兴技术加速演进，为信息技术服务业创新发展增添新动力，并带动产业向智能化、网络化方向延伸。大数据领域，新业态加速成熟，部分企业建立了大数据基础平台，一批新兴的专业化大数据企业纷纷崛起，数据即服务（DaaS）等新型商业模式不断涌现。云计算领域海量数据存储管理、大规模客户开发等关键核心技术环节取得重大突破，云计算已经成为大多数网站、移动应用、电子商务、视频服务等的重要后台支撑，同时也

在制造业转型升级、智慧城市建设、环境污染监测等领域得到了广泛应用。虚拟/增强现实、区块链等前沿方向新技术、新业态不断演变出更多综合性的新应用，成为产业人才、资金和技术等要素汇集的重要领域，驱动信息技术服务业持续创新发展。未来，大数据政策环境持续优化，产业发展将迎来“黄金期”。随着国家级综合试验区建设的不断加快，大数据产业聚集将呈现特色化发展的特点，同时大数据与人工智能、云计算、物联网等新兴技术的融合创新将更加深入。云计算技术体系将不断完善，移动云应用普及加速，混合云服务持续发力，工业云平台发展迅猛，整体云计算行业发展水平将大幅提升。人工智能、虚拟/增强现实、区块链等前沿科技的关键技术有望取得突破，行业应用广度和深度持续加大，多环节、多技术协作创新和应用将成为新兴信息技术促进行业发展的重要方式。信息技术服务业在这些新技术、新应用、新业态的带动下将获得新的发展动力。

（4）技术创新成为骨干企业提升服务能力的着力点

目前，中国信息技术服务业骨干企业通过自主创新，服务能力和水平均获得较大提升，以企业为主体、以核心技术为重点、以应用为导向的产业技术创新体系不断完善，技术创新和服务研发取得显著进展。文思海辉技术有限公司围绕移动互联、云技术、大数据和社交应用趋势，推出金融云 AI 决策营销服务平台，采用云计算模式进行实时流计算，加快金融解决方案向数字化服务、云计算的全线架构转型，支持银行提升客户体验和运营效率。东软集团基于对前沿技术的深度把控，推出全新一代智能电池管理系统平台，通过对电池大量的测试和对测试数据的大数据挖掘，依靠高精度传感器、电芯内部温度算法和具有东软专利技术的 SOC 算法，实现对电池的热管理和高精度电池状态监控和估算。在新兴领域，百度、腾讯等骨干企业纷纷加快大数据、云计算、人工智能、物联网等领域布局，通过加大研发投入、引导业务模式创新、组建聚焦于新兴领域的研发团队来塑造企业在新兴领域的竞争能力。百度在人工智能领域率先发力，百度大脑正成为构筑企业全球市场竞争力的重要利器；阿里巴巴在云计算领域实现突破，成为全球第二大云计算服务提供商，正探索基于大数据的企业发展新路径；腾讯主要依托移动互联网的率先布局，不断深化基于移动互联网的应用创新。未来，随着信息技术服务加快向网络化、智能化、融合化方向演进，龙头企业将进一步加快在分布式远程服务、大数据服务等领域布局，不断扩展业务领域。面向行业的网络平台建设和服务改造创新加速推进，服务交付将逐步实现全面网络化。基于人工智能产业应用化的快速铺陈，平台智能化结构开始布局，新服务、新产品、新应用加速发展，推动产业结构不断优化。

（5）开源成为基础和新兴领域创新的重要模式

开源软件既是基础软件创新发展的基础平台，也是新兴领域创新的核心依托，正成为当前全球信息技术创新的重要模式。在云计算、大数据等领域，OpenStack、Hadoop、Docker、Kubernetes 等开源软件在产业发展中扮演着极其重要的角色。在大数据领域，开源 Hadoop 和 Spark 是大数据创新发展的主流平台；在人工智能领域，TensorFlow 等开源平台极大地促进了智能技术的创新与应用；在虚拟现实、物联网等领域，DayDream、Fuchsia、LiteOS 等正成为行业技术创新的先驱力量。中国企业也加大在开源领域的布局和投入，UnitedStack、EasyStack 等中国企业继华为之后成为 OpenStack 基金会的黄金会员。未来，随着信息技术服务尤其是云计算、大数据、人工智能等新兴领域的创新速度进一步加快，开源软件在信息技术创新中的作用和重要地位将进一步提升。开源软件将重塑信息技术服务业创新生态，基于开源软件特别是平台型开源软件的技术创新和产业创新格局将加速形成。

本章小结

现代咨询活动主要以产业化方式存在，随着信息服务业的壮大和知识经济的崛起，信息咨询产业的发展也越来越受到人们的关注。同时，随着人工智能、物联网等智能技术的创新与应用，信息咨询业也在不断进行着技术变革，被赋予新的时代特征。本章首先阐述了信息业的概念与结构，以及信息咨询业的特征、类型、地位和时代变革；其次概述和对比了国内外信息咨询业的发展概况；最后论述了信息咨询业的发展趋势。综上所述，信息咨询业是一个充满挑战和机遇的行业。信息咨询业的未来发展将受到市场需求、技术进步和行业规范等多方因素的影响，我们需要密切关注行业动态并持续学习和适应变化。

思考题

1. 信息咨询产业的定义是什么？它包括哪些领域和行业？

2. 请列举并说明信息咨询产业的主要特点和优势。

3. 在信息咨询产业中，不同类型的咨询服务有什么区别？请举例说明。

4. 信息咨询产业面临哪些挑战和机遇？如何应对这些挑战并利用机遇？

5. 信息咨询产业的未来发展趋势是什么？它可能受到哪些因素的影响？

6. 请结合信息咨询业的过去和现在，谈谈你对未来信息咨询业的思考。

第七章

科技信息咨询

人类进入大科学时代，科学与技术、社会相互作用，科学研究范式、产学研协同、创新生态等都发生了深刻变化。科学技术的发展与科技信息咨询联系紧密。随着新兴科技和信息技术的发展，科技信息咨询一方面在科技研发和科技创新中发挥了信息支持与保障作用，另一方面又促进了科技信息咨询工作的信息化与技术化发展。本章阐述了科技信息咨询的内容与特征，介绍了科技信息咨询方法，重点介绍科技查新咨询及其案例。

7.1　科技信息咨询的内容与特征

自第二次世界大战后，信息咨询开始在发达国家迅速崛起，并逐渐在全球范围内受到广泛关注。其核心部分包括科学技术信息咨询，是衡量技术产业化和应用化水平的重要标志。科学技术信息咨询在 20 世纪 80 年代后蓬勃发展，演变成为一种决策科学化和社会科学化的有效形式。科技信息咨询行业的崛起和发展不仅标志着信息社会的兴起，还为科学技术在全球范围内的传播和应用提供了有力支持。本节对科技信息咨询进行详细解释，并展开论述其内容与特征。

7.1.1 科技信息的特点

科技信息是指有关科技研究和发明及其应用的信息，大多是以新知识和发明成果等形式表现出来。科技信息包括新的科研和发明成果、科技研究的进展情况、科技成果的推广状况，以及科技交流和合作、科技队伍状况等信息。科技信息是科学工作者掌握科研动态、确定科研方向和评价科学成果的重要依据，也是制定经济发展政策和科学技术政策的重要依据。

科技信息有以下特点：

1. 共享性

科技信息是一种无形的资源，取之不尽，用之不竭。而信息的交流和实物的交流有着本质区别：实物交流，一方得到的正是另一方所失去的；而信息的交流，一方得到新的信息而另一方并无所失，双方或多方可以共享。

2. 延续性和继承性

科技信息是一种巨大的社会资源。一般资源通过在生产过程中逐步消耗自身来实现产品的生产，达到增值的目的；而科技信息在传播和交流的过程中，却不会消耗自身，相反还会得到进一步充实和发展。当然，科技信息也有它的时效性，但其时效性并不取决于自身的消耗，而是取决于更先进的替代信息的发展速度。

3. 可再现性

科技信息的可再现性包括两个方面的含义。一是作为客观事物的一种反映，被人们接受的过程，也是客观事物的再现过程。二是科技信息的内容可以物化在不同载体上，传播过程中经由载体的变换而再现相同的内容。如信息存储于电子计算机后，需要时可以在屏幕上再现。

4. 可复制性

科技信息作为智力劳动的成果，是一种无形的财富，然而它必须通过一定的载体表现出来，为世人所认可，无论是技术发明、科学发现还是文艺创作等等，都要借助于录音带、照片、书籍、磁盘等载体加以体现。这种特点就表现为可复制性。科技信息的价值通过这种复制与传播得以实现。

7.1.2　科技信息咨询的定义

1. 科技信息咨询的产生和发展趋势

中国的科技信息咨询具有优良的传统，在信息咨询业中占有重要的地位。随着社会主义市场经济体制的建立和社会化信息化进程的加快，科技信息咨询应运而生。科技信息咨询在第三产业中具有重要的地位，所带来的经济效益日益显著。中国第三产业随着中国经济体制改革的深入和社会主义市场经济的发展，其规模和产业结构都发生了很大的变化。高智力服务咨询部门的扩大和各行业服务质量的提高，使得科技信息咨询在第三产业结构中的地位越来越重要。正如帕尔凯维奇定律所说："人们对传递信息需求的增长，大约与一个国家的国民收入的平方成正比。"这就是说信息产业的发展是以经济发展为基础的。人们信息意识的增强、信息需求与消费欲望的高涨，与社会经济发展的总趋势融为一体。一个以信息市场为导向、以信息产品为龙头、以信息咨询为依托、以高质量人才为条件的信息产业正逐步形成。技术市场、技术信息服务及技术型信息产品的生产和开发，使得信息咨询服务市场逐步走向成熟，给社会生产方式和经营方式带来重大影响。

1980 年底，中国科协率先成立科技咨询部。此后，中国科协颁发了一系列文件，如 1981 年 2 月发布的《关于在学会、地方科协建立科技咨询服务机构的通知》，1984 年发布的《关于科协系统咨询工作改革的几点意见》（科协发咨字〔1984〕246 号）等。此后全国各地各行业纷纷效仿，成立了各种规模和形式的科技咨询服务组织。与此同时，中国科协于 1981 年、1983 年、1986 年、1987 年连续召开四次全国性咨询工作会议。1990 年 4 月在中国科协咨询工作会议上，党和国家领导人到会讲话，强调了咨询工作在国家建设中发挥的重要作用。1991 年 8 月，国家科委政策法规司与中国科协咨询中心召开了全国咨询工作研讨会，总结了中国 10 年来科技咨询工作领域的主要经验。从此，中国科技信息咨询形成了六大系统服务：科协系统的信息咨询服务；工程系统的信息咨询服务；职工技术协作系统的信息咨询服务；研究与开发系统的信息咨询服务；民主党派系统的信息咨询服务；民办科技系统的信息咨询服务。

2003 年，经国务院批准，中国科技咨询协会（CCA）作为非营利自律性管理的咨询行业协会在民政部正式注册登记。自成立以来，中国科技咨询协会逐渐明确了自己的责任和工作范围，以协助会员不断提升服务能力、确保为客户提供高水平服务为宗旨，以促进社会对咨询技能、科学性、实践效果和咨询角色的开发和理解等为工作目标，并通过开展业内研讨会、实时从业人员职业能力综合测评等各种活动，发挥咨询行业的引领作用。自成立以来，中国科技咨询协会发布了《中国咨询业发展报告》、出版了《中国咨询业发展蓝皮书》等，推动中国科技咨询不断向前发展。

2013 年 7 月，习近平总书记视察中国科学院，明确提出要“率先建成国家高水平科技智库”。2015 年 11 月，中国科学院被确定为党中央、国务院、中央军委直属的首批 10 家第一类高端智库建设试点单位之一，并明确试点的重点任务是建设战略咨询院。2015 年 12 月，中国科学院党组决定，以中国科学院科技政策与管理科学研究所更名的方式组建事业法人机构战略咨询院。2016 年 1 月，战略咨询院正式组建，通过整合中国科学院文献情报中心、地理科学与资源研究所等单位的相关研究力量，推进深化改革工作。2016 年 10 月，中央机构编制委员会办公室批准中国科学院科技政策与管理科学研究所正式更名为中国科学院科技战略咨询研究院。战略咨询院建院以来，坚持“学术为基、文理交叉、理实融通、咨政为本”的办院方针，实施专业化、建制化、科学化、平台化、品牌化、国际化发展战略，目前已与国际上近 30 个著名的科研机构、大学形成战略合作伙伴关系，并创建了中俄科技与创新合作研究中心、中德联合创新研究中心、中芬科技与创新合作中心三个机制化合作研究机构，发起成立了近 40 家重要研究机构和著名大学参加的中英创新战略和政策研究网络。

科技信息资源的开发与咨询服务是科技信息服务的高级形态，是对现有科技信息进行分析、综合、加工，生产出新的具有重要价值的科技信息，是科技信息的扩大再生产和再创造。科技信息咨询服务的产业化，是当今世界各国共同的发展趋势，也是社会化大生产和专业化协作分工的必然结果。随着商品经济的发展，信息产品和信息服务作为人类劳动的结晶，其商品属性逐渐为人们所认识。同时，随着社会对科技信息需求的增长、市场发育的完善，以及信息技术的发展，传统的、封闭式的、小生产式的信息服务方式正逐步被淘汰。分散于各行各业与信息的生产、流通、分配、消费直接有关的企业、单位及个人，根据市场经济规律组合起来，逐渐成为一个独立产业。信息服务的产业化是社会经济发展的必然规律，是社会信息化的重要标志。

2. 科技信息咨询的定义

科技信息咨询是指专为人们所需要的科学技术方面的信息提供的咨询服务。提供这一服务的行业就是科技信息咨询业，它是以知识、智力、技术的开发、收集、存贮、研究、传播为职业的产业。信息产业的核心技术，如电子、通信、人工智能等既是产业本身的装备技术，又是可服务于社会各个领域的应用技术，不但是高新技术发展中的一大主流，而且是科学技术密集型的高新技术。科技信息咨询是高知识、高智力、高科技密集型产业，在第三产业中显得尤为突出和重要。因此，无论是在劳动密集型、资本密集型产业部门，还是在技术密集型产业部门，与资本、劳动力相比，其技术优势已成为确定其在国际分工中地位的重要因素。

3. 科技信息咨询产生的经济效益

（1）科技信息咨询的经济效益具有直接表现和间接表现两种形式

第一、第二产业生产的是物质产品，其投入与产出之间的关系比较直观，它们的经济效益一般都可以在消费过程和再生产过程中通过交换和消费直接表现出来。科技信息咨询的经济效益，在第三产业中的一些部门、行业具有直接性，但在某些部门不能直接表现出来，往往需要经过一系列中间环节作用于社会经济和文化活动之后，才能间接地表现出来，这就使得它具有间接性。如技术商品市场信息服务，是通过引进、吸收、转化科技成果，进而提高劳动生产率而实现的。

（2）科技信息咨询的经济效益具有滞后性

第一、第二产业的经济效益是浅层的、即时的，投入一定的资金后很快就能收回。而第三产业的经济效益是深层的、滞后的，投入一定的资金后不能期望在生产领域中立即收回。

（3）科技信息咨询的经济效益往往具有不确定性

第一、第二产业生产的物质产品的经济效益，一般可以通过计算比较精确地反映出来；而科技信息咨询和第三产业的其他行业、部门一样，所产生的经济效益有的可以计算，有的则无法计算，有的可以全部用数字准确地表现出来，有的则不能。

（4）科技信息咨询的经济效益具有相对性

第一、第二产业生产的物质产品的经济效益是外露的、直观的，对它的评价带有较少的主观成分；而第三产业如科技信息咨询产业中的某些产品和服务，总是体现着一定的思想和精神内容，而且带有一定的精神目的。因此，在评价精神产品的效益时，往往带有更多的主观成分，这就使得科技信息咨询的经济效益具有相对性。

总之，科技信息咨询的经济效益是客观的，我们必须承认它的客观存在；同时，科技信息咨询作为第三产业的组成部分，同第一、第二产业相比，有其特殊性，我们必须认真研究其特点。评价科技信息咨询的经济效益应该坚持以下三个标准：一是实现社会主义社会的生产目的，生产和提供满足社会需求的劳务和技术产品，这是评价科技信息产业经济效益的基础标准和根本出发点；二是科技信息咨询产业部门的职业道德与思想风貌是评价其经济效益的社会标准；三是科技信息咨询要充分体现第三产业的服务性特点，包括服务方便合理性、及时准确性和安全性等。

7.1.3 科技信息咨询的内容

信息是指事物发出的表征事物的性质及其运行状态的消息和信号。咨询是指磋商、会诊、顾问、参谋、评议等。信息和咨询这两个概念是密切相关的。提供咨询的过程，即传播信息的过程。在现代产业划分中，常被称为信息咨询业，这与咨询业的概念是一致的。但信息咨询业不等同于信息业，后者包括信息的开发、传递，以及信息设备制造、信息技术服务等各个方面，而前者仅是信息技术服务业的一个组成部分。科技信息咨询是科技方面的专家运用各类专门的科学技术知识和方法，向委托者提供解决科技问题的方案、建议和方法，用高新科技知识和技术进行咨询的行业。随着信息社会的发展，它的内容越来越丰富，方法越来越先进，利润越来越丰厚，地位越来越重要。

科技信息咨询的内容广泛，涉及科学技术的发展和现状的多种课题，包括科技战略和科技政策的决策咨询、工程项目咨询、一般的科学技术咨询，以及科技人员的培训。

1. 科技战略和科技政策的决策咨询

（1）科技发展战略的研究和制定咨询

科学技术发展战略的研究与制定是有关科学技术的全局性的决策、谋划，涉及科技发展的全局性规划，也是一次科学研究。科技发展战略研究既具有诸如搜索性、创造性、连续性和复杂性等一般科研的性质和特点，又具有特有的一些性质和特点，如科技战略的全局性、主导性、结构性、稳定性、社会制约性等。科技发展战略的研究和制定咨询包括：①当前科技现状，科技与经济、文化、社会各要素的关系，社会对科技的需求的研究，以及科技在经济、社会发展中的战略地位和作用的研究；②科技发展的总体目标和主攻方向、重点领域选择、科技体系结构战略分析；③制定科技政策的战略和原则；④科技管理的基本原则和方法；⑤科技发展条件的考察。

（2）科技政策的研究与制定咨询

科技政策的研究与制定是对科技发展战略的具体化，涉及科技战略的对策提出及一系列科技政策的制定。咨询的主要内容包括：①重点技术的选择，基础研究项目，重点产业建设；②技术开发，发展适用的先进技术，技术成果的推广与利用，技术引进及消化吸收，传统产业的改造；③科技体制改革，合理使用人才，科技创新、科技人员待遇、智力开发及继续教育；④科研资金的分配与使用；⑤科技管理；⑥科技成果鉴定；⑦科学预测研究。

科技战略或政策的研究与制定咨询，在发达国家是大型综合科技咨询企业的重要任务，这类机构常常接受政府委托，就科技战略或政策的某一方面或某几方面进行研究，对科技决策提供技术、经济预测和论证，对科技发展战略及政策进行调查研究并提出方案，对已出台的政策进行跟踪调查，提出相应的改进对策等。

2. 工程项目咨询

工程项目咨询是对工程项目进行系统的技术经济论证，对技术内容的先进性、经济合理性和条件可行性进行分析，确定最佳经济、技术和社会效益的可靠实施方案。从项目的提出、论证、立项到设计、施工及管理与使用，是一个复杂的系统工程，涉及工程技术、经济、生产、社会等各方面的问题。工程项目咨询的内容包括：①对项目的环境、必要性和实际意义进行论证；②项目市场调研，即对国内现有生产能力和国外市场需求进行预测，分析产品的竞争能力，拟定项目规模、产品方案和发展方向；③原材料供应状况调研，如对原材料的种类、储量、品质、开采和利用条件、供应渠道等进行调研；④项目环境因素分析及可选方案，如对地理位置、自然和社会条件、交通运输、能源状况及发展趋势进行分析；⑤项目总体布置，工艺技术、设备选择方案；⑥项目环境保护可行性论证和综合治理措施的提出；⑦劳动生产管理、组织方式及定员和培训的确定；⑧项目实施计划的拟定，如勘察设计、设备订货、工程施工、调试、投产时间等；⑨项目资金估算，成本、价格、利润估算及项目财务、经济效益评价。

总而言之，工程项目咨询主要是开展工程咨询的可行性研究、项目评估、投资概算、编制或审查标书、拟定实施计划，以及担任现场代表和工程总承包等业务。

工程项目咨询在工程项目开始之前的论证被称为可行性研究。可行性研究分为两个阶段：第一阶段是可行性机会研究，即分析社会需求、技术发展趋势和资源状况，寻求项目投资的合理时机；第二阶段是可行性探索研究，寻找项目投资方向，进行定性可行性研究，在全面分析、计算、比较、论证后形成详细项目方案，做出项目投资的可行性定性结论。可行性研究的程序一般为：确定项目研究范围和界限、项目的具体目标；技术先进性、经济合理性调研；形成项目方案，进行选择、优化、完善；给出项目施工方案；编制可行性报告。

3. 一般的科学技术咨询

一般科技咨询包括专为科学技术研究服务的科技咨询以及为科技成果的推广应用的技术咨询。一般科技咨询是指专家运用各类科技专门知识、技术、经验和信息为委托者解决各种科技问题的一种智力服务活动。其主要内容包括：①科研新课题、新技术、新工艺、新材料、新产品、新设备等方面的研究与开发；②科学技术管理，包括科技人才与成果交流、科技信息的整理与传递、科技创新的激励、企业技术诊断等；③科研预测研究，即提出未来发展趋势，以及优先科研范围、科研重点方向、合理分配科研力量和资金的意见；④科研成果的评价、鉴定、推广、利用和转让，其中科研成果鉴定包括对科研成果的水平高低、推广应用范围大小、成果的创造性与突破性及难度与复杂程度等进行综合评估；⑤分析、测试、数据处理、计算机管理、编程及软件开发；⑥对引进国外设备、技术吸收利用和创新工作进行分析和研究；⑦提供某种科学技术资料、情报、图纸信息等；⑧对资源开发、原材料、副产品的综合利用和公害治理的措施与策略的研究。

4. 科技人员的培训

科技人员培训实质上是一种广义的大范围的咨询。培训主体可以是咨询公司、学校或研究机构。对科技人员的培训有两种形式。一是派科技人员到客户单位登门进行讲授和指导。此形式有利于规模化教学，成本低，可及时解决现场科技问题。二是客户派员工去咨询单位接受培训和指导，学习期满后回原单位工作。此形式教学比较正规、系统、条件较好，缺点是费用较高。

7.1.4 科技信息咨询的特征

科技信息咨询除具有一般信息咨询所具有的服务性、高利润性、参考性、多向选择性等特点外，还具有以下几方面的特征。

1. 科技信息咨询具有知识密集型、技术密集型、高度科学性的特征

科技信息咨询是属于科学技术范畴内的信息咨询活动，因此在咨询过程中具有高度科学性的特征，表现出知识密集型、技术密集型的特点，是一种智能

性与创造性的工作。

科技信息咨询具有知识密集型的特点。咨询工作的产品是智能成果，特别是高难度的科技咨询课题，需要各方面的科技专家运用各类的专业科技知识和方法，进行调查、分析、科学研究，综合各类信息，提出具有创见性和预见性的见解。这一过程始终离不开丰富的知识和信息的支持。

科技信息咨询具有技术密集型的特点，咨询手段和方法需要高技术的支持。现代科学技术的发展，特别是信息技术的发展使大型咨询公司、咨询中心等咨询单位在收集、处理科技信息时越来越依赖新型的计算机技术、网络通信技术、数据库技术的支持，以完成存储、检索、过滤、选择科技信息的任务。此外，咨询项目本身也需要高新技术作为支撑。

科技信息咨询的高度科学性是多方面的。首先，在咨询活动中始终贯穿一条主线，即依靠科学解决疑难，通过信息和知识的复合、交叉、渗透、升华，提供最佳信息产品和最优方案，最大限度地满足咨询的信息需求。这本身是一项具有开发性潜力的科学事业，是解决咨询问题的科研行为，可以通过对信息资料的分析、研究和重组，来解决用户咨询问题，使知识和经验增值。它通过发挥咨询专家的群体优势，运用最新科研方法和先进科技手段，来保证咨询结果的科学性、合理性和可靠性。科技信息咨询的高度科学性还表现在咨询过程中的客观性和公正性。咨询人员必须有超脱、公正的立场，能够不受外界干扰和影响地进行咨询活动，以使咨询结果更客观、更科学。

2. 科技信息咨询具有高度综合性的特征

科技信息咨询的高度综合性是由咨询内容的复杂性和咨询方法的综合性决定的。

科技信息咨询的内容复杂，这决定了咨询不是由某一学科、某项技术、某位专家独立完成的，而是需要各种人才的聚集，需要新颖、前沿的科技信息的汇集，需要多种学科的交叉、聚焦、综合，通过选择、渗透、提炼、升华产生新观点、新方案。它是跨学科、多领域、超行业的综合产物。咨询的质量和水平，往往取决于其“综合”水平的高低。

现代科技信息咨询的方法趋向综合化。现代信息咨询需要多方面兼用、兼顾与融合，定性和定量方法融合、传统和现代的方法兼用，精确与模糊方法兼顾。例如，使用系统分析、PPBS（计划、程序、计算、系统）、PER（计划、协调、技术）等。

3. 科技信息咨询具有项目多样化、咨询机构类型多元化的特征

科技信息咨询项目规模可大可小，内容可简可繁。小型项目只需解决单一的技术问题。大型项目设计面较广，需跨专业、跨学科研讨。咨询项目有时“软硬结合”，即既有调查研究、系统分析、预测等软科学内容，又有自然科学、工程科学等硬科学内容，二者相辅相成，“软硬兼施”，相互协作，以获取咨询结果。

科技咨询的机构类型多种多样，可按照多种标准进行分类，如可分为营利性和非营利性，官方、半官方和私营的，个体、群体和协会等。如按照结构形态来分类，可分为：①个体科技咨询企业。此类机构的缺陷在于人员少、技术力量不足，通常承担小型项目；优势在于往往具有某一方面的专长，经营灵活。②科技信息咨询公司。目前是国内外科技信息咨询的主要机构。按照规模具体可分为小型、中型、大型三种。优势在于有多学科专家，可实现技术互补，知识结构较全，可对多个领域进行咨询。③综合性科技信息咨询机构。此类机构可以从事综合性、战略性、政策性研究，也被称为“思想库”“脑库”“智囊团”等。其多由政府或财团发起和创办，规模较大，多做决策性咨询。除上述三大类以外，其他类型还包括大学和科研机构的咨询组织及信息咨询行业协会等。

7.2 科技信息咨询的对象与方法

科学技术是第一生产力。科技信息一旦传递到用户手中，为用户所利用，必将转化为巨大的生产力，创造出不尽的价值。所谓科技信息咨询，就是指借助科技信息资源，为用户提供智力型服务。近年来，科技信息咨询在为经济建设特别是与国计民生息息相关的大中型科研和工程项目提供信息服务方面取得了突出的成就。现代科技信息咨询方法在传统方法中融入了现代信息技术和网络技术，极大地改变了信息交流方式及信息摄取方式和摄取手段，信息资源也更加多元化、动态化和数字化，使咨询方法得以长足发展。

7.2.1 科技信息咨询的对象

科技信息咨询的对象是有科技信息咨询需求的所有人士，涉及整个社会和经济体系，服务于各个层面的决策者、研究者和从业者，大致分为五类。

1. 政府科技部门

这里所指的是政府科技局的有关科室，如工业科、农业科、成果科等。这些部门涵盖了社会的科研与生产，它们了解社会科研生产的最新动态，通过它们，可掌握到社会科研生产对科技部信息的需求状况及拟开发的科研项目，从而保证科技信息咨询做到有的放矢。

2. 科研院所及高等院校科研处

这些单位集中了大量的科研人员，每年都有不少的科研成果，科研处负责本单位科研项目的申报，最了解本单位科研人员的科研动态，能提供相关的科研需求，可促使科技信息咨询服务部门不断完善信息资源储备，以满足科技人员对科技（文献）信息的需求。

3. 政府经贸委的科研（技改）部门

这些部门最了解企业的设备生产、技术改造需求状况，掌握着审批企业的技改方案，深知企业对科技信息的需求。

4. 高新技术开发区的科技局

高新区科技局是高新技术开发区内所有高新企业的科技管理部门，凡是进入高新区的企业，其项目基本上都是经过高新区科技局审查认证的，最了解高新区内的科技项目。通过高新科技局，既可了解到高新企业的名称，也可以了解到各企业的科研动态。

5. 企业科技部门或总工办

这些部门是企业技术力量所在，它们最清楚本单位在科技信息上的需求，是企业对科技信息需求的发言人。

7.2.2　科技信息咨询的一般方法

在开始新的咨询项目时，使用一般方法有助于建立基础知识架构，了解相关领域的主要方向和关键因素，且一般方法可以提供对整个市场环境和产业格局的宏观了解，有助于制定长远发展方向。科技信息咨询的一般方法具体包括以下五种。

1. 调研报告法

调研是以特定的事物或现象为对象，有目的、有计划、有步骤地发现和搜集与其相关的各种事实和资料，科学地阐明其规律性的过程和方法。通过调研获取用户所需要的信息，而后利用这些信息策划解决问题的办法与手段，并通过咨询报告、咨询方案等加以反映。

其基本程序如下：①调研准备：明确目的、周密计划，事前应列出调查提纲，明确咨询目标、调查的进度、人员的配备、分工等，以有章可循。②调研、收集信息、资料：调研方法一般采取利用行业信息，如通过企业信息研究室提供的信息，以及走访相关研究机构等采集一手资料，但是现代网络科技的运用也越来越多地出现在如今的调研中。③分析研究信息资料：对调查收集得来的大量信息资料进行加工整理，比较分析，去粗取精、去伪存真，由此及彼、由表及里，拨出事物的规律性，得出定性结论。④以报告形式向用户提供咨询方案：分析研究完成后，在集体讨论并征求专家意见的基础上草拟、修改方案，最后正式形成咨询报告（具体形式有可行性研究报告、技术评估报告、技术备忘录等）或咨询方案，然后提供给用户。

运用调查报告方法时须注意。一是遵循科学的方法论——马克思主义方法论，坚持一切从实际出发，实事求是。二是第一手资料原则，第一手咨询具有较高的可靠性，有利于提高咨询的准确程度与成功率。三是有效沟通原则，用户应主动提供有关资料，并为调查分析等工作提供方便；被咨询方在咨询报告初稿形成后应与用户交换意见，若是时间较长的咨询项目，还应分阶段提出咨询报告，及时与用户沟通。四是长期积累原则，平时要重视对有关信息资料的收集、积累、贮存，建立资料数据库。

2. 智囊技术法

智囊指专家，即在各个不同领域内具有一技之长，有较丰富的知识和较强的解决问题能力的人。智囊技术法就是通过召开专家咨询会议、进行专家调查答卷等方式，充分开发专家个人和集体的智慧，特别是创造思维的能力，以形成高水平、高质量的咨询方案。具体方法有缺点列举法、希望列举法、头脑风暴法、德尔斐（专家答卷对策）法等。

缺点列举法是将专家咨询会议分两个阶段进行。第一阶段为列举缺点，将研究课题存在的缺陷一一列出，加以归纳；第二阶段为探讨改进方案，针对提出的缺点请各位专家提出改进办法，进而形成改进方案。

希望列举法是先列出对于研究课题的期望点（包括幻想），加以归纳，据此再研究提出可行的改进办法，进而形成改进方案。本方法能激发与会专家的创造激情，开拓思路，从而引导许多创造性见解的产生，因此是一种较缺点列举法更为积极的方法。

3. 文献咨询系统

文献咨询系统是人们搜集、贮存、整理文献与文献信息（情报）并向社会传递，满足为解决社会实践问题的文献与文献信息需求的一种人工智能系统。本系统包括图书馆系统、情报系统、档案系统等。而通常所说的文献咨询系统主要是指图书馆系统和情报系统。

文献咨询系统的工作主要有四个环节。一是文献资源收集：文献机构根据用户（读者）需求和各自的任务，遵循一定的原则，有计划、有目的地对图书和报刊等科技文献进行收（搜）集。二是文献整序：运用一定的方法将文献或文献信息按照一定的规律组织起来加以管理。三是文献与情报服务：通过各种形式的服务活动将经过整序后的文献和文献信息提供给用户。四是文献咨询系统管理：对文献咨询系统的工作进行计划、组织、控制、协调。

以上各环节彼此有机地联系在一起，共同组织成一个文献咨询系统工作的基本流程。例如，基于 MetaLib 和 SFX 软件建立的系统，提供快速、简便、个性化的“统一界面”，可在多种资源中进行整合检索，即提供信息查找、学科知识的导航、文献之间的关联、多数据库的整合检索和获取目标信息的一站式服务。一旦用户查找到了感兴趣的信息，MetaLib 就会提供工具在电子书架中保存，通过 E-mail 发送到电子信箱，以供用户日后参考。

4. 科技查新咨询法

科技查新咨询工作始于 20 世纪 80 年代中期，具有很强的政策性、科学性和技术性。其目的是尽量避免科研选题的盲目性、重复性，提高科研选题的创新性，同时还可避免成果评审的主观失误等现象。2001 年 1 月，科学技术部发布并实施的《科技查新规范》对查新做出了明确的定义：“查新是科技查新的简称，是指查新机构根据查新委托人提供的需要其新颖性的科学技术内容，按照本《科技查新规范》操作，并得出结论。”

其基本程序如下：①用户提出查新要求；②机构分析课题，确定技术创新点，提炼确定查新点；③制定检索策略；④选择检索手段和范围，确定检索方法和途径；⑤进行系统检索；⑥获取文献，进行文献分析，得出结论；⑦撰写查新报告。

运用科技查新咨询法要坚持以下原则：①充分沟通原则，通过与委托方、学科咨询专家充分沟通，了解课题的背景、主要的理论方法等内容；②把握课题核心创新思想原则；③全面准确检索原则；④实事求是原则，根据文献客观分析，保证结论客观真实。

5. 基于 Web2.0 技术的现代咨询方法

Web2.0 技术是建立在六度空间理论、长尾理论、社会资本、去中心化等理论基础之上的一系列网络应用技术。其成型的应用元素有 Blog（博客）、RSS（简易信息聚合）、Tags（分众分类标签）及 Wiki（维基）等，底层技术是 XML 和接口协议。

基于 Web2.0 技术的现代咨询方法是充分利用 Web2.0 技术的“参与架构”精神，在互联网（Internet）中，以不断更新的服务方式，个人通过组成群体（社区）来贡献自己的数据和服务，实践“我为人人，人人为我”的网络社会化和个性化的理想。在此体系中，Blog 和 RSS 是其主要的依托对象。实现一般的信息咨询只需要接入互联网，利用搜索引擎寻求自己的答案；也可以注册自己的博客，选择进入适合的主题在圈内互相交流，即时通信，实现信息的咨询。

随着现代信息技术的飞速发展，信息咨询的方法也随之发展。有了社区功能的 BBS 和 Blog 可将现实中的关系链搬到网络，实现在线生活，所以我们有理由相信，在信息技术影响下的信息咨询不久将出现新方法。

7.2.3 科技信息咨询的具体方法

针对不同的检索对象、检索工具和检索途径，科技信息咨询有着更为具体的不同检索方法。

1. 检索对象不同

（1）课题检索

指以某一课题为检索对象的检索。利用能够利用的检索手段针对具体课题在能够提供的检索系统中进行全面系统的检索，梳理课题的来龙去脉。对课题进行横向和纵向客观的分析对比，给委托查新课题的用户组提供决策依据。

（2）文献检索

指以检索文献为对象的检索。利用相应的检索方式与手段，在检索系统存储的信息中查找用户所需文献。文献咨询的目的通常是寻求相关文献的出处和收藏地，可以是涉及某一主题、学科、著者、年代的文献，收藏地可以是国内或是国外。无论采用书目检索还是全文检索，用户最终获取的是文献。

（3）数据检索

指以检索数值或图表表示的数据为对象的检索，如各种统计数据、人口数据、气象数据、企业财政数据等。用户得到的数据可以直接进行定量分析应用。

（4）实事检索

指从原始文献中抽取的关于某一事物（事件、事实）发生的时间、地点和情况等各方面的信息。实事检索是一种确定性检索，用户获得的是有关某一事物的具体答案，如某种化学物质的物理或化学性质的查询、通过化学机构对化学成分的查询等。

2. 检索工具不同

（1）直接法

指科技人员直接阅读原始论文，从中获取所需资料的方法。在当前文献数量庞大、分散的情况下，单凭这种方法很难做到快、准、全地获得所需资料。因此，只能作为查找文献信息的一种辅助方法。

（2）间接法（常用法、工具法）

指利用文摘、题录、索引等各种检索工具查找文献信息的方法，又分为顺查法、倒查法和抽查法。

（3）追溯法

又称引文回溯法，指从已有文献后面所附参考文献入手，逐一查找原文，再从这些原文后面附的参考文献入手，不断扩大检索线索，像滚雪球一样，依据文献间的引用关系，获得越来越多的内容相关文献。它的优点是在没有检索工具或检索工具不全的情况下，可以查得一批相关文献信息。缺点是原文作者引用的参考文献毕竟有限，不可能列出全部相关文献；有的作者引用某文献只是为了说明一下经过情况，与原文内容关系不大；往前追溯年代越远，查的文献资料就越陈旧。因此用这种方法查找文献误检漏检的可能性大，同时也比较麻烦，具有一定的局限性。

（4）综合法

又称循环法，是把间接法和追溯法结合起来综合运用的方法。先利用检索工具查出一定时期内的一批相关文献，然后利用这些文献后面的参考文献，用追溯法查出前一时期的文献，如此分期分段地循环交替使用这两种方法。综合法兼有间接法和追溯法的优点，可以较全面准确地查得文献，在实际中采用较多，适用于查找那些过去年代里文献较少的课题。

（5）命令检索

命令检索用于联机检索系统，应用于许多网络版数据库的检索。检索式由若干检索词组配形成。这些检索词的扩展、限定的字段，以及它们之间的逻辑关系、位置关系等均可由算符的连接来表示。不同的联机系统有各自定义的算符表示，命令形式不尽相同。目前Dialog检索系统中，命令检索是其基本检索方法之一。

（6）菜单检索

菜单检索普遍应用于当前各个网络数据库检索系统，尽管不同出版厂商的数据库版本五花八门、界面各异，但在检索上遵循类似法则，一般按检索字段的选择、检索词的选择、检索式的修改和输出的选择四个步骤进行。

（7）超文本检索

超文本是一种管理文本信息的技术，它将文本信息存贮在许多节点上，用链接将这些节点连成一个网状结构。检索文献时，节点间的多种链接关系可以动态地、选择性地激发，从而根据思维联想或信息的需要从一个结点跳到另一个节点，随着人们思维和需要的流动而形成数据链，呈现出一种完全不同于过去的顺序检索方式的联想式检索。可以将超文本检索定义为以超文本网络为平台，根据一定的匹配原则，运用超文本检索技术，实现快捷灵活的文献检索。

3. 检索途径不同

（1）分类检索

分类检索指按文献所属的学科性质检索文献。如果某一课题专业范围较宽，有关各个方面文献的检索可以选用分类途径。

（2）主题检索

通过文献资料的内容主题进行检索。主题检索依据的是各种主题索引或关键词索引，并按照检索词的字顺排列，只要确定了检索词，便可以像查字典一样，按照字顺查找到所查主题词相关的文献。

（3）著者检索

著者检索是根据已知著者姓名查找文献的一种途径。依据的是著者索引，包括个人著者索引和团体著者索引。

（4）题名途径

题名途径是根据文献的题名来查找文献的途径，它的标识就是书、刊、篇名本身，按字顺排列。

（5）序号途径

序号途径是以文献的编号为特征进行编排和检索的途径。常用的检索工具有“报告号索引”“专利号索引”“合同号索引”“入藏号索引”等。

（6）其他途径

有些检索工具还有一些特殊索引，可以通过特殊索引找到所需文献的线索，如《化学文摘》的“分子式索引”“化学物质结构式索引”，《科学文摘》的“数值索引”，对于解决一些具体的科技咨询非常有效。

7.3　科技查新咨询

科研是继承与创造相结合的产物，只有尽可能多地占有相关的文献信息，从中得到有益的启发，科研才能创新、才能发展。可以说，一项科研成果，95%得益于前人，5%来源于自己的创造。现代文献的数量和类型激增，任何人都不可能将世界上所有的文献都阅读完。为了少走弯路，科研人员必须借助科学的检索方法来获得信息，缩短查阅文献的时间，了解课题的情况，提高科研效率。当前，国家间的竞争是综合国力的竞争，科技是竞争中的利器，是竞争的重要筹码。面对新形势，中国科技管理部门出台了众多措施，始于 20 世纪 80 年代中期的科技查新咨询就是其中之一。

7.3.1　科技查新咨询的定义及现状

1. 科技查新咨询的定义

科技查新，简称查新，是指查新机构根据查新委托人提供的需要查证其新颖性的科学技术内容，按照《科技查新规范》（国科发计字〔2000〕544 号）和《科技查新技术规范》（GB/T 32003-2015）操作，经过文献检索与对比分析，得出结论。科技查新是科学研究、产品开发和科技管理等活动中的一项重要基础工作。

科技查新是文献检索和情报调研相结合的情报研究工作，以文献为基础，以文献检索和情报调研为手段，以检出结果为依据，以用于立项、成果、产品、标准、专利等相关事务为目的，通过综合分析，对查新项目的新颖性进行情报学审查，写出有依据、有分析、有对比、有结论的查新报告。也就是说，查新是以通过检出文献的客观事实来对项目的新颖性做出结论。因此，查新有较严格的年限、范围和程序规定，有查全、查准的严格要求，要求给出明确的结论，查新结论具有客观性和鉴证性，但不是全面的成果评审结论。这些都是单纯的文献检索所不具备的，也有别于专家评审。

2. 科技查新的现状

科技查新机构是文献情报系统的服务单元，原国家科委分三批公布了 38 家国家一级科技查新咨询单位，教育部系统分七批认定了102家查新站，各级科技管理部门、原卫生部、行业学会等授权了一批二级查新机构。据初步估计，目前各级行政部门认定的查新机构已超过300家，全国科技查新体系趋于完善。

2011年，为统一查新工作原则和流程，由中国科学技术信息研究所（以下简称“中信所”）牵头制定了推荐性国标《科技查新技术规范》（GB/T 32003-2015）（以下简称《规范》）。《规范》规定了查新原则、机构资质、质量控制等内容，对行业进行了规范和管理。2012年，中信所牵头成立了科技查新机构联盟，并在中国科技情报学会下设科技查新专业委员会（以下简称“查新专委会”），逐步完善行业内的自律管理模式。

科技查新为保证成果评审的科学公正、避免科研项目的重复立项发挥了积极作用。想要确认科研项目在论点、研究开发目标、技术路线、技术内容、技术指标、技术水平等方面是否具有新颖性，在正式立项前，首先要全面、准确地掌握国内外的有关情报，查清该项目在国内外是否被研究开发过。通过科技查新，可以了解国内外有关科学技术的发展水平、研究开发的方向，是否已开发研究或正在研究开发，研究开发的深度及广度，已解决和尚未解决的问题等，为所选项目是否具有新颖性提供客观依据。

科技查新还在支持企业自主创新、提高企业对知识产权问题的应对能力等方面起到了积极作用。根据中信所建设的“全国科技查新事实型数据库”统计，全国25家省级查新机构的50多万个项目中，来自企业的占比78%，其他科研单位占比22%。根据教育部2016年统计，各高校查新站（西藏、宁夏、青海除外）共完成查新项目38858件，其中高校占比41.1%，非高校（包括企业、科研院所等）占比58.9%。可以看出，查新机构对外服务，尤其为企业服务的比例很大，为企业在科研立项、成果鉴定、奖励申报、专利申请等方面提供了丰富的科技文献检索服务，充分说明查新机构有力地支撑了中国企业特别是科技型企业的创新活动。

3. 科技查新存在的问题

对于科研立项、科技成果的鉴定、评估、验收、转化、奖励等活动，相关技术或产品的特点通常是记录于相关项目申请书中，或是被其他鉴定和评估材料所佐证，因此查新报告可以较好地评估相关技术或产品的真实新颖性。但对于某些环节的查新，如在高新技术企业认定中对高新技术产品的认定，查新点不一定与相关技术或产品的实际特点相一致，存在客户特别是中介随意包装现象，这也使得部分查新报告与实际技术或产品脱节。关于查新结果量化评估，中国科技查新机构在论文和专利数据库建设上普遍投入较多，然而技术参数、数据、指标等量化评估数据分散在不同的项目、成果管理部门或行业、企业手中，标准化数据库缺乏，科技查新循证资料的来源较为欠缺，对技术指标的量化评估不足，使得科技查新的权威性和行业互认度降低。

关于查新检索方式，科技查新的文献检索方法起源于国外专利审查工作，目前中国专利审查也基于关键词或主题词检索方式开展相关工作。有资质的专业查新员依据《规范》就委托人提出的查新点按照提炼主题、确定检索范围和检索词、制定和调整检索式等流程在各类数据库和学术搜索引擎中进行检索，找到最相关对比文献，并通过近义词、同义词、上下位等扩展手段，确保查全率和查准率，之后还须经过审核员的严格审核，方能出具查新报告，保障查新的精准度和权威性。然而，在科技查新市场化服务模式下，存在一些不具备资质的查新机构、查新员从事查新工作，通过快速、“包新”等粗略检索造成查新报告质量参差不齐，使得查新的公信力下降、权威性不足。

关于查新的水平检索，按照《规范》，科技查新工作为同行评议提供辅助客观评价依据，并非越俎代庖地替代专家进行创新性评价。在新理论、新技术不断出现，学科相互交叉渗透融合的背景下，查新项目随之向新兴学科、交叉学科和高端技术领域发展，鉴于查新人员专业知识的局限性，目前查新工作对项目新颖性进行文献评价，仅能回复“是”或“否”的问题，还不能准确对新颖性程度进行量化分析，水平性评价需要行业或领域内专家在查新结论的基础上进一步评定。

4. 科技查新的发展

（1）查新需先“自查新”，重新定义内涵，积极拓展外延

在现行的科技计划管理体制下，查新行业亟须革新理念，其内涵、外延、范围和作用都需要新的定义和拓展，在科技计划项目管理中发挥前置式“显微镜”作用。过去科技查新工作更多是充当“判官”的角色，主要回答是或否的问题。改革后的新计划管理体系，对查新工作提出了更高的要求，不再是简单地判定，而是要洞察科技发展趋势，形成系统的知识供给，提供完整翔实的决策依据，提出基于问题导向的一揽子解决方案。比如在重点研发计划项目申报中，并不要求提供传统意义上的查新报告，但是申报书要求提供国内外现状及趋势分析、项目创新点和知识产权对策等，这些内容无不与查新工作相关。

（2）提升机构的大数据资源储备、综合利用和共享能力

各科技查新机构需提升资源储备能力，融合多元大数据，包括项目信息、

科技报告、机构信息、成果信息等，丰富查新资源地。密切关注各行业技术领域的前沿产品和技术，建立各类技术和产品的参数库、指标库和特征库，形成量化评估工具，确保做到“精准查新”，以提高查新的准确性、权威性、可比性、互认性。同时协调推进各查新机构间科技信息资源的共享、共建，打破现有“一个数据库多个机构购买”的格局，提高资源的利用率。

（3）运用新技术武装查新人员，打造查新行业的专家队伍

信息和数据资源是开展查新工作的必要条件，新工具、新技术则是必须掌握的能力和技巧。整体来看，查新人员在情报分析工具、软件掌握方面仍存在不足，应在培训中开展深层次服务的工具、方法，特别是大数据、人工智能、机器学习、深度挖掘等相关技能培训，努力提高查新人员的情报分析能力。在专业知识交叉专业和边缘学科快速发展的背景下，要求查新人员具有更全面的专业结构和知识储量，专业知识的补充也是其一，除此之外，还应根据细分行业领域建立专家库，构建以查新员工为核心、领域专家为外协的“小核心、大网络”查新工作机制。

（4）发挥行业学会在科技查新中的监督和引领作用

查新专委会加强对查新机构的业务指导和监督，组织专家队伍继续完善《科技查新规范》，组织开展各种专业、岗位技能培训，对查新资源实施联合互助保障机制，组建并发展全国查新协作工作网络，推行“云服务”模式，建设查新元数据档案库，推行动态自评自查制度、飞行抽查机制和年审机制，建立有效的责任追究机制。

7.3.2 科技查新咨询程序

科技查新的基本程序如下：查新预约；检索准备；实施检索；撰写查新报告；提交查新报告；费用结算；归档。科技查新流程见图 7–1。

1. 查新预约

（1）查新委托人领取或下载“科技项目咨询及成果查新委托合同书”，由项目负责人或了解具体情况的研究人员填写。填写注意事项如下：

①客观、真实地表述课题的主要技术特征、创新点、参数、主要技术指标等；

②用中、英文的形式提供规范的主题词、关键词、概念词、同义词、缩略词等；

③化学物质检索，要提供分子式和化学物质登记号；

④填写完毕，须加盖单位公章。

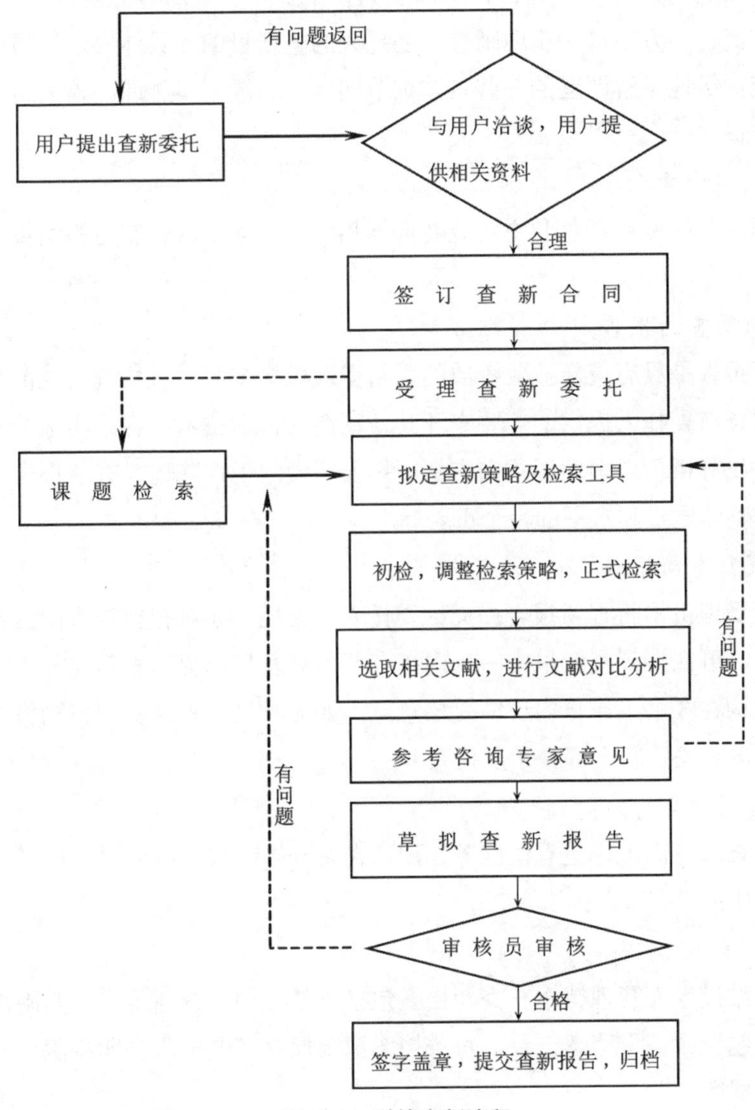

图 7–1　科技查新流程

（2）提供与查新课题相关的资料，包括开题报告、研究报告、总结报告、已发表的论文、申请的专利、重要参考文献、国内外同类科学技术和相关学科的背景资料等。

（3）查新受理机构根据委托人提交的材料，判断是否可以受理，商定完成日期，查新机构确定受理的课题，由受理人签字，并加盖受理机构印章。

2. 检索准备

查新人员与委托人一起，针对课题的技术要点、查新点等内容进行深入、细致的交流，一方面进一步明晰查新委托人的查新目的和具体要求，另一方面通过交流详尽地了解课题的一些具体细节问题，为真正实施课题检索工作做好充分的准备。

3. 实施检索

根据课题的专业特色和主题范畴选择相应的检索工具，制定检索策略，实施检索。

4. 撰写查新报告

查新报告是具有查新业务资质的查新受理机构按照《科技查新规范》的要求，根据查新委托人提供的需要查证其新颖性的科学技术内容，实施检索操作和文献对比分析，以书面形式向查新委托人所做的正式陈述。查新报告是体现查新工作整体质量和水平的一个重要标志。

5. 提交查新报告

查新受理机构将查新报告提交给委托人。委托人如对查新报告中的查新结论有异议，可在接到查新报告一周内将有关意见及材料提交查新受理机构，查新受理机构在 3 个工作日内反馈复核意见。如无异议，查新受理机构将查新报告及课题的相关资料全部交予委托人。

6. 费用结算

科技查新咨询工作是有偿服务，用户在接到查新报告的同时，应结算本次查新的费用。

7. 归档

查新站设专人管理档案。查新档案包括查新合同、查新报告及其附件。一个查新课题形成一个档案记录，每条档案记录保存其电子版和印刷版，建立查新档案数据库。

7.3.3 科技查新咨询的基本原则

1. 基本原则

（1）文献依据原则

科技查新是以公开文献为依据判断查新项目的新颖性，不包括“使用公开”和“以其他方式公开”。

（2）公正原则

查新机构应当站在公正的立场上完成查新。

（3）客观原则

查新机构应当依据公开文献客观地完成查新。查新报告中包括技术性描述、分析对比、结论，不包括任何个人偏见。

（4）独立原则

查新不受任何行政部门、社会团体、企事业单位、个人（包括查新委托人）等的干预。

2. 单一性原则

一个查新项目应当限于一个主题，只有当多个主题有一个密不可分的特定技术特征时才被允许出现在同一查新项目中。

3. 新颖性判断原则

（1）单独对比原则

在判断查新项目新颖性时，应当将查新项目的各查新点分别与每一篇对比文献中公开的相关内容单独进行比较，不得将其与几篇对比文献公开的相关内容的组合，或者与一篇对比文献中的多项技术方案的组合进行比较，也不得要求一篇文献覆盖所有的查新点才能比较。

（2）相同排斥原则

如果查新项目在科学技术领域、研究目的、技术方案和技术效果等方面均与已公开报道的某一对比文献实质上相同，则该项目缺乏新颖性。

（3）具体（下位）概念否定一般（上位）概念原则

在同一科学技术主题中，当查新项目和对比文献分别采用一般（上位）概念和具体（下位）概念限定同类技术特征时，具体（下位）概念的公开可使一般（上位）概念的查新项目丧失新颖性。反之，一般（上位）概念的公开并不影响采用具体（下位）概念限定的查新项目的新颖性。

（4）惯用手段的直接置换否定原则

如果查新项目与对比文献的区别仅仅是所属技术领域惯用手段的直接置换，则该查新项目不具备新颖性。

（5）突破传统原则

传统上对某个技术问题普遍存在的认识是引导人们舍弃某种技术手段。如果查新项目恰恰突破传统，采用了这种被舍弃的技术手段解决了技术问题，则查新项目具有新颖性。

4. 回避和保密原则

（1）回避原则

查新机构在从事查新活动时，应当执行如下回避制度：

①查新机构、查新员、审核员应当与查新项目无利害关系；

②查新机构受理本机构内部的查新委托时，不得对外出具查新报告；

③查新机构在委派查新员和审核员时，应当遵循下列回避原则：第一，不得委派在与查新项目有关联的单位（包括查新项目承担单位、使用单位、申请单位及合作单位等）任职，或者离职后未满两年的人员；第二，不得委派持有与查新项目有关联的单位的股票、债券，或者在这些单位有其他经济利益的人员；第三，不得委派与查新项目有其他利害关系的人员。

（2）保密原则

查新机构及其工作人员在处理查新事务时，应当遵循以下保密原则：

①维护查新项目所有者的知识产权，不得非法占有、使用，或者向他人披露、转让查新项目所有者的科技成果。除以下人员和机构外，查新机构及其工作人员不得向任何人泄露查新项目的科学技术秘密和查新结论：第一，查新委托人或者由查新委托人明确指定的人（或机构）；第二，法律、法规允许的第三方（如省、自治区、直辖市的科学技术行政部门，国务院有关部门、直属机构、直属事业单位的科技项目管理机构等）；第三，具有管辖权的专业检查组织。

②涉及国家秘密的查新项目，应依照《中华人民共和国保守国家秘密法》和科学技术保密的有关规定处理。

7.3.4 科技查新咨询的信息检索

为了确保科技查新工作的严谨性和科学性，保证查新报告的质量，教育部和科技部对查新工作制定了规范要求和实施细则，其核心是科技信息分析及检索。信息检索分为检索准备和检索实施。

1. 检索准备

检索前要做好以下几项准备工作：明确检索目的；确定检索的工具、范围；确定课题的核心概念，提炼查新点；慎重选择主题词，灵活编制检索策略。

（1）明确检索目的

用户检索信息的目的不同，检索目标也不同。用于编写教材、著书立说、申报专利、从事理论或应用研究的开题报告及总结报告时，往往需对某一专题的信息进行系统详尽的了解，以便掌握其历史、发展与现状，带有横向普查、纵向追溯的特点，这种信息需求要求较高的查全率，可将检索目标定为：允许检索出某些“不相关”信息，在允许的查准范围内，检出的信息越多越好。查新检索即属此类。用于解决实际生产或科学研究中某项关键技术或理论问题时，要求检出的信息针对性强，其特点是要“准”，要求较高的查准率，可将检索目标定为以查准为主，在较高的查准率下考虑查全。用于获取现期信息，以了解和掌握最新动态或研究进展情况时，要求所检信息新颖而且及时，而对查全率与查准率则不一定有太高要求，可将检索目标定为：兼顾查全和查准，及时获得新颖的信息并且迅速传递。

（2）确定检索的工具、范围

分析检索课题所属学科范围和技术领域，明确需要信息的类型、年代、语种、地域等细节。现代学科的不断分化与综合出现了大量的交叉和边缘学科，明确课题涉及哪几个学科或技术领域，恰当地选取检索工具（这里指数据库），才能得到准确而全面的检索结果。信息类型（专利、期刊、论文等）、时间范围、国家地域等方面的不同影响了数据库的选择，同时也影响着检索费用和获得文献的难易程度。

①时间范围选取的一般参考原则是：第一，科研立项类查新：从查新之日前推 10 ～ 15 年；第二，成果鉴定类查新：从查新之日前推 15 年；第三，报奖类查新：从查新之日前推 15 年；第四，技术转化和开发及其他类查新：从查新之日前推 15 ～ 20 年。

②检索范围和选择检索工具（数据库）一般遵循以下基本原则：第一，检索以机检为主、手检为辅，力求查全、查准，保证质量；第二，因各中文数据库收录范围有所侧重，主题词标引各具特色，检索功能较弱，所以尽可能放宽检索范围，检索所有涉及项目内容的中文数据库，通过人工对文献进行筛选，以防漏检；第三，外文文献部分应采取以文摘索引数据库为主体，全文数据库为补充，网络搜索为拾遗的选择策略。因此，须经过 Dialog 国际联机检索系统，利用 Dialog 数据库扫描检索功能，结合规定学科基本检索数据库，选择相应数据库，以保证检索的数据库种类齐全；第四，必要时补充查找与查新项目内容相关的主要现刊，以防漏检。此外，查新员还应当注意利用相关工具书如手册、产品目录、年鉴等检索工具。

③选择数据库还要注意：第一，课题涉及多学科时，相关学科的文献数据库必须列入检索范围；第二，项目为应用研究或开发研究时，应考虑检索专

利、会议文献和成果公报等；第三，项目为产品类查新时，考虑利用搜索引擎查找网上信息；第四，项目若要与国外某国的情况进行对比时，考虑检索该国编制的文献检索工具；第五，综合性检索数据库应与专业性检索工具相结合，文摘型数据库与全文数据库互为补充，以弥补文摘型数据库存在的报道时差问题。

（3）确定课题的核心概念，提炼查新点

科技的创新总是由若干具有创新性的技术内容组成的，这些具有创新性的技术内容就是查新点。查新点提炼不当，将导致检索词选择和检索策略的制定出现偏差，最终影响查新结论的可靠性和针对性。所以提炼课题查新点要注意：

首先，找出课题的主题概念并明确其逻辑关系。如有一项查新课题，客户提供的查新点为：采用新型催化剂，固定床反应器，制备高收率、高纯度 2,5-二甲基吡嗪。但是经过与客户沟通，明确了课题的主题概念即研究主要内容是以异丙醇胺为原料，以 Zn-Cu-Cr-Al 为催化剂，制备 2,5- 二甲基吡嗪。经过初步检索发现采用异丙醇胺为原料制备 2,5- 二甲基吡嗪国外已有文献报道；采用 ZnO、硅铝酸盐沸石、铂钯合金、镍钴合金、铁、亚铬酸铜、亚铬酸锌为催化剂制备 2,5- 二甲基吡嗪国外也有文献报道。但是未见同时采用本课题选用的原料和催化剂制备 2,5- 二甲基吡嗪的国内外文献报道。所以将查新点提炼为：以异丙醇胺为原料，Zn-Cu-Cr-Al 为催化剂制备 2,5- 二甲基吡嗪。所以只有对课题信息进行深入的主题分析，明确信息的具体内容、性质和特点，找出主题概念并明确它们之间的逻辑关系，才能真正提炼出查新点。

其次，找出隐性主题概念。如查新课题“高稳定薄膜电阻器磁控溅射中高阻靶材”，本磁控溅射中高阻靶材的成分是 Ni、Cr、Si，客户认为课题的新颖之处在于对材料进行了耐温试验、寿命试验、高温储存试验，同时给出了具体数据，另外给出了靶材的电阻温度系数。经初步检索发现，有关于材料的耐温试验、寿命试验、高温储存试验方面的研究国内外已有文献报道，数据与本课题不同。经过与用户探讨，将查新点提炼为“研究 Ni、Cr、Si 靶材溅射中高阻金属膜电阻器，优化各项指标”。如果单单从字面上看，“高稳定”“薄膜电阻器”“磁控溅射”作“中高阻靶材”的定语，以为该课题新颖性体现在制备工艺上，但经过初检和分析看出，该课题新颖性与先进性主要体现在各项指标和参数上。所以针对那些隐性主题的课题（主题含义隐藏于某些概念之中），要深层次挖掘课题内涵，找出能反映课题本质的隐性主题概念才是检索的关键。

最后，找出核心概念，排除无关和重复概念。如查新课题“大型公交车用单燃料天然气（CNG）电控喷射EQ6102Ni发动机研究与开发”，客户提供发动机特征为：①采用单一燃料压缩天然气；②电控喷射开环控制，最大空燃比和最小空燃比；③电控高能顺序点火；④增压中冷；⑤浅盆形燃烧室，低旋流进气道，高效低污染强紊流燃料系统；⑥EQ6102Ni电控CNG喷射发动机，达到产品化水平，用于大型客车；⑦尾气后处理采用氧化催化转化口；⑧开发电控模拟装置。经过初检、分析，该课题查新点提炼为“单一燃料稀薄燃烧天然气发动机”，将很多发动机采用的普遍技术特征去掉，只留下精华。该课题查新点是发动机，定语分解为“单一燃料”“稀薄燃烧”“天然气”三项。紧紧抓住这三项进行检索和文献对比分析就准确、客观、公正体现了课题。忽视了任何一项，此课题查新都是不完整的。同样，如依据客户的描述，将查新点增加任何一项，对课题都是画蛇添足。这就说明在确定查新点时要充分分析课题，排除无关和重复概念，抽取反映课题本质的核心概念，精确提炼查新点。

（4）慎重选择主题词，灵活编制检索策略

①检索词的选择

选择检索词要准确地反映课题的主题概念（包含显性概念和隐性概念），反映查新项目的核心内容。考虑能够表达检索概念的所有不同的词，如同义词、隐含词、替代词、缩写词及检索词的英、美不同拼写法等，最好从待检数据库和检索工具的词表中选取规范化的词或词组，以获得较好的检索效果，还要注意选用国外惯用的技术用语。查新项目的检索范围应宽于一般项目的文献检索，宜选用上位词作为检索词；利用参照系统选择检索词；选用自由词作为检索词。

②灵活编制检索策略

一方面，编写检索提问式。将选择出的检索词，用布尔逻辑算符、截词算符、位置算符、字段符按检索需要进行合理组配，形成表达信息需求的具体的检索提问式。合理的检索提问式应达到两个基本要求：一是能充分而准确地反映主题概念；二是能适应所查数据库的索引体系、用词和匹配规则，即与数据库中的信息标识相匹配。编制检索提问式时须注意：第一，对于同类或并列概念的词，用逻辑“或”进行组配，采用自由词检索时，要尽量选择同义词、近义词；第二，对于有交叉关系的概念，用逻辑“与”进行组配，注意去掉与课题无关的概念。

另一方面，灵活制定检索策略。制定检索策略时要注意：第一，先利用现有光盘或网络数据库，以较宽的检索策略初步调查有关文献的分布情况和相关技术的研究情况，进一步明确检索词，注意各个数据库的特点，制定良好操作性的检索策略。第二，凡能用分类检索的，使用检索词和分类检索组配策略进行检索，使检索结果相对集中，避免漏检。第三，检索时先采用专指度较高的检索词检索，然后逐步扩大检索范围，同时综合利用各种检索算符提高检索效率。第四，多准备几个检索提问式，上机过程中随时调整使用。第五，联机检索结果为零的项目，可分两种情况处理：一种情况是在综合分析后确定结果为零，可下结论；另一种情况是估计还可能查到相关文献，但检索结果为零，可通过向专家和同行咨询，再次审核所用检索词和策略的正确性，扩大检索范围，采用分式检索或取消专指性太强的检索词，再次上机。

2. 检索实施

查新检索工作的实施按照检索准备过程中确定的检索策略和范围依次检索。但是，随着网络技术的快速发展，利用网络可检索到的信息越来越多，人们获取信息的方式发生了质的变化。基于互联网的信息共享范围日益扩大，速度越来越来快，信息的传输和拷贝也越来越容易，这为科技查新人员合理地利用网络获取文献提供了可能。下面着重介绍利用网络进行查新的一些技巧。

（1）降低 Dialog 国际联机费的技巧

Dialog web 是人们最常用的一种检索界面，可访问 Dialog 的全部数据库，它需要输入用户名（user）和口令（password）。Dialog 免费开放所有数据库总索引检索界面 databases，类似于 dialogindex。其作用与 Dialog 411 扫描文档相当，能帮助查看检索词或检索策略在所选每个数据库中命中的记录数，且不收任何费用。得到命中的数据库后可以有选择地进入 Dialog 数据库，或者利用本单位已订购的数据库，或者利用互联网免费资源（如专利数据库）。

（2）搜索引擎如 Google、百度、Overturn 等的查新应用

例如，查新课题为“BDQ10/24 便携式液压多功能钳”。客户给出的技术特征如“高强韧性”“高强度”和“防止剪料迸溅”等均不是明显的特征，其具体技术指标为工作压力、扩张力、扩张距离和剪切能力等在各数据库中检索结果也不理想。在这种情况下，通过搜索引擎 Google，输入检索词“BDQ10/24”和“多功能钳”，搜索到天津鼎力公司的主页，通过参数比较，对该产品的研究水平有了一个很直观的了解。进而输入关键词“hydraulic”（液压）和“cutter”（钳），找出了相关的英文网页，对检索到的相关产品进行对比，发现了符合条件的文献。另外，利用 Google 的图片搜索功能，搜索到相关图片两千

多张，再根据检索结果调整检索策略和检索词，不断缩小范围，最终找到液压多功能钳的专业网站（www.AMKUS.com 和 www.HOLMATRO.com），从而实现了和国外新产品技术指标的对比。

（3）社会科学课题查新咨询网络查询技巧

网上开展社会科学研究课题查新咨询工作，可选择新浪网（Sina）和搜狐（Sohu）等网站，通过分类搜索和主题检索进行查询。

①分类搜索

a. 横向查询法。即在网站间进行横向交叉、互补的查询方法。以新浪网、搜狐的横向交叉与比较互补为例，其路径是：新浪分类搜索—社会科学—经济学—经济学理论—经济爱好之家，据此可获得经济学人文思想、论文、言论、经济学家、经济广角等信息，其中打开“经济广角”，即可发掘当代中国经济评论、焦点、经济理论研究和有关专著及研究专题等深层次的知识信息。继而切换到搜狐分类搜索与之对应的社会科学—经济学—宏观经济学—同人主页，由于搜狐网链接了中外著名经济学者的个人网站，提供了若干个博士个人、学术沙龙、学术基地等深层次的学术信息，其中博士个人网站又提供了随笔、专题研究、学术园地、论坛等多个栏目，如果逐一打开，便可判别其学者网页所研究的皆为学科前瞻性及理论与现实结合较紧密的问题，代表着学术研究的较高水平。

b. 定向交叉查询法。即在分类子目的搜索浏览下，对特定的信息通过输入主题词和关键词等，打开特定的网页进行分析查询后，又回到分类的子目下进行回溯性查询。例如，查询课题为“第五次全国人口普查与当前宏观经济运行的内在关系及预测经济政策的走向”，查询路径为：社会科学—经济学—宏观经济—经济政策，打开 Google—输入“第五次全国人口普查”—打开国家统计局全国及各省、市、自治区人口普查的具体数据及相关分析性文章—（返回）经济政策—宏观经济—经济学理论。

c. 报纸、期刊专题专栏查询法。在分类目录搜索下，进行报纸、期刊有关专题专栏的浏览查询，也是社会科学研究课题查新调研不可忽视的方法。例如新浪网的报刊分类目录下，集中了全国 180 种著名大报的理论专版，其中有《光明日报》的理论、教育文化、科技等周刊，《经济日报》的“学术纵横”“调查研究”“地方经济”等专版，《经济时报》的“理论周刊”，以及《中国县域经济报》等周刊。

②主题检索

主题检索是以输入主题词而直接获取课题需要的专指信息的查询方式，主要有主题词查询法、关键词查询法和作者查询法。

a. 主题词查询法。社会科学课题一般是大主题，通常由多个子主题构成。进行主题查询时，可在课题的大主题（标题）下直接输入子主题词（单个的或是复合的，分拆的或是合并的主题词）；同时可在一个主题词下，标出多个同义的主题词。b. 关键词查询法。它是主题词查询法的补充和扩展，查询时可以使用概念或自由词，也可以使用对事物本质进行概括描述的短语。例如，使用Google，无论给它自由词还是短语，一般情况下都能将准确度较高的信息搜索出来。c. 作者查询法。一般来说，同一学科、同一研究领域的作者与作者之间存在学术上的内在逻辑联系，把作者与作者之间的知识点链接起来，便可挖掘到课题所需要的知识单元并发现新的知识点。

科技信息咨询过程依据的是信息，其结果也是以信息的方式提交给用户。因此，信息咨询是以信息为出发点和归结点，注重的是信息的搜集整理和分析研究，二者相互依赖。信息的掌握和获取是信息咨询的基础，也是信息咨询成功与否的关键。

7.4 科技查新规范与案例

科技项目的查新工作和查新报告的使用在一定期限和范围内具有高度保密性，多数报告仅在内部范围流传，在刊物和教材中难窥其庐山真面目。随着科技查新工作的进一步开展和科技查新机构作为文献情报系统服务单元趋于完善，2016年4月1日，由中国科学技术信息研究所、教育部科技发展研究中心、中国机械信息研究院、中国医学科学院医学信息研究所医学信息中心、吉林大学图书馆等主要单位起草制定的《科技查新技术规范》（GB/T 32003-2015）以国家标准形式在全国范围内实施，规范了查新的工作原则、查新资质、查新程序和查新质量，推动查新工作有章可依。本节在系统介绍科技查新技术规范后，给出两个实际案例，对案例进行拆解分析。

7.4.1　科技查新技术规范

1. 查新报告具体内容

一份符合要求的科技查新委托单应包含查新项目名称、委托人、查询机构这三类基本信息，还应包括委托须知、查新目的及范围、查新项目的科学技术要点简述、查新点、参考检索词及其解释、知识产权及已发表论文情况、参考文献、报告提交时间及方式、收费标准及标准等报告必需信息。委托单具备上述信息后方可提交至查新机构。除委托人填写的委托单外，查新机构还应填写一份包括报告编号、委托日期、完成日期等可供存档查阅的表单，同委托单一起留存（具体科技查新委托单见本章思考题后表 7–5）。

一份符合要求的科技查新报告中的查新项目名称、查新机构两类基本信息，还应包括查新目的、项目的科学技术要点、查新点、查新范围要求、文献检索范围及检索策略、检索结果、查新结论等必需信息。在查新结束后填写完科技查新报告方可提交至委托方（具体科技查新报告见本章思考题后表 7–4）。

2. 查新报告填写说明

查新报告是查新机构以书面形式向查新委托人就查新项目及其结论所提供的技术文件。报告内容应当打印，签字应使用黑色钢笔或碳素笔。

（1）“报告编号”的填写方法

报告编号为 17 位，左起 1 ~ 4 位为年代，第 5、6 位为省、自治区、直辖市行政编码，第 7 ~ 9 位为查新机构编号，第 10 ~ 14 位为报告序号，第 15 ~ 17 位为扩展编号，报告序号和扩展编号由查新机构自行编排，以上编号不足位的补零。各省、自治区、直辖市的行政编码按《中华人民共和国行政区划代码》规定填写。

（2）查新目的

可分为立项查新、成果查新等。立项查新包括申报计划、科研课题开题等，成果查新包括项目签订、申报奖励等。查新目的具体名称见《科技查新技术规范》附录 B“查新目的代码”，项目具体级别和类别详见附录 A“项目类别代码”。

（3）查新项目的科学技术要点

科学技术要点应以查新项目委托单中的科学技术要点为基础，参照查新委托人提供的科学技术资料做扼要阐述。

（4）查新点

查新点由委托人在查新项目委托单中提供。查新点是指需要查证的科学技术要点，能够体现查新项目新颖性和技术进步的技术特征点。如果查新项目有多个查新点，应逐条列出，每个查新点应该突出一个技术主题或技术特征。

（5）查新范围要求

查新范围包括查新检索的专业范围、地域范围和时间范围。专业范围指查新项目主题涉及的专业技术领域，如化工、医学等。地域范围指查新项目文献检索的区域，一般分国内查新和国内外查新。时间范围指查新项目文献检索的时间区间，通常从委托日或指定日前推 15 年以上，在某些情况下，查新范围亦可仅限于查新委托人提出的特定地域和年限。

（6）文献检索范围及检索策略

列出查新过程所利用的计算机检索系统或网络资源平台及数据库名称、时限，检索词、分类号、检索式，或进行手工辅助检索利用的工具书等。

（7）检索结果

依据项目查新点对检出文献进行筛选，并对筛选出的中外文密切相关文献和一般相关文献按其与查新点的相关程度及先国内、后国外的顺序分别列出题录，并依据相关文献摘要（必要时摘引原文）逐篇进行简要描述。如果查新项目有多个查新点，可逐点分别列出。

（8）查新结论

查新结论必须客观、公正、准确、清晰地反映查新项目的真实情况，应包含以下基本内容：项目查新点归纳、项目查新点与相关文献的逐点对比、对查新项目有无新颖性的判断结论。

（9）查新员、审核员声明

查新员与审核员须在查新报告的“查新结论”末尾签名处亲笔签名，签字应使用黑色钢笔或碳素笔。如有多名查新员或审核员须逐一列出，以第一个名字为主查新员或主审核员。

（10）附件清单

列出包括查新检索过程检出的一般相关文献文摘、密切相关文献原文等打印或复印资料的附件目录。如果这些资料均系来自数据库的电子文本，亦可在此“附件”中注明：“本报告所有检出资料，均以电子文本提交给查新委托人。”

3. 查新报告基本要求

（1）查新报告必须采用科技部规定的格式，内容符合查新合同的要求，提交的时间和方式符合查新合同双方的约定。

（2）查新报告应当采用描述性写法，使用规范化术语，文字、符号、计量单位应当符合国家现行标准和规范要求；不得使用含义不清、模棱两可的词句；应当包含足够的信息，使得查新报告的使用者能够正确理解。

（3）查新报告中的任何分析、科学技术特点描述、结论，都应以客观事实和文献为依据，完全符合实际，不包含任何个人的主观判断和偏见。

（4）“文献检索范围及检索策略”应当列出查新员对查新项目进行分析后所确定的手工检索的工具书、年限、主题词、分类号和计算机检索系统、数据库、文档、年限、检索词等。

（5）检索结果应当反映出通过对所检数据库和工具书命中的相关文献情况及对相关文献的主要论点进行对比分析的客观情况。检索结果应当包括下列内容：

①对所检数据库和工具书命中的相关文献情况进行简单描述；

②依据检出文献的相关程度分国内、国外两种情况分别依次列出；

③对所列主要相关文献逐篇进行简要描述（一般可用原文中的摘要或者利用原文中的摘要进行抽提），对于密切相关文献，可节录部分原文并提供原文的复印件作为附录。

（6）查新结论应当客观、公正、准确、清晰地反映查新项目的真实情况，不得误导。查新结论应当包括下列内容：

①相关文献检出情况；

②检索结果与查新项目的各查新点的比较分析；

③对查新项目新颖性的判断结论。

（7）查新员应当根据查新项目的查新点，将检索结果分为密切相关文献和一般相关文献。

（8）检索附件包括密切相关文献的题目、出处及其原文复制件，一般相关文献的题目、出处及其文摘。

（9）有效的查新报告应当具有查新员和审核员的签字，加盖查新机构的科技查新专用章，同时对查新报告的每一页进行跨页盖章。

（10）必要时查新员应就查新项目的文献检索与新颖性等问题向特聘咨询专家咨询。

7.4.2 查新报告案例解析

查新报告案例解析是指针对查新报告的内容（除了基本信息）逐一进行解析。

1. 项目的科学技术要点

项目的科学技术要点要简述项目的背景技术、拟/已解决的技术问题、采用的技术方案、主要技术特征、技术参数或指标、应用范围等相关技术内容，应充分反映查新项目的概貌。注意与主要技术内容物无关的空泛叙述，以及修饰性、广告性词语（如“未见报道”“首创”“全国率先”等）不必出现在此。要求语言精练，具体技术内容翔实，技术数据准确，注意学术规范和标准的变更。

案例一：项目“生物相容性耳软骨支架快速成形”的科技要点如下：（项目的背景）小耳畸形是对患者身心有严重影响的先天疾病。（现在的技术）截取自体肋软骨通过雕刻成形耳软骨支架修复畸形外观，（现行技术的优缺点）手术时间长，对手术医生雕刻技术要求高，给患者造成额外伤害。用这种方法修复的外耳厚重，效果不尽如人意。应用进口人工耳软骨支架修复，费用昂贵，而且形状很难实现与健康耳对称。

（本项目采用的技术、优势及其意义）本项目采用的技术是：根据患者健康侧外耳的CT数据，反求、镜像并通过适当修正，得到患者理想耳软骨数据；选用生物相容性弹性材料，快速形成整体式耳软骨支架。这种弹性耳软骨支架，不仅实现了与健康侧外耳形状上的完全对称，缩短了手术时间，降低了对手术医生的技术水平要求，而且降低了手术费用，成为一种患者更容易接受的理想的修复手段，实现真正意义上的客户化小耳畸形的修复。

案例二：项目“Si3N4+TiC复相陶瓷刀具热等静压烧结技术”的技术要点如下：（项目的背景）碳化钛弥散增强氮化硅复相陶瓷具有很高的强度、硬度和耐磨性，是加工冷硬铸铁、合金铸铁等难加工材料的理想陶瓷刀具材料。（现行技术及其优缺点）该复相陶瓷刀具因难以烧结，以前主要采用热压烧结工艺进行生产，所以只能生产形状简单的产品，而且热压工艺不适合批量生产。

（本项目采用的技术、优势及其意义）本项目采用先进的热等静压烧结技术，实现了复相陶瓷刀具的批量生产。该工艺可以生产各种形状的陶瓷刀具，产品质量和质量稳定性均优于同类热轧产品。所生产的刀具产品已经在生产中获得应用，效果良好。

案例三：项目“海藻硫酸多糖抗病毒作用研究”的技术要点如下：（项目

的背景）海藻硫酸多糖是从褐藻中分离提取出的一种天然多糖，以往研究证实对多种病毒具有一定的抗性作用。（本项目研究的内容）本项目拟研究其对抗流感病毒和乙肝病毒的作用及机理。

2. 提炼查新点

查新点是体现查新项目新颖性的技术创新点，应逐条列出，一般性技术特征不能列为查新点。提炼查新点的案例在上一节已有介绍。通过“船闸施工规范”项目可进一步体会如何提炼查新点。

项目的科学技术要点如下。

制定背景：《船闸工程施工规范》在调查研究和总结大量已建和在建船闸工程施工经验的基础上，结合中国水运工程领域尚无船闸工程施工规范的现状，并借鉴国内外相关行业的标准和船闸工程施工的先进技术，制定本规范。

适用场景：本规范内容具有较强的专业特点，适用于船闸工程施工。

项目内容：

（1）对船闸工程中所涉及的水工结构施工、水工建筑物基础施工、船闸引航道施工、围堰施工、金属结构制作与现场安装、启闭机械制造与现场安装、电气施工、其他附属工程施工和分项调试与总体调试等做出详细规定。

（2）对船闸工程的施工围堰设计与施工均做了详细规定。

根据调研，土石围堰在船闸工程施工中最为常见，板桩围堰也有采用先例，其他结构形式的围堰采用相对较少。

土石围堰设计与施工是在参照防洪堤、水库土石坝及河道护岸等成熟技术的基础上编制的，结合围堰使用周期短、堰内开挖深度大的特点，对围堰顶标高、结型断面形式，以及填料、护面、防渗等的作业规定，依据充分，技术成熟。

（3）对船闸启闭机的制造过程进行了较详细的规定，对原材料的检验，油缸零部件的机械加工，泵站的箱体、阀块、管路系统等的加工、厂内组装等均提出了具体要求。

本案例的查新点为：针对船闸施工各阶段及各个实施安装，制定了详细的规范或规程；针对船闸工程的施工围堰设计与施工，制定了详细规定。

3. 查新范围要求、文献检索范围及检索策略

查新检索范围及检索策略决定了查新过程的成败。只有对具体课题进行充分分析，确定充分、合理的检索资源，制定周全、灵活的检索策略，才能确保检索结果的可靠性、重现性、权威性。在上一节中已介绍了检索范围和检索

策略的原则和注意事项。查新课题应检索的中文基本数据库包括：①中国知网中国期刊全文数据库；②重庆维普中文科技期刊数据库；③万方数字化期刊全文数据库；④重庆维普中国科技经济新闻数据库；⑤中国学术会议论文数据库（知网、万方）；⑥中国学位论文数据库（知网、万方）；⑦中国科技成果数据库；⑧国家科技成果网（科学技术部）；⑨中国专利数据库；⑩中国科技论文在线（教育部科技发展中心）；⑪ 中国会议论文在线（教育部科技发展中心）；⑫ 中国科学文献服务系统；⑬ 中外标准数据库（万方）及其他网络资源等。外文文献利用DIALOG联机检索系统、INSPEC、Ei Compendex（R）、GeoRef等数据库扫描检索功能，结合规定学科基本检索工具（数据库）选定检索范围，这样可以避免数据库的漏选。

仍以“船闸施工规范”查新报告的检索范围与策略为例。表7-2是本案例的检索范围和检索策略，通过图表形式有条理、明晰地展现。其他案例的检索范围和策略的撰写各具特色，由于篇幅所限，这里不能逐一展示，在以后撰写查新报告时应仔细体会，同时要考虑体现检索策略中灵活多变的检索式。

表7-2 查新报告检索范围及检索策略

查新范围要求

要求查新机构通过查新，证明在所查范围内国内外有无与查新点相同或类似的报道。

文献检索时间范围及检索策略

国内数据库：

1. 中国知网中国期刊全文数据库	1994—2013.5
2. 重庆维普中文科技期刊数据库	1989—2013.5
3. 万方数字化期刊全文数据库	1983—2013.5
4. 重庆维普中国科技经济新闻数据库	1992—2013.5
5. 中国学术会议论文数据库（知网、万方）	1989—2013.5
6. 中国学位论文数据库（知网、万方）	1982—2013.5
7. 中国科技成果数据库	1989—2013.5
8. 国家科技成果网（科学技术部）	1985—2013.5
9. 中国专利数据库	1978—2013.5
10. 中国科技论文在线（教育部科技发展中心）	2003—2013.5
11. 中国会议论文在线（教育部科技发展中心）	2003—2013.5
12. 中国科学文献服务系统	1985—2013.5
13. 中外标准数据库（万方）	1985—2013.5

www.baidu.com，www.google.com 等网络资源搜索

续表

国外数据库：（含 DIALOG 联机检索系统）

	2:INSPEC	1989–2013/May W2
	8:Ei Compendex（R）	1884–2013/May W1
	23:CSA Technology Research Database	1990–2013/May
	34:SciSearch（R） Cited Ref Sci	1990–2013/May W2
	61:Civil Engineering Abstracts	1972–2013/May W2
	64:Environmental Engineering Abstracts	1993–2013/May 14
	89:GeoRef	1972–2013/May
	96:FLUIDEX	1972–2013/May
	118:ICONDA–InternationalConstruction Database	1973–2013/May W2
	292:GEOBASE（TM）	1980–2013/May W2
	EBSCOhost	1975–2013/May
	ProQuest Science Journals（科学期刊）	1986–2013/May
	SpringerLink（德国斯普林格数据库）	1973–2013/May
	Elsevier SDOL（荷兰 Elsevier 学术期刊）	1995–2013/May
	ProQuest Dissertations and Theses（PQDT）	1998–2013/May

检索词

船闸施工；设施安装；规范；规程；水利；水电；美国

ship lock; navigation lock; construction; construct; installation; specifications; standard; criterion; water conservancy; bydroelectric; America; USA; United States

检索式

（船闸施工 or 设施安装）and（规范 or 规程）

（规范 or 规程）and（水利 or 水电）and 美国

{ship （） lock or navigation （） lock and （construct? or installation? or specification? or standard? or criterion） and [water （） conservancy or hydroelect? or hydro （） elect?] and [America or USA or United （） States]}

4. 检索结果

对检出文献进行分类，并将可比文献逐一与课题查新点进行对比分析。案例“船闸施工规范”的检索结果如表 7–3 所示。案例中对文献摘要和目前状态以及与本课题查新点的异同都进行了清楚的交代。

表 7-3　案例检索结果

依据上述文献检索范围和检索策略，共检索到相关文献 75 篇，其中密切相关文献 16 篇，如下：

[1] CN-JT 船闸启闭机设计规范 . 中交水运规划设计院，JTJ309-2005，2004/1—现行

[摘要] 本规范适用于内河Ⅰ－Ⅶ级船闸工作闸门和工作阀门启闭机设计。船闸其他固定式启闭机设计可参照执行，移动式启闭机设计可参照现行行业标准《水利水电工程启闭机设计规范》（SL41）的有关规定执行。

[2] CN-JT 船闸闸阀门设计规范，四川省交通厅内河勘察规划设计院，JTJ308-2003，2003/1—现行

[摘要] 为统一船闸闸门和阀门设计的技术要求，提高船闸设计水平，做到技术先进、经济实用、运行可靠和便于维修，制定本规范。本规范适用于内河Ⅰ－Ⅶ级船闸的钢质闸门和阀门的设计。低于Ⅶ级的船闸和海船闸的钢质闸门和阀门设计可参照执行。

[3] CN-JT 船闸总体设计规范，JTJ305-2001，2001/1—现行

[摘要] 为统一船闸总体设计技术要求，做到船舶航行过闸安全、通畅、快捷，提高船闸的社会、经济和环境效益，促进航运事业发展，制订本规范。本规范适用于新建、扩建和改建的Ⅰ－Ⅶ级内河船闸总体设计，低于Ⅶ级的船闸和海船闸的总体设计可参照执行。

[4] CN-JT 船闸输水系统设计规范，JTJ306-2001，2001/1—现行

[摘要] 为适应船闸工程建设的需要，统一船闸输水系统设计的技术要求，提高船闸设计水平，做到船舶航行过闸安全、通畅，提高船闸的经济效益，制订本规范。本规范适用于新建、扩建和改建的Ⅰ－Ⅶ级内河船闸，低于Ⅶ级的船闸、海船闸和筏闸的设计可参照执行。

[5] CN-JT 船闸水工建筑物设计规范，JTJ307-2001，2001/1—现行

[摘要] 为适应船闸工程建设的需要，统一船闸水工建筑物设计的技术要求，提高船闸设计水平，做到技术先进、经济合理、安全可靠和适用耐久，制订本规范。本规范适用于新建、扩建和改建内河Ⅰ－Ⅶ级船闸水工建筑物设计，低于Ⅶ级的船闸和海船闸水工建筑物设计可参照执行。

[6] 苏斌，黎新欣，中水珠江规划勘测设计有限公司 . 浅谈广西长洲水利枢纽工程船闸施工建设的监理工作模式 [J] . 人民珠江，2010，31（z1）：45-47，55.

[摘要] 广西长洲水利枢纽工程船闸具有工程规模较大、业主要求较高的特点。在工程实施施工监理工作过程中，设置了符合工程情况的工作模式，坚持规范化管理、合理化控制，使工程有条不紊地顺利进行。其监理工作模式可以为类似工程提供借鉴参考。

续表

［7］宫凌杰，郑伟，辽宁省水利水电工程局 . 嘉陵江草街航电枢纽混凝土配合比的设计［J］. 水利建设与管理，2009，29（6）：83-86.

［摘要］嘉陵江草街航电枢纽工程是嘉陵江上最大的航电枢纽工程，在建工程包括发电厂房和船闸两部分，混凝土施工分别执行《水工混凝土施工规范》和《水运工程混凝土施工规范》，二者既有相同之处，也有不同之处，两个工程混凝土标号种类多、级配齐全。根据设计对不同部位混凝土的不同要求，对混凝土配合比精心设计并进行优化，确定配合比的各项参数，满足设计及施工要求。

［8］何文辉，广东珠荣工程设计有限公司 . 诌议某城市船闸输水系统的设计［J］. 城市建设理论研究（电子版），2012（15）.

［摘要］本文结合（JTJ306-2001）船闸输水系统设计规范，介绍了某城市水利枢纽工程船闸的设计标准和要求，论述了船闸输水系统的型式选择、系统布置及水力计算和设计过程。该船闸选择分散输水系统，经过实际运用，证明其设计经济合理的施工和维护。

［9］DL/T5018-94 水利水电工程钢闸门制造安装及验收规范［Z］. 中国葛洲坝水利水电工程集团公司机电建设公司 . 项目年度编号：99018411

［摘要］钢闸门制造安装及其验收规定，经调查国内各部门都无这方面规范，唯一与钢闸门安装有关的规范，是交通部颁发的“船闸设计规范”，但也仅限于人字闸门，远不能满足水利水电建设的需要。寻找世界各国标准，也无直接可用于指导钢闸门制造与安装的有关规范。因此，该规程制定将对中国钢产闸门制造与安装有关的管理、设计、制造、安装与运行部门起到良好的指导与技术归口作用。近年来，中国大中型水利水电工程发展较快，在水利水电建设中使用了多种新型闸门，也采用了很多新的材料、设备和施工新技术，使得中国水工钢闸门设计、制造与安装已步入世界发达国家的先进行列。因此，在制定 DL/T5018-94《水利水电工程钢闸门制造安装及验收规范》过程中，系统地总结了中国水利水电钢闸门生产实践的先进经验，并在焊接质量管理、焊后消除应力热处理、高强度螺栓、金属表面防腐、止水密堵新材料和高强度抗磨材料等方面制定了适合中国特色、切实可行的质量控制规范，在国内水利水电 40 余名专家审查时获得一致好评。该规范 1995 年出版后，深受广大水利水电设计、管理和施工人员的欢迎，已准备再版。在黄河委员会设计院编制小浪底招标技术文件时，参照了该规范，后由美国哈扎公司（HAZRCONSULT.CO）咨询审查时，美国专家看到该规范后，认为该规范很实用，建议译成英文向国际推广。

［10］高惠君，莫鉴辉，邓晓云，李宏印，骆义，徐建勇，王前进，杨春勤，黄佳林，杨文仲 . 京杭运河船型标准化示范工程系统研究［Z］. 交通部水运科学研究院，2005. 项目年度编号：gkls040829

［摘要］京杭运河是我国航道等级最高、渠化程度最好、船闸设施最为完善的人工航道。但由于船舶标准化程度较低，船型杂乱，船舶平均吨位小，使航道和船闸等通航设施的利用率与通过能力不能得到有效发挥，降低了船舶营运效率和内河航运竞争力。2003 年，交通部决定开展“京杭运河船型标准化示范工程”，采取法律、经济和行政的手段，在

续表

京杭运河推行船型标准化。为了配合京杭运河船型标准化工作，为其提供技术支持，交通部决定立项开展《京杭运河船型标准化示范工程系统研究》，对京杭运河标准船型及相关政策进行研究，提出符合市场需求的标准船型以及操作性强的政策措施，为京杭运河船型标准化示范工程提供政策支持和技术保障，首次对京杭运河船型标准化工作进行了系统研究；提出了《京杭运河船型标准化示范工程行动方案》，编制了《京杭运河船型标准化示范工程挂桨机船拆解改造政府补贴资金管理办法》，为推进京杭运河船型标准化工作提供了理论和政策研究依据，有针对性地制定了京杭运河船舶技术规范。研发京杭大运河 100/200/300/500/1000 吨级货船、1000/1500/2000 吨级顶推船队以及 27/32/58/100TEU 集装箱船标准船型，为船型标准化提供了技术保障，推船设计中采用了导管前倾技术，改变了螺旋桨的伴流场，使推进效率提高 2%~5%。采用盒套齿轮襟翼舵，减少磨损，延长齿轮的使用寿命，在推船上设置了液压升降驾驶室，增强了船舶驾驶的安全性，优化出适应京杭运河浅水、狭窄航道要求的低阻、高效、操纵性能优良的船型，使集装箱船船型快速性能提高 10% 以上。综合应用环保技术，包括船舶机舱双层底设计、机舱舱底水油水分离器、生化法生活污水处理装置、污染物接收装置、主甲板两舷设置挡油板、尾轴水润滑技术等，达到了控制船舶污染的目的。轴系采用 U 形机械传动技术，解决了挂桨机船落舱改造柴油机、齿轮箱、轴系驱动难以布置的问题。开发的简易货舱舱口盖，具有舱口覆盖面积大、收放便利、外形美观、密封性能好、防粉尘污染的优点。

［11］丁行蕊，续庆琪，姚国治，涂启明，杨自薰，杨孟藩，杨警声．船闸设计规范［Z］．郴通部水运规划设计院，四川省交通厅，江苏省交通厅，水电部交通部南京水利科学研究院，河海大学．项目年度编号：892035

［摘要］该规范包括总体设计、输水系统设计、水工建筑物设计、闸门阀门设计、启闭机设计和电气设计等六部分。规范内容以中型船闸为主，兼顾大型和小型船闸的需要，并兼顾平原、丘陵山区船闸。规范反映了我国船闸工程建设的经验和调查研究成果，并吸收了国外经验，是我国第一本船闸设计规范，对今后我国船闸建设有指导作用。该规范的特点是：编制依据广泛、深入、可靠，内容详尽，编排合理，关键技术有所突破。它填补了国内空白。

［12］陶洪辉．美国陆军工程兵团水电工程标准体系介绍［J］．红水河，2010（2）：94–97.

［摘要］美国陆军工程兵团是世界最大的公共工程，设计和建筑管理机构，其水电工程标准体系在水电工程勘察、设计、施工等各方面研究、开发和应用上均处于世界领先水平，在世界范围的水电工程建设中得以广泛应用。了解其最新体系的情况，不仅对我国水电行业的发展有重要学习借鉴作用，同时对于中国企业实施“走出去”战略，融入国际经济合作也有重大的意义。

［13］李彬，陈茹．伊朗 MOLLASADRA 水电站底孔工作闸门及事故闸门设计［J］．水利电力机械，2006（11）：33–36.

［摘要］介绍了伊朗 MOLLASADRA 水电站底孔工作闸门和事故闸门的设计特点。依据美国陆军工程兵团（USACE）和美国钢结构协会（AISC）的有关规范，按极限状态法

续表

进行闸门结构设计，采用美国陆军工程兵团编制的水力设计准则进行了通气孔面积计算。

［14］Mikhailov A V，Onipchenko G F. Limitation of hydraulic regime and time of filling high–head ship lock chambers by standard navigation regulations requirements. IN：PROC. SEVENTEENTH CONGRESS OF THE INTERNATIONAL ASSOCIATION FOR HYDRAULIC RESEARCH，HYDRAULIC ENGINEERING FOR IMPROVED WA，1977.

中文书名：《以通航标准规则制定高水压船闸水力工况时效性》

AB：Requirements imposed on the high–head ship locks filling and emptying facilities by standard conditions of ships lockage are stated. Criteria of ships stay in lock chambers and at berthages and in approach channels are described，approximate design formulae for determination of the basic parameters of filling and emptying are given，methods of providing the optimum conditions of ships lockage in high–head ship locks are presented.

利用高水压船闸注排设施，调整各参数需求量，为达到船闸闸室的标准状况，提供一种优化高水压船闸的方法。

［15］RIBEIRO A A，LEMOS F O，RAMOS C M.BED PROTECTION DOWNSTREAM OF A BIG DAM FOUNDED IN ALLUVIA.TRANS. IITH INT. CONGRESS OR LARGE DAMS，（MADRID，SPAIN，ICOLD），1973.

中文书名：《坝基冲积层对下游河床保护的影响研究》

AB：The crestuma scheme，which comprises a movable spillway dam，a power station and a navigation lock，is located on the douro river，in the north of portugal，in a zone where the river bed is constituted by very fine alluvia about 40m deepthe present report describes briefly the studies carried out regarding the shape of the sill profile，the erosions downstream，and the protection of the alluvia owing to the high unit discharge，which exceeds the highest values known in similar schemes throughout the world.among the conclusions reached，those regarding the downstream protection layer are particularly important.it was found that a layer acting as dynamic filler and in keeping with the terzaghi — vicksburg criterion is efficient.

通航船闸在坝基冲积层对下游河床影响中的作用。

［16］Fleischer Helmut，Lutz Matthias，Ehmann Rainer. Development and application of an analysis conception for realistic determination of the structure's load– bearing capacity of reinforced concrete navigation locks（Aufstellung und Anwendung einer Nachweiskonzeption zur realitaetsnahen Ermittlung der Systemtraglast an Stahlbetonschleusen）. Beton–und Stahlbetonbau v.104，no.3 pp.164–174.

中文书名：《钢筋混凝土船闸承载力分析应用研究》

AB：Since 2004，the structural safety of the navigation locks，located at the Main– Danube–Waterway，is systematically analyzed by the Federal Waterways Engineering and Research Institute（Bundesanstalt fuer Wasserbau，BAW）in Karlsruhe. The reason for this analysis was a damage caused by material fatigue at the navigation lock at Bamberg. The use of common methods of structural analysis and conventional static models led to a significant lack of calculative safety margin. For a more realistic indication of the structural behaviour，an analysis of the load–bearing

续表

capacity based on non-linear material behaviour was necessary. Thus, an analysis-concept has been developed that includes the semiprobabilistic safety format of the new engincering standard . This is subsequently presented and explicated on the basis of an example. 该论文运用有限元方法，模拟计算船闸承载力，研究证明钢筋混凝土结构的稳定性，制定一种新的工程标准并以实例做出解释。

5. 查新结论

查新结论在体例上应是一篇相对独立的具有鉴证性的短文。将检索结果与课题查新点进行对比分析，通过综述的形式形成查新结论。应特别注意查新结论撰写的完整性、逻辑性和客观性。尽量做到与查新点逐点进行分析对比；要言而有据，凡课题自身的内容均应在技术要点、查新点或委托方发表的文献中有所述及；结论一般不加评述，不出现未见相同技术指标的报道；不强调具体的、局部的或冠以行政区划名称的地域性区别。案例“船闸施工规范”的查新结论如表 7–4 所示。

表 7–4　案例的查新结论

该委托查新项目“船闸施工规范”，要求在国内外范围内查新检索：①针对船闸施工各阶段及各个设施安装的规范或规程；②针对船闸工程的施工围堰设计与施工的详细规定。 根据与查新委托人签订的“科技查新合同”的有关要求，针对该课题内容，参照用户提供的检索词，使用上述检索策略，利用国内外数据库进行了查新检索，检索了国内外数据库 28 个及相关网站，共检索到相关文献 75 篇，其中密切相关文献 16 篇，经阅读分析比较，得出查新结论如下： 文献 1~5 均为与船闸相关的设计规范，但均未涉及船闸施工中各阶段及各个设施安装方面的规范。 文献 6~8 均为与船闸相关的各类设计规范应用研究，但均未涉及制定船闸施工阶段方面的规范。 文献 9~11 均为与船闸相关的各类规范应用成果，但均未涉及制定形成船闸施工方面的规范。 文献 12~13 均为美国陆军工程兵团在水电工程勘察、设计、施工等方面的研究，但均未涉及船闸施工阶段方面的规范。 文献 14~16 均为与船闸相关的水利工程应用研究，但均未涉及制定形成船闸施工各阶段方面的规范。（针对查新点逐一对文献内容进行综述并有具体文献佐证） 在国内外公开报道文献中，已见在水利或水电行业有船闸启闭机设计规范、船闸闸阀门设计规范、船闸总体设计规范等各种相关规范[1~5]，与船闸相关的各类设计规范应用研究[6~8]，与船闸相关的各类规范应用成果[9~11]，美国陆军工程兵团在水电工程勘察、

设计、施工等方面研究[12~13]，与船闸施工相关的水利工程应用研究文献[14~16]。但在国内外公开报道文献中未见：①针对船闸施工各阶段及各个设施安装制定详细的规范或规程；②针对船闸工程的施工围堰设计与施工制定详细规定的相关报道。（实事求是地点出课题查新点与检出文献的具体差异。）

查新员（签字）：　　　　　　查新员职称：
审核员（签字）：　　　　　　审核员职称：
（科技查新专用章）

年　月　日

通过本节案例分析，可以直观地了解科技查新的整个流程和内容。但是科技查新是一项实践性很强的工作，仅靠案例分析难以真正掌握具体的流程及内容，还需加强实践，在实践中学习。

7.5　科技信息咨询的新发展

在经济和社会的持续发展中，科技信息咨询也产生了相应的新变化，发展逐渐呈现出集成化、便捷化、高端化的特点。科技咨询要想在科技咨询服务业中得到有效长远的发展并增强科技进步，首要的是对科技咨询师进行职业认证与考核，同时需要从构建特色科技咨询服务业体系、突破创新发展咨询服务业机制、加强科技咨询机构的核心建设等角度加强科技咨询机构的核心建设，推动科技咨询服务行业的持续发展。

7.5.1　科技咨询师职业认证

为贯彻落实国家深化职业技能人才评价制度改革总体要求，培养造就满足国家技术转移体系建设、适应技术市场发展需要的高素质、复合型、技术型人才队伍，按照《国家职业技能标准制定工作计划（2020—2022 年）》，中国技术市场协会组织力量编制开发了《科技咨询师国家职业技能标准》，组织制定相关制度措施、管理办法，开发职业评价规范、教材和题库，统筹部署北京、上海、天津、重庆、江苏、广东、浙江、湖北、四川、陕西等地科技咨询师职业技能等级认定工作。根据中国技术市场协会人才培养和职业技能评价工作计划，2022 年 7 月开始陆续开展科技咨询师培训工作。

2023 年 5 月 15 日，《科技咨询师国家职业技能标准》发布，对职业定义、特征等进行了详细规定。标准所定义的科技咨询师是“从事科技创新、创业、成果转移与转化等技术经济活动，提供独立分析结果及解决方案的咨询工作人员”，职业编码为4-07-02-02，共设三个等级，分别为三级／初级科技咨询师（150标准学时）、二级／中级科技咨询师（120标准学时）和一级／高级科技咨询师（100标准学时），工作环境应在室内，职业能力特征包括学习、沟通协调、信息处理、调查研究、分析评估、团队合作等。

7.5.2 科技咨询服务发展趋势

1. 科技咨询服务的趋势特征

科技咨询服务的本质是专业知识的创造与使用，面对当前人工智能技术、市场主体、服务需求的不断变化与升级，科技咨询服务也呈现出新的趋势特征。

一是数字化科技咨询服务不断涌现。咨询技术与数据技术加速融合，催生了数据智能分析等新型服务领域，在传统科技咨询服务的基础上引入大数据分析、信息挖掘提取、人工智能、可视化等技术，通过互联网技术突破了线上、线下的界限，打通各环节的沟通壁垒，形成一个资源共享的生态系统，有效提高了服务效率，并改善了服务体验。

二是创意思维和思想价值逐渐提高。智能科技发展与服务需求变化同步发生，科技咨询服务内容从传统的综合性服务向更多元化、更专业化的方向转变。要求科技咨询服务机构能洞见大量数据背后的机会，抓住机会的创意想法，让科技成果评价、商业发展模式策划、企业管理能力提升、企业品牌建设等一系列高端服务逐渐产生，充分体现科技咨询服务最重要的核心价值，最终形成一个螺旋增长的互进发展循环圈。

三是科技咨询机构平台化发展。为适应瞬息万变的市场环境，越来越多的科技咨询机构通过搭建平台聚合资源优势，旨在打破地域和时间上的限制，将供需双方进行整合，形成集资源、技术、主体和服务于一体的科技生态圈，并依托互联网智能技术提供实时交流的渠道，使科技咨询服务机构可精准抓取用户需求，以更专业化的方式为用户提供解决方案，进而为用户提供从决策提出到决策落地的全周期服务。

2. 科技咨询服务的新发展要求

（1）适应科技服务业发展机遇

国家发展战略越来越重视以科技创新为核心，将科技人才发展放在重要地位。在这一背景下，要有效推动科技事业的创新发展，将创业与创新相结合，塑造更多具有创新驱动和行业优势的依靠，在当前科技咨询服务业的推动下实现经济发展体制的转型与升级。而明确经济发展与转型的方向，是充分发挥科技服务业潜能的关键，需要适应科技服务业的发展机遇，高质量推动公益类服务型事业单位的发展。

（2）推动互联网时代新业态

互联网时代不仅实现了人人交互和人机交互等效果，还实现了实时互动的目标，促进许多产业的持续发展。在互联网时代，传统服务模式和生态逐渐被颠覆，服务模式实现爆发式增长。科技咨询服务要利用现代信息技术提升科技服务的能力与竞争力，充分发挥科技服务的优势，并推动科技服务向集成化、高端化等方向发展。

（3）创新经济发展核心活力

国务院针对创新创业提出的指导意见及相关政策的实施，有效推动了创新创业的发展。随着相关政策的出台与落实，创新创业在我国也迎来了新的发展高潮，创新驱动不仅是大势所趋，更是新时代发展的形势所迫。在创新创业时代背景下，开展科技咨询服务工作能充分发挥科技创新的支撑作用，且能实现要素驱动发展转变成创新驱动发展。科技咨询服务受创新驱动发展转变的影响，需要紧密围绕企业所需人才进行引进与创新，加强人才队伍的建设与培养，从而促进科技成果快速转化。

本章小结

本章从具体概念入手，在理论上对科技信息咨询进行了多维度的扫描和总结，以实际的科技查新报告为例，让学生对科技信息咨询和科学技术查新有了全方位了解。

思考题

1. 简述科技信息咨询和科技查新咨询的异同。
2. 学校图书馆是否可以提供科技查新咨询服务？
3. 信息咨询如何为国家和地区的科技发展战略服务？
4. 与其他咨询企业相比，科技咨询企业有什么突出的特征？

实践测验

1. 请以学校图书馆为依托，选择某个符合科技查新或科技信息咨询的主题，从填写科技查新委托单（表 7-5）开始，感受科技查新咨询全流程。

2. 尝试从图书馆或查新中心寻找最新的科技查新报告（表 7-6），判断是否符合《科技查新技术规范》（GB/T 32003-2015）。

表 7–5　科技查新委托单

编号：　　　　　　　　　　　　　　　　　　填表日期：　　年　月　日

查新项目名称	中文：						
	英文：						
委托人	单位名称					机构类别代码	
	通信地址				邮政编码		
	负责人		电话		手机		
	联系人		电话		手机		
			传真		电子邮箱		
查新机构	机构名称				网址		
	通信地址				邮政编码		
	联系人		电话		手 机		
			传真		电子邮箱		

一、委托须知

1. 委托人必须按要求认真填写并对所提供资料的真实性及可靠性负责。查新委托内容经确认并被受理后，则不能随意更改，若委托人要求更改查新内容或增加查新点，则需重新办理查新委托，并按新项目收费，或双方协商酌情增加收费。

2. 项目查新实行先付费制度，委托人与查新机构确认查新内容并按收费标准办理缴款手续后，查新委托方被受理。

3. 查新受理日以缴款或汇款凭证传真至本查新机构的日期为准。

4. 若有其他情况，请致电查询。

续表

二、查新目的及范围 1. 查新目的及项目类别代码： ○立项查新：开题　申报计划　检查　评估　其他（请注明） ○成果查新：鉴定　验收　评估　申报奖励　其他（请注明） ○产品查新　○专利查新　○标准查新　○其他（请注明） 项目类别： 2. 查新项目学科（专业）分类及代码： 3. 查新范围：○国内外查新　○国内查新　○其他（请注明）
三、查新项目的科学技术要点简述 1. 简述项目所属科学技术领域及要解决的技术问题。 2. 重点描述项目为解决技术问题所采用的技术方案，如材料、工艺、方法、设备等方面的创新。 3. 有益效果，可以由产率、质量、精度和效率的提高，能耗、原材料、工序的节省，加工、操作、控制、使用的简便，环境污染的治理或者根治，以及有用性能的出现等方面反映出来。

续表

四、查新点 注：从上述技术要点中提取需要查证的技术关键点，主要反映项目的技术方案和技术效果，应以通用、规范的技术术语进行表述，不得使用带有修饰性的表述语，如打破、首创、独特等。凡需要查证的数据、指标等还应提供权威机构的检测报告。如有多个查新点，应逐条列出。每个查新点突出一个技术主题或技术特征，一般不超过 3 点。
五、参考检索词及其解释 注：针对项目查新点，结合科学技术要点，提供同行公认的技术术语，包括规范词、关键词、同义词、近义词、相关词及其相关词汇的全称及缩写，必要的化学物质名称、CAS 登记号、分子式及结构式，物种拉丁文名称，专利分类号等。国外查新还需提供英文检索词和查新项目的英文名称。

续表

六、知识产权及已发表论文情况 注 1：委托方申请、拥有或使用的与本委托项目密切相关的专利文献发表情况（列出专利名称、专利号、申请人或发明人、申请日期等信息）； 注 2：项目知识产权若属引进、购买或共有，列出清单说明； 注 3：与本项目密切相关的已申报的立项情况（列出项目名称、上报单位、获批情况）； 注 4：委托方发表的与本委托项目密切相关的文献情况（列出论文作者、题目、刊名、年、卷、期、页等信息）。
七、参考文献 注：列出与委托项目相关的文献（论文包括作者、题目、刊名、年、卷、期、页等信息，专利包括专利名称、专利号、申请人或发明人、申请日期等信息）。

续表

八、报告提交时间及方式 需要红章报告份数：　　份，希望提交时间：　　年　月　日 提交方式：○自取　○快递预付　○快递到付 注 1：委托人可在此向查新机构提出希望提交报告的时间，但最终时间将以双方协商确认后的时间为准。 注 2：报告提交方式如选择快递预付，需另交____元，快递费用可与查新费合并开具一张发票。
九、收费标准及账号 1. 收费标准 2. 汇款账号 收款单位：　　　　　　开户银行： 账　　号：　　　　　　用　　途：

续表

十、备注					
以下内容由查新机构填写					
报告编号		委托日期		完成日期	
查新员		审核员		提交日期	
付款方式	○现金 ○支票 ○汇款 ○转账 ○在线支付 ○其他：				
发票号码				开票日期	
查新费用明细：					

资料来源：GB/T 32003–2015《科技查新技术规范》。

表 7–6　科技查新报告

<table>
<tr><td rowspan="2">查新项目名称</td><td colspan="5">中文：</td></tr>
<tr><td colspan="5">英文：</td></tr>
<tr><td rowspan="5">查新机构</td><td>名称</td><td colspan="3"></td><td></td></tr>
<tr><td>通信地址</td><td colspan="2"></td><td>邮政编码</td><td></td></tr>
<tr><td>查新负责人</td><td></td><td>电话</td><td colspan="2"></td></tr>
<tr><td>联系人</td><td></td><td>电话</td><td colspan="2"></td></tr>
<tr><td>电子信箱</td><td></td><td>网址</td><td colspan="2"></td></tr>
<tr><td colspan="6">一、查新目的</td></tr>
<tr><td colspan="6">二、项目的科学技术要点</td></tr>
<tr><td colspan="6">三、查新点</td></tr>
</table>

续表

四、查新范围要求
五、文献检索范围及检索策略
六、检索结果

续表

<table>
<tr><td>七、查新结论

查新员（签字）：　　　　　　查新员职称：
审核员（签字）：　　　　　　审核员职称：

（科技查新专用章）
年　月　日</td></tr>
<tr><td>八、查新员、审核员声明</td></tr>
<tr><td>九、附件清单</td></tr>
<tr><td>十、备注</td></tr>
</table>

资料来源：GB/T 32003-2015《科技查新技术规范》。

第八章

经济信息咨询

经济信息咨询的内涵非常广泛，包括国家或企业等组织的金融、外贸、市场营销、行业投资和财务信息等多个方面的咨询，这些信息直接关系到国家、企业和个人的方方面面。由于信息不对称的普遍存在，无论是政府、企业还是个人，都存在信息盲点，所以进行经济信息咨询是了解市场动态、把握宏观环境和消除盲目决策的有力武器。本章概述经济信息咨询的机构，以及经济信息咨询的特征与程序，重点介绍了市场信息咨询、投资信息咨询、竞争情报咨询，并提供了咨询案例。

8.1　经济信息咨询概述

随着世界经济的全球化发展，和平和发展逐步取代了军事和政治对抗，各国信息工作的重点也由军事、政治和外交等方面逐步转向经济和科技领域，经济信息咨询由此得以快速发展。经济信息咨询快速发展的另外一个原因在于经济信息的巨大价值，其价值在于组织或个体获得信息后按照该信息采取最优行动的效用与获得该信息前采取的最优行动的效用之差。一条重要的经济信息能够使一个没有销路的产品打开市场，能使一个将要倒闭的企业起死回生，同样，一条重要的经济信息也能够使脱销的商家找到货源，从而使商家的生意能正常进行。经济信息咨询主要受国家或地区经济发展的需要、国际经济交流的需要和市场中企业发展的需要等因素的推动。

8.1.1 经济信息咨询的对象与特征

1. 经济信息咨询的对象

经济信息咨询是信息咨询体系中的重要组成部分，主要从事的是与国家、企业和个体的投资、生产、市场和证券交易等经济活动相关的咨询。日本学者竹本直一将日本咨询客户划分为四类：国际机构、发展中国家政府、外国企业和日本企业。在中国，经济信息咨询客户一般分为国际机构、政府机构、外国企业及投资者、国内企业和个人五类。

归纳起来，经济信息咨询的对象有宏观、中观和微观三个方面。

宏观咨询主要是面向经济政策、国家和地区经济管理、改善经济环境等方面的信息咨询。

中观咨询主要是面向企业的信息咨询。信息是决定企业成败的关键因素之一，企业发展依靠的是正确的决策，而决策的基础是信息。企业竞争力的高低取决于企业获取和处理信息的能力。企业信息咨询利用现代信息技术有效地开发和利用信息资源，掌握竞争对手的动态，有助于增强企业的核心竞争力。

信息渗透于企业的每一个部门和每一个业务流程。在设计、规划方面，用计算机辅助设计与规划，可降低出错率，提高工作效率，节省投资，缩短产品研发周期，保证产品质量。同时可以降低企业的生产成本，节约占用资金和生产材料。企业信息咨询可以提高企业的技术能力和商业能力，实现企业管理的有序性，提高企业的客户满意度，加速资金流在企业内部和企业间的运转，保证信息流在企业内部和企业间的畅通，加速知识在企业中的传播；有助于企业知己知彼，实现信息的有效整合和利用，适应市场竞争的需求。

管理从某种角度讲，就是对信息的处理。企业信息咨询可以提高企业员工知识水平，加速知识在企业中的传播和积累，实现现有知识的及时更新和应用。企业信息咨询还可以提高企业管理水平，实现管理的有序性。通过企业信息咨询，能够形成企业的外部效应，体现在企业营销、企业管理、企业创新能力、企业形象和企业公共关系等方面。

微观咨询主要是面向经济活动中各类项目的信息咨询，如电子商务咨询、管理信息系统咨询、ERP系统实施应用（implementation of ERP）咨询、BPR（business process re-engineering）咨询、管理持续改善（improvement of management performance）咨询、国际化发展（international development）咨询。

2. 经济信息咨询的特征

经济信息咨询是比较复杂的咨询，不同于专指度较高的科技信息咨询。科技信息咨询需要的主要是纵向思维，而经济信息咨询需要的主要是横向思维。一般来说，经济信息咨询具有以下特征：

（1）咨询范围广泛

经济信息咨询的范围包括企业投资、市场开发、金融证券、房地产、竞争情报和国家经济政策法规等，范围广泛。这就要求咨询服务工作者知识面广，并且熟悉经济领域的情况。

（2）信息综合性高

客户所提出的经济信息咨询课题往往是多项信息的综合，需要全面考虑。例如客户对某项产品提出咨询，他需要的信息往往是该产品的市场前景、竞争对手情况、国家对该产品的政策和银行贷款力度等信息的综合，这就对咨询公司的服务提出了较高的要求。

（3）工作性质重要

经济信息咨询往往涉及投资、开发和引进等国家和企业的重大经济活动，这些活动决策风险大，对企业、国家和社会的影响深远，所以这些活动的经济信息咨询就显得非常重要，做得好，能使国家、企业和个人事半功倍，创造出巨大的经济效益和社会效益；做得不好，可能使国家、企业和个人蒙受巨大的损失。

8.1.2　经济信息咨询的程序

当咨询机构接到客户的信息咨询要求时，咨询工作就开始了。从工作流程上说，经济信息咨询工作包括四个关键阶段，即受理、调研、分析和建议阶段。

1. 受理阶段

咨询机构与委托方在进行初步接洽后，应对委托方所提出的委托项目进行深入剖析，包括对其委托意图、咨询问题类型、最终产品呈现形式等内容的分析。值得注意的是，经济信息咨询注重与委托人进行持续性的互动，在项目进行过程中与委托人反复商议，有助于彼此加深对项目的理解，修正委托要求。

2. 调研阶段

该阶段的调研工作可从行业调研、消费者调研和竞争对手调研三方面进行。

（1）行业调研

行业调研是对一个行业的整体情况和发展趋势进行调查研究，从而为下一步的工作奠定基础的工作。需要调研的情况包括行业生命周期、行业市场容量、行业成长空间和盈利空间、行业演变趋势、行业成功关键因素、进入退出壁垒和上下游关系等。系统地划分的话，行业调研包括三个方面的内容：

①行业环境，包括经济环境、政治环境、技术环境、自然环境和社会文化环境。

②行业现状，包括行业供给情况、行业需求状况、行业竞争状况、行业产业链、行业价值链、行业的进入和退出壁垒。

③行业前景，包括行业供给发展趋势、行业需求发展趋势、行业竞争格局变化和行业技术发展趋势。

（2）消费者调研

消费者调研需要对消费群体的认知、动机、决策、购买、使用整个过程进行了解。具体调研内容包括：①品牌认知，包括品牌知名度、品牌知晓度、品牌美誉度、品牌忠诚度等。②产品评价，包括产品质量、产品功能、产品价格、产品包装、产品规格等。③使用习惯，包括使用量、使用时间、使用场合、使用频率等。④购买习惯，包括购买者、购买量、购买时间、购买地点、购买价格、购买决策者等。

（3）竞争对手调研

竞争对手调研就是咨询机构对竞争对手的发展目标、能力、优劣势与策略进行研究分析，帮助客户制定自身的竞争策略。其调研内容主要是竞争对手的产品、能力及当前和未来的发展战略。

通过对竞争对手的调研，找出客户与竞争对手之间的差距，结合客户自身特点制定有效的经营战略，以提高客户核心竞争力；同时帮助客户深入了解其竞争对手的现实状况和发展动态，结合客户的实际状况制定出相应的竞争发展战略，以提高客户反应能力。

3. 分析阶段

分析阶段使用的分析方法中，定性分析和定量分析是传统的信息分析方法，SWOT方法则是比较常用的方法。

定量分析是依据统计数据，建立数学模型，并用数学模型计算出分析对象的各项指标及其数值的一种方法。定性分析主要凭分析者的直觉、经验，根据分析对象过去和现在的延续状况及最新的信息资料，对分析对象的性质、特点、发展变化规律做出判断的一种方法，包括比较分析法、类型分析法、因素分析法等。没有或缺乏数量分析的定性分析具有较浓的思辨色彩，定性分析可以在定量分析的基础上进行更高层次的概括性分析。

定性分析中的SWOT分析是一种咨询人员常用的形势分析方法。这种方法通过对组织内部条件和外部环境的分析，明确组织机构本身的实力和弱点，以及面临的机会和威胁，在此基础上，根据客户的委托要求，进行综合分析和比较，本着使优势、机会最大化和使劣势、威胁最小化的原则，制定相应的发展战略和策略。具体来说，SWOT分析是在调查研究的基础上，将研究对象的内部优势因素、劣势因素和外部机会因素、威胁因素按照矩阵形式排列起来，通过内外部因素的不同组配分析，做出最优决策的分析方法。

定性分析与定量分析应该是相互补充的。定性分析是定量分析的基本前提，没有定性的定量是一种盲目的、毫无价值的定量；定量分析使定性分析更加客观、准确，它可以促使定性分析得出广泛而深入的结论。

4. 建议阶段

在建议阶段，咨询机构基于前期调研和分析阶段对课题的计算和论证，归纳和总结出结论，最后以约定形式提供有建议性质的咨询报告供客户参考。

8.1.3 经济信息咨询服务机构

经济信息咨询服务机构是咨询人员的知识技术对委托方所提出的经济信息问题进行独立解决，提供解决方案的组织。鉴于经济信息咨询本身具有综合性等特点，经济信息咨询服务机构同样也具有综合性、专业性、协调性等特点，其人员来自各个学科但需具备经济学相关基础知识，同时在解决问题时常采用综合的研究方式，与各界各部门协调相关事宜。提供经济信息咨询服务的机构主要有三种：一是综合性信息咨询机构；二是专业性的经济信息咨询机构；三是现代民营信息咨询机构。

1. 综合性信息咨询机构

综合性信息咨询机构一般实力雄厚，具有官方或半官方色彩，它又可分为三类：一是政府型咨询机构，如美国的国际经济委员会、德国的经济专家委员会、法国的经济与社会委员会、中国的国家信息中心和国务院发展研究中心等；二是事业型咨询机构，如美国的赫德森研究所和企业公共政策研究所、日本的日本经济研究所、法国的巴黎经济社会发展研究所，以及德国的五大经济研究所——汉堡经济研究所、基尔世界经济研究所、德意志经济研究所、慕尼黑经济研究所和科隆经济研究所等；三是官民结合的咨询机构，如美国的兰德公司和中国的赛迪顾问股份有限公司等。

2. 专业性信息咨询机构

中国的信息咨询工作是从专业性经济信息咨询机构开始的。20 世纪 80 年代初，分布在金融、证券、会计和房地产等领域的专业经济咨询机构在中国相继出现，承担着各专业领域的经济研究、市场调查、产品分析等任务，它们发展到现在，已经成为中国经济咨询服务的主要机构。这些机构主要有：

（1）银行信托咨询公司

中国银行信托咨询公司于 1983 年率先成立，随后各省、自治区、直辖市的中国银行分行大多设置了信托咨询公司。该司为中外客户在中国合作合资办企业以及贸易往来牵线搭桥，为企业利用外资和进行技术改造提供多种形式的咨询服务。在开展经济咨询业务中，中国银行信托咨询公司关注和利用国际和国内两方面的有利条件。在国外，中国银行信托咨询公司同世界上 150 个国家和地区的 1000 多家银行的 3000 多个总分机构及其代理建立了业务联系，这是中国了解国外经济的重要窗口。通过上述分支机构和代理的调查，该司取得了有关国外企业的资料、技术、设备、产品、贸易与投资条件等方面的信息资料，为国内客户提供极具参考价值的各种资料。在国内，中国银行同企业和其他各类社会组织有广泛的业务往来和工作关系，可以较为迅速、详尽地为国内外客户提供必要的信息资料，使海外的一些机构加强了对国内企业的了解和信任，为其与中国企业贸易往来以及开展合资合作提供了便利。中国银行信托咨询公司使国内外企业得到了较满意的信息反馈，对促进国内外经济交往起了积极作用。

（2）对外经济贸易咨询公司

中国对外经济贸易咨询公司成立于 1980 年，总部设在北京，原是中国对外贸易经济合作部（国务院原组成部门）直属企业，是国内建立最早、规模最大的咨询和信息专业公司之一。公司提供了大量贸易和投资机会信息，主要业务包括市场调研、客户资料调查、投资可行性研究、企业发展策划、项目评估、商务代理，同时还接待参访团、组团促销考察，承办商品展销会、经贸研讨会和洽谈会等。

（3）会计师事务所

会计师事务所是以会计师和审计师为主的经济咨询机构，承担会计、财务、税务和经济管理等方面的咨询工作。世界五大会计事务所是普华永道（PWCC）、毕马威（KPMG）、德勤（DDT）、安永（EY）和安达信（Arthur Anderson）。

据中国注册会计师协会网站相关信息，截至2022年底，中国的会计事务所数量超过9000家，执业的注册会计师达到了9.8万余人。根据中国注册会计师协会发布的《2022年度会计师事务所综合评价前百家信息》报告，中国2022年会计事务所综合排名前十的是普华永道中天会计师事务所、安永华明会计师事务所、毕马威华振会计师事务所、德勤华永会计师事务所、上海立信长江会计师事务所、天健会计师事务所、容诚会计师事务所、信永中和会计师事务所、致同会计师事务所、天职国际会计师事务所。

3. 现代民营信息咨询机构

20世纪后半叶至今，世界性的新技术、新产品涌现，企业之间的竞争愈发激烈，这也为民营信息咨询机构提供了市场和发展空间，这类咨询机构的快速增长也极大地促进了世界经济的发展。

国内最受客户信任的本土咨询机构包括和君咨询、中大咨询、睿信致成、华夏基石、北大纵横、正略钧策、仁达方略、久谦咨询、汉哲咨询、百思特（2022年统计）。部分外国民营咨询机构如麦肯锡、埃森哲、尼尔森、科尔尼、罗兰·贝格、毕博、野村综合研究所等大牌“头脑公司”也都已进入中国市场，给中国的咨询业带来了新的管理思想和市场运作方法。

以野村综合研究所为例，该所正式成立于1965年4月，由1906年野村德七设立的野村公司调查部发展而成。目前研究所工作人员500多名，其中研究员260多名（包括社会科学研究员130名，自然科学研究员120名）。研究所重视积累经济信息，在东京本部拥有藏书4万册、各种杂志1200种、报纸65种和特种行业报纸88种的图书馆，还拥有自己的“信息银行”，专门收集日本经济、产业的资料，另建有日本1700多家企业财务情况数据库。研究所被称为典型的日本研究机构，其研究主要内容、课题与美国兰德公司相似，素有“日本的兰德公司”之称。该研究所的研究领域十分广泛，大到国家战略、小到出租汽车，既有社会科学，又有自然科学，主要研究内容为经济、金融、股票，委托对象也囊括了政府机关、地方公共团体和民间企业，军事战略也是它研究的一部分。东京研究本部下设企业、经营、经济和证券等调查部和政策研究部。镰仓研究本部下设产业经济、经营计划、社会系统、环境系统、大城市和国际问题等研究部。除此之外，该所还专门设立了投资顾问部和生物科学研究部。其在纽约、伦敦、巴西和中国香港等地设有事务所，发行《财界观测》（月刊）、《野村周报》（周刊）、《野村海外情报》（半月刊）、《经济季刊》（英文）和《经济评论》（英文月刊）等出版物。

8.1.4 企业信息咨询案例

德勤中国与华为云达成战略合作，加速政企上云进程

在2019年华为全联接大会上，德勤亚太市场主管合伙人、德勤中国副主席蒋颖女士代表德勤中国与华为云业务总裁郑叶来先生宣布双方达成战略合作伙伴关系，签署战略合作备忘录。德勤中国将加入华为云合作伙伴体系HCPN（Huawei Cloud Partner Network）。德勤中国和华为云将利用自身的品牌影响力、优势资源和技术，强强联手，加速Cloud 2.0时代政企上云进程。

德勤中国与华为云达成战略合作

德勤中国为世界500强中80%的中国企业提供专业服务，德勤咨询云服务团队可以提供云战略规划、实施、迁移、运营管理和支持、网络安全保障等服务。华为云正进入发展快车道。根据全球权威咨询机构IDC发布的《2019年Q1中国公有云服务市场跟踪报告》，从IaaS+PaaS整体市场份额来看华为云营收增长超过300%，华为云PaaS市场份额增速接近700%，在TOP 5厂商增速排名第一。在中国多个行业，例如互联网、基因、汽车制造、金融等行业，华为云已服务多个行业的TOP客户。在本次签署战略合作备忘录以前，德勤中国与华为云已在企业云化转型领域展开众多合作，提升了企业运营效率，降低了运维成本。

在合作领域和行业方面，德勤中国和华为云将在云服务规划、应用迁移上云、网络安全、数据保护、数据治理、AI、ERP上云等水平领域，以及智慧园区等垂直行业领域进行战略合作。

在联合解决方案方面，双方将共同打造数字化转型解决方案，如德勤企业上云加速实践平台、德勤税务解决方案Taxolution与华为云构建联合技术解决方案，为企业提供基于SaaS的税务解决方案。德勤将基于全流程模型生产服务华为云 ModelArts 进行 AI 开发，为企业构建数字化转型的 AI 引擎等；德勤咨询和实施方法论、知识资产与华为云产品、服务、解决方案构建联合商业解决方案等，推动企业数字化转型。

德勤亚太市场主管合伙人、德勤中国副主席蒋颖女士认为，“德勤进入中国 100 年，一直致力于成为具有高度创新精神的专业服务机构，为客户提供至精至善的专业服务，帮助客户应对瞬息万变的商业环境和技术颠覆。华为云与德勤中国的战略合作将结合双方优势资源，助力客户顺应并引领创新趋势，屹立于数字化浪潮之巅。”

华为云业务总裁郑叶来先生表示，“德勤在各垂直行业领域有成功的实践和丰富的方法论。华为在 ICT 基础设施领域持续投入 30 多年，对企业市场和行业 Know-how 有深刻理解。此次战略合作将结合双方优势资源，为各行各业提供稳定可靠、安全可信、可持续创新的云服务，为客户创造价值，实现普惠 AI。”

（本案例来源：https：//www2.deloitte.com/cn/zh/pages/technology/articles/strategic-cooperation-with-huawei-cloud-to-accelerate-the-cloud-process.html.）

8.2　市场信息咨询

市场信息咨询指信息咨询机构向企业等组织提供有关产品的国内外动向、市场走势和技术更新信息，为新产品开发的设计取向、市场定位和入市时机提供咨询建议，为占领和扩大市场提供产品的市场组合和营销策略的咨询服务。市场信息咨询伴随着市场经济的迅速发展而成长。市场信息咨询分为市场调研、市场分析和市场策略三个环节。

8.2.1　市场调研

市场调研是指咨询机构在接到咨询项目后，对与项目相关的各方面情况进行市场调查和研究，主要包括行业调研、竞争对手调研、消费者行为调研和品牌调研等。

1. 行业调研

行业调研是咨询的基础性工作，通常属于组织战略研究的范畴。行业调研要注意三个方面的重点内容：一是调研行业的宏观方面，包括行业生存背景、产业政策、产业布局、产业生命周期、该行业在整体宏观产业结构中的地位及各自的发展演变方向和成长背景；二是调研行业的微观方面，包括各个行业市场内的特征、竞争态势、市场进入与退出的难度及市场的成长性；三是调研行业策略，包括各个行业在不同条件下及成长阶段中的竞争策略和市场行为模式，给组织提供一些具有操作性的建议。建立在行业调研基础上的行业研究，最重要的不在于给出具体的营销操作或局部调整，而在于为组织提供若干方向性的思路和选择依据，从而避免战略决策失误。

2. 竞争对手调研

竞争对手调研帮助客户识别现有竞争对手和发现潜在竞争对手，了解竞争对手的市场地位与竞争能力，掌握竞争对手的基本状况与调整动向，为客户制定有效的竞争战略和策略提供参考依据。

3. 消费者行为调研

对于企业来说，消费者是一切市场营销活动的基础，而了解消费者的基本消费行为，就能够获得制定营销策略的依据。而对于咨询方来说，要通过调研消费者的行为，掌握其在消费过程中形成的长期消费习惯、消费观念，以及现实与潜在的消费需求，将消费者行为与企业产品、服务、品牌建立关联，深入地分析消费者基本行为、习惯与态度的影响，并将其行为转换成营销行动，这是消费者行为调研的精髓所在。

4. 品牌调研

产品推向市场后，品牌的作用就显得越来越重要，此时商家要关注的就是客户对某品牌产品使用后的满意情况、使用行为与态度、客户品牌转换趋势等，并采取相应营销策略，这样才能不断细分市场，扩大市场份额。

8.2.2 市场分析

市场分析是指咨询机构在市场调研的基础上，对客户的项目进行市场运行的分析，包括市场竞争环境分析和客户满意度分析等内容。

1. 市场竞争环境分析

主要为企业等提供市场中竞争对手和参与者的目标、能力和优劣势信息，目的是帮助企业制定自身的竞争策略。市场占有率是市场竞争环境分析的一项重要内容，通常用企业的销售量与市场的总体容量之比来表示。

2. 客户满意度分析

对一种商品来说，顾客满意度是其市场拓展的重要因素，留住一个老顾客比争取一个新顾客不仅要容易，而且还经济一些，所以进行客户满意度分析就非常重要。客户满意度分析能解决的问题如下：①发现影响客户满意度和忠诚度的主要因素；②发现新业务（产品）或服务中的缺陷并提出改进办法；③对需要改进的因素区分轻重缓急，维系营销资源的正确投入；④建立企业的满意度标准体系，使持续的满意度研究成为可能；⑤可以开拓技术、业务和服务创新的思路；⑥作为附加新业务（产品），成为企业内部进行绩效评估的依据。

8.2.3　市场策略

市场策略是指咨询机构在对客户的项目进行调研和分析后所提出的策略性建议，包括营销策略、产品策略和价格策略。

1. 营销策略

营销策略是指对市场竞争比较激烈的项目产品，研究该项目产品进入市场和扩大销售份额在营销方面应采取的策略。营销策略研究的内容一般包括销售方式、销售渠道、销售网点、价格定位、宣传手段、结算方式和销售服务等。营销策略包括产品策略组合、渠道策略组合、价格策略组合、促销策略组合、公共关系策略组合、政治力量策略组合。

2. 产品策略

产品策略是指企业为了在激烈的市场竞争中获得优势，在生产、销售产品时所运用的一系列措施和手段，包括产品组合策略、产品差异化策略、新产品开发策略、品牌策略及产品的生命周期运用策略等。

3. 价格策略

价格是企业市场营销的重要因素之一，商品价格的变化直接影响着消费者的购买行为，影响着生产经营者营利目的的实现，是市场竞争的重要手段。价格策略主要包括制定价格和竞争性调价。

由于市场信息咨询在经济信息咨询中的重要地位，现在已有专业的市场信息咨询公司，如陕西方位市场信息咨询有限公司等。

8.2.4　市场信息咨询案例

施益洁品牌在中国市场的营销策略

江苏紫金恒悦进出口公司是一家专注于口腔护理用品出口的外贸进出口企业，产品涵盖牙刷、牙膏、牙线、牙线签、齿间刷等口腔护理用品。进入2014年后，由于国内采购成本逐年上涨、国外同行业厂商低价竞争等，公司产品竞争力逐年下降，需要尽快培养出新的业务增长点。因此该公司计划通过创立自主品牌——施益洁口腔护理品牌，由德国供应商专业研发、德国制造，进口到中国市场销售，以提高公司品牌形象，获得市场份额。

为此，公司需要对口腔护理用品的市场信息进行咨询，以确定施益洁品牌在中国市场的营销策略。

1. 市场调研

口腔护理用品行业在国内市场仍然处于发展期，目前行业内一方面有国际大品牌的产品如高露洁、佳洁士、狮王等占据着相当的市场份额，另一方面国内的品牌如云南白药、舒克、倍加洁等也各自有自己的优势渠道和区域。同时，每个区域内还有规模大小不一的当地品牌，对于施益洁品牌来说，当前的重要目标之一就是占有更多的市场份额。

以牙刷市场为例，根据2013年AC尼尔森调查数据显示，市场占有率前十名的牙刷品牌在2012年的市场份额为57.7%，品牌集中度不高，剩余42.3%的市场被其他品牌占有，以德国研发、德国制造为核心竞争力的施益洁品牌，市场可以接受，可以取得一定的市场销量。

同类产品瑞士进口牙刷品牌瑞萨（TRISA）自2012年进入中国市场以来，牙刷销量逐年递增，已成功实现2015年160万支牙刷的销量。由此可见，施益洁品牌到2020年销售180万支的市场销量目标，如果营销策略实施得当，很有机会可以实现。

2. 市场细分

（1）人口统计因素

目前的中国市场中，人口的现状决定消费人群的消费结构特点。从口腔护理产品行业来看，消费人群根据年龄大致可以分为儿童、青少年、成年人等三个层次，牙刷也分为0～4岁婴幼儿牙刷、5～9岁儿童牙刷、10～15岁青少年牙刷和成人牙刷。

（2）收入水平因素

收入是消费的基础，当收入水平比较低的时候，消费者首先关注的是生活必需品，要保证基本的生活保障。当收入水平逐步提高以后，消费者对消费品的关注点会逐渐转移到品牌、质量、消费愉悦感、社会评价等因素。按照客户群体，可以划分为有购买行为但无支付能力的学生群体、月薪2999元及以下、月薪3000～4999元、月薪5000～7999元，以及月薪8000元及以上五个群体；其消费的牙刷产品，根据原产地的不同，可分为进口牙刷和国产牙刷；根据消费能力的不同和购买的牙刷单价，分为高档、中档、低档牙刷。

（3）产品功能因素

依据顾客对产品的功能需求不同，可以将牙刷市场细分为用于口腔清洁的基本款牙刷、牙龈按摩功能牙刷、物理磨白型美白牙刷、抗敏感型超柔软毛牙刷、深层洁净牙刷、抗菌牙刷和电动牙刷等多个细分市场。

3. 市场策略

目前口腔护理行业已经发展成为典型的买方市场，消费者的消费需求和欲望日益呈现多样化的趋势。紫金恒悦公司由于进入国内市场时间较短，在市场经验、产品供应能力、品牌的影响力方面均有限制，公司所提供的是德国研发、德国制造的口腔护理用品，其产品质量放在了首位，在成本上无任何优势可言，因此公司不可能提供价格低廉或价格全覆盖的产品给所有的消费者，在目标市场的选择上采取集中性目标市场策略。

施益洁品牌的目标市场聚焦在具备中高端消费能力、更多关注产品的品质和品牌所带来愉悦消费感受的消费者。从消费者收入来看，个人月收入在8000元以上的年轻白领或年收入20万以上的家庭，是施益洁品牌的目标消费群体。

（本案例来源：王波．施益洁品牌营销策略研究［D］．南京：南京大学，2016.）

8.3 投资信息咨询

投资信息咨询是指信息咨询机构向投资人提供关于其投资项目的各方面情况、可行性报告和风险分析等，从而帮助投资人做出正确投资决策并获得投资收益的咨询服务。投资信息咨询主要有证券投资咨询、项目投资咨询和风险投资咨询等。

8.3.1 证券投资咨询

证券投资咨询主要是咨询机构向客户提供参考性的证券市场统计分析资料，对证券买卖提出建议，代拟某种形式的证券投资计划等。

证券投资咨询最大的特点，就是根据客户的要求，收集大量的基础信息资料，进行系统的研究分析，向客户提供分析报告和操作建议，帮助客户建立投资策略，确定投资方向。此类公司的咨询业务主要包括：①接受政府、证券管理机构和有关业务部门的委托，提供宏观经济及证券市场方面的研究分析报告和对策咨询；②接受证券投资者的委托，提供证券投资、市场法规等方面的业务咨询；③接受公司委托，策划公司证券的发行与上市方案；④接受证券经营机构的委托，策划有关的证券事务方案，担任顾问；⑤编辑出版证券市场方面的资料、刊物和书籍等；⑥举办有关证券投资咨询的讲座、报告会、分析会等；⑦发表证券投资咨询的文章、评论、报告，以及通过公众传播媒体和电信设备系统提供证券投资咨询服务。

8.3.2 项目投资咨询

项目投资咨询指经济信息咨询机构为客户寻求有价值的投资机会而对产业项目的有关背景、资源条件、市场状况等进行调查研究和分析预测，同时分析客户投资动机、鉴别投资机会、论证投资方向，从而为客户提供具有重要参考价值的相关经济信息。

项目可行性研究的具体内容因项目的复杂程度、环境状况的不同而有所不同，一般包括项目的必要性分析、实施的可能性分析和技术经济评价。项目投资咨询可分为投资项目分析、可行性分析、项目实施方案建议和需考虑因素等四个阶段。

1. 投资项目分析

（1）产业项目概况。产业项目概况主要包括项目的名称、背景、宗旨的基本情况，开发项目的自然、经济、水文地质等基本条件，项目的规模、功能和主要技术经济指标等。

（2）市场分析和需求预测。在深入调查和充分掌握各类资料的基础上，对拟开发项目的市场需求及市场供给状况进行科学分析、客观预测，包括开发成本、市场售价、销售对象及开发周期、销售期等。

（3）财务能力分析。财务能力分析是依据国家现行财税制度、现行价格和有关法规，对项目的营利能力、偿债能力和外汇平衡等项目财务状况进行分析，借以考察项目财务可行性的一种方法。其内容包括项目的销售收入和成本预测；预计损益表、资产负债表、财务现金流量表的编制；债务偿还表、资金来源与使用表的编制；财务评价指标和偿债指标的计算，如财务净现值、财务内部收益率、投资回收期、债务偿还期、资产负债率等。

2. 可行性分析

可行性分析是指在进行项目投资、工程建设之前的准备性研究工作，是经济活动中经常使用的一种决策程序和手段，也是投资前的必要环节。可行性分析通常可分为四个阶段。第一阶段为机会可行性分析，也称为投资机会鉴定。这一阶段包括粗略的市场调查和预测，寻找某一地区或某一范围内的投资机会并初步估算投资费用。第二阶段为初步可行性分析，在投资机会研究的基础上，进一步较为系统地研究投资机会的可行性，包括对市场的进一步考察分析等。第三阶段为详细可行性分析，也称技术经济可行性研究。这是确定一个投资项目是否可行的最终研究阶段，包括市场近期、远期需求，资源、能源、技术协作落实情况，最佳工艺流程及其相应设备情况，厂址选择及厂区布置，设计组织系统和人员培训，建设投资费用，资金来源及偿还办法，生产成本，投资效果等。第四阶段形成可行性分析报告。

3. 项目实施方案建议

项目实施方案建议是指运用可行性研究的各种指标数据，从技术、经济和财务各方面论证项目的一个或多个规划方案，向客户提出最优规划方案，并对其进行详细描述，包括选定方案的建筑物布局、功能分区、市政基础设施分布、项目的主要技术参数和技术经济指标、控制性规划技术指标等。项目实施方案的内容有：

（1）项目进度安排。对开发进度进行合理的时间安排，可以按照前期工程、主体工程、附属工程、交工验收等阶段进行。大型开发项目建设周期长、投资额大，一般需要进行分期开发，这就需要对各期开发的内容同时做出统筹安排。

（2）项目投资估算。项目投资估算即对开发项目所涉及的成本费用进行分析估计。房地产开发项目涉及的成本费用主要有土地费用、期间费用及各种税费等。

（3）资金的筹集方案和筹资成本估算。根据项目的投资估算和投资进度安排，合理估算资金需求量，拟定筹资方案，并对筹资成本进行计算和分析。房地产项目投资额巨大，开发商必须在投资前做好资金的安排，并通过不同方式筹措资金，保证项目的正常运行。

4. 需考虑的因素

需考虑的因素是指项目实施中可能会出现的问题，并对此提出有效的措施。需考虑的因素包括项目对国民经济的影响和项目风险参考。

（1）项目对国民经济的影响。项目对国民经济的影响是按照资源合理配置的原则，从国家社会的角度考察项目的收益和费用，分析和计算项目对国民经济的净贡献，并评价项目的经济合理性。它是项目评价的重要组成部分，也是投资决策的重要依据之一。因此，在项目开发过程中，要综合考虑项目对社区、城市环境、资源有效配置的影响。国民经济影响包括社会、经济和环境效益影响。

（2）项目风险参考。项目风险参考主要包括项目的盈亏平衡分析、敏感性分析和概率分析等内容。风险分析通过对影响投资效果的社会、经济、环境、政策、市场等因素的分析，了解各因素对项目的影响性质和程度，为控制项目运作过程中的关键因素提供依据，也为投资者了解项目的风险大小及来源提供参考。

8.3.3 风险投资咨询

投资信息咨询的一个重要发展方向是风险投资咨询。20 世纪 90 年代以来，在一些发达国家，知识经济初露端倪，以技术创新、服务创新、管理创新为契机，大量新型企业不断涌现，风险投资也得到迅速的发展。为了克服创业企业与风险投资商之间的信息不对称，提高投资运作过程中的专业化水平和工作效率，风险投资咨询业应运而生并迅速发展。目前，风险投资咨询业务不仅呈现出全球化、项目规模化、资本密集化、行业集中化的趋势，而且基于迅速普及的互联网的网络化趋势也已显露。

风险投资咨询的内容主要包括创业者信息咨询、技术市场信息咨询、资本市场信息咨询和最终消费者信息咨询等。风险投资咨询的内容还包括调整和规范风险投资募集、风险投资公司法人治理结构、风险投资退出程序、风险投资财税政策等。北京信中利投资集团公司、山东盛高咨询有限公司便是其中的典型代表。

北京信中利投资集团公司创建于 1999 年 5 月，是中国首家从事投资银行和风险投资咨询的民营投资公司，致力于为中国高科技企业提供全方位和高质量的投资咨询服务。中国最大的一站式、全方位基于互联网的投融资服务网站——中华资本网（ChinaEquity）于 2000 年 5 月 29 日由信中利投资集团公司创建和运营。该网站原名为“IT 资本在线”，是信中利公司内部信息网，为信中利及其主要国内外客户和投资机构提供信息交流和共享平台。目前该网站是基于互联网的投融资信息发布的电子平台，以及为客户提供相关的风险投资、资本私募、企业孵化和上市顾问等服务。在不足一年的时间里，信中利公司已为近二十家高科技企业提供财务顾问和直接投资服务。其中，直接投资了十多家高科技企业，并已成功为十多家高科技企业募集超过2亿美元的资金，主要客户包括美通掌门网、北大青鸟、中国青少年网、中国家庭网、中华在线、卓博人才网、瑞星科技、朗新技术、中国媒体交易网等，还为二十余家政府机构、金融机构、高科技企业担任投融资咨询师。

8.3.4　投资信息咨询案例

北京博星证券投资顾问有限公司天海防务（300008.SZ）重整项目

北京博星证券投资顾问有限公司（简称“博星证券”）成立于1998年，实缴注册资本1亿元，是国内首批经中国证监会批准获得证券投资咨询业务牌照的专业投资咨询机构（证书编号ZX0101），为中国证监会首批上市公司并购重组财务顾问业务备案的专业机构，拥有中国基金业协会私募基金管理人资格（登记编号P1005752）。

公司主营并购重组财务顾问、价值管理、基金管理与投资顾问四大核心业务。其中，并购重组财务顾问业务主要提供上市公司及新三板公司收购、重大资产重组、破产重整等财务顾问服务；在价值管理业务领域，公司基于二十年来积累的深厚研究实力、丰富的投行经验、海量的投资者储备、广泛的媒体资源，结合现代化资本运营管理理念和工具，打造了以“一策略、五价值”为核心的上市公司价值管理服务体系，致力于实现上市公司市值合理化和股东价值最大化；基金管理业务侧重于产业并购基金，已投项目逾30个，成功退出项目8个，包括东方通（300379）、福昕软件（688095）、成大生物（688739）、鸥码软件（301185）、圣博润（430046）、鸿业科技等；投资顾问业务以研究为基石，发现价值，为高净值客户提供专业化价值投资服务。

天海融合防务装备技术股份有限公司（以下简称“天海防务”）是在深圳证券交易所创业板挂牌的上市公司，主营业务为船舶与海洋工程设计制造、军用特种装备研制、清洁能源应用，是我国船舶综合科技类首家民营上市企业，也是上海市首家创业板上市企业。

自2018年以来，由于国内金融环境变化以及因船东违约造成的资金垫付压力，天海防务出现了严重的现金流短缺问题，到期债务无法清偿，债权人对公司资产、银行账号进行查封冻结，公司经营陷入危机。

为此，天海防务聘请北京博星证券投资顾问有限公司担任财务顾问，对公司困境提出有效解决方案。在对天海防务的资产负债情况进行认真研究后，博星证券向天海防务提出通过重整化解债务风险的思路。

在与债权人、股东等充分沟通后，博星证券制定重整方案，协助上市公司就重整事项向地方政府、法院、证监会等进行汇报。

经过最高人民法院同意，上海三中院于2020年2月14日受理天海防务重整一案；2020年9月4日，公司第二次债权人会议表决通过重整计划；2020年9月9日，上海三中院裁定批准公司重整计划。

根据重整计划，投资人将向天海防务注入约12亿元资金，用于清偿债务，补充流动资金，使天海防务彻底摆脱财务困境，重新走上健康发展的轨道。

（本案例来源：北京博星证券投资顾问有限公司 . https：//www.bestar.com.cn/web/aboutus/1；https：//www.bestar.com.cn/web/cases/5/382.）

8.4 竞争情报咨询

竞争情报（competitive intelligence，CI）是关于竞争环境、竞争对手、竞争态势和竞争策略的信息和研究，它既是一种过程（对竞争信息的收集和分析过程），也是一种产品（包括由此形成的情报或策略）。

8.4.1 竞争情报要素

“竞争情报已广泛应用于全球商界！”美国竞争情报从业协会创始人约翰·E .普赖斯科特教授的这句断言对那些还在“情报战”外观望的企业是个重要警醒。目前，中国企业的竞争情报系统还处于起步阶段，对一些中小企业而言，竞争情报还是一个新鲜词。多数企业不熟悉竞争环境、不了解竞争对手、不清楚竞争态势，因此无法制定明确的竞争策略；而企业管理的中心就是决策，决策的成败关系到企业的存亡。面对日趋激烈的市场竞争，面对入世以后的机遇和挑战，企业必须正确分析所处的竞争环境、竞争态势、竞争对手等情况，及时掌握企业产品在国内市场的覆盖率和在国际市场的占有率，明确本行业在整个技术领域中的位置、技术发展的历史、技术热点和产品质量，以及本行业与其他行业间的关系等问题。

竞争情报包括以下要素：

（1）竞争对手：从同行业中识别并确定竞争对手，连续有序地搜集其基本情况，如企业举措与成就、企业的优缺点等信息。

（2）竞争策略：瞄准对手的产品特点，了解其新技术、新工艺、营销、研究与开发、人力资源等方面的策略，并预测市场变化，决定采取何种方式、方法与对手抗衡。

（3）竞争环境：包括政治、经济、法律、人口、统计、自然环境、工业结构布局、市场销售与利润等。

8.4.2　竞争情报咨询的内容

1. 竞争力评估

为企业、政府、社团等机构进行产品、技术和组织的竞争力分析，确定要比较的目标，确定竞争力评价指标体系；收集所要评价的产品等数据，分析数据，得出竞争力评价结果。

2. 竞争战略咨询

协助企业、政府、社团制定竞争战略或策略方案。确定竞争对手，确定竞争力评价指标体系，根据评价指标收集竞争对手及企业自身的各种数据，制定竞争战略或策略。

3. 竞争环境监测

长期跟踪企业的商业环境的变化，根据企业要求，通过特定渠道和信息源，长期跟踪企业所处的商业环境的变化情况，为企业提供商业环境简报等。

4. 竞争对手监测

根据企业要求，通过特定渠道和信息源，长期跟踪企业希望了解的竞争对手的某些方面的情况，提供定制简报服务等。

5. 竞争对手调查

协助企业了解竞争对手的情况，根据企业的要求，对企业竞争对手某些方面的数据（如市场、产品、战略、研发等）进行收集和分析。

6. 竞争情报定制

根据企业要求收集竞争情报，并加以分析，定期为企业提供情报分析报告，为企业决策和危机管理提供支持。

7. 竞争情报系统建设

帮助企业建立和优化竞争情报工作系统，确定企业对竞争情报的具体需求，评价信息源、信息渠道，优化信息渠道、部门和人员配置、工作流程，使企业的竞争情报工作长期化、系统化、正规化。

8. 企业竞争情报体系化解决方案

为企业提供竞争情报工具选择方案、竞争情报系统建设方案、竞争情报部门及人员配置和运作方案、竞争情报人才培养方案、竞争情报工作流程方案、竞争对手或竞争环境监测方案、竞争情报收集方案。

9. 商业数据分析

为企业、政府、研究机构提供各类商业数据及分析报告，数据及分析可按月、季、年提供，也可以按客户要求进行数据收集和分析。

8.4.3 竞争情报咨询案例

山东远方汽车贸易有限公司竞争情报咨询

山东远方汽车贸易有限公司（以下简称“山东远方汽贸”）成立于2001年7月，经营范围涉及汽车修理、配件供应等多个项目。经过多年的发展，已成为山东省最优秀的轿车销售服务专业集团之一。山东远方汽贸管理层高度重视企业竞争情报工作，以此作为战略管理的基础和获取竞争优势的保证。山东理工大学科技信息研究所应山东远方汽贸的邀请，对金城化工的竞争情报工作从竞争环境分析、竞争情报收集、竞争情报分析等方面进行了策划，为山东远方汽贸竞争情报工作的发展奠定了基础，本案例也能为中国其他企业和咨询机构提供借鉴。

1. 竞争环境分析

“十五”以来，我国汽车工业飞速发展。2007年全年汽车生产量高达888.24万辆，同比增长22.02%，比2006年净增160.27万辆；销售879.15万辆，同比增长21.84%，比2006年净增157.60万辆。然而，受中央采取从紧货币政策、抑制通货膨胀、调整经济结构、转换经济发展模式等政策的影响，由于油价、保险费用上涨，2008年上半年汽车市场整体产销增长速度放缓。2008年下半年，汽车生产厂商受国家宏观政策、法律法规及生产成本不断上涨等因素影响，产量也可能会出现波动，2008年8月1日实施的《中华人民共和国反垄断法》指向汽车销售中的限制最低销售价格、限制跨区销售和品牌授权专卖三大潜规则，必将影响汽车销售态势。从消费市场来看，单纯一次油价上涨，对消费影响不大，但如果油价持续上涨，可能会对汽车市场影响很大。这些因素都在一定程度上影响地区汽车经销商。

近年来，汽车行业产能严重过剩，竞争异常激烈，各大汽车生产厂商为获得更多市场份额，不断推出新车型或对已有车型进行升级。据中汽协会统计，2008年上半年上市的国产新车型有59款之多，在这些新车型中以中级车型为主。众多新车型不断涌入市场，进一步加剧了汽车市场尤其是轿车市场的激烈竞争。

从微观环境来看，山东远方汽贸与其所在地区内的其他汽车经销商之间构成竞争。通过对比分析，发现竞争对手均是单一品牌或两个品牌经销，没有形成由众多汽车品牌4S专营店组成的汽车销售集团，它们的竞争力在一定程度上将大打折扣。

2. 竞争情报的搜集

（1）企业内部

企业员工会在一定程度上无意识地接触到许多关于本行业的情报信息，他们具有一定的专业知识背景及实践经验，经过他们的潜意识分析会得出一些有助于企业发展的竞争情报。而且，每名员工都有自己的人际关系网，通过员工的人际关系可以获取或多或少的关于竞争环境、竞争对手的信息。

（2）公开出版资料

行业报告：通过行业报告可以了解行业状况、产品销售、市场需求、产业结构和行业发展趋势等信息，从而在宏观上把握汽车行业的行情。

竞争车型生产厂商的年度总结报告：通过分析可以了解汽车生产商家的未来规划重点或战略规划。

电视、电台、报纸等媒体信息：关注并跟踪竞争对手在电视、电台、报纸等所刊登的广告及文章，可以及时获取竞争对手的活动信息，并且通过分析得知竞争对手的营销重点。

（3）电子网络信息源

汽车行业专业分析网站。如中国行业研究报告网的汽车板块，中国汽车工业协会网站，中国产业竞争情报网等。

汽车生产厂商的网站、地区门户网站或汽车经销商网站。通过关注这些网站了解生产厂商信息及竞争对手近期的内部新闻、促销等信息，有助于判断本地区竞争对手的经营策略。

需要特别指出的是，由于受人力、物力及信息流通渠道的限制，可能无法准确获取竞争对手的销售情况，此时，可以通过咨询当地车辆管理部门以获得竞争车型在某一时间段内的挂牌数量，从而估算竞争对手的销售状况。

3. 竞争情报分析

收集和整理情报的目的是分析与利用，为决策者提供对外部环境变化和发展的充分认识和正确判断，并结合本企业的内部条件和能力，提出建议，从而为企业决策者制定竞争战略提供充分依据。竞争情报分析方法有很多，如SWOT分析、定标比超分析、价值链分析、专利分析、波士顿矩阵分析、财务报表分析等。在本咨询案例中主要采用了SWOT分析和定标比超分析。

① SWOT情报分析

运用通过SWOT分析法，山东理工大学科技信息研究所为山东远方汽贸提供了以下具有建设性的建议：

• 优势＋机遇

其一，加快自身建设，积极寻求与汽车生产企业的合作；

其二，进一步扩大企业规模，在山东省其他地区建立4S店；

其三，进一步提高服务水平，力争成为山东省轿车服务第一品牌。

• 劣势＋机遇

其一，定期培训员工，将员工的人际关系书面化，并制定有效的激励措施，增强员工的情报和反情报意识；

其二，重视管理人才的引进与培养，改变销售行业员工低层次现状；

其三，利用资源优势，加快企业信息化建设，在集团内不同品牌专营店之间形成高效的信息沟通渠道，增强集团竞争力。

• 优势＋威胁

其一，建立的4S店众多致使原始投入高；

其二，派出优秀员工进入高校学习培训；

其三，进一步拓宽销售渠道，并引进资金支持。

• 劣势＋威胁

其一，避免与竞争对手正面冲突，应联合其他实力相当的企业构成战略联盟，逐渐增强实力；

其二，增强整个集团的情报意识，加快信息化建设，密切关注国家政策、行业动态、竞争对手的情况；

其三，学习先进经营理念，跟上时代步伐；

其四，会有新的竞争对手不断涌现。

②定标比超情报分析

定标比超结果表明山东远方汽贸在经营中存在的差距主要有：

其一，经营规模以量的扩张为主，成立的品牌4S店众多，但真正赢利的只有少数几家，有的品牌4S店经营状况不佳，产品质量较差，增加了企业经营成本，影响了企业整体信誉。

其二，经营分散，开展业务众多，但有些业务为企业所做贡献并不显著，增加了企业经营成本。

其三，管理不集中，各个品牌4S店独立经营，各自为政，缺乏统一协调与管理。

其四，管理层次逐渐增多，机构冗余，不同品牌4S店或不同部门之间缺乏沟通，信息流通不畅，使得经营成本进一步增加。

其五，员工文化素质水平相对偏低，新员工服务质量差，且员工跳槽频繁。

（本案例来源：刘文云，马栋之，王克平．汽车零售企业竞争情报咨询案例分析［J］．图书情报工作，2009，53（6）：79–82.）

本章小结

党的二十大报告中指出，要建设现代化产业体系。其中提到，要“加快发展数字经济，促进数字经济和实体经济深度融合，打造具有国际竞争力的数字产业集群”。此外，到2035年，中国发展的总体目标中也提到，要“建成现代化经济体系，形成新发展格局，基本实现新型工业化、信息化、城镇化、农业现代化”。经济信息咨询作为发展经济的重要支撑之一，可以为政府、企业和其他社会组织提供全方位的信息服务支持，帮助其更好地应对经济发展中的挑战与机遇。随着信息网络建设的快速发展，信息服务模式也逐渐发生改变，信息服务正从低科技基础成分向高科技基础成分发展。因此有学者认为，竞争情报是图书馆开展信息服务的一个新的切入点。

思考题

1. 信息咨询如何服务于地区的经济发展？

2. 阐述经济信息咨询与企业信息咨询的关系。

3. 说明企业竞争情报工作中咨询的作用。

4. 请结合本章所学，思考图书情报机构开展竞争情报服务的优势与劣势。

实践测验

某大学西门外有一条生活街，有若干小吃店及两家超市，目前有一家店面待出租，A某想将其盘下开第三家超市。请你利用本章所学的知识，以经济信息咨询师的身份，分析此计划的可行性。

第九章 社会信息咨询

信息是社会发展的重要资源，社会信息是社会的血液。当代社会的迅速发展，一方面为信息咨询提供了优越的信息环境并不断激发社会的新信息需求，另一方面社会问题的增长及其复杂性促使社会信息咨询产生并日益受到社会重视。本章介绍社会信息咨询概况，概述当今社会比较重要的社会信息咨询活动，讲述其咨询方法并给出了具体案例。

9.1 社会信息咨询概述

9.1.1 社会信息咨询的内容与特征

第二次世界大战后，随着管理科学、系统科学、信息科学和计算机科学的产生和发展，许多专业咨询机构相继产生，咨询活动扩展到法律、科技、文化、教育等社会生活的各个方面，咨询产业也飞速发展，成为社会生活中的重要领域。在现代社会中，人们所生活的环境在飞速变化，人们所应对的信息呈泛滥之势，所面临的问题也越来越复杂，迫切需要一个机构来帮助他们在最短的时间、以最有效的方式解决问题。21 世纪，任何人或组织仅仅依靠自身力量所做出的决策显然无法应对知识经济下各种复杂的社会活动，这促使整个社会的咨询意识普遍提高。不仅是研究课题、工程项目等较大咨询项目，就连人们日常生活中的琐事也开始寄希望于专业咨询人员能够提供有效解决方案，社会信息咨询（social information consulting）由此诞生。

1. 社会信息咨询的内容

社会信息咨询是指对社会广泛关注问题的相关信息的搜集、整理、分析、提炼、传递和应用而开展的咨询服务活动，主要涉及社会问题与民生问题的咨询，如人们日常生活中衣食住行等方面信息的咨询活动，其主要服务对象是个体咨询者。目前社会中已经有很多咨询活动实际上在履行着社会信息咨询活动义务，如心理咨询、职业咨询、法律咨询、教育咨询、旅游咨询等。此类咨询活动所需社会信息解决的是社会中较有共性的问题，本书将这些零散的咨询活动纳入社会信息咨询中统一研究。显然，社会信息咨询的出现是为了满足社会中不同个体的社会信息需求，特别是当今社会已经是一个咨询化的社会，社会信息咨询业正在悄然壮大并逐步发展成为一个产业。

社会信息咨询的内容十分广泛，这与人们日常生活与工作所遇到问题的复杂性有关，即社会信息咨询内容具有较强的丰富性和综合性。

一般来说，社会信息咨询的内容包括：①人们生活工作中遇到的心理问题，如日常生活中的人际关系问题，婚姻家庭中的感情问题，对工作不满、焦虑、强迫、抑郁等情绪与行为障碍问题，对患病者的心理指导配合治疗等问题。②人们生活工作中遇到的法律问题，如进城务工人员的劳资问题、儿女对父母的赡养问题、违约金与定金问题、婚内伤害等问题。③人们日常生活中衣、食、住、行的问题，如购物、餐饮、住房、外出旅游等问题。④人们日常生活中医疗健康问题，如日常保健、农村医疗保险、身体疾病治疗等问题。⑤教育问题，如儿童教育方式、教育机构选择等问题。⑥职业问题，如大学生就业指导、职业规划等问题。⑦其他社会信息问题。

2. 社会信息咨询的特征

社会信息咨询除具备一般咨询活动所具有的共性特征，如参谋性、信息性、价值性、科学性、客观性、社会性、综合性等，还具备如下特征：

（1）指导性

社会信息咨询的主要功能是为咨询对象提供指导，为人们生活工作所面临的各类问题提供相关信息，帮助个体有效解决问题。其他类别的咨询活动也会起到指导作用，但是社会信息咨询重点关注如何帮助咨询对象解决问题。

（2）广泛性

社会生活领域的广度决定了社会信息咨询类别多样，其所提供的信息广泛，涉及人们生活中衣食住行、教育、医疗等方方面面。

（3）零散性

社会信息咨询整体呈现零散局面，一是社会信息咨询所面临的课题遍布社会生活各个领域，如家庭婚姻问题、旅游交通、住宅选购等，咨询内容较为零散；二是社会信息咨询中各类咨询（法律咨询、教育咨询、心理咨询等）由专门机构承担，咨询人员分散在不同机构。

（4）专业性

社会信息咨询所涉领域范围广，需要针对咨询对象所提出的不同问题开展对口咨询活动。各类别的咨询活动专业性较强，如心理咨询、法律咨询、医学咨询等均要求咨询工作者具有相关专业背景并且是经验丰富的领域专家。

9.1.2 社会信息咨询的分类

从服务内容看，社会信息咨询可分为法律咨询、环境咨询、教育咨询、医学咨询、心理咨询、房地产咨询、职业咨询、旅游咨询等与人民生活工作密切相关的八大类。

1. 法律咨询

法律咨询（legal consulting）是指为组织或个人提供口头或书面法律意见和建议而开展的咨询活动，如商务经济纠纷、房地产纠纷、劳资纠纷、婚姻家庭、医疗事故、交通事故、知识产权等方面的法律问题。

在法治社会中，人们的法律意识逐渐增强，企业、政府及个人都主动加强司法防范意识，许多组织内部都会有专门的法律顾问。此外，许多期刊杂志中设有法律咨询专栏，由律师或从事法律专业的专家来解答读者咨询的问题。法律咨询为个人、企事业单位及其他社会组织提供了优质高效的法律服务。

2. 环境咨询

环境咨询（environmental consulting）是指运用多学科知识和经验、现代科学技术和管理方法，为政府或其他组织提供有关环境优劣、保护、改造等的咨询活动，以促进环境保护事业发展。

WTO 对环境咨询服务业的定义，是指那些通过服务收费的方式获得收入，同时又对环境有益的活动。环境咨询服务市场中的环保技术咨询，环境信息、环境工程设计服务，环境投资风险评估等服务，具有投资相对较少、经营灵活和本身发展风险较小的特点。当前，环境咨询服务业已经从以污染控制与净化活动为重点发展到了包括更大范围的环境治理、治理设备的技术以及资源管理行为，因此可以在更加广泛的基础上提供服务。环境咨询服务正越来越多地与环境技术和环境产品相匹配，成为解决环境问题必不可少的一个方面。

在中国，环境保护咨询的服务对象可分为两大类：政府部门咨询和企事业单位咨询。政府部门咨询指为政府环境管理工作提供咨询服务，如拟定国家环境保护方针、政策和法规，拟定国家、重点区域、重点流域环境保护规划、污染防治规划和生态保护规划，制定国家环境质量标准和污染物排放标准，为政府项目提供评估和招标投标等。企事业单位咨询指为企事业单位生产及社会活动提供有关各项环境技术咨询、环境审核咨询、环境管理体系审核咨询等。

3. 教育咨询

教育咨询（education consulting）通常是指就教育问题开展的咨询活动，如家庭教育、幼儿教育、残疾儿童教育、青少年心理健康教育与兴趣特长发展等方面的咨询活动。在这些咨询活动中起主要作用的往往是教育咨询组织和教育研究机构的成员，社会各界人士的广泛参与也是教育咨询中不可或缺的重要因素。

教育是民族振兴的基石。2022年党的二十大报告提出，教育、科技、人才是全面建设社会主义现代化国家的基础性、战略性支撑。我们要坚持教育优先发展、科技自立自强、人才引领驱动，加快建设教育强国、科技强国、人才强国，坚持为党育人、为国育才，全面提高人才自主培养质量，着力造就拔尖创新人才，聚天下英才而用之。任何一项重大的教育决策如果不经过广泛的教育咨询，特别是没有专门的教育咨询机构和人员的参与，仅凭少数教育行政人员或个别领导者的决断，几乎不会实现目标。2022年1月1日起施行的《中华人民共和国家庭教育促进法》第三十二条规定："婚姻登记机构和收养登记机构应当通过现场咨询辅导、播放宣传教育片等形式，向办理婚姻登记、收养登记的当事人宣传家庭教育知识，提供家庭教育指导。"中国许多城市通过设立各种教育咨询站为人们提供教育问题的咨询活动，形式多样，如社区家庭指导站、科学育儿指导站（咨询站、推广站）、亲子教育俱乐部、亲子学苑、社区家庭教育指导站、家庭教育咨询热线、学生学习障碍咨询部、家庭教育俱乐部等。

4. 医学咨询

医学咨询（medical consulting）是指针对身体疾病治疗与保健问题，以及医疗纠纷、保险等问题而开展的咨询活动。健康是人类全面发展的基础，关系到千家万户的幸福。在提高全民健康水平过程中，不仅需要政府为群众提供安全、有效、方便、廉价的医疗卫生服务，医疗咨询活动也发挥着极其重大的作用。公民既可以向专业诊疗医生咨询，也可以通过医疗咨询网站或医疗咨询机构、医院门诊咨询台、在线专家咨询等方式进行医疗咨询活动。其中，医学咨询网站是为大众服务的专业性医学网站，部分网站也为医学专业人士提供交流平台。

5. 心理咨询

关于心理咨询（psychology counseling），有各种界定。罗杰斯（G. R. Rogers）1942年将心理咨询狭义地解释为，通过与个体继续、直接的接触，向其提供心理援助并力图使其行为、态度的变化的过程。威廉森（E. G. Williamson）1949年则将心理咨询广义地解释为，A、B两个人在面对面的情况下，受过心理咨询训练的A，向在心理适应方面出现问题并企求解决问题的B提供援助的过程。这里的A就是咨询者，B是来访者。朱智贤主编的《心理学大辞典》认为，对心理失常的人，通过心理商谈的程序和方法，使其对自己与环境有一个正确的认识，以改变其态度和行为，并对社会生活有良好的适应。心理失常分轻度和重度两种，心理咨询以轻度、属于机能性的心理问题为主。林崇德认为，心理咨询应做广义和狭义的解释，广义的心理咨询往往包括心理咨询和心理治疗，有时心理检查、心理测验也被列为心理咨询的范围；狭义的心理咨询不包括心理治疗和心理检查、心理测验，只局限于咨访双方通过面谈、书信和电话等手段向来询者提供心理援助和咨询帮助。

概括地说，心理咨询是心理咨询工作者对咨询对象进行帮助的过程，这一过程是建立在双方良好的人际关系基础之上的。咨询者运用专业技能及所创造的良好咨询气氛，帮助来访者以更为有效的方式对待自己和周围环境，促进个人的成长与发展。心理咨询也是一系列心理活动的过程。从咨询者的角度看，心理咨询可以帮助来访者更好地理解自己并更有效地生活；从来访者的角度看，在咨询过程中自己需要接受新的信息，学习新的行为，学会调整情绪及掌握解决问题的技能，做出某种决定。

作为20世纪后期现代化的一种产物，心理咨询是随着西方工业社会的发展而出现的一种社会活动，本质是个人在等级制度压力下的一种自我保护和缓冲压力的方式。当遭遇一些不能通过日常方法来解决的“生活问题”并且这些问题已经使得咨询者被排除在正常生活之外时，咨询者可以通过建立心理咨询关系来寻求有效的解决方案。在纷繁复杂的现代社会中，心理咨询为人类提供了一个倾诉、减压的方式。

心理咨询的持续过程可能时间很短，也可能很长；可能由某些组织来做，也可能由私人实验室来做；可以与实际的、医学的或其他个人福利干预方法交替使用，当然也可能单独进行。与传统的医疗机构或精神疾病机构所提供的帮助关系相比，心理咨询关系更容易为人所接受。现代社会中，从事心理咨询活动的人群可以是专业心理咨询师，也有供职于“公共事业”的护士、教师、警察及其他许多行业的从业者。

心理咨询分类方式有多种，按内容可分为：①发展咨询，旨在提高认知能力和心理需求，开发潜能、优化自我并走向卓越；②障碍性（健康）咨询，旨在放松紧张心理、调节躯体、解决情绪困扰等。按规模可分为：①个体咨询，这是一种一对一的咨询形式，一般意义上的心理咨询就是指个体心理咨询，面谈咨询是它最常见、最主要的方式；②团体咨询，这是一种在团体情境中提供心理帮助与指导的心理咨询形式，人员数量少则三到五人，多则十几到几十人。此外，还可按形式分为门诊（面谈）咨询、电话咨询、网络咨询、现场咨询和专栏咨询。

6. 房地产咨询

房地产咨询是指针对房地产买卖、租赁、法律、市场、开发程序、税费等问题开展的咨询活动。具体涉及的咨询信息有最新全国房地产趋势与房地产法律法规、房地产最新动态、具体户型信息及房产投资开发方案、项目规划设计方案等。

改革开放以来，人民生活水平日益提高，购房热潮高涨，但有众多购房者却在如何选房、选什么样的房子等一系列问题中徘徊，这就衍生出了房地产咨询业务，即购房者迫切需要有经验的咨询人员基于全国房地产市场情况与趋势分析来提供全面、有效、实用的购房信息。特别是 1992 年邓小平南方谈话之后，中国出现了房地产开发热潮和外商投资热潮，房地产信息咨询业迎来了发展新机遇，一些专门从事房地产信息咨询服务的机构开始出现，面向有需要的公众提供房地产信息开发、传播与咨询服务。为响应市场需要，一些高校也相继开设了房地产相关专业，这些专业教师也成为房地产咨询机构的骨干力量。

7. 职业咨询

职业咨询（career counseling）主要指针对咨询对象（来访者、咨客）在职业选择、职业适应、职业发展等方面遇到的问题，以平等交往、商讨的方式，运用心理学、管理学（人力资源管理）、社会学（职业社会学）的理论和心理咨询的方式方法，启发、帮助和引导咨询对象正确认识社会需求并正确认识自己，从心理和行为上更好地完成学习、工作与生活角色转变的过程。职业咨询的主要作用在于帮助咨询对象更准确地认识自我、认识职业并确认职业发展方向和道路，促进咨询对象形成健康的职业心态并提高自我决策能力，以及帮助人们正确选择职业、有效寻找工作、充分发展现职。

职业咨询的业务范围包含职业规划（针对员工）、职业指导（针对一般就业者）和就业指导（针对大中专学生）。职业咨询师一般拥有心理、咨询、人力资源管理等相关的教育背景和丰富的职业经历，通过人才测评、交谈等方式来开展工作。

尽管职业咨询业在西方已经有几十年的历史，但在中国仍是一个新兴行业。除专门的职业咨询机构，各省、自治区、直辖市教育厅下设的高等学校毕业生就业工作办公室也发挥着十分重要的职业咨询作用，承担着为毕业生提供就业指导、开展就业咨询服务、提供用人单位人才需求信息，以及开展毕业生就业情况调查研究等工作。

8. 旅游咨询

旅游咨询（tourist information consulting）是指为方便游客与市民外出旅行，提供旅游交通线路与景区相关信息的咨询活动。旅游咨询涉及方面较广，如交通、景点、酒店等硬件问题及服务等软件问题。

随着中国全面进入大众旅游时代，旅游咨询在提高旅游者旅途获得感、幸福感、安全感等方面的重要性正在凸显。2018 年 10 月 26 日第十三届全国人民代表大会常务委员会第六次会议修正的《中华人民共和国旅游法》第二十六条规定：“国务院旅游主管部门和县级以上地方人民政府应当根据需要建立旅游公共信息和咨询平台，无偿向旅游者提供旅游景区、线路、交通、气象、住宿、安全、医疗急救等必要信息和咨询服务。设区的市和县级人民政府有关部门应当根据需要在交通枢纽、商业中心和旅游者集中场所设置旅游咨询中心，在景区和通往主要景区的道路设置旅游指示标识。”

旅游咨询可以为旅游者提供重要的出游信息与建议，包括交通方式、游玩路线、餐饮与住宿、购物与娱乐等方面的基本信息与方案选择，还可以提供旅行社产品种类与运营价格的对比与评价。除了一些专门的旅游咨询机构，旅行社、景区旅游咨询中心等也扮演着旅游咨询的角色，如旅游咨询中心（tourist information center）也称作游客中心（tourist center）或访客中心（visitors' center），就是景区为游客、市民设立的，主要提供诸如信息咨询、投诉、救援等服务。

除上述八大类，社会信息咨询还包括产权咨询、财富管理咨询等。需要说明的是，本书对社会信息咨询的分类是建立在理论界已有的研究成果和咨询业实践活动的基础之上的，由于社会活动本身的复杂性，各个咨询概念的内涵和外延不排除有重复或交叉的地方。

9.2 职业咨询

9.2.1 职业咨询方法

在职业咨询中，咨询师会重点关注咨询者个人的职业发展、性格、爱好等具体情况，通过测试、咨询、诊断、规划等方式，引导咨询者客观地认识自己，包括了解自己的发展潜能、职业兴趣、生活期望、能力优势、个人性格等，探讨和分析咨询者当前及未来面临的问题，帮助咨询者识别和发现自身的核心竞争力，以此辅助咨询者选择适合自己的职业发展方向和职业规划。职业咨询方法包括：

1. 制订客户个人行动计划

个人行动计划也称个人发展计划或个人生涯计划，尽管这一方法在职业咨询中已被广泛采用，但有关其认识却并不统一。有的职业咨询机构认为它是一个帮助客户列出所要实施的计划和安排的机械过程；也有职业咨询机构认为它是一个需要客户更多参与的过程，咨询者要对自己过去的经历和成就进行回顾，分析自身的优点和缺点，对自己目前的工作及教育提出看法，并对未来进行设计。一旦确定了工作方面的目标，咨询者就可以针对目标的实现来进行计划和安排。本书认可第二种观点。

2. 职业咨询“3E”法

“3E”法是加拿大职业咨询领域为应对日益严重的失业问题而提出的咨询策略，其目的在于唤起咨询者的积极性和创造性，帮助咨询者发挥更大的心理潜能，在面对挑战性的工作现实时做好充分的准备，并提高其承受挫折的能力。职业咨询“3E”法包括三个步骤，即探索现有对策（exploring existing resources）、预测即将来临的挑战（envisioning upcoming chanllenges）、做出强有力的戏剧性反应（enacting live dramas）。

（1）探索现有对策，指咨询师通过对咨询者过去经历、职业生涯等方面的探究，了解咨询者过去解决困难的方法、迎接挑战时的积极态度和有效方法、自我意识和承受力程度，这有助于咨询师理解咨询者的心理状态及其在经历过去职业生涯情景中最具挑战的事件时所采用的处理技巧。在这一阶段的咨询活动结束后，可开列一张概括性的“平衡纸”，列出咨询者从每一事件中学到的正反两方面意见，这些信息将成为咨询者迎接未来挑战的主要对策之一。

（2）预测即将来临的挑战，指预测咨询者在谋求理想工作生活的道路上有可能碰到的障碍。面对刚参加工作的咨询者或过去工作有困难的咨询者时，咨询师需要扮演一个更积极的引导角色，即在指导过程中采取一种积极态度，并提醒咨询者注意那些不利因素或可能伴随着行动计划的障碍。这一阶段的咨询过程应给咨询者留有充分的时间和空间，以便咨询者重新思考因工作环境潜在困难而产生的最坏结果。

（3）做出强有力的戏剧性反应，指咨询师和咨询者共同模拟职业场景中的困难情景和各种具有挑战性的环境，允许咨询者在这些情景或环境中做出准备和功能性反应，以帮助增强咨询者认识和迎接现实挑战的心理潜能。咨询过程中可采取角色扮演练习（如咨询者扮演求职人员，咨询人员扮演潜在的雇主并进行技巧操练）、为咨询者布置一些类似的咨询过程以外的预演作业、采取某种训练让咨询者思考和展现一种最坏的情景、要求咨询者到真实劳动市场试验等方式，帮助咨询者探索和理解真实工作和生活情景中可能遇到的挑战，以此帮助咨询者做好应对挑战性工作的充分准备，并尽可能采取更有效的预防措施。

3. 重返工作清单

如果咨询者已经离开工作环境一段时间，重返职场可能会有关于缺乏技能或相关优势的担忧。面对这部分咨询者，咨询师可使用重返工作清单（return to work checklist）来帮助咨询者识别自身的优势和技能，帮助咨询者顺利过渡到实际工作场所。采用重返工作清单方法时，咨询师可要求咨询者描述一个同时管理多个任务的例子，描述一个必须在相互竞争任务中决定优先项的例子，描述一个必须在有限时间内管理资源的例子，描述一个必须管理预算或财务的例子，描述一个必须培训或教导他人的例子，描述一个必须解决冲突的例子，描述一个必须管理他人的例子。

4. 咨询者画像

在开展职业咨询时，咨询师通常会在了解客户的现状、背景和未来愿望的过程中，形成一个关于咨询者自我观察和职业信念的画像，包括咨询者如何描述自己，可能包括健康和身体状况、家庭状况、教育背景等；咨询者如何看待职业发展或职业转变的过程，例如他们或他们的家庭对咨询者有什么期望；咨询者的信念是有益的还是无益的；在咨询者职业发展过程中，哪些学习经历起到了决定性的作用。这些信息将帮助咨询师了解和理解咨询者过去的角色和成功经历。

5.“第一”框架

“第一”框架（first framework）为焦点（focus）、信息（information）、现实（realism）、范围（scope）和策略（tactics）五个单词的首字母组合。“第一”框架可用于理解咨询者当前的职业思维和职业准备程度，具体包括：①焦点，询问职业选择范围是否缩小、缩小到何种程度；②信息，询问对自己的职业选择的了解程度；③现实，询问对自己的能力和外部限制（如就业市场）的了解程度；④范围，询问对可供选择的范围的了解程度；⑤策略，询问为达到职业目标，咨询者已经制定了哪些实际步骤。

6. 模拟个案

在咨询情境中要求咨询对象投入某种情境，认同其中某一角色，了解、体会、思索问题应如何解决。模拟个案要求咨询对象以个案研究方式，针对某一咨询对象的情况，分析其问题背景，并为其考虑各种可能解决的途径，其过程犹如身临其境，但能从客观的立场学习整个解决问题与做出决策的过程，因此效果非常显著。模拟个案研究进行过程如下：①咨询师介绍问题解决与决策技术，让咨询对象或团体成员了解并练习做决定的过程与方法，待有初步基础后，宣布正式进行活动。②咨询师向咨询对象或团体成员说明“个案”的各种情形及活动的目标、内容。咨询师在准备“个案”时，应注意提供和引导成员收集以下资料：咨询对象的目标与问题；影响个人职业发展的因素，如家庭、个人的能力倾向、兴趣、经验、身体状况等；环境资料，包括各种相关职业和教育环境；咨询对象的生活形态、发展方向。③咨询师将“个案”的所有资料提供给咨询对象或团体成员，由他或他们自行进行个案研究；咨询师可以补充资料，并协助或引导咨询对象或成员寻求正确的研究方向并掌握分析的方法。如果是团体咨询，每位成员均须提出研究报告，说明他所做的决定及其理由。④完成作业后，咨询对象各自分别提出报告，并与其他成员分享做决定的经验，咨询师应就其方法及经验之优缺点与特色提出讨论。

9.2.2　职业咨询案例

案例一：留学生回国发展职业规划

1. 案例背景

郑同学，女，19岁，澳大利亚悉尼大学一年级学生，生物医学工程专业。父母不是很赞同她学习生物医药专业，认为目前国内生物医药领域发展有限，以后就业范围会比较狭窄，想让她学会计专业，毕业后到父亲房地产公司工作，但是因为她的坚持还是同意了她选择生物医学工程专业。郑同学在学校参加了很多兴趣班，也读了许多书籍，尤其是英文原版专业书籍。假期喜欢和同学一起出去旅游。在国外也接触过生涯规划咨询，郑同学觉得中西方文化还是有差异，自己学业完成以后还是会回国发展，所以希望作者（规划师）根据她的情况帮她做出一个比较好的职业规划。

2. 规划思路

规划师对收纳面谈表格进行了认真的阅读、分析和思考，认为需要解决以下问题：

（1）这个案例应该选择和运用哪些职业发展理论与模型？

（2）咨询过程中需要用到哪些助人技巧？

（3）对自我的探索是使用标准化评估为主还是非标准化评估为主？

基于这些疑问并结合对来询者问题的理解，规划师初步拟定以下生涯规划思路：

（1）帮助来询者认识其自身兴趣、能力、价值观等方面的优势和劣势。

（2）协助来询者探寻符合其自身特点的兴趣、技能以及价值观。

（3）引导来询者探索职业世界，分析选择的多种可能，促成职业方向的决策。

（4）协助来询者建立适合自身发展的科学的职业生涯路线。

3. 访谈过程

（1）第一次访谈

首先感谢郑同学对规划师的信任，双方建立良好的咨访关系，告知来询者生涯规划工作中的基本原则。通过面谈，我们确定了规划目标：

①帮助来询者正确认识自身的实际情况，准确进行自我定位；

②帮助来询者澄清问题，找到解决办法；

③帮助来询者确立科学的职业生涯规划。

征得郑同学同意之后，咨询设置为每周一次，共四次。

（2）第二次访谈

规划师让来询者选择兴趣岛，她依次选择的岛屿是S、I、A，规划师向她解释了霍兰德兴趣类型理论以及不同类型的特点。郑同学认真梳理自己的兴趣爱好，厘清了专业和她感兴趣的事情之间的联系，对未来工作的愿景是期待可以帮助到很多人，还应该具有一定的深度和挑战，而不是简单谨慎规矩地重复，除了当老师，医生、公务员等也是她感兴趣的职业。

第二次结束咨询后，郑同学很高兴地告诉规划师，以前她对自己的就业前景很没有自信，不知道自己毕业以后到底能够做什么，偶尔还会冒出后悔当初没听父母的话去学会计专业的想法，现在她比较清晰地了解自身未来职业发展的兴趣所在，对自身未来的工作思路更加具体化，也更加有自信心。引发来询者对未来几个目标职位的定位：教师相关工作；医学相关领域；政府机构相关工作。

（3）第三次访谈

为了进一步探索来询者的职业兴趣、职业技能和职业价值观，这次咨询时使用非正式评估技术——分类卡。

①能力探索。咨询师先将职业技能分类卡纵向维度“非常愿意使用”“比较愿意使用”“愿意使用”“最好不使用”“很不愿意使用”依次摆好，让来询者凭借第一感觉快速将手里的卡片摆好，不要过度思考。接下来将横向维度“非常熟练”“可以胜任”“不胜任”摆好，让她依次从“非常愿意使用”到“很不愿意使用”按照横向的维度重新分类。根据职业技能分类表给郑同学讲述了分类卡的布局，告诉她哪部分是优势区域，哪部分是劣势区域，哪部分是潜能区域，哪些技能是需要重点强化的，哪些区域如果不加重视会在将来的工作中出现职业倦怠。然后询问郑同学看到自己清晰的技能呈现的感受，郑同学总结自己在激励和团队合作方面可以努力再提高，她的优势还是集中在适应变化、分析、设计等方面。

②价值观探索。接下来继续使用职业价值观分类卡对价值观进行探索，将标有五个纬度名称的卡片依照“非常重视”“比较重视”“有时重视”“很少重

视”“不重视”的顺序横向摆好，让郑同学根据要求将手中的卡片摆放好。郑同学总结她的职业价值观分类表，重新认识了自己的价值观，之前自己可能说不出来或者比较模糊，但是经过这么多价值观的罗列，终于能比较清晰地认识到什么是自己最想要的。

本次咨询结束时，咨询师布置了一项作业，要求来询者对今天做的卡片分类结果进行仔细研究，到网络上搜索一些感兴趣的职业信息及相关行业领先企业信息，逐渐熟悉劳动力市场，积累相关行业就业信息，初步了解未来职业社会发展趋势。

（4）第四次访谈

根据以上几次咨询，郑同学对未来就业具有了一定的认知和感受，对自己今后应该怎么应对学习和工作建立了良好的自信心，目标性也更加明确。规划师与郑同学共同设定了三个工作的规划目标，每个目标都包括长期目标（15～20年）、中长期目标（10～15年）、中期目标（5～10年）、短期目标（1～5年）。短期目标也就是在校期间的目标，来询者进一步将短期目标细化，要更加努力地学习英文，多翻阅生物医学方面的英文文献，为毕业论文写作积累素材，争取毕业时能流利地和外国人用英语交流，顺利通过毕业答辩；还要争取在大三期间获得EA工程师协会完全认证，多参加学校组织的实习活动，多参加演讲比赛和辩论赛，一方面锻炼自己的口才，另一方面锻炼自己的胆量，为将来就业打好扎实的基础。

随后，规划师给郑同学把整个规划过程进行了总结和梳理，帮助她看到其在整个过程中的变化。郑同学在总结时谈到自己经过这一个月的规划，对自身有了比较充分的认识：作为一个大学生，未来会面临众多不确定的道路抉择，通过这次职业生涯规划咨询，从最初的迷茫和混沌到对自我和外部世界进行认知，学会理性决策和目标制定的方法，利用手中资源解决职业生涯困惑。人生就是充满了各种不确定性的大舞台，任何事物都是会随时间变化的，很庆幸自己的职业生涯觉悟比较早，能够对未来做更充分的准备，自己有充分的思想准备去接受各种新的变化和挑战。

（本案例来源：张横云．留学生回国发展职业生涯规划咨询案例分析［J］．教育教学论坛，2020（42）：326-327.）

案例二：大学毕业生生涯未决困惑

1. 案例背景

小刘，24 岁，女，教育学类专业。本科毕业一年，在校外教育机构从事初中语文教学工作。在大学及过去的一年中，小刘在编辑或者教育领域内尝试了不同的工作，例如文字编辑、课程编辑、语文教师等。但是小刘觉得哪种工作都不尽如人意，常常在做着一种工作时“憧憬”另外一种工作，每项工作做三个月左右就会“跳槽”。在当前的工作中，小刘也遇到一些困扰并且对自己总是“跳槽”感到苦恼，不知道自己究竟适合什么工作。她希望能够通过生涯咨询发现适合自己的职业。

2. 案例分析

从案例基本情况分析，来询者小刘在一年时间内尝试了三种不同的工作，其目的是想通过尝试不同的工作找到自己感兴趣的工作，但结果并非如她所愿，多方尝试下仍然没能明晰自己感兴趣的工作。可以看出，来询者的困扰符合生涯未决的基本特征，即个体未能够对符合自己职业兴趣或职业道路的职业做出选择。

研究发现，生涯未决困扰是大学生面临的一个重要问题。出现生涯未决的原因是个体对自我和职业信息缺乏足够的了解，或者是个人具有决策焦虑和犹豫不决的人格倾向。在本案例中，小刘谈到职业选择时多次提及“不知道自己适合什么职业”“尝试不同的职业”等话语，可以看出小刘的生涯未决更大程度上是由于对职业兴趣和职业信息的认识不足引起的。小刘谈到面对不同工作的态度时多次提及“现在的工作和我原本想的不一样，所以我想辞职换一份工作”“这种感觉太糟糕了，影响我的生活”等话语，可以看出小刘对工作存在糟糕偏向和绝对化要求的不合理信念。这在正式咨询阶段还需要进一步澄清。

有研究证实，生涯咨询能够帮助学生深入探索自我与职业选择，更好地度过生涯未决状态。因此，在本案例中希望能够通过生涯咨询帮助频繁“跳槽”的小刘深入认识自我，探索职业选择方向，更好地处理生涯未决困扰。

3. 生涯咨询的过程分析

基于特质类型理论、社会学习理论和认知信息加工理论，结合小刘的困扰和个人特点，本次生涯咨询计划分四个阶段：建立关系、探索职业兴趣、了解个人求职与外部工作世界、形成决策目标。由于双方不在同一城市且受一些外部因素的影响，此次生涯咨询以线上的形式进行，每周一次，共四次。

第一阶段：建立关系，评估问题，讨论咨询目标。

该阶段中，咨询师与来询者（小刘）说明保密原则。小刘阐明当前存在的困扰，咨询师收集背景信息，如过往的工作经历、受教育程度等。咨询师需要初步探寻困扰形成的过程与原因，评估来询者的困扰对其生活造成的影响，以及是否需要转介等问题。此外，咨询师需要与来询者讨论通过咨询想要达成的目标。

小刘在教育机构从事语文教师的工作，她在接受生涯咨询时正处于新工作的适应期，因此对新工作和过往的工作经历有较多的思考，接受生涯咨询的意愿比较强烈。小刘自述其主要困扰一方面是对新工作环境的适应问题，另一方面是频繁“跳槽”的问题。当前工作的教育机构对自己的过往经历进行“包装”以吸引更多的生源，这让她萌生离职的想法。随后，咨询师运用“前因–行为–结果”的思路深入了解小刘在开展教学工作和非教学工作时的态度，发现小刘在开展教学工作时能够获得工作成就感，这让她工作更有动力；但是在处理非教学工作时，会存在心理困扰和矛盾。困扰与矛盾是由于行业环境和本心背离造成的，如小刘认为教育机构应该依靠优质的教学口碑吸引生源而不应该依靠过度“包装”教师来获取生源。这种困扰和矛盾的心情给小刘的教学造成较大的心理负担，因此她产生离职的想法。

而后，谈及选择这一工作的原因和未来规划，小刘称只是将该工作当成一次尝试，以探明在教育机构内做教师是否适合自己。进一步谈到职业选择渠道，小刘更多是依靠自己的意愿和学长学姐的建议，如“我有点儿厌倦了编辑的工作，整天坐在座位上，有点儿无聊；做老师的话，能跟学生交流感觉很好，所以我想试一试”“学长曾经告诉我说尝试才能够了解自己的工作兴趣，要多尝试”。小刘正是在这种“多尝试”想法的驱使下，一年之中尝试了三项不同的工作，却没有发现自己喜欢的职业。尤其是当前工作与个人预想不一致时，便会产生跳槽的想法。可以看出小刘存在当前困扰且数次“跳槽”的表层原因是职业选择问题，其深层原因可能既包括对个人职业兴趣认识不足、职业信息的匮乏，也包括对职业的绝对化要求和与个人预期不一致时糟糕至极的不合理信念。

综上，从第一次咨询的情况来看，小刘当前处于生涯未决状态且深受其影响。小刘怀有较强烈的职业好奇心和职业行动力，尝试不同职业，但出现困扰的原因是对个人职业兴趣的探索不足，对职业信息了解有限且在工作中存在绝对化要求和糟糕至极的不合理信念。小刘希望通过此咨询帮助自己进一步挖掘职业兴趣，探索职业方向。

经双方共同商议，咨询目标进一步确定为：

（1）深入认识自己的职业兴趣、职业价值观；

（2）学会将工作环境与个人职业兴趣相匹配；

（3）调整不合理信念，探索个人发展与工作进步的动态调适；

（4）接纳当前的状态并探索未来的职业方向。

第二阶段：深化自我认识，探寻职业兴趣。

在第二阶段的咨询中，咨询师运用霍兰德职业兴趣测评和职业价值观测评工具帮助来询者认识自己潜在的职业兴趣和职业价值观。咨询师结合来询者的过往工作经历，引导来询者正确认识测评结果，深化对自我的认识和对所选职业的思考。

咨询师给小刘介绍了职业兴趣测评和职业价值观测评，并进行测评。在职业兴趣方面，结果显示小刘社会型（S）、艺术型（A）、企业型（E）的得分较高，与其特质较匹配的工作是幼儿教师和导游。小刘结合自己的生活工作经历，对社会型和艺术型的职业特质比较认同且具有相关工作经历，获得过工作的愉悦和成就感；但是在企业型的职业特质上，她的确更喜欢具有竞争性的工作氛围，但是暂无企业类相关的生活工作经历。

在职业价值观方面，小刘注重工作的成就感和认同感，而不太注重工作的外部支持与薪资水平。经过对小刘的职业价值观进一步澄清，发现小刘的成就感更多源于学生的进步成长、个人教育情怀的实现与工作成果的输出。此外，她在工作中也注重自我学习以及领导、同事对自己工作成果的认可。

结合测评结果与个人工作体验，小刘认为教师类工作更有利于与学生交流并能看到学生的成长和变化，这是她成就感的来源之一，且她认为教育机构中积极向上的工作氛围能够激励自己进行自我学习与提升，符合她的职业价值观。因此，她有意向从事教育机构中班主任或语文教师的工作。此外，她对文学类工作比较感兴趣。囿于专业限制，她无法从事文学专业性较强的工作。结合工作经历，她认为从事文字编辑或课程编辑工作能够获得较高质量的工作成果，进而获得他人认可与工作成就感。综合考虑，除教育机构中的语文教师和班主任工作之外，她也有意愿尝试文字编辑和教育机构中课程编辑的工作。以往各项工作均在一定程度上符合其兴趣、价值观偏向。

第三阶段：关注工作环境，确定职业意向。

结合来询者对职业的思考，咨询师引导来询者关注与职业相关的环境因素，如薪资、晋升机会、人际环境等，运用生涯决策平衡单帮助来询者进行不同职业的比较。咨询师与来询者就平衡单结果进行讨论，进一步帮助来询者深化对环境、对职业的认识，进行职业意向的排序。在此过程中，引导来询者初步认识自己的不合理信念。

在第二阶段咨询的基础上，咨询师运用SWOT的方法引导小刘对意向的四种职业进行分析。小刘认为四种职业都有吸引自己的地方，同时也存在不同的困难。例如，提到文字编辑这一职业，小刘认为工作中会让自己比较舒服，但是由于自己专业水平不足，很难进入知名度高的公司。经过对职业的分析，小刘认识到每一种职业都有优势和劣势，应该全面客观地看待职业的优劣势而不是单纯追求工作环境与个人预期的完全符合。通过此次分析，小刘不仅梳理了自己在职业方面的优劣势，也认识到存在的绝对化要求这一不合理信念并加以调整。

随后，结合小刘的职业价值观，咨询师与小刘讨论形成生涯决策平衡单的不同指标（见表9–1），包括公司平台、表达自己的机会、专业优势、自我提升、团队氛围、人际关系、他人认同、社会认同、工作压力、公司规则、过分商业化的表现等。小刘通过对各项指标打分加权得到四种职业的排序，分数由高到低依次是教育机构的课程编辑、教育机构的班主任、教育机构的语文教师、文字编辑。

最终，双方就意向职业的排序进行讨论。讨论中小刘发现自己更为看重的是对学生的关怀、工作中获得的自我提升，而文字编辑和课程编辑的工作难以满足这两项工作需求。在过往经历中，小刘获得工作成就感和愉悦感的来源也多与学生有关。因此，综合平衡单分数和讨论结果，将职业意愿由强到弱的排序变更为教育机构的班主任、教育机构的语文教师、课程编辑、文字编辑。

表9–1　生涯决策平衡单

考虑因素		重要权数（1～5倍）	选择项目							
			职业A		职业B		职业C		职业D	
			+	−	+	−	+	−	+	−
外部环境	1. 工作平台	3	2		4		4		3	
	2. 团队氛围	4	3		3		3		2	
	3. 人际关系	2	2		4		4		3	
	4. 他人认可	2	4		3		2		3	
	5. 社会认可	2	4		3		2		3	

续表

	考虑因素	重要权数（1～5倍）	选择项目							
			职业 A		职业 B		职业 C		职业 D	
			+	−	+	−	+	−	+	−
外部环境	6. 工作强度	3		2		2		3		2
	7. 过分商业化	4		2		1		2		3
	8. 工作纪律	2		2		3		3		2
自我提升	1. 表达自己的机会	4	4		3		2		3	
	2. 发挥专业优势	3	4		4		2		3	
	3. 提升工作能力	3	3		2		2		3	
总分			60		29		57		43	

第四阶段：确定职业方向，调整不合理信念。

在第三次咨询的基础上，再次比较不同环境中同一工种的职业选择意向，引导来询者做出职业决策。在该过程中，帮助来询者认识到个人在职业认知方面存在的绝对化要求和糟糕偏向的不合理信念，并进行适当调适和干预。咨询结束之后，与来询者讨论、总结四次咨询的过程和成果。

在第三阶段的咨询中，小刘对意向职业的排序依次是教育机构的班主任、教育机构的语文教师、课程编辑、文字编辑。首先，咨询师进行情境假设："假设四种职业能够提供与该职业相匹配的待遇和支持，你想选择哪一个？"小刘的选择是"班主任"，并表示希望能够更加关注学生的心理健康问题。随后，咨询师与小刘讨论了不同的工作环境，包括私立学校、一般公立学校、特岗学校（即为招聘特岗教师的学校，下同）与教育机构。接着，再次依托生涯决策平衡单比较不同环境的相似职业，发现小刘有强烈的意愿希望能够在学校开展班主任工作。生涯决策平衡单的各项指标经过讨论确定为地区经济发展、交通便捷程度、地理位置、工资水平、工作环境、晋升机会、工作强度（见表 9-2）。小刘依次进行打分，最终得分从高到低依次为私立学校、一般公立学校、教育机构、特岗学校。讨论发现，小刘对私立学校班主任的工作认同度较高，而且认为与其他工作环境相比，私立学校既有灵活的工作氛围，又能够实现自己的教育情怀，使自己获得工作成就感和认同，这也符合其职业兴趣和职业价值观。因此，小刘计划之后从事私立学校的班主任工作。

表 9–2　调适后的生涯决策平衡单

考虑因素	重要权数（1~5 倍）	教育机构的班主任		公立学校的班主任		私立学校的班主任		特岗学校的班主任	
		+	−	+	−	+	−	+	−
1. 地区经济发展	2	3		3		3		2	
2. 交通便捷程度	3	3		3		3		2	
3. 地理位置	3	4		3		4			1
4. 工资水平	2	3		3		4		2	
5. 工作环境	3		2	4		4		2	
6. 晋升机会	3	2		3		4		3	
7. 工作强度	3		3		1		2		2
总分		24		48		53		20	

小刘明晰意向职业后，咨询师与小刘讨论之前工作离职的原因，除职业兴趣不符合外，还存在糟糕至极的不合理信念。例如当现有工作不符合个人预期时，人们会感到这个工作太糟糕了，在这种心态影响下，逐渐产生离职的想法，进而频繁"跳槽"。因此，针对小刘的不合理信念，咨询师再次情境假设："如果发现私立学校的氛围和自己的期待存在差异应该如何处理？"小刘列出可能处理的方式，包括与领导沟通、尝试发现工作中积极的一面、对学校积极建言献策等。通过小刘列出的处理方式，可以看出小刘对不合理信念有所觉察并积极调整。

最后，双方就四个阶段的咨询进行总结。小刘认为在四次咨询中她逐渐明晰了自己的职业方向，并且意识到自己在心态方面存在的问题。小刘当前的求职心态比较平和而且方向感明确，感觉对未来有更强的掌控感。如果遇到工作不能符合自己期待的情况，她也将积极调整自己的态度和应对方式。

（本案例来源：张宇，王乃弋．关于大学毕业生生涯未决的咨询案例分析［J］．中国大学生就业，2021（15）：59–64.）

9.2.3 职业咨询案例分析

职业生涯规划和职业教育在中国一直是相对薄弱的一个环节，近年来才逐渐在社会上受到重视。市场经济下人力资源流动的加快使得职业咨询逐渐升温，其中大学生职业生涯规划占有很大份额。在职业生涯咨询过程中，缺乏社会经验和职场经历的学生通过与咨询师沟通和交流，可以比较准确地表达自己的问题或困扰，清楚地表明自己在职业生涯规划方面的认识和选择。

上文所选案例即是针对大学生的职业咨询案例，咨询师针对咨询者的信息给予了充分客观的分析，做出了初步的建议。两个案例中咨询者所面临的职业困惑是不同的，第一个案例咨询者是期望咨询师可以帮助自己建立职业生涯路线；第二个案例咨询者已经历过数个工作，了解相关工作的实际情况，也对相关工作有所体悟和想法，其主要期望咨询师可以帮助自己厘清对真实职场和预想不同等方面的困惑，处理职业生涯中的未决困扰。相似的是，两个案例均经历了数次访谈过程，循序渐进地从了解咨询者自身情况、职业兴趣、职业期望、职业技能和职业价值观等信息，到咨询师同咨询者共同设定规划目标。实际操作中咨询师还将兴趣测试、能力测试等多种测试方法相结合，用以促进职业指导和职业咨询。

9.3 心理咨询

9.3.1 心理咨询方法

心理咨询要求咨询人员摆正自己的位置，强调来访者才是心理咨询的主体，是实现心理咨询目的的主要力量。咨询人员的作用是帮助来访者发掘自身潜能，提高自身对生活的适应性和调节周围环境的能力。目前较为普遍使用的心理咨询实施方法可分为以下几类：

1. 疏导法

疏导法指运用一定的心理诱导策略和方法，促使来访者发挥自身内在潜力，校正不正确的主观意识，消除心理障碍，进而明确前进方向的一种咨询方法。具体的疏导方法有宣泄、转移、劝慰、合理认知等。

2. 精神分析法

精神分析法（psychoanalysis）以人们的潜意识为主要研究对象，是心理咨询与治疗实践中的主导方法。其治疗的方法和技术主要有：

（1）自由联想，即要求来访者把想到的一切全说出来。咨询人员的任务是倾听，并鼓励患者克服阻力继续进行联想，必要时插入简短的评论。

（2）移情，即来访者在咨询中表现出对咨询人员的强烈情感反应，如敬仰、爱慕、仇恨或憎恶等。掌握并处理好移情，有助于咨询人员准确分析，进而有利于展开下一步咨询工作。

（3）分析梦境，弗洛伊德认为梦境常象征无意识的冲动或欲望，通过释梦可挖掘到各种线索。

（4）解释及领悟，咨询人员应当对自由联想及梦境的无意识意义予以解释，通过反复解释来持续帮助来访者解决冲突，使其理解冲突的根源并逐一攻克冲突与问题。

当代精神分析疗法开始借鉴其他心理咨询方法的内容，使其更加适合时代与社会的发展，其他的具体方法还有如心理意象疗法、大时间量疗法、强化日志疗法、催眠分析疗法等。

3. 认知疗法

认知疗法（cognitive therapy）是在人的认知过程会影响情绪和行为的理论假设基础上，通过认知和行为技术来改变求治者的不良认知，从而纠正不良行为并增强适应能力的心理治疗方法。它的主要着眼点在于患者非功能性的认知问题，意图通过改变患者对己、对人或对事的看法与态度来改变并改善所呈现的心理问题。例如，理性-情绪行为疗法（REBT）认为人是可以随认知的变化而改变的，人的情绪来自人对所遭遇的事情的信念、评价、解释或哲学观点，而非来自事情本身，即认为可以用纯理性的方法帮助来访者解决问题。

4. 行为疗法

行为疗法也称行为矫正，是建立在学习理论基础上的一种治疗方法，主要通过学习、训练提高来访者的自我控制能力，以及通过控制情绪、调整行为和内脏生理活动来矫正异常行为，达到治疗疾病的目的。行为疗法又可以细分为以下几类：

（1）系统脱敏法（systematic desensitization），咨询人员诱导来访者缓慢地暴露出导致神经症焦虑的情境，并通过心理的放松状态来对抗这种焦虑情绪，从而达到消除神经症焦虑习惯的目的。

（2）厌恶疗法，即应用惩罚的厌恶性刺激，通过直接或间接想象来消除或减少某种适应不良行为的方法。厌恶疗法又可以分为以下三种：第一种是电击厌恶疗法，在 2010 年前有所使用和研究，即将来访者习惯性的不良行为反应与电击连在一起，一旦这一行为反应在想象中出现就予以电击；第二种是药物厌恶疗法，即在来访者出现贪恋的刺激时，让其服用呕吐药，产生呕吐反应，从而使该行为反应逐渐消失；第三种是想象厌恶疗法，即将施治者口头描述的某些厌恶情境与求治者想象中的刺激联系在一起，从而产生厌恶反应，以达到治疗目的。

（3）冲击疗法，又称“暴露疗法”“满灌疗法”和“快速脱敏疗法”。它是鼓励来访者直接接触引致恐怖焦虑的情景，坚持到紧张感觉消失的一种快速行为治疗法。

（4）强化疗法，又称操作条件疗法。可以分为行为塑造法和代币奖励法，前者一般采用逐步进级的作业，并在完成作业时按情况给予奖励（即强化），以促使来访者增加出现期望获得的良好行为的次数；后者则是应用某种奖励系统，来访者做出预期的良好行为表现时，马上就能获得奖励而即可得到强化，从而使其所表现的良好行为得以形成和巩固，同时使其不良行为得以消退。

（5）生物反馈疗法（biofeedback therapy），是利用现代生理科学仪器，通过人体内生理或病理信息的自身反馈，使求治者经过特殊训练后能够进行有意识的“意念”控制和心理训练，实现自身躯体机能调节，从而消除病理过程、恢复身心健康。

（6）观摩示范学习疗法，又称示范疗法、模拟疗法，是一种向来访者提供某种行为榜样，并对之进行模仿学习，从而使来访者习得相似行为的治疗方法。

（7）思维阻断法，是指在来访者想象其强迫性思维的过程中，通过外部控制的手段，人为地抑制并中断其思维，经过多次重复就可以使强迫性思维得以逐渐消失。

5. *来访者中心疗法*

来访者中心疗法（client-center therapy）认为，任何人在正常情况下都有积极的、自我肯定的潜力。如果个体的某些经验与其自我结构出现不和谐，就会表现为心理病态和适应困难。如果创造一个良好的环境使个体能够和别人正常交往、沟通，便可以发挥他的潜力，改变其适应不良行为，最终达到心理健康水平。主要采用的技术有真诚交流的技术、无条件积极关注的技术、促进共情的技术等。

6. 森田疗法

森田疗法是一种顺其自然、为所当为的心理治疗方法，主要用于神经质症的治疗。森田疗法认为，对待生活中的不适感等应该采取容忍和接受的态度，不盲目排斥，同时以事实为依据，不主观臆断自身的问题，超然于矛盾之外，达到与自然的协调，从而减少痛苦感，达到"无为而治"的境界。具体又分为住院森田疗法、门诊森田疗法等。

7. 现实疗法

现实疗法建立在控制理论的基础上，它假设人们可以对自我的生活、日常行为及思想负责。该方法通过帮助来访者控制自己的行为，或者帮助其做出艰难选择，使来访者介入治疗并探索自我的行为，进而带来思想和行为的改变。它适用于个别咨询、婚姻与家庭治疗、团体咨询，以及社会生活、教育、矫正与康复等方面的治疗，但对于治疗者的技术水平有一定要求。

8. 完形疗法

完形心理疗法在解释心理问题时所遵循的思路是，要促成心理健康和治疗心理疾病，最重要的一点就是帮助来访者获得好的心理完型，将支离破碎的认识重新整合成一个完整的认识、完满的印象。主要采用的技术方法有：

（1）梦的工作

在现实中再现梦境，并让来访者扮演梦中的角色，使之如同正发生在当下一样。将这种感觉带到现实生活中，并能体验到这种感觉的缺乏，从而有可能在现实中培养、形成这种感觉。

（2）空椅技术

"空椅技术"是让来访者与自己人格的不同方面或部分进行对话，直到来访者感觉到已经充分了解了自己的矛盾、冲突与不协调的情感为止，如此，来访者就可以自己寻找出解决困扰的方法了。

（3）语言的变化

完形疗法认为大多数的问句后都隐藏着一个简单的叙述，咨询人员常常建议并鼓励来访者用以"我"为主语的陈述句代替疑问句，以此直接表达自我的感受，这有利于下一步的咨询治疗。

（4）面质

完形疗法带有较强的指导性和质问性，面质方法经常被运用，旨在通过强烈的冲击性来探究人们内心的感受，引导下一步的认识与咨询治疗。

（5）心理剧

心理剧通过戏剧表演的形式来探索当事人的人格、人际关系、心理冲突和情绪问题等，帮助来访者实现精神宣泄，消除心理压力和情绪困扰，增强其适应环境和克服危机的能力。方法主要有角色扮演、角色互换、重现、独白等。其中角色扮演是将个人意识及潜意识中的某些方面做戏剧化的表演，使个人生活中的“未完成事件”、心理冲突等显现出来，从而使来访者顿悟，其他的方法也是采取类似的方式。心理剧通过这种戏剧化的、令人难忘的经历，给来访者提供自我发现、自我整合的机会。但心理剧的实施有一系列复杂的要求，它本身也是一种独立的心理咨询理论和方法。

9. 奇迹问句技术

米尔顿·埃里克森（Milton Erickson）的水晶球技术（crystal ball technique）鼓励来访者想象一个没有任何问题的未来，然后告知他们如何解决问题以创造出那样的未来。这项技术是奇迹问句技术的基础，将其与史蒂夫·德沙泽尔（Steve de Shazer）提出的来访者无法定目标的挫折技术相结合，就形成了如今公认的焦点解决短期咨询（solution focused brief counseling，SFBC）方法的关键技术——奇迹问句技术。奇迹问句技术促使来访者思考什么是他们真正想要的，而不去考虑不想要的，从而将聚焦问题的视角转向聚焦解决方案的视角。来访者显然不想再感到沮丧，如父母希望孩子不再有不良行为，丈夫或妻子希望配偶不再把自己的付出看作理所应当。为此，奇迹问句技术让来访者思考：变化会呈现出什么样子？如果这些问题真的不再发生了，那么意味着什么？会有什么区别？你怎么知道的？

咨询师通常可以采用以下方式提出奇迹问句：“假设在某一天晚上，你熟睡时发生了奇迹，问题解决了。你怎么知道发生了奇迹？有什么不同吗？”最重要的是，咨询师必须协助来访者形成实际的、合理的、聚焦于自身的解决方案。如果来访者说她之所以知道发生了奇迹，是因为她醒来时发现丈夫正在打扫房间，并把早餐端到了床前，这时咨询师就需要让来访者关注自身，询问来访者自己有什么不同，而非他人（除非也一同前来咨询）。举个例子，如果一个来访者说是奇迹引发了他人行为的改变，那么咨询师可通过以下问题来帮助她理解自己的行为产生的互动和连锁效应：“假如你丈夫打扫了房间并端来了早餐，你对待他的方式会有什么改变吗？”咨询师可以帮助来访者了解，她的行为哪怕只是发生了微小的改变也会引起他人的改变。

10. 自我对话

琳达·塞利格曼（Linda Seligman）和劳里·瑞森伯格（Lourie W. Reichenberg）将自我对话描述为人们每天与自己进行的一种积极鼓励。当遇到棘手问题时，个体可以采用自我对话法，重复说一些对自己有益的和鼓励性话语。自我对话是一种技术，采用更积极的自我对话可以阻止非理性信念，发展积极健康的思想，也是处理自身负面信息的一种方式。

自我对话分为两种类型：积极自我对话和消极自我对话。特别地，个体的自我对话会受他人（如父母、老师、同伴）对自己评价的影响。当运用自我对话技术时，第一步是发现并讨论来访者的消极自我对话；第二步是了解来访者的消极自我对话的目的；第三步是帮助来访者反驳侵入性思维或发展与其相反的自我陈述；第四步是让来访者在练习后回顾这些方法。

9.3.2　心理咨询案例

案例一：焦虑

1. 一般情况介绍

求助者：女性，36岁，汉族，初中文化程度，离异，公司职员。

主诉及个人自述：

我害怕领导，只要有他们在场就会出现出汗、发抖等植物神经功能失调症状，并伴有抑郁、焦虑情绪和失眠现象。前述现象持续约半年。

我从小家庭较困难，全家靠父亲一个人的工资生活。16岁那年，父亲因病去世后母亲又生病，家庭经济变得非常困难，妹妹还需读书，我只好辍学挑起家庭重担。

26岁时我经人介绍和一位工人结了婚，当时心里很高兴，毕竟有了自己的家。可是婆婆特别厉害，总是找各种借口和我吵架，而每次争吵，丈夫总帮婆婆，我感到很委屈和无助。31岁时，丈夫提出离婚。

离婚后，孩子跟了丈夫，我一个人生活。为了维持生计，我找了份保管员的工作。那时我非常珍惜自己的工作，即使领导给了很多额外任务，也不敢说“不”，尽管心里不平衡，但是因为怕失去工作，也只能忍气吞声。半年前，一个同岗位的同事，因为开错了发货单而被领导开除。从这以后，我就一直很担心，怕自己也会像这位同事一样被开除，所以做事更加小心翼翼。

一次，在开票时，字写得不是太清楚，同事开玩笑说：“写仔细点儿，不然老板也要炒你了。”从此以后，只要自己的部门主管在场，我就会出现心悸、手抖、出汗、胸闷的现象，特别是写字时手抖得根本无法落笔。想到这样下去会被辞退，我就特别害怕。而且是越想克制，害怕得就越厉害，症状就越严重，如此形成恶性循环，我只能找各种借口避免和这位主管接触。

慢慢地，其他部门主管在场时我也会出现心跳、气急、出汗、发抖的现象，为此我十分焦虑、痛苦。

我曾去过专科医院诊治，没有发现器质性疾病，服用过抗焦虑药、补脑安神类药物，效果不明显，还经常失眠。我怕长此下去会失去理智，毁了自己。这次是在查看了大量的心理学书籍，并在妹妹的劝说下前来就诊的，希望自己的疾病能有一个转机。

2. 咨询师观察、了解到的情况

（1）咨询师观察到的情况

在妹妹的陪同下求助。求助者中等个子，衣着整洁、朴素，年貌相符，身材较纤瘦。进入咨询室时步态稳，但神情有些紧张、焦虑，在咨询师的热情接待下，稍有缓解。就座后不敢看咨询师，坐在椅子上双腿并拢，双手放在腿上，有些僵硬。咨询过程中配合良好，对答切题，语速慢，语音低，能叙述自己的问题，自知力完好，有求治的愿望，未见明显的精神病性症状。

（2）咨询师了解到的情况

①既往史：既往身体健康，无重大的器质性疾病史，无手术史，无传染病史，无输血过敏史，无高热抽搐及外伤昏迷史。来访前曾在综合性医院做过 CT、神经功能测定、心电图、X 射线检查及一系列生化检查，未发现躯体疾病。

②个人史：姐妹两人，求助者家中排行老大，身体健康，足月顺产第一胎，母乳喂养，8 岁上学，从小学到初中读书成绩好，初中毕业参加工作，工作能胜任，无烟酒嗜好。平时性格较内向、胆小、敏感，做事追求完美，朋友不多。26 岁结婚，31 岁离异，育有一个女儿，女儿目前与前夫生活，体健。

3. 心理测验的结果

（1）EPQ：E35；P45；N65；L40。

（2）SCL-90：总分为 195 分，其中焦虑为 2.6 分、抑郁为 2.0 分、人际关系为 2.4 分。

（3）SAS：标准分为 58 分。

（4）对该求助者的资料进行整理，得出该求助者产生问题的原因是：

①生理原因：女性，36 岁。

②社会原因：

A. 存在负性生活事件，同事因开错票而被开除。

B. 同事以“老板炒你”为内容开玩笑。

C. 离异，朋友少，缺乏社会支持系统的帮助。

③心理原因：

A. 存在明显的认知错误，以及对自己的否定和对权威的屈从。

B. 缺乏有效解决问题的行为模式，只是忍气吞声，不知如何表达与沟通。

C. 缺乏情绪调节方法。

D. 性格内向、敏感、自卑，追求完美。

4. 评估与诊断

（1）综合临床资料，对求助者的初步诊断是：严重心理问题。

（2）诊断依据如下：

①根据区分心理正常与心理异常的原则，该求助者的主客观世界统一，精神活动内在协调一致，人格相对稳定，对自己的心理问题有自知力，能主动求医，无逻辑思维的混乱，无幻觉、妄想等精神病性症状，因此可以排除精神病性问题。

②该求助者的主导症状是焦虑，程度与其个人经历和处境相符合，内心冲突为常形，可排除神经症性问题。

③该求助者的焦虑情绪已经泛化，并且情绪反应较强，对工作造成一定影响，症状持续近半年。

据此，初步诊断为严重心理问题。

（3）鉴别诊断如下：

①与抑郁性神经症相鉴别：抑郁性神经症在症状上主要是抑郁，病程在两年以上。而该求助者以焦虑为主要症状，抑郁只是伴发症状且持续约半年，因此可以排除抑郁性神经症。

②与焦虑性神经症相鉴别：该求助者虽以焦虑为主导症状，但内心冲突为常形，可以排除焦虑性神经症。

5. 咨询目标的制定

根据以上的评估与诊断，经过与求助者协商，确定如下的咨询目标：

（1）近期目标

①学习放松技巧，掌握情绪调节方法。

②降低求助者的焦虑情绪。

③缓解求助者的抑郁情绪。

（2）远期目标

在达到上述具体目标的基础上，最终达到促进求助者心理健康、人格完善的目标。

6. 咨询方案的制定

（1）针对本案例，计划采用的咨询方法及咨询原理如下：

①咨询方法：采用系统脱敏疗法进行治疗，具体有三个步骤：

A. 建立焦虑的等级层次。这一步包括如下两项内容：找出所有使求助者感到焦虑的情景和人群；将来访者报告出的焦虑事件按等级程度由小到大的顺序排列。

B. 放松训练。一般需要 6 ～ 10 次练习，每次历时半小时，每天 1 ～ 2 次，以达到全身肌肉能够迅速地进入松弛的状态为合格。

C. 通过系统脱敏练习提高求助者应对生活事件的能力，掌握情绪调节方法。包括如下三项内容：放松；想象脱敏训练；实地适应训练。

②咨询原理：系统脱敏疗法又称交互抑制法，是由沃尔普创立和发展起来的，这种方法主要是引导求助者缓慢地暴露出导致焦虑的情境，并通过心身的放松状态来对抗这种情绪，从而达到消除焦虑的目的。当某个刺激不会再引起求助者的焦虑反应时，便可向处于放松状态的求助者呈现另一个比前一刺激略强一点儿的刺激。如果一个刺激所引起的恐惧在求助者所能忍受的范围之内，经过多次反复呈现，求助者便不再会对该刺激感到焦虑，治疗目标也就达到了。

（2）向该求助者明确双方的责任、权利和义务如下：

①求助者的责任：向咨询师提供与心理问题有关的真实材料；积极、主动地与咨询师一起探讨解决问题的方法；完成双方商定的作业。

②求助者的权利：有权利了解咨询师的受训背景和执业资格；有权利了解咨询的具体方法、过程和原理；有权利选择或更换合适的咨询师；有权利提出转介或终止咨询；对咨询方案的内容有知情权、协商权和选择权。

③求助者的义务：遵循咨询机构的相关规定；遵守和执行商定好的咨询方案各方面的内容；尊重咨询师，遵守预约时间，如有特殊情况提前告知咨询师。

④咨询师的责任：遵守职业道德，遵守国家有关的法律法规；帮助求助者

解决心理问题；严格遵守保密原则，并说明保密例外。

⑤咨询师的权利：有权利了解与求助者心理问题有关的个人资料；有权利选择合适的求助者；本着对求助者负责的态度，有权利提出转介或终止咨询。

⑥咨询师的义务：向求助者说明自己的受训背景，出示营业执照和执业资格等相关证件；遵守咨询机构的相关规定；遵守和执行商定好的咨询方案各方面的内容：尊重来访者，遵守预约时间，如有特殊情况提前告知求助者。

（3）咨询时间：每周一次，每次一小时左右。

（4）咨询收费：每次 100 元人民币。

（5）测量收费：EPQ 为 50 元，SAS 为 15 元，SCL- 90 为 50 元。

7. 咨询过程

（1）咨询阶段大致分为：诊断评估与咨询关系建立阶段；心理帮助阶段；结束与巩固阶段。

（2）具体的咨询过程：

第一阶段：诊断评估与咨询关系建立阶段（第 1 ~ 3 次）。

①目的：

A. 了解求助者的基本情况。

B. 建立良好的咨询关系。

C. 确定主要的问题，做心理测验。

D. 探寻解决问题的办法。

②方法：会谈、心理测验。

③过程：

A. 填写咨询登记表，介绍咨询中的有关事项与规则。

B. 对求助者进行 EPQ、SAS、SCL–90 测量，向求助者了解其成长过程及生活现状。

C. 反馈测验结果。

D. 通过与求助者交谈，收集信息，准备实施系统脱敏。

第二阶段：心理帮助阶段（第 4 ~ 12 次）。

①目的：

A. 进一步加强咨询关系。

B. 使用系统脱敏疗法和放松技术，实施治疗。

②过程：

A. 建立等级层次。这一步包括如下两项内容：找出所有使求助者感到焦虑的人群；将求助者报告出的焦虑的情况按等级程度由小到大的顺序排列，例如怕见自己的部门主管是100分，怕见其他部门主管是80分，怕见同事是60分，怕见陌生人是40分，怕见熟人是20分。

B. 放松训练。一般需要6～10次练习，每次历时半小时，每天1～2次，以达到全身肌肉能够迅速地进入松弛状态为合格。

C. 系统脱敏练习。包括如下三项内容：放松训练；想象脱敏训练；实地适应训练。

第三阶段：结束与巩固阶段（第13～14次）。每两周一次，每次一小时。咨询师在这个阶段的主要工作是强化求助者的积极行为，继续巩固已有的疗效，并做好结束前的准备工作。

①目的：

A. 巩固咨询效果。

B. 结束咨询。

②方法：会谈。

③过程：

A. 反馈咨询作业，并与求助者讨论。

B. 鼓励求助者把咨询的结果在实际生活中练习。

C. 结束咨询，鼓励求助者平时多进行正强化，用积极的方式应对，提高适应环境的各种能力。

8. 咨询效果的评估

（1）求助者自己的评估：通过咨询，焦虑和抑郁情绪得到了很大的改善；现在敢去面对领导和比自己优秀的同事，对咨询效果满意。

（2）求助者适应社会的情况：情绪稳定，能正常地工作和生活。

（3）求助者周围朋友的评估：通过咨询，开始能和朋友主动地交往，和朋友交流时也没有紧张的表现了。

（4）咨询师的评估：求助者经过14次咨询后，情绪明显比刚来咨询时好，更能理性地看待人际关系和工作。半年后电话随访，称已换到了业务部门，和人相处较融洽，能正常地生活、学习，求助者的自我评价明显提高。

（5）心理测量结果与咨询前相比，趋于正常。具体是：SCL–90为120分，焦虑为1.3分，抑郁为1.2分，人际关系为1.5分；SAS标准分为44分。

（本案例来源：郭念锋．心理咨询师（习题与案例集）[M]．北京：民族出版社，2011：427–432.）

案例二：抑郁

1. 案例背景

李某，女性，43 岁，初中学历，离异后独自抚养女儿。初中毕业后，与同学一起到广州打工，在朋友的教唆下开始接触毒品，中途断断续续戒过几次，但都失败。三个月前因吸毒被当地公安机关抓获，送戒毒所强制隔离戒毒。

三个月来李某情绪不稳定，失眠、多梦、烦躁，经常与同寝室人员吵架，悲观抑郁。民警一与她谈话，她就开始哭泣，每天要哭很多次，每餐饮食比较少，人比较消瘦，不愿打扫卫生，学习和生产也是无精打采，遵守纪律方面做得也比较差，民警多次谈话安慰没有效果。

2. 评估与诊断

心理咨询中心及时介入实施危机干预。心理测评结果：SDS 标准分 63 分，中度抑郁；SAS 标准分 69 分，中度焦虑；SCL–90 阳性数目项 72 项，躯体化、人际敏感、抑郁、焦虑、敌对等因子分数较高。面谈印象：李某的思维状态正常，情绪比较低落，衣着得体，有羞耻感，注意力不集中，易走神，记忆力有所减退，对答切题，感知觉正常，无幻听、妄想等精神病症状，自知力完整。根据李某自诉、管理民警陈述、心理测试结果及面谈印象，咨询师诊断其存在严重心理问题。

3. 咨询技术与步骤

根据先前收集到的资料及女性戒毒人员的心理特质，咨询师与李某商定，决定采用音乐治疗技术对其进行辅导。每次咨询时间 50 分钟，咨询 6 次左右，间隔时间为一周。

音乐治疗的原理：美国心理学家汤姆金斯提出了“情绪的动机理论”，他认为情绪在人的生存和发展过程中起着至关重要的作用，情绪是人的第一动机系统，决定着人的认知方向和人格发展方向，在这一理论支持下，音乐治疗就显得较为有效。音乐治疗是以音乐为载体直接作用于情绪的心理治疗，音乐起着镜子、船和容器的作用，音乐的容器作用在于它的接纳性，来访者在这种接纳的环境中，通过对音乐移情、投射和释放自己的情绪情感，并在咨询师的引导下进行认知讨论，从而改变认知，起到治疗作用。

音乐治疗步骤：首先介绍音乐治疗的原理、过程及效果，并让来访者选择自己喜欢的歌曲，使其接受音乐治疗，增强治疗的依从性、投入程度；其次引导来访者做呼吸和肌肉放松练习，使其全身放松下来，增强音乐治疗效果；在每次音乐响起之前，来访者戴上眼罩，提升对音乐的感知力。接着咨询师用温和的语音、语调读引导语。每次听完音乐后，咨询师与来访者进行讨论，鼓励其说出内心的感受。

4. 制定咨询目标

近期目标：缓解敏感、焦虑不安、抑郁情绪，改善睡眠质量；改善与民警及其他戒毒人员的关系；激发加强戒毒的动机、信心和意志力；帮助适应戒毒场所环境。

长期目标：提高对毒品危害的认知和抵抗力；提升情绪管理能力和自我价值感，重新建立对生活的信心；预防复吸，建立健康的生活方式；促进一定程度的自我成长。

5. 具体实施过程

（1）第一次心理咨询：放松训练。

因李某有较严重的焦虑、抑郁情绪，还表现出烦躁、易激惹、失眠多梦等症状，所以第一次治疗侧重于结合音乐给予呼吸和肌肉放松练习及情绪疏导的治疗。具体操作如下：

①播放音乐：《鼓问》。

②要求：戴上眼罩，边听音乐边做打鼓的动作。

③听第一遍前的引导语：想象一下，你就是那位敲鼓的人，正在问鼓问题，每次击鼓时，你都在想什么问题，在问什么问题。

④听第二遍前的引导语：这一次想象你就是那面鼓，被击打时，你想说什么，每次鼓响起来都代表你在回答问题，你是如何回答的。

⑤作用机制：通过击鼓，可以表达内心被压抑得不能表达的内容，拍得越强烈，需要宣泄的情绪就越强烈，能明显减轻焦虑、抑郁情绪。

⑥李某的感受：音乐声响起之后，心情开始慢慢平静下来，在边听音乐边做击鼓的动作时，心中负面的情绪得到释放，感觉心里舒服了很多。听《鼓问》第一遍时，不断地在问自己为什么会和毒品扯上了关系，听第二遍时就回答了这个问题，总结了这段时间做得不好的地方，明白了许多道理，并一直对自己说："没有关系，只要改变，一切都还来得及。"

（2）第二次心理咨询：情绪宣泄。

本次咨询运用了肌肉反转减压技术，具体操作如下：

①播放音乐:《小步舞曲》。

②读引导语:当音乐响起来时,请你用手模拟小提琴的动作,这时你会感觉情感的流入,你拉的是自己的情感和自己的故事。

③作用机制:情绪是可以记忆的,而且肌肉也可以记住我们的情绪,在进行音乐行为训练时,可以通过改变我们肌肉的记忆,来改变我们的情绪,同时训练我们的注意力,减轻焦虑情绪。

④与李某讨论:通过这个练习,有什么新的感受。做完情绪宣泄治疗后,李某泪流满面,他说听着音乐做着拉小提琴的动作后,感觉之前经历的一幕幕在眼前闪过,眼泪就止不住地流,有委屈,有伤心,有后悔,感觉情绪完全释放出来了,现在感觉舒服很多,上一次音乐治疗回去之后睡眠也明显好了很多。

(3)第三次心理咨询:自信心提升。

长期吸毒会让戒毒人员产生无能感、失败感、无自尊感,甚至对未来失去信心。李某也是一样,对话当中显露出她对未来生活的彷徨和担心,所以提升李某的自信心非常重要,使她能有勇气去面对困难,重新开始新的生活。本次咨询运用了自信心提升技术,具体操作如下:

①播放音乐:贝多芬的《第五钢琴协奏曲》。

②引导语:想象一下,你就是那个乐队的指挥家,正在从容而自信地指挥着整个乐队。

③作用机制:通过对音乐的掌控,感受音乐带来的力量,能迅速提升自信心。

④李某的感受:闭上眼睛听音乐做指挥乐队的动作时,仿佛真的是自己在指挥这支乐队,心中充满了掌控感,听完音乐之后感觉有力量很多,对今后的生活充满了信心,当下就表示愿意打起精神好好戒毒,积极参加体育锻炼,学习技能和知识,为未来的新生活做好准备。

(4)第四次心理咨询:戒毒动机强化。

本次咨询运用了增强戒毒动机的技术,具体操作如下:

①播放音乐:《珍珠》。

②引导语:举起双手,想象一下你的双手正捧着许多珍珠,珍珠代表你最珍贵的人、东西或事情,随着音乐的响起,手里的珍珠却一粒一粒地滑落下来,描述一下自己的感受是什么。

③作用机制:可以激活戒毒人员去体会和感受在自己内心最珍贵的是什

么、自己最想要的是什么，从而增强其戒毒的动机与愿望，戒毒的动机和意愿在毒瘾解除和保持操守中起着至关重要的作用。

④李某的感受：听完音乐后激动不已，原来房子、车子、金钱等身外之物都可以放弃，自己最在乎、最珍贵的、最舍不得的还是身边的亲人和自己健康的身体。立志一定要好好戒毒，珍惜生命，不负家人的关心与期望。

（5）第五次心理咨询：建立安全感。

李某虽然经过前面四次的音乐治疗，每天能保持情绪平稳，遵守纪律，也能认真地进行生产、学习，但心里仍然缺乏安全感，内心渴望被关心、被尊重，渴望得到支持。这一次音乐治疗给李某听一些以和弦为主的音乐，和弦的声音可以产生支持的作用，具体操作如下：

①播放音乐：《*Songs From A Secret Grader*》。

②引导语：当音乐响起来时，你尝试着站在音乐的中间来听，让音乐包裹着你，感觉音乐像薄雾一样将你包裹起来。

③作用机制：音乐可以让戒毒人员很快建立安全感，并迁移到现实当中，从而能更好地进行康复戒毒。

④李某此时的感受：被音乐包裹着的感觉很温暖，感觉到从未有过的被尊重、被理解，这种感觉真好！

（6）第六次心理咨询：规划未来。

音乐稳定的节奏和预期的发展能进一步帮助人们建立稳定安全的感受，从而就能更好地规划未来。本次咨询运用规划未来的旋律线技术，具体操作如下：

①播放音乐：《蓝色多瑙河》。

②要求：根据音乐的旋律，用笔在纸上以线条的形式画出自己的人生经历旋律起伏。

③引导语：在音乐中，会让你想到生活中的贵人、温暖的人、曾经帮助过你的人，想象一下以后的人生中将有一个更加美好的未来，请仔细地去规划它。

④作用机制：可以在戒毒人员的内心植入心“锚”，产生积极、稳定的情绪，在积极的情绪中规划美好的未来，升起对生活的希望，对预防复吸起到积极的作用。

⑤李某的感受：通过画旋律线，真真切切地感受到民警的关心与帮助，体

会到家人的不离不弃，真的很感动。对未来有了一个更加清晰的计划，并愿意为将来那个更好的自己而去努力。

6. 咨询效果

通过六次的音乐治疗，李某的焦虑、抑郁、失眠等症状得到缓解，能很好地融入戒毒生活中，能认真学习技能、遵守纪律，与同戒人员和睦相处，对未来生活充满了信心。心理测试：SDS 标准分 42 分，无抑郁体验；SAS 标准分 41 分，无焦虑体验；SCL-90 阳性数目项数降至 40 项，躯体化、人际敏感、抑郁、焦虑、敌对等因子分数均降到正常值。李某自诉心情比较愉快，睡眠质量提高，人际关系改善，认识到毒品对自己及家人造成的危害，表示一定会远离毒品、健康生活。

（本案例来源：中国法律服务网．运用音乐疗法帮助戒毒人员李某消除抑郁状态的心理咨询案例［EB/OL］．［2023-10-13］.http：//alk.12348.gov.cn/Detail?dbID=25&dbName=JDJZ&sysID=8142.）

9.3.3　心理咨询案例分析

中国的心理咨询真正起步于 20 世纪 80 年代，最先出现在大学校园内，随后逐步扩展到中小学，至今已有 40 年左右的发展历程。与日本、美国等发达国家的心理咨询发展进程相比，中国的心理咨询起步较晚，专业化水平也较低。尽管发展时间不长，但中国的心理咨询总体发展是比较迅速的，特别是社会变迁和青少年成长需要推动了心理咨询的发展。短短几十年间，心理咨询已经被越来越多的人所了解。

在心理咨询中，咨询师会采取各种方式全面了解咨询者的情况，注重和咨询者的交流，从中寻找适合咨询者的有效治疗方式。这就要求咨询师必须具有较高的专业素养，能结合不同咨询者的各类情况选择合适的治疗方案。在治疗过程中，咨询师需要时刻关注咨询者的反馈信息，及时调整治疗方案，并适时验收治疗成果。如前述所举案例中，咨询师对咨询者情况进行了充分的了解分析，并以专业手段制订了合理的治疗计划，注重咨询者的变化，最终取得了阶段性的成果，是比较成功的咨询。对于有心理咨询需要的人群而言，应尽量选择可信的咨询机构，选择自己可以接受的咨询价位并积极配合治疗，争取获得最佳治疗效果。

9.4 法律咨询

9.4.1 法律咨询方法

法律咨询，从字面解释就是回答法律问题，现实中的法律咨询包括广义和狭义两种。广义的法律咨询包括法律专业人员就相关人员的法律问题做出解答，例如法律工作人员回答亲戚朋友提出的法律问题，司法工作人员在普法过程中回答相关法律问题，大学法律教授对学生的答疑解惑，法律专家学者对疑难法律案件进行分析和论证，这些都属于法律咨询范畴。狭义的法律咨询是指律师、公证员、基层法律服务所（站）工作人员或者其他法律专业人员就国家机关、企事业单位、社会团体及公民个人提出的有关法律事务的询问做出解释与说明，或者提供法律方面的解决意见和建议的一种专业性活动。

为了保证法律咨询的效果，常规的法律咨询需要经过查、听、审、问、答、释六个步骤。

1. 查

查就是检查，主要是核对当事人的身份、证件、联系方式等信息，实践中一般采取让当事人本人登记的方式来完成。客观而言，不应该拒绝匿名咨询的当事人，也不能拒绝回答当事人来咨询的法律问题。但在实践中，为避免当事人在咨询时张冠李戴，将事情安在别人的头上，只要当事人不拒绝或者特别反感，咨询师（律师）在进行法律咨询之前有必要知道咨询者的身份，特别是在需要出具书面咨询意见的场合，不建议给匿名的当事人提供法律意见。为了保证所提供法律意见的准确性，律师需要知道当事人在整个事件中的位置、作用和利害关系等信息。在接受代理仲裁诉讼和委托辩护等案件时，根据律师“利益冲突”的要求，不建议为自己曾经代理案件的当事人提供法律咨询意见。

2. 听

听，就是倾听，即你说我听。咨询师（律师）需要认真听取咨询者讲述细致的问题和事实经过，如此才能取得当事人的信任，准确掌握咨询的背景和事实，也能在一定程度上起到让当事人倾诉或倾泻情绪的作用，以便接下来更清楚地了解事件细节。当事人表达欲望强烈的时候，律师需要集中注意力静静倾听，同时在听的过程中应当察言观色，判断当事人陈述中哪些是真的、哪些是假的，当事人法律咨询的真实目的是什么，等当事人把该说的都说了，情绪也平和时，再进入第三步。

3. 审

审就是审查当事人提供的材料和主要证据。来咨询的当事人，大多都会带来很多文字资料和证据，比如欠条、保证书、合同、病历、鉴定材料、起诉书、代理词、判决书、裁定书等。有的是原件，有的是复印件；有些内容是连贯的，也有前后矛盾和不一致的。在进行法律咨询时，虽然不保证当事人提供材料的真实性，但律师要发现材料和证据之间的矛盾和不一致之处，判断当事人的陈述中哪些是真的、哪些是假的，从而抓住案件的核心和关键。律师一般会借助审查证据的方法来审核当事人提供的资料，比如来源于何处、原件还是复印件、内容是否完整、形式是否合法、内容是否与陈述一致等。仔细审查材料和证据既可以帮助律师节约咨询时间，也有助于提高咨询的准确性和效率。

4. 问

问就是向来咨询的人提问题。律师向咨询人员提出的问题主要涉及事实和证据层面。问题的专业性代表了律师的专业性，律师要通过梳理当事人的陈述去寻找法律专业人员应该知道的事实。有些当事人陈述会跳跃、不连贯，也有的当事人抓不住主题，一直说不到与法律相关联的事实，此时就需要律师进行有技巧的询问。律师的询问要重点关注对纠纷案件有重要影响的事实和证据，并通过谈话基本摸清人物、起因、经过、后果、主要证据存在形式及其证明力等，特别要把握纠纷案件的本质和适用法律条文的关键事实。对于经验丰富的律师而言，一定不是任由当事人想说哪里就说哪里，而是通过问答的方式快速了解事实全貌，提高咨询效率。

5. 答

答就是回答当事人提出的法律问题，这是法律咨询的核心和关键，也是当事人希望从律师那里得到的解决问题的方案。在回答法律咨询问题时需要注意两点。一是要在当事人的陈述和提供的证据真实、完整、充分的基础上回答法律问题，当当事人无法对事件进行清楚描述，或者所描述内容前后矛盾，或者证据之间不能相互印证时，律师可以给出肯定或者否定的结论，也可以给出模棱两可的结论，甚至不给出结论。但即使得出肯定或者否定的结论，也要向当事人强调，结论的成立是建立在当事人陈述和证据均真实的基础上。二是律师回答问题不能超出法律知识和业务范围。也就是说，律师是依据法律来回答问题的，而不是依据其他科学知识来回答问题。对于非法律问题，律师最好不要推测或者武断回答，更不能为了承揽业务而揣测当事人意图，向当事人提供超出法律范畴的意见。

6. 释

释就是解释。咨询师（律师）不仅需要向当事人提供法律意见，还需要清楚讲解得出这个结论的原因，这有利于当事人接受咨询意见。解释主要从事实证据和法律根据两个维度进行。在事实证据层面，哪些能够认定，哪些不能认定；哪些对当事人有利，哪些对当事人不利，这些都要结合具体情况解释清楚。在法律根据层面，可以向当事人讲解和介绍法律、法规、司法解释、地方政策、现实案例等，通过解读法律条文和法律适用，让当事人“知其所以然”，普法的效果才能在法律咨询中实现。

9.4.2 法律咨询案例

工资拖欠案例

案例一：

1. 咨询问题

拖欠工资2年，五险一金全无购买，工资不按时发放。

2. 咨询回复

《中华人民共和国民法典》第七条规定：“民事主体从事民事活动，应当遵循诚信原则，秉持诚实，恪守承诺。”《中华人民共和国民事诉讼法》第六十六条规定：“证据包括：（一）当事人的陈述；（二）书证；（三）物证；（四）视听资料；（五）电子数据；（六）证人证言；（七）鉴定意见；（八）勘验笔录。证据必须查证属实，才能作为认定事实的根据。”第六十七条规定：“当事人对自己提出的主张，有责任提供证据。”

您若是跟着个人老板的话，双方属于劳务合同关系，拖欠工资两年了，建议您整理证据，准备起诉状、身份信息、证据材料，尽快通过人民法院起诉对方。若是您与公司建立的劳动关系，公司不缴纳社保，您有权向当地的劳动监察或者社保征缴部门反映。

（本案例来源：中国法律服务网．长时间拖欠工资［EB/OL］.［2023-10-30］. http://www.12348.gov.cn/#/homepage/detail?info_id=d76f647c1cd947a9b14b180808568de9.）

案例二：

1. 咨询问题

物业公司将工资付给劳务公司，劳务公司不给保洁、保安发工资，拖欠3个月工资。

2. 咨询回复

《中华人民共和国劳动法》第五十条规定，工资应当以货币形式按月支付给劳动者本人。不得克扣或者无故拖欠劳动者的工资。第七十九条规定，劳动争议发生后，当事人可以向本单位劳动争议调解委员会申请调解；调解不成，当事人一方要求仲裁的，可以向劳动争议仲裁委员会申请仲裁。当事人一方也可以直接向劳动争议仲裁委员会申请仲裁。对仲裁裁决不服的，可以向人民法院提起诉讼。

劳务公司未将工资发放，您可以先申请调解，调解不成再申请仲裁，或者也可以直接向劳动争议仲裁委员会申请仲裁。对仲裁裁决不服的，可以向人民法院提起诉讼，维护自身合法权益。

（本案例来源：中国法律服务网．拖欠保洁保安工资［EB/OL］.［2023-10-30］. http://www.12348.gov.cn/#/homepage/detail?info_id=79bbb74837d544a28479006258ac9ae5.）

案例三：

1. 咨询问题

工程做完后，工程款一直拖欠不给。

2. 咨询回复

首先要清楚对方是欠您的工资还是工程款。如果您是劳动者，与用人单位之间为劳动合同关系。对方没有支付工资，劳动者和用人单位协商无果，则可以向当地劳动保障监察机构投诉举报。若有欠工资的欠条，可以直接通过诉讼途径解决。如果是欠工程款，发包人没有依法、依合同向承包人支付工程款，属于发包人违约，由其承担责任。协商无果可以直接诉讼到法院。参考法律依据：《中华人民共和国民法典》第五百七十九条规定，当事人一方未支付价款、报酬、租金、利息，或者不履行其他金钱债务的，对方可以请求其支付。《中华人民共和国劳动法》第五十条规定，工资应当以货币形式按月支付给劳动者本人。不得克扣或者无故拖欠劳动者的工资。

（本案例来源：中国法律服务网．工地欠薪问题［EB/OL］.［2023-10-30］. http://www.12348.gov.cn/#/homepage/detail?info_id=ad0a7d8b9a9e4ea5a78970c024bea3bf.）

工伤赔偿案例

1. 案情简介

2017年11月1日，王某与大连某公司银川分公司签订劳动合同，在该公司从事环卫工作，劳动合同期限为2017年11月1日至2019年3月31日。但公司在此期间未为王某缴纳社保。2018年11月11日，王某因交通事故导致工伤，经鉴定伤残等级为七级，无护理依赖，停工留薪期6个月。2019年5月22日，该公司与王某进行协商，公司在不解除劳动合同的前提下赔偿王某5.6万元，含所有工伤赔偿项目，并签订《工伤赔偿协议》。但实际上，公司却在协议中约定解除了双方之间的劳动关系，并办理解除备案。公司实际支付给王某的赔偿金额仅4.2万元，剩余部分一直未支付，双方就此发生纠纷。

王某到银川市西夏区法律援助中心申请法律援助，因王某无经济来源，符合法律援助条件，西夏区法律援助中心审查通过后，指派宁夏某律师事务所袁律师为王某提供法律援助。

2. 法律援助

袁律师与王某办理了法律援助手续，并深入了解案件的详细情况，仔细核对了王某提供的证据及相关材料。由于王某与公司已经签订过《工伤赔偿协议》，因此，撤销《工伤赔偿协议》成为本案关键，也决定着能否帮助王某获取赔偿。袁律师多次与王某进行沟通了解，并结合相关证据材料发现，王某与公司签订的赔偿协议存在重大违法之处：其一，双方在协商并签订协议过程中，关于是否解除劳动关系问题上，王某是坚决不同意的。但《工伤赔偿协议》内容里面却约定解除了劳动关系，因此，王某对于《工伤赔偿协议》中关于解除劳动关系的内容存在重大误解。其二，根据王某的伤残等级以及停工留薪期等情况，根据法律规定，应当获得的工伤待遇赔偿金额为16万元左右，但实际上，公司在王某不了解工伤赔偿待遇标准，也未详细向王某陈述具体赔偿项目以及应有的权利义务的情况下，在《工伤赔偿协议》中约定全部赔偿金额仅为5.6万元，其赔偿金额远远低于法定赔偿标准，对于王某而言，显失公平。

承办律师建议王某先行起诉，撤销双方签订的《工伤赔偿协议》。西夏区人民法院审理后认为该协议内容确实存在显失公平之处，并依法撤销了《工伤赔偿协议》。后该公司不服提起上诉，二审法院审理后依法驳回了上诉，维持原判。

（本案例来源：中国法律服务网．宁夏回族自治区银川市西夏区法律援助中心对王某工伤待遇赔偿提供法律援助案［EB/OL］.［2023-10-30］. http://alk.12348.gov.cn/Detail?dbID=46&dbName=FYGL&sysID=22806.）

9.4.3　法律咨询案例分析

上述第一组案例为关于工资拖欠的咨询汇总。在寻求法律咨询之前，咨询者需要对自己所面临的问题进行准确定义。在明确问题后，就需要寻找合适的法律专业人士来进行咨询。在选择法律专业人士时，需要考虑其专业背景、经验及口碑。在咨询过程中，咨询师需要了解咨询者的问题细节，收集相关证据和资料。在收集足够的信息后，咨询师将进行法律分析，并提供相应的意见与建议，包括解释法律条文、评估案件的强弱势以及提供解决问题的多种途径。在该案例中，咨询者采用的是在线咨询，并且为一次性单向咨询，不便于咨询师了解更多细节，因此咨询师只能给出大致建议及可供参考的法律条文。

第二组案例为法律援助咨询。法律援助，是国家建立的为经济困难公民和符合法定条件的其他当事人无偿提供法律咨询、代理、刑事辩护等法律服务的制度，是公共法律服务体系的组成部分。2022 年 1 月 1 日起施行的《中华人民共和国法律援助法》规定，法律援助服务的形式之一便是法律咨询，同时规定法律援助机构应当通过服务窗口、电话、网络等多种方式提供法律咨询服务，提示当事人享有依法申请法律援助的权利，并告知申请法律援助的条件和程序。该法还规定，值班律师应当依法为没有辩护人的犯罪嫌疑人、被告人提供法律咨询、程序选择建议、申请变更强制措施、案件处理意见等法律帮助。在该案例中，法律援助律师不仅积极帮助受援人组织案件相关证据，调查核实案件基本事实，还倾听受援人的合理诉求，维护了受援人的合法权益，彰显了法律的公平与正义。

9.5 医疗健康咨询

9.5.1 医疗健康咨询方法

1. 线下门诊医疗

线下门诊医疗是患者针对自己病情前往医院或医疗机构向门诊医生进行的咨询，门诊医生通过一整套的诊断手段、辅助检查，为病人检查并得出初步诊断和治疗建议。若对病情有疑问或病情较重较急，则将病人收入住院进行进一步诊治。

问诊是出于诊断疾病的目的，医生、护士或其他医疗人员采用对话方式，向病人及其知情者询问疾病的发生、发展情况和当前的症状、治疗经过等，是一种明确而有序的交谈过程，又称为病史采集（history taking）。医疗人员通过问诊可以获取有关病人的健康观念、身体功能状况以及其他与健康、治疗和疾病相关的信息，为临床判断和诊断性推理提供基础，亦为体格检查提供重要线索。

在问诊时，护理人员应主动创造一种宽松和谐的环境以缓解患者的不安心情，使患者能平静有条理地陈述患病的感觉与经过。为此，医生应做到：在开始前先自我介绍，始终保持关切的态度；问诊一般从主诉开始，先选择开放性问题；避免诱导性提问和医学术语；及时核实信息；问诊结束时应感谢病人的合作。

2. 上门健康咨询

上门健康咨询的主要服务主体之一为家庭医生团队。家庭医生团队通常由基层组织（如区卫生健康委员会、街道办、社区卫生服务中心）组建，实行网格化管理。家庭医生团队以居民健康为中心，以家庭为单位，以社区为半径，以需求为导向，通过面对面等方式为签约居民或预约居民提供上门医疗健康咨询和诊疗服务，尤其为那些因行动不便无法去医院咨询就诊的患者提供便利，让居民享受方便可及的医疗服务。其核心是为居民提供零距离、全周期、全方位、个性化的专业健康指导以及健康管理、用药提醒、慢病随访等一系列健康服务。

3. 电话健康咨询

电话健康咨询服务是指医疗中心等专业机构或医生面向客户开通的语音咨

询服务，包括 24 小时语音服务及人工服务等形式。通过电话向医生等专业医疗人员咨询医疗健康问题，可以使病人在任何地方都能通过语音查询医院的相关信息和了解有关的医疗知识，很大程度上加强了医院和患者之间的沟通效率并有利于形成良好的医患关系。

4. 在线医疗健康咨询

在线医疗健康咨询，又称在线健康问诊、互联网健康咨询或网络医疗咨询，主要是指医疗机构借助互联网平台为群众提供咨询服务，其服务包括健康评估、健康指导、健康宣教、就诊指导、心理疏导等内容。客户以图文、语音的形式向医生在线咨询病情，医生也可以利用文字、语音或视频等媒介，将诊断信息、医疗知识以跨时空的方式传递给患者，使患者获得及时有效的医疗信息，满足患者的远程医疗需求，实现基于互联网的远程医疗指导。

5. 智能医疗健康咨询

智能医疗健康咨询是基于人工智能（AI）技术所开展的医疗健康咨询。医疗行业运用智能咨询助手，可以自动分析客户提出的疾病、用药、就医等方面的问题或需求，并基于医疗大数据、系统资料等信息提供诊断建议及自诊、导诊等服务。

9.5.2　医疗健康咨询案例

案例一：病情咨询

1. 问题

咽喉肿痛怎么办？吃什么药效果好？

2. AI 回复一：

咽喉肿痛可能是由多种原因引起的，包括炎症、火毒上攻、虚火上攻等。针对不同的原因，需要采取不同的治疗方法。以下是一些可能的治疗方法和药物：

①炎症引起的咽喉肿痛：这种情况通常是由细菌或病毒感染引起的，需要使用抗生素或抗病毒药物进行治疗。常见的抗生素包括头孢类、青霉素类等，抗病毒药物可以使用板蓝根颗粒、金银花颗粒等。此外，也可以使用一些中成药，如复方鱼腥草、复方草珊瑚片、金嗓开音片等，具有疏风清热、消肿利咽的作用。

②火毒上攻型咽喉肿痛：这种情况通常表现为咽喉疼痛红肿、吞咽困难、

咽部红肿明显、颌下有压痛等。需要使用泻热解毒、利咽消肿的药物进行治疗。常用的药物包括西瓜霜、板蓝根颗粒、清咽利膈丸等。

③虚火上攻型咽喉肿痛：这种情况通常表现为咽部干燥、微痛、干痒、灼热、有异物感等。需要使用滋阴降火、清肺利咽的药物进行治疗。常用的药物包括玄麦甘橘颗粒、铁笛丸、金果含片等。

在选择药物治疗时，建议咨询医生或药师的意见，以确保选择合适的药物和正确的使用方法。同时，也要注意保持口腔卫生，避免刺激性食物和饮料，多喝水和保持大便通畅也有助于缓解咽喉肿痛的症状。

3. AI 回复二：

针对咽喉肿痛，有很多种不同的治疗方法，包括药物治疗和非药物治疗。以下是一些建议：

药物治疗：针对不同的病因，可以使用不同的药物。如果咽喉肿痛是由炎症引起的，可以使用抗生素、抗病毒药物等进行治疗。如果是由其他病原体引起的，可以使用抗组胺药、解热镇痛药等进行治疗。此外，中成药也可以用于治疗咽喉肿痛。

非药物治疗：除了药物治疗，还可以采取一些非药物治疗方法，如漱口、喝水、多休息等。这些方法可以帮助缓解症状，减轻疼痛。

总之，针对咽喉肿痛的治疗方法应该根据具体病因和症状来选择。如果症状较轻，可以自行采取一些非药物治疗方法；如果症状较重或持续时间较长，建议及时就医并接受专业的治疗。

案例二：药物咨询

咨询者，女，53 岁，有多年吸烟史和慢性支气管炎病史。

问题：注射用头孢哌酮钠 / 舒巴坦钠、氨溴索注射液、多索茶碱静脉输注 4 天，会不会对身体产生影响?

药师分析：

①这些药物是治疗呼吸系统疾病常用的抗感染、化痰、平喘药。

②使用这些药物后，一般没有严重不良反应，头孢哌酮钠 / 舒巴坦钠可能会引起胃肠道、皮肤和凝血方面的不良反应，多索茶碱可能会引起心率加快等，但都比较轻微，停药后可消失。

③疑问：患者来咨询是否有其他目的？药师通过与其交流，发现原来是

另外一家医院把其他患者的胸部 X 光片误认为是咨询者的，结果为患者用药 4 天。医院已同意免其所有住院费，并给予一定经济补偿，但患者对其处理不满意。

药师告知患者，这些药都是临床常用的药物，加上患者有多年吸烟史和慢性支气管炎病史，最近有点儿咳嗽，输这些药物可以化痰、松弛支气管，改善肺通气，不会对身体产生有害影响。患者听后，顾虑消除了，其后很快与医院达成协议。

在药物咨询活动中，应怀有一颗体谅的心，为患者着想，并必须具备良好的沟通技巧。药物咨询工作不仅需要药师提供专业的药学服务，还要承担解决患者的用药疑惑，甚至解决一些因对药物不了解而引发的医疗纠纷。此时良好的沟通不仅可以消除患者的疑虑，还可解决用药矛盾和增加患者用药依从性。

（本案例来源：童荣生，杨勇 . 付费药物咨询门诊运行中责任与风险控制研究［J］. 药品评价，2010，7（12）：2–5.）

9.5.3　健康咨询案例分析

健康咨询是广大群众在面对一些健康问题时向专业人士进行的咨询，内容涉及人体生理健康的各个方面，有时也会涉及心理健康信息。上述两个咨询案例选自某医疗网站的咨询内容，以在线解答为主要形式，主要区别在于第一个案例为 AI 自动答复，第二个案例为医疗人员解答。这种在线咨询方式适合于普通简单疾病的咨询，或者是对医生诊断的进一步了解。若咨询者目的明确，症状明显且描述清晰，则可以获得相对正确的解答。

健康咨询还有其他的形式，比较常见的有电话热线咨询、电视节目专题咨询、现场咨询等。需要注意的是，现在有很多健康咨询类节目以咨询之名，行推销之实，并不能为咨询者提供实质性帮助。若需要健康咨询，应尽量选择正式医疗机构或专业医疗人员，以求获得正确科学的咨询结果。

本章小结

随着信息的爆炸式增长，社会的经济、文化、科技等事业均受到了信息洪流的巨大冲击，人类个体更是深陷其中。在如此庞大的信息量面前，如何做出明智的决策以及应对由此产生的各种社会压力，是每个人都必须面对的挑战，而社会信息咨询为解决这些问题提供了一条可行路径。本章首先介绍了社会信息咨询的基本情况，概述了社会信息咨询的概念、内容、特征、分类等内容，其次详细介绍了当前社会生活中十分重要的四类社会信息咨询及其咨询方法，分别是职业咨询、心理咨询、法律咨询和医疗健康咨询，并通过相关案例展现社会信息咨询的目标确立、方案制定、方法采用和步骤实施的全过程。

思考题

1. 通过职业咨询方法学习和案例分析，请以小组为单位开展模拟职业咨询。

2. 通过本章学习和相关资料查找，说一说心理咨询的方法有哪些。

3. 常规法律咨询的六个步骤分别有哪些注意事项？

4. 请探讨生成式AI技术应用于医疗健康咨询场景下的优势及劣势。

5. 请选择本章所述的一到两类社会信息咨询，梳理其发展脉络并总结未来趋势。

6. 从个人生活、学习与工作角度出发，谈谈未来可能会衍生出的其他社会信息咨询并说明原因。

第十章 文献情报机构参考咨询

文献情报机构包括了公共图书馆、高等院校图书馆、科研系统图书馆、文献情报中心、科技情报所等。文献情报机构依靠其人员专业性和资源的丰富性对信息咨询产生重要的影响。文献情报机构参考咨询是信息咨询的重要领域，对其他领域的信息咨询也具有参考价值。数字参考咨询是信息咨询中发展的新领域，对图书情报机构具有重要的意义，对一般信息机构也具有参考价值。本章首先介绍文献情报机构参考咨询的产生与发展，接着阐述文献情报机构参考咨询组织，并探讨了文献情报机构数字信息咨询。

10.1 文献情报机构参考咨询的产生与发展

文献情报机构参考咨询最早起源于19世纪美国学者倡导的“帮助读者”理念，至今已有近150年历史。参考咨询的服务对象从读者到客户，信息来源从馆藏到文献情报知识，服务方式从手工检索到人工智能，各方面发展都在不断深入。

10.1.1 参考咨询的概念

1. 参考咨询的定义

关于参考咨询，国外称为“参考服务”（reference service）或“参考工作”（reference work）。连恩·拉布内（Lanel Rabner）和苏珊·洛里默（Suzanne Lorimer）在一篇《参考服务定义》的研究报告中对美国100多年来关于参考服务的界定做了全面梳理，列举了48个有影响的说法，这些说法都包含了“个人的”（personal）的核心观点。

在中国，参考工作、参考服务、参考咨询在概念上并没有做严格区分。

1978年，国家文物事业管理局发布的《省、市、自治区图书馆工作条例（试行草案）》中明确“参考咨询工作是省图书馆为科学研究服务必不可少的一项重要工作”，其主要任务是：①根据读者研究的需要，编制各种书目索引，系统地提供有关课题的书刊资料；②解答读者有关图书资料的各种知识性咨询。

《图书馆参考咨询服务规范》（WH/T 71–2015）中定义参考咨询服务是“针对用户需求，以各类型权威信息资源为依托，帮助和指导用户检索所需信息或提供相关数据、文献资料、文献线索、专题内容等多种形式的信息服务模式”。

《图书馆·情报与文献学名词》（2019）对于参考咨询的定义是“图书馆员对读者在利用图书馆和寻求知识、信息方面提供帮助的活动。以协助检索、解答咨询和专题文献报道等方式向读者提供事实、数据和文献线索”。

《中国大百科全书》1993年第一版图书馆学情报学档案学卷关于“参考咨询”（reference service）的定义是“参考咨询是图书馆员对读者在利用文献和寻求知识、情报提供帮助的活动。它以协助检索、解答咨询和专题文献报道等方式向读者提供事实、数据和文献线索。有些国家的图书馆参考咨询服务甚至还包括解答读者生活问题的咨询”。《中国大百科全书》2022年第三版图书馆学卷将“参考咨询服务”（reference service）定义为“图书馆员对读者在利用文献信息和寻求知识、信息方面提供帮助的活动。参考咨询服务是以协助检索、解答咨询问题、专题文献报道、定题服务等方式，向读者提供事实、数据和文献线索，并开展读者信息素养培训，是发挥图书馆信息服务职能，开发信息资源，提高文献资源利用率的重要手段”。

2. 信息咨询与参考咨询的关系

美国图书馆协会（ALA）出版的《图书馆员词表》（*The Librarian's*

Thesaurus）中的“信息服务”词条认为，信息服务包括满足用户需求的各种情况：为自助服务组织开放参考藏书；提供面对面或电话的快捷信息；准备和传递主题目录；实施传统资料或在线数据库的深入细致的检索；为专门团体收集某一专题的信息；准备文摘或文献综述；建立专题信息与参考中心等。《图书馆·情报与文献学名词》（2019）认为“信息咨询是针对用户提问，对各类信息开展搜集、加工、整理、分析、传递，并提供解决问题的方案、策略、建设、规划或措施的行为。在图书馆界通常指情报化、社会化的参考咨询服务”。

我们认为，信息咨询与参考咨询是一种包含与被包含关系，参考咨询是信息咨询的一种类型。

10.1.2 参考咨询的发展阶段

1. 早期参考服务阶段

19 世纪末 20 世纪初，参考咨询的概念在美国形成。1876 年，美国伍斯特公共图书馆馆长塞缪尔·斯威特·格林（Samuel Swett Green）最早提出了图书馆开展参考咨询服务的倡议。他在 ALA 第一届大会上强调对寻求知识信息的读者提供个别帮助的重要性，其《图书馆员与读者的个人关系》一文，主张读者自身缺乏熟练地使用图书馆目录和查找资料的能力，所以图书馆员应该给予帮助，其所谓“帮助读者”（aid to the reader，assistance to the reader）的最早倡议可看作现代图书馆参考咨询工作的发端。

1883 年，波士顿公共图书馆首次设置了专职参考咨询馆员职位和参考阅览室。1884 年，麦维尔·杜威（Melvil Dewey）在哥伦比亚大学图书馆中首次使用“参考咨询馆员”（reference librarian）的称谓。

1891 年，美国《图书馆杂志》（*Library Journal*）的索引中第一次出现了“参考工作”（reference work）一词。1915 年，威廉·W. 毕晓普（William Warner Bishop）在《参考工作理论》一文中认为“参考工作就是馆员在帮助某种研究时提供的服务，也就是对从事任何研究的读者给予的帮助”。1919 年玛利·E. 黑兹尔坦（Mary E. Hazeltine）在《参考服务基础》一文中首先使用了“参考服务”（reference service）一词，从此，这一术语与“参考工作”有时交替使用，有时又用作不同意义。1930 年，詹姆斯·英格索尔·怀尔（James Ingersoll Wyer）出版了《参考工作》一书，指出“参考工作是针对读者学习和研究所需，而对馆藏进行说明时，给予富有同情的和知识性的个人帮助”。1943 年，《ALA 图书馆术语词汇》界定“参考工作是直接帮助读者获取答案及利用馆藏资料从事学习与研究”。1944 年，玛格丽特·哈钦斯（Margaret Hutchins）的《参考工作概论》出版，指出“参考工作就是在一个图书馆内对于读者亲自给予直接的帮助，以寻求其为任何目的所需之资料与旨在使资料易于被寻得的各项图书馆活动”。1948 年，皮尔斯·巴特勒（Pierce Butler）认为参考工作就是“文明人能够任意使用图书馆藏书以获得所需资料的程序”。1953 年，塞缪尔·罗斯坦（Samuel Rothstein）在《美国图书馆参考服务概念的发展》一文中强调“在给‘参考服务’下定义时，必须超过‘参考工作’的那些定义的范围。因为参考服务不仅包含图书馆员对寻求资料的各个读者给予的个人帮助，而且还包含图书馆认识到有责任这样做，并为了这个目的而建立一个专门机构”。

福斯克特早在 1958 年就指出：“尽管很多图书馆员和科学家描述了他们亲自使用过的程序，问题在于我们还未总结出参考服务工作的基本原理。”20 世纪 60 年代，对于参考咨询与参考服务从理论上进行了深入的讨论。1961 年，塞缪尔·罗斯坦（Samuel Rothstein）在《参考服务：图书馆事业的新空间》一文中指出：“参考工作是图书馆员给予寻求情报的各个读者的个人帮助；而参考服务则包含着图书馆对于这项工作承担责任的明确的认识，还包含着为了这个目的而建立的一个专门机构。”1961 年，印度阮冈纳赞（Ranganathan）将参考工作解释为“以人工服务建立读者与图书之间的接触程序”，他提出的“图书馆学五定律”把参考服务看成图书馆最高的、最重要的功能，并说“一个图书馆员一生中最愉快的时期，便是从事参考服务工作的时期”。鉴于“参考工作”与“参考服务”两个概念经常被混为一谈，1966 年，阿兰·瑞斯（Alan M. Rees）进行了区分，指出“参考工作是参考人员从事参考服务时所做的各项工作”，“参考服务是介于资料与询问者当中的参考人员，正式地提供各种不同形式的资料”。1969 年，威廉·卡茨（William A. Katz）的《参考工作导论》（*Introduction to Reference Work*）一书出版，指出“参考工作是有效而迅速地回答问题”“参考服务包括参考工作的诸要素，尤其是幕后的工作，诸如图书征集、监督与行政、书目程序等等——实际上是包括有助于达成参考工作的任何业务”。参考工作与参考服务逐渐成为“图书馆服务工作的心脏”。

中国图书馆参考咨询服务始于 20 世纪 20 年代，一些图书馆相继设立参考部（如清华图书馆参考部、文华公书林参考室、约翰大学图书馆参考部、北海图书馆参考科等），服务内容大部分是基于实体馆藏资源，对到馆读者提供服务，编制书目索引。到 20 世纪 30 年代，图书馆参考部的任务主要有三类：①

答复读者的询问，如设置图书馆的借阅规则、馆舍布局等；②编纂指导读书途径的刊物，为读者提供帮助指导，包括馆内资源的查阅和获取途径及为读者解决查阅馆藏文献时所遇到的难题等；③管理参考书。

参考咨询在中国各类型图书馆迅速普及，到20世纪50年代，在科技文化发展和向苏联图书馆学习的背景下发展到了高潮。一些图书馆在部门下设参考咨询组（如1951年北京图书馆在阅览参考部设立了参考咨询组，后改为参考研究组；西南人民图书馆（今重庆图书馆）在图书部下设了参考组；西北人民图书馆设有研究组），一些图书馆设有专门的参考咨询部门（如江苏省立国学图书馆开辟了近代史资料室，浙江省立图书馆成立了研究部，山东省图书馆设立了参考资料室，中国人民大学图书馆设立了参考阅览科，天津市图书馆成立了科学与技术服务部，广东省中山图书馆设立了参考研究部）。据统计，仅1954年全国图书馆就解答了读者咨询11556次，编制了各种推荐书目、参考书目953种。北京图书馆1957年初将原参考研究组扩编为参考部，1958年增设书目组，1960年特辟咨询室，1961年在参考书目部下分设社会科学参考组和科学技术参考组，开展分科服务。参考咨询工作的广泛开展，有力地配合了国家经济建设、科学研究和人才培养。

詹德优将20世纪中国图书馆参考服务分为5个时期：参考咨询萌芽期（19世纪末至20世纪初）；参考咨询形成期（20世纪20年代前夕至30年代）；参考咨询复兴期（20世纪50年代）；参考咨询繁荣期（20世纪70年代末至80年代）；参考咨询提高期（20世纪90年代）。

2. 信息化咨询阶段

早在20世纪50年代就有了“信息服务”（information service）的概念，20世纪60年代有了“参考/信息服务”（reference/information service）概念，如1967年ALA出版的《参考/信息服务的现状与未来》。随着20世纪70年代“参考服务”成为流行的术语并被广泛应用之后，在图书情报界，早期的信息服务与参考服务融为一体。1984年，胡欧兰在《参考资讯服务》（台湾学生书局出版）一书中认为“参考服务与资讯服务应为一体之两面。……资讯服务所利用的是资讯，而不是可以找到资料的书，这是一种最高层次与最困难的服务，也是参考服务方面最引起争论的”。《ALA图书馆情报学词汇》（1983）认为参考服务与信息服务同义。1983年玛利·乔·林奇（Mary Jo Lynch）在《图书馆参考/信息服务研究》一文中将“reference/information service”定义为“图书馆员以介绍适当的信息源的形式，或以信息本身的形式给予的个人帮助”。1984年，美国马里兰大学健康服务图书馆率先提出“电子参考服务”（electronic access to reference service，EARS）。2001年，理查德·波普（Richard E. Bopp）和琳达·史密斯（Linda C. Smith）合著的《参考与信息服务》一书出版，标志着参考服务真正进入信息服务体系。

在中国，改革开放以后，有关图书馆工作的会议和工作条例明确指示要进一步加强参考咨询工作，图书馆参考咨询出现了迅速恢复和繁荣的局面。全国各类型图书馆通过咨询为“四化”建设服务。例如，北京图书馆、上海图书馆和中国科学院图书馆等的书目编制与解答咨询工作，天津图书馆、黑龙江省图书馆、辽宁省图书馆、南京图书馆、湖北省图书馆、天津大学图书馆、大连工学院（现称大连理工大学）图书馆、辽宁大学图书馆、上海交通大学图书馆、复旦大学图书馆等的定题服务，湖南省图书馆、鞍山市图书馆等的跟踪服务、定题取书等等都取得了可喜的成绩。吴建中在《21世纪图书馆新论》中将图书馆工作分为两大类：事务性工作与专业性工作，并提出图书馆服务重心从一般服务向咨询服务转移，指出“图书馆员是为读者（包括潜在的读者群）提供经过整理、分析、综合的信息和知识，并利用各种有效手段为读者提供信息咨询服务的专业人员”。

20世纪80年代起，中国多数图书馆成立了专门的参考咨询服务部门，服务范围从帮助读者解答问题到为读者提供知识帮助。与此同时，参考咨询工作向参考化、情报化、信息化方向发展。

参考服务的情报化表现在：①参考服务方式的多样化。20世纪80年代，一般大型图书馆的参考工作方式和内容主要有解答咨询、编制书目索引、定题服务、专题文献研究、书刊展览、积累资料六项。②面向科研开展情报咨询服务。包括配合科研方向和任务提供有关的情报资料，为科研人员提供情报检索和情报分析，及时编制各种专题书目索引和提出综述报告。③面向决策开展情报咨询服务。包括调研国内外发展动态与趋势并提供决策支持，为地方和国家制定政策、规划当好“耳目”“尖兵”和“参谋”。④面向用户开展情报咨询教育。通过开设文献检索和情报检索课程，加强情报教育和情报能力培养。1981年10月，教育部颁发的《中华人民共和国高等学校图书馆工作条例》明确规定，开展查阅文献方法的教育和辅导工作是高校图书馆工作任务之一，同年11月成立的全国高等学校图书馆工作委员会也把情报用户教育列为最初几项工作之一。1984年2月，教育部发出（84）教高一字004号文件《印发〈关于在高等学校开设“文献检索与利用”课的意见〉的通知》；1985年9月，原国家教委下达（85）教高一字 065 号文件《印发〈关于改进和发展文献课教学的几点意见〉的通知》；1992 年 5 月，原国家教委颁发（92）教高一字 44 号文件《关于印发〈文献检索课教学基本要求〉的通知》；1993 年 7 月，原国家教委又印发了教高司（93）108 号文件《关于成立文献检索课教学指导小组的通知》。这些文件对“文献检索与利用”课的普及与发展起了重要的推进和指导作用。据统计，1984 年在被调查的 752 所高等学校中，开设“文献课”的学校有 335 所，占 44.55%，专职和兼职的教师 956 人。1986 年在被调查的 952 所高校中，开设“文献课”的高校达 532 所，占 55.88%，并建立了一支有 1605 人的专职和兼职相结合的师资队伍。1993 年在被调查的 900 所高校中，已开课的学校达 667 所，占 74.11%，专职和兼职教员 2286 人。“文献课”教材到 1992 年 10 月止已出版 230 种。“文献课”听课人数到 1994 年止累计达 150 万人。

参考服务的信息化表现在：①充分应用现代信息技术。②大力开发信息资源，如金陵图书馆开办了“南京时代信息资料公司”，四川图书馆成立了“四川智力资源开发公司”。③努力深化信息服务层次。④不断开拓信息服务领域。20 世纪 90 年代，科学院系统图书馆参考服务发展为“信息服务工作”，主要有：开拓文献服务的新领域；开展情报服务；开展情报调研；开展科技成果查新；以市场为导向加强为厂矿、企业的信息咨询服务；走向信息市场等。⑤尝试联合信息咨询。1998 年，中国国家图书馆牵头筹建了“全国图书馆信息咨询协作网”，吸纳全国各类型图书馆为网员，所有网员都可以信息提供者与信息需求者的双重身份参与信息交流活动。

这一时期，已经突破了文献情报机构的参考咨询的主流局面，信息咨询向社会主要领域渗透并发展。1991 年 8 月，国家科委和中国科协在北京联合召开全国咨询工作研讨会，这是 20 世纪 80 年代前后现代信息咨询业在中国兴起以来首次召开的全国性咨询研讨会议，反映了中国信息咨询进入全面发展的新阶段，呈现出科技信息咨询、经济信息咨询、决策信息咨询相互渗透并共同发展的新局面。1995 年 1 月 17 日，《光明日报》发表时任国务委员、国家科委主任宋健《大力发展咨询产业》一文，其中指出：“科技咨询活动属于应用性科学活动。现代咨询产业以科学为依据，以信息为基础，综合运用科学知识、技术、经验、信息为政府部门、企事业和各类社会组织的决策和运作服务。”

清华大学图书馆最早于 1998 年建立学科馆员制度，很多高校图书馆相继开始面向科研人员提供个性化、知识化的学科馆员服务。

3. 数字参考咨询阶段

随着计算机和互联网技术的迅速发展，人们越来越依赖网络解决问题，传统参考咨询服务也随之发生了一系列变革，向网络化、数字化发展，进入数字参考咨询阶段。数字参考咨询，也称电子参考咨询、网络参考咨询、虚拟参考咨询、在线参考咨询等，主要是依托互联网技术，以数字化信息环境为基础，不受时空限制的参考咨询服务。

2000 年以后，在现代技术的推动下，参考咨询发展到“高优期”，呈现出集成化、智能化、数字化发展态势。2002 年，全球开展实时数字参考咨询的图书馆已达 600 个。

在美国，各大学广泛开展的研究咨询服务（research consultations）就具有明显的知识服务性质。美国西北大学图书馆的研究咨询服务就是力图为用户在辨别和定位最有用的资源方面提供深度的帮助（in-depth assistance），其研究咨询的产品可以是一个相关的电子资源和印刷资源的评价，也可以是一个数据库的搜索结果。美国密歇根大学图书馆的研究咨询服务则声称让用户从训练有素的参考咨询馆员那里得到一对一的、连续的研究帮助，针对用户的特定需求，帮助用户决断从何处开始研究，为用户提供网上或是纸质的对研究最有价值的资源。

RUSA 于 1996 年提出了《咨询与信息服务人员行为指南》，用于帮助向用户直接提供信息服务的图书馆员进行培训、发展或评价，包括可亲近性、兴趣、倾听 / 询问、查询四个方面。该协会在 2004 年版的指南中把行为规范划分为可亲近性（approachability）、兴趣（interest）、倾听与询问（listening/inquiring）、查询（searching）、追踪（follow-up）五个方面的行为属性，每个方面又分为普通、面对面、远程三类共五十项。

在这一阶段，图书馆通过计算机及网络技术的应用，利用数字资源为用户提供参考咨询服务。面对信息需求的迅猛发展，文献情报机构积极寻找用户需求最大限度满足的解决方案，由此，联合参考咨询应运而生。多个文献情报机构充分利用自身资源优势，通过馆际协作，组成网络联合参考咨询服务平台，为各自机构用户寻求最快响应服务。在此阶段，文献情报机构为用户提供的参考咨询服务既有传统的常规问题解答、定题服务、专题咨询等，也有在线咨询、馆际互借、学科服务、立法咨询、合作数字参考咨询服务。比如中国科学院文献情报中心开展学科专题信息服务、学科情报和战略情报研究服务等，并建成了数字化网络化的科技信息集成服务体系。

4. 人工智能参考咨询阶段

大数据、生成式AI、GPT类大语言模型等人工智能技术的发展同样引起了文献情报机构的注意，国内外相关机构纷纷探索人工智能技术在参考咨询方面的实践，开发了智能咨询系统及智能问答机器人。文献情报机构作为文化服务体系中的重要组成部分，也在积极探索实践新技术应用。人工智能的应用也着实为参考咨询服务带来了更好的用户体验。2004年，汉堡大学图书馆系统就已设计并开发了全天候开放的Stellabs，美国内布拉斯加大学林肯分校图书馆也推出了Pixel。国家科技图书文献中心（NSTL）是中国最早推出实时参考咨询服务的图书馆之一；高校图书馆研发了相关的智能机器人，比如清华大学图书馆的“小图”、武汉大学图书馆线上的“小布”、上海交通大学图书馆IM咨询机器人、南京大学图书馆交互机器人“图宝”；公共图书馆方面，如湖北省图书馆在馆内数字体验区试用的智能问答机器人、上海图书馆智能问答机器人“图小灵”、沈阳市图书馆智能机器人“伴读”、广东省立中山图书馆“智能语音应答系统”“智能小书僮客服系统”等。

用户的常规咨询问题通过人工智能技术得到解答，同时对咨询人员提出了更高的技术应用要求。智能系统及智能机器人的应用，使得参考咨询服务有了更多方式和创新，出现传统线下参考咨询、数字参考咨询与智能系统及智能机器人参考咨询多元融合的局面。

10.2　文献情报机构参考咨询组织

文献情报机构应根据机构类型、规模、性质等设置参考咨询部门工作，在机构内部设置咨询设施，如咨询台、指示标识、专职咨询人员等。

10.2.1　参考咨询的一般过程

1. 准备工作

承担参考咨询职能的相关部门和参考咨询馆员要熟悉实时参考咨询服务与非实时参考咨询服务的流程与工作纪律，整理并维护常用信息源。

2. 咨询需求分析

参考咨询馆员需对咨询问题进行明确，对其中表达不清晰或可能产生歧义的词语或内容与用户做进一步沟通，以确保准确理解用户咨询需求。要判断咨询需求的性质与所属范畴，还要确定所使用的信息源，包括正式出版的图书、期刊、报纸等印刷型资料，数据库，权威互联网资源，参考咨询人员的显性、隐性知识等。

3. 咨询回复

首先，根据用户咨询需求，参考咨询馆员有针对性地选择检索工具并制定相应的检索策略。其次，根据用户咨询需求的具体情况，明确所提供咨询结果的类型，如事实性答案、文献原文、综述、报告或线索指引等。最后，对检索结果进行比较查重，以检准率为主，兼顾检全率。提供给用户的咨询结果应该是经过归类整理、清晰明了的内容，同时附上参考来源。

在法律、图书馆资源和服务条件允许的范围内，参考咨询馆员应向用户提供咨询提问的最终答案。对于受图书馆的服务范围、服务资质等原因限制而不能解答的咨询，则须向用户说明，并推荐可解答此类咨询的机构或相关线索给用户。对于可由用户自行完成获取的，应向用户提供详尽的检索路径、资源组合或解决问题的思路。对于无法解答的咨询，需视具体情况分别处理，如本馆未收录解答咨询所需的资源，可联系合作单位获取；通过合作方式仍无法解答时，应为用户提供相应的查找线索，或推荐至其他更适合的图书馆寻求解答。

咨询结果的格式通常有三个部分：①起始部分：向用户问好，列出经与用户沟通后由用户确认的咨询需求内容。②主体部分：给出咨询结果，同时，附检索中所使用到的信息源、关键词、检索策略等。③结尾部分：对用户使用本服务致以谢意，提供完成本次服务的参考咨询馆员所在单位、工作用联系方式。

咨询结果应使用通俗易懂的语言，尽可能避免使用缩略语、非通用的专业术语及容易产生歧义的语句，内容必须具备客观性、真实性和时效性。

4. 建立咨询档案

对咨询问题须逐条记录，建立咨询档案。记录内容包括咨询问题、咨询来源、咨询用途、检索过程和提供咨询结果的情况。同时，定期对咨询档案进行统计分析，为日后服务的改进提供依据。

在所有的咨询记录中，选择常见问题、有参考借鉴意义的咨询及回复归入知识库，并定期对知识库进行维护更新。

10.2.2 参考咨询人员配备

文献情报机构中从事参考咨询服务的相关人员的职责为解答用户咨询、帮助用户获取所需的信息与服务。参考咨询是一种高智能的脑力劳动，故参考咨询人员需具备相应的知识结构。同时，图书馆应根据本馆参考咨询服务对象的专业特点，配备和培养参考咨询人员，以合理的专业比例形成整体化的互补优势。

1. 参考咨询人员数量

参考咨询人员的数量，应根据所在机构工作人员总量、参考咨询服务内容、服务规模等因素确定，原则上人员配备不少于本机构工作人员总数的5%，且应有1名或1名以上的参考咨询人员负责考核参考咨询服务流程与质量控制。

2. 参考咨询人员能力

参考咨询人员应具备大学本科及以上学历或取得中级及以上专业技术职务任职资格，具备良好的信息获取能力、交流沟通能力、寻求合作能力、计算机应用能力等。

（1）信息获取能力

了解信息载体的多样性和复杂性，熟练运用各种信息源，如印刷型文献资源、数据库、网络信息等，能够准确、快速地构筑信息检索策略，获取相关信息。具备较强逻辑分析、判断能力与信息挖掘能力，能从纷繁庞杂的信息来源中提取隐藏的、潜在的有效信息。

（2）交流沟通能力

应有较强的理解能力、表达能力及引导用户充分表达其需求的能力。

（3）寻求合作能力

对于超出参考咨询人员能力范围的咨询，应利用其他参考咨询人员或参考咨询合作单位的力量解答。若仍无法解答时，应在规定的解答时限截止前告知用户并推荐其他可能解答的途径。

（4）计算机应用能力

参考咨询人员能熟练使用常见计算机操作系统及办公软件、浏览器软件、文件管理软件等常用应用软件，熟练掌握图书馆数字服务平台的使用。开展数字参考咨询服务的图书馆，参考咨询人员应熟练掌握数字参考咨询服务平台的各项功能。

10.2.3　参考咨询面谈

参考咨询活动过程与咨询方法具有科学性和艺术性，对参考咨询馆员提出了很高的要求，不可仿效性的经验在其中起着重要的作用。哥伦比亚大学图书馆馆长威廉·蔡尔德（W. B. Child）曾提出作为一个参考咨询馆员不可缺少的三个首要条件：第一是经验，第二是经验，第三还是经验。1937年，赫·伍德拜因（H. Woodbine）在《图书馆协会记录》“参考咨询”专栏中写道：“经验确实一次又一次地引导出解决问题的方法。”1965年，在底特律ALA大会上，欧文·盖恩斯（Ervin J. Gaines）作为每年收到150万到200万份咨询要求的公共图书馆咨询主任，凭借自己的经验宣称：“咨询馆员并不仅仅是把东西找出来——他使大量的知识具有一定的形状和形式，以便其他人很好地使用它们。”1967年，英国第一本有关图书馆业务专题研究的图书前言中写道：“多少年来，众所周知，参考咨询工作是不能传授的……取代经验的东西是没有的。”切斯特顿（G. K. Chesterton）曾经说过：“世界上没有无趣味的事物，只有对之不感兴趣的人。”默恩斯认为咨询人员的这种美德“使图书馆事业尤其是参考咨询业务从一种技术提高到作为一种使命的独一无二的境界”。

参考咨询面谈是参考咨询过程的重要环节，其中有很多具体的原则与方法可以遵循，也有很多需要参考咨询馆员在实践中掌握的技巧与经验。

1. *参考咨询面谈模式*

在参考咨询中，咨询馆员与读者沟通的重要形式是参考咨询面谈（reference interview）。罗伯特·泰勒（Robert S. Taylor）在1968年关于参考咨询面谈的论文中，将读者的信息需求按其陈述程度分为四级：

Q1——内在的信息需求（the visceral need）：真实但无法陈述的信息需求。

Q2——意识到的信息需求（the conscious need）：有意识并在脑海中勾勒出轮廓的信息需求。

Q3——正式的信息需求（the formalized need）：用具体口语或文字陈述出的信息需求。

Q4——妥协后的信息需求（the compromised need）：输入信息系统的信息需求。

其中，内在的信息需求若有似无，虽处于混沌状态，却是读者真正信息需求之所在。很多学者呼吁参考咨询面谈的最重要目的就是协助读者说出其原始的信息需求，即内在的信息需求。意识到的信息需求，则是一种模糊不清的问题陈述状态。读者自觉似乎能掌握自己的信息需求，但有时又觉得信息需求几乎完全失控。在此阶段，读者比较倾向和同事或朋友一起讨论，以弄清对问题的疑虑。正式的信息需求，是一种对问题明确且具体的陈述，内容可包括问题本身、问题背景资料及其条件限制等。而妥协后的信息需求，由于各个系统所提供的功能、指令及检索能力都不尽相同，因此必须根据系统的特色进一步修饰信息需求，即妥协后的信息需求。在这一模式中，读者通常在Q2阶段咨询同事，在Q3阶段正式向馆员提出检索问题。

由于泰勒的参考咨询面谈模式是从读者到馆员的单一层面，卡伦·马基（Karen Markey）在1981年试图将其模式由信息需求的陈述扩大至馆员与读者的双向沟通。当读者处于内在信息需求时，他通常需要时间让问题成熟，且无法采取有效的信息寻求行为，因此读者只可能在Q2或Q3的状态中向馆员寻求协助，但不管读者在何种状态时向馆员求援，一旦其设法表述具体问题，对馆员而言都处于Q3状态。在马基的模式中，Q1属于读者个人的内心世界，Q4完全隶属于馆员的辖区，Q2和Q3才是馆员和读者真正互动的区域。在这一模式中，按信息需求的拥有者（bearers）分为独立信息需求（isolated needs）和协商后信息需求（negotiated needs），Q2和Q3为读者和馆员所共有，属于协商后信息需求，而Q1为读者私有，Q4则为馆员私有，这两者属于独立信息需求。因为读者可能在Q2和Q3阶段向馆员提出问题，所以这两个阶段是参考咨询面谈的核心，大部分的双向沟通都在此阶段完成。

玛丽林·怀特（Marilyn White）以信息需求表达的阻碍程度来区分不同的信息需求，她将参考咨询面谈分为五个阶段：

Q1——在理论上，每一个待解决的问题，都应有其理想完美的信息。

Q2——问题本身或是读者个人解决问题上的阻碍。

Q3——对正式系统的认识。

Q4——系统的实际能力和妥协后问题的限制。

Q5——受限于其他参考咨询面谈中没有提及的情境变数。

怀特先假设每一个待解决的问题都应该有其“理想”或“完美”的信息。这种理想状态称为Q1，即任何参考咨询面谈欲寻找的理想信息。然而，此种完美信息被重重障碍所包围，读者欲找到此完美信息，必须通过层层关卡突围而出。第一阻碍Q2是来自读者或问题本身的障碍。由于受限于问题的复杂性或读者解决问题的能力，读者无法清楚表达自己的信息需求。第二阻碍Q3来自读者对系统能力的认知，如果读者认为此系统并不具备布尔逻辑功能，那他就不会使用布尔逻辑来寻找相关资料，进而降低其找寻理想资料的概率。第三阻碍Q4是系统的实际能力和妥协后问题的限制，读者对系统能力的认知和系统的真正实力间可能会有一些差距，读者可能以自己认知的系统能力设计检索式，而后根据系统实际能力再次修饰信息需求。第四阻碍Q5是一些情境因素的限制，它们不见得在参考咨询面谈的过程中被讨论过，但一旦发生，对检索结果可能产生巨大影响。

怀特曾将实际的参考咨询面谈分为需求导向和问题导向两种模式。前者指参考咨询面谈的目的在于了解读者真正的信息需求并据此发展检索策略，而问题导向模式的目的在于了解读者的问题所在并据此发展检索策略。

一般认为，找出读者原始、真实的信息需求是参考咨询面谈的最主要目的之一。既如同医生问诊，虽由病人主诉症状，但医生仍会利用一些仪器检查病人所诉症状，最后凭其专业判断对症下药；又如同律师与顾客，顾客只是陈述他所遭遇的问题，但诉讼的策略还是由律师决定。因此，参考咨询面谈的原则是“目的原则”或“需求原则”。帕特里克·威尔逊（Patrick Wilson）1986年在发表的《参考工作的表面价值原则》一文中探讨了参考咨询面谈的定位，认为参考咨询馆员的定位不是“诊断”角色，不是找寻读者真正的信息需求，参考咨询面谈的真正目的在于弄清含混不清的读者问题，对参考咨询面谈及检索结果只负有限责任。由于这一原则放弃了“诊断”角色，受到了一些学者们的质疑。

2. 参考咨询面谈的内容

斯蒂芬·哈特（Stephen P. Harter）1986年将参考咨询面谈中协商的问题分为十二大类，包括：①设法了解读者的问题内容；②使用人际沟通渠道的技巧；③了解问题及文献；④选择资料库；⑤选择检索词汇；⑥选择检索策略；⑦拟定检索式；⑧设定检索目标；⑨设定检索限制；⑩设置输出格式；⑪教育读者；⑫进行检索后面谈。他还提出了十项会影响读者满意度的标准，包括：①参考咨询面谈及联机检索所花费的时间；②检索结果的呈现及其列印格式；③读者所花费的精力；④是否成功地达到读者对检索结果的预期；⑤检索花费的金钱；⑥系统的检索能力；⑦检索馆员的个人特质；⑧数据库收藏范围及质量；⑨检索效益；⑩新颖性或效用。

怀特从四个不同的角度剖析参考咨询面谈，称之为参考咨询面谈的四大层面。

①结构（structure），是指参考咨询面谈的内容及其安排方式。关于内容，馆员必须先了解读者提出的检索问题，必须和读者沟通问题的主题层面，同时找出该问题所涵盖的条件限制，找出影响资料选择及使用的情境限制，找出个人变数所产生的限制，以及信息需求者对该主题的过去检索历史。

②一致性（coherence），来自馆员对结构的认知。馆员可在参考咨询面谈一开始就说明此次参考咨询面谈的结构和内容，一方面让读者明白其架构和顺序，另一方面让读者了解此次面谈的整体规划。

③速度（pace），指馆员和读者在面谈过程中信息交换的速度和效率。大部分情况下，面谈速度受问题形态的影响。如果馆员一直使用开放式问题（open question）询问读者，面谈时间会长一些，反之使用封闭式问题（closed question），面谈可能很快结束。除问题形态外，问题的顺序也有决定性的影响。问题顺序在参考咨询面谈中可分为三种形态：漏斗顺序型（funnel sequence）、倒漏斗顺序型（reverse-funnel sequence）和山洞顺序型（tunnel sequence）。漏斗顺序型代表问题的范围由大入小，即参考咨询馆员选择问题的顺序由开放式问题逐渐转向封闭式问题，而倒漏斗顺序型相反。山洞顺序型像山洞一样宽窄不变，即参考咨询馆员以同样形态的问题连续询问读者。一般来说，这三种方法以漏斗顺序型效率最高。

④面谈时间（length of the interview），指为完成一个参考咨询面谈所耗费的时间长度。其影响因素如问题本身的特性，或单纯，或复杂。面谈过程既要考虑有一定规则限制面谈时间，同时参考咨询馆员也要视读者表现斟酌面谈进行速度。如读者表现为不耐烦，馆员必须加快面谈进行速度，反之，如读者正津津有味地检索主题相关的论点，则可适当放慢速度。

10.2.4　参考咨询服务规范

在中国，为促进各类型图书馆参考咨询服务的规范化，提高参考咨询服务的效能与管理水平，由文化部（现称文化和旅游部）提出的文化行业标准《图书馆参考咨询服务规范》（WH/T 71-2015）于2015年6月发布，2015年8月1日起实施。该标准由广东省立中山图书馆根据GB/T1.1-2009中的规则主持起草。

该标准提出了参考咨询服务的总体原则：一是要遵守知识产权及保护用户利用信息权利的相关法律法规；二是以最大限度满足用户的信息需求为原则，注重信息源建设，培养参考馆员队伍，完善参考咨询服务业务管理制度，改进参考咨询服务质量，为用户提供全面、高效的信息咨询服务；三是坚持开放性、便利性、及时性，以合作形式开展的参考咨询服务应体现协作性；四是坚持知识自由的原则；五是保护用户隐私。

该标准规范了参考咨询服务的服务形式和服务内容。参考咨询服务形式包括实时咨询与非实时咨询。实时咨询（real-time reference）是用户通过现场、电话、实时网络咨询软件系统等提交咨询问题，参考馆员即时回复的一种咨询方式。非实时咨询（non-real-time reference）是参考馆员接到用户提交的咨询后不能与用户进行即时交互并提供解答的各类型咨询方式，包括信件、电子邮件、参考咨询网站的表单咨询、读者留言、论坛等。参考咨询服务的内容有以下方面：

（1）指向性咨询

图书馆通过现场咨询服务、呼叫中心、网上指南、常见问题解答（FAQ）等形式，向用户提供图书馆服务的介绍与指引。

（2）指导性咨询

主要有：①向用户提供图书馆资源与服务的使用辅导及用户教育，包括辅导用户利用联机公共目录系统（OPAC）检索馆藏书目信息并完成借阅、预约、续借等工作。②通过对用户一对一辅导、开设培训班或编制用户指南等形式，指导用户使用数据库、搜索引擎等多类型检索工具查找信息。③学校图书馆、研究型图书馆还应为教师、科研人员、学生等的教学科研和学习提供信息获取与利用指导。

（3）专题性咨询

专题性咨询包括事实型查询、信息查证、定题服务、文献信息开发等。事实型查询是查找包含在一种或多种信息源中的具体信息，如某一事件、人物、图片、典故、语录、统计数据等。信息查证是根据用户需求，为用户提供馆藏文献复制证明、文献收录、引用证明等。定题服务是针对用户提供的信息需求，查找中外文图书、报刊及各类型数字资源中的相关内容，为用户提供书目索引与文献资料汇编。科学查新等定题服务，还须出具相应的咨询服务报告。文献信息开发是运用各种技术手段对文献资源的内容进行多层次的加工揭示和有序化处理，根据用户需求和信息市场营销策略以多样化的产品形式提供给用户。

（4）不提供服务的内容

包括：①替代性工作，如作业、论文、考试及报告的写作等。②须具有专业准入资质方可从事的咨询，如财经投资、医学、法律、工程指导等。③危害国家安全、机构或个人利益和隐私的咨询。④其他与图书馆资源及服务无关的咨询。

该标准还规范了参考咨询服务管理，包括人员、信息源、系统平台、培训、宣传、合作、评估。针对参考咨询服务工作，提出了工作纪律、服务流程、咨询结果质量等方面的要求。

10.2.5　参考咨询服务绩效

ALA 的参考与用户服务委员会对参考和信息服务人员的服务绩效做出如下规定：

①易接近度。随时准备为用户提供服务，笑迎用户并采取开放式提问。

②显示兴趣。在接谈中不要表现出急躁情绪，对用户给予关注。

③倾听或提问。采取一种积极而令人愉悦的态度，对模棱两可的问题予以确认并避免使用过多的专业术语。

④透明度。与用户一起讨论检索策略，鼓励用户表达出自己的观点。

⑤后续工作。询问用户其问题是否被完全地回答，鼓励用户再次回到咨询台。

中国《图书馆参考咨询服务规范》（WH/T 71–2015）针对参考咨询服务评估提出了具体方法与要求。以参考咨询服务机构自身、用户、第三方机构（由参考咨询服务专家组成）为评估主体，评估对象包括参考咨询服务管理、参考咨询服务流程、参考咨询回复质量。采用的评估方法有绩效评估和成效评估，前者对照参考咨询服务工作目标与绩效标准，制定相应指标，评定评估对象的履行程度与完成情况；后者以图书馆参考咨询服务用户为中心，将用户对参考咨询服务的预期与其实际获得的服务效果进行对比和分析。将绩效评估结果与成效评估结果相结合，运用成效评估结果进一步调整与优化参考咨询服务的工作目标与绩效指标，使图书馆所提供的参考咨询服务更接近用户预期，以提升用户对参考咨询服务的满意度，进而全面推动图书馆资源建设、服务与管理。该标准还给出了参考咨询服务评估指标体系表（见表 10–1）。

表 10–1　参考咨询服务评估指标体系

一级指标	二级指标	三级指标
服务管理	人员	数量
		资格
		业务能力
	信息源	丰富性
		可靠性
		指引性

续表

一级指标	二级指标	三级指标
服务管理	系统平台	易用性
		稳定性
		完备性
		规范性
		扩展性
		安全性
	培训	方式的多样性
		实用性
	公知性	理念与宗旨
		宣传
	合作	开放性
		组织间协作
	评估	评估模式
		评估结果的应用
服务流程	服务方式	多样性 *
		便利性 *
		交互性 *
	服务的程序与指引	服务指引 *
		简易性 *
		清晰性 *
	服务态度	仪容仪表 *
		礼貌用语 *
		耐心细致 *
	服务响应	及时性 *

续表

一级指标	二级指标	三级指标
咨询结果	格式	完整性
	内容质量	客观性 *
		规范性
		有用性 *
		指导性
注：上述所有指标（可选用）适用于评估主体为参考咨询服务机构自身或第三方机构（参考咨询服务专家）的评估方式，带 * 号指标（可选用）适用于评估主体为用户的评估方式。		

10.3　文献情报机构数字信息咨询

经过传统参考咨询阶段向数字参考咨询阶段转变后，文献情报机构数字信息咨询形成了多种类型，国内外也构建了以联合虚拟参考咨询系统为代表的文献情报机构数字信息咨询协作网。在传统参考咨询的基础上，文献情报机构数字信息咨询技术应用了最新的数智技术和评价方法。此外，本节还介绍了两个代表性的文献情报机构数字信息咨询案例。

10.3.1　数字信息咨询类型

按数字信息咨询用户的类型可以分为个人咨询和团体咨询。

按数字信息咨询时限的类型可以分为实时咨询和非实时咨询。若用户向文献情报机构发出请求时，咨询人员同时在线回应，并与用户进行交互解答问题，即为实时咨询；情况相反，则为非实时咨询。

按数字信息咨询形式的类型可以分为常见问题解答（FAQ）、电子邮件、电子公告、留言簿、在线聊天、智能问答等。

按数字信息咨询内容的类型可以分为综合咨询、文献提供、馆际互借、专题咨询和立法决策咨询。

10.3.2　国外数字信息咨询平台

数字信息咨询平台，也称为数字信息咨询系统或数字信息咨询协作网，其主要形式为联合虚拟参考咨询系统。联合虚拟参考咨询是由两个及以上的文献情报机构协作提供虚拟参考咨询的服务，将原单咨询台的虚拟参考咨询模式变为基于小组、集团或联盟的运作模式，各成员机构间采用分布式多咨询台的合作咨询服务模式。整个系统由系统管理员或主管参考咨询馆员进行管理和调度，部分系统也预先设定算法，由系统自动完成咨询作业的调度。

国外比较著名的联合虚拟参考咨询系统有 QuestionPoint、LibAnswers、Virtual Reference Desk 及 24/7 Reference。

1. QuestionPoint

QuestionPoint 是全球行业的领导者，提供合作虚拟咨询服务，其经验丰富的参考咨询馆员团队可提供全天候的咨询支持。它的前身为 2000 年美国国会图书馆启动的联合数字咨询服务计划（collaborative digital reference service，CDRS）。2001 年，联机计算机图书馆中心（OCLC）与美国国会图书馆签订合作协议，对 CDRS 系统进行开发，增加知识库管理的功能。2002 年，由于系统规模已远远超出初建时的预想，美国国会图书馆和 OCLC 又签署了第二个合作计划，即开发实时咨询功能，其系统被命名为 QuestionPoint。

QuestionPoint 的主要功能有：通过网页回答、跟踪和管理用户的提问；根据需要将未回答的提问递交给协作组的其他馆；其提问管理器根据预先设定的成员馆资料自动匹配提问至最相关馆；通过网页、邮件和实时交谈等解答咨询用户的提问；检索以前咨询过程中的提问 / 回答知识库。2019 年 5 月 31 日，OCLC 与 Springshare 签署了一项协议，将 QuestionPoint 24/7 迁移到 Springshare。

2. LibAnswers

LibAnswers 是美国 Springshare 公司继 LibGuides 之后，于 2009 年推出的在线咨询服务平台。Springshare 的 LibAnswers 虚拟咨询平台，包括全面的 QuestionPoint 24/7 图书馆咨询合作。QuestionPoint 的咨询馆员团队成为 Springshare 的一部分，并继续在其世界各地的原有工作岗位上提供服务。LibAnswers 采用云端管理方式，系统融合社交网络、标签等众多注重用户交互的技术工具。LibAnswers 是集成化的一站式虚拟咨询平台，融合了 FAQ 知识库（FAQ knowledge base）、实时在线咨询（LibChat）、表单咨询（tickets）及依托社交媒体的咨询（SNS 社交媒体、短信息等），能实现信息高度整合化和应用智能化，增加用户体验。

LibAnswers 的主要功能如下：它是一个强大的内置表单咨询系统，常见问题解答可定制、可搜索，具有 24/7/365 覆盖范围的 LibChat 小部件，能进行参考咨询问题分析，QoS（Quality of Service）统计信息有助于评估所提供服务的质量，LibChat 屏幕共享、文件共享等。

3. Virtual Reference Desk

Virtual Reference Desk 为美国著名的 VRD 计划，是专为美国中小学生的学习而设立的一个全国性的、联合的虚拟参考咨询台，由美国教育部资助，于 1998 年启动。其主要服务有：① AskA 服务连接用户，合作式询问服务（collaborative AskA services）将提供一个 AskA 服务网络和一支由志愿者组成的专家队伍，能确保最适合的专家回答用户的问题。学习中心（learning center）是一个为中小学生提供课程学习的相关站点、常见问题和以前问题集的站点，2000—2002 年已经积累了 8000 多个问题。询问定位器（AskA+ locator）提供一个可供检索的数据库，包含了一些高质量的问题。②支持服务开发为管理员和专家提供一个公共管理系统，并组织研究互操作标准、元数据库和其他数字参考咨询服务方面的问题。③建立合作和交流平台。通过举办数字参考咨询会议、出版物和 AskA 社团来组织行业间成员的交流。

4. 24/7 Reference

24/7 Reference 是一个都市联合图书馆系统（metropolitan cooperative library system，MCLS）的计划，由美国联邦图书馆服务和技术项目（library services and technology act，LSTA）基金资助，加州州立图书馆负责管理。MCLS 是由位于洛杉矶市郊的 31 个城市和区域的公共图书馆组成的一个联合体，为所有参加馆所在区域的居民提供合作式的图书馆服务。

24/7 Reference 服务人员由本地参考咨询馆员、MCLS 参考咨询馆员和受雇于 MCLS 的图书情报学院研究生担任。因此，当用户点击 MCLS 的询问馆员（Ask the Librarian）图标时，用户的提问并不一定直接递交到本地图书馆的参考咨询馆员手中。当 MCLS 的参考咨询馆员不能解决用户的问题时，用户的提问将被提交到用户所在地图书馆、MCLS 参考咨询中心、其他专家或者是能够解决用户问题的图书馆，由他们来提供参考咨询服务。

24/7 Reference 主要功能有：使用实时 Chat 技术的用户交谈；使用 collaborative browsing 技术引导用户进入最佳资源网站；传送文件、图像、powerpoint 演示文稿等至用户端；举行最多 20 人的网络会议和共享页面；可获取使用情况和用户交谈抄本，并有各种使用统计报告。

10.3.3 中国数字信息咨询平台

中国数字信息咨询发展迅速，产生了一批著名的全国性和区域性联合虚拟参考咨询系统。

1. 数字图书馆推广工程·全国图书馆参考咨询协作网

数字图书馆推广工程·全国图书馆参考咨询协作网（以下简称全国图书馆参考咨询协作网）是面向全国图书馆从事参考咨询业务和管理的图书馆员交流平台，旨在为全国图书馆参考咨询馆员提供一个能够有效传递业界信息、分享服务经验、加强人员培训和协调开展服务的业务交流平台。借助全国图书馆参考咨询协作网，国家图书馆将在服务政策制定与协调，文献资源及人力资源的协调与相互支撑，服务策略、模式探讨与服务协作，应用系统推广等四个层面与全国图书馆进行业务协作。

全国图书馆参考咨询协作网以网站形式作为日常业务联系和交流的平台。网站以实名制方式为全国图书馆参考咨询馆员提供服务，网站用户根据授权享受相应服务及权益，并与其他系统平台（如全国省级公共图书馆决策咨询服务协作平台等）共享服务和权益。网站内容由参与网站活动的各图书馆及馆员以自发或有组织的方式共同建设，国家图书馆参考咨询部负责网站内容的日常管理维护。目前网站建设正在按计划进行中。

2. 全国图书馆参考咨询联盟

由广东省立中山图书馆牵头建立的全国图书馆参考咨询联盟，联合全国数百个图书馆为读者提供参考咨询和文献传递服务。该联盟拥有 360 家成员馆（包括公共、教育、研究三大类型图书馆）1200 多位参考咨询馆员。拥有大规模中文数字化资源库群，包括元数据总量 7.6 亿篇（册），其中中文图书 660 万册、中文期刊元数据 12000 万篇、中文报纸 19000 万篇、中文学位论文 680 万篇、中文会议论文 680 万篇、外文期刊 29000 万篇、外文学位论文 680 万篇、外文会议论文 2600 万篇、开放学术资源 4900 万篇、国家标准与行业标准 7 万件、专利说明书 86 万件。采用新一代的元数据仓储跨库检索技术，整合数亿条学术索引，极大地降低各种数据库的操作使用难度，提高检索效率和准确性。实现与移动图书馆的无缝连接，平台接受来自全国各地读者使用手机、平板电脑等移动终端发来的咨询和请求。建立全国范围内的图书馆联合目录，实现读者使用全国范围内的图书、期刊、报纸等数字资源的一站式检索。加盟馆无须安装专用服务器和参考咨询软件，也不需要缴纳任何费用，只要在业务上达到管理中心要求，即可拥有本馆个性化网页。联合参考咨询与文献传递网（http://www.ucdrs.net/）除提供检索系统、文献远程传递、常用文献浏览器下载等服务外，咨询项目有表单咨询、知识咨询、智能咨询、慕课参考咨询中心、实时咨询台和电话咨询。其中，实时咨询台提供实时咨询统计、文献咨询服务动态和知识咨询服务动态。

3. CALIS 分布式联合虚拟参考咨询系统

中国高等教育文献保障系统（CALIS）在二期建设方案中规划建立中国高等教育分布式联合虚拟参考咨询系统，为成员馆提供一个“联合虚拟参考咨询服务平台”。通过此平台的建立，参考咨询馆员能真正实时地解答读者在使用数字图书馆中所遇到的问题。该系统于 2005 年正式运行。

4. NSTL 参考咨询系统

由国家科技图书文献中心（NSTL）牵头，2002 年底建立了网络非实时参考咨询系统，2004 年 9 月 28 日正式开通实时咨询服务，面向全国用户提供关于 NSTL 资源、服务、政策等有关内容的解答和问题建议的反馈渠道，分为实时咨询和非实时咨询两类。NSTL 微信公众号实时咨询服务同步开展。非实时咨询是以邮件方式答复用户咨询的问题。用户可根据参考咨询馆员的学科背景选择指定人员提问，参考咨询馆员在 2 个工作日之内完成回复并发送至用户的电子信箱。已回答问题栏目汇集了有价值或有代表性的用户提问及其答复，方便用户浏览和检索。

2015 年，NSTL 打造了“NSTL 国家重大战略信息服务平台”。平台整合战略沿线和各地区文献情报机构的资源、技术及经验优势，打造 NSTL 服务重大国家战略的一站式服务平台和解决方案，形成集信息保障、动态信息跟踪、产业情报分析、知识产权咨询、重点项目合作、战略决策支撑等多重服务内容于一体的综合化战略信息服务体系。信息服务模块在 NSTL 原有服务基础上，结合具体战略环境下用户的个性化、专业化的信息需求来延伸传统信息服务的内容，创新平台原有的服务模式。由平台联合 NSTL 成员单位及合作机构、各地服务站点提供的多类专项服务组成，包括特色资源、信息素质教育、信息保障、战略决策支撑、产业发展支撑、企业发展支撑、知识产权分析与咨询和其他服务。

5. 中国科学院文献情报中心网上咨询台

网上咨询台作为中国科学院文献情报中心深入开展学科化服务的重要工具，有效架起了读者与学科馆员进行沟通交流的知识桥梁，从而及时解决了读者在使用图书馆及各类信息服务中遇到的相关问题。网上咨询台提供的信息服务有：快捷的实时在线咨询，即用户通过文字聊天、语音通话、文件传输等多种模式向参考咨询馆员发送问题请求援助；方便的邮件咨询，即读者可在线提交问题描述，参考咨询馆员会将问题解决方案通过电子邮件发送给读者；公共QQ与微信即时通信服务的集成；自助的、智能的问题知识库检索。

6. 区域性联合参考咨询网

江苏省公共图书馆联合参考咨询网是主要面向江苏省读者的数字信息资源共建共享和网上文献信息咨询服务的平台，由南京图书馆牵头，市、县图书馆共同建设。江苏省公共图书馆联合参考咨询网提供的数字资源有中国知网数据库、维普中文科技期刊数据库、北大法意数据库、国研网、中宏产业数据库等。江苏省公共图书馆联合参考咨询网实行资源共享和免费服务政策。读者在咨询网注册成为正式用户，即可享受到网上参考咨询和文献远程传递服务。每天9:00至17:30提供实时咨询。表单咨询在24小时内答复。

江苏省工程文献信息中心平台是由江苏省情报所牵头，联合南京大学、东南大学、中国药科大学等十家单位共建的联合参考咨询平台。该平台于2011年9月试运行，主要服务对象是十家共建单位成员及部分非共建单位用户，为广大师生和科研人员提供文献资源的共享服务。

浙江省联合知识导航网是由浙江图书馆牵头，联合全省各级公共图书馆、高校图书馆、科研院所图书馆等相关机构，充分发挥信息资源优势和人才优势互补而设立的一个网上参考咨询的公共服务平台。2005年12月26日起，浙江省联合知识导航网站试运行服务，由浙江图书馆、浙江大学图书馆和浙江省科技信息研究院合作建设正式向社会推出，2017年4月新系统平台上线，在进一步方便提问的基础上，面向社会各专业读者，提供图书馆丰富的文献资源，提供高质量专业参考、提升委托服务、自助机器人解答、读者互助功能等一系列自助服务系统，带给用户更新更多的使用体验，不断增强浙江省公共图书馆的网络咨询服务和知识导航能力。联合知识导航网的建立是为推进浙江省公共图书馆开展读者参考咨询解答服务，开展参考咨询服务的规范化和标准化进程，强化全省公共图书馆参考咨询馆员的业务能力，充分发挥地区特色资源和人才优势，交流与推广图书馆参考咨询服务的经验，形成全省公共图书馆网上参考咨询服务协作网。根据各馆的资源配置和网络建设情况，合作建立浙江省联合知识导航网，在遵守知识产权的前提下，逐步开放各成员馆的数字化文献资源，实现资源的共享，更好地为广大用户提供网上咨询服务。导航网以各级图书馆和高校科研机构等的馆藏资源为基础，以互联网的丰富信息资源和各种信息搜寻技术为依托，以来自浙江省公共图书馆参考咨询团队和高校科研机构等资深参考咨询馆员和行业专家为网上参考咨询馆员，通过加强特色馆藏资源和网络信息资源的开发和利用，实现各类图书馆网上参考咨询服务的优势互补，充分发挥图书馆在知识经济社会中为各行业服务的知识导航作用。

湖南省公共图书馆参考咨询联盟于2015年5月成立，是湖南省公共图书馆界自愿组成的跨地区合作组织。联盟的宗旨是：充分发挥全省公共图书馆的文献资源优势、信息技术优势和人才优势，建立全省公共图书馆参考咨询服务体系，提高湖南省公共图书馆文献信息资源保障能力和参考咨询服务能力，促进湖南省经济、社会、文化全面协调发展。联盟在遵守法律、法规和国家政策的前提下，根据资源共享、优势互补、服务大众、共谋发展的原则，积极开展科研课题服务、党政决策服务、联合在线咨询等多种形式合作的参考咨询服务，提高全省公共图书馆参考咨询业务素养，推动公共图书馆参考咨询事业科学发展。联盟提供实时在线咨询，时间为每天8:00至18:00，其他时间咨询在24小时内答复。

山东全省图书馆参考咨询联盟是由中国各类型图书馆自愿参加的公益性组织，它以山东全省图书馆联合参考咨询平台为技术平台，其宗旨是以数字图书馆馆藏资源为基础，以因特网的丰富信息资源和各种信息搜寻技术为依托，为社会提供免费的网上参考咨询和文献远程传递服务。山东全省图书馆参考咨询联盟的组织运行架构为：设立山东全省图书馆参考咨询服务联盟管理中心，中心设在山东省图书馆，部署参考咨询服务器及应用软件系统并负责日常维护；各成员馆应在许可范围内将本馆电子资源（书目、数据库、自建资源等）在平台上共知共享；各成员馆注册专职的网上参考咨询岗位并进行权限管理；各成员馆在本馆网站首页建立“山东全省图书馆联合参考咨询平台”链接，为读者提供方便的咨询入口。山东全省图书馆参考咨询联盟的基本业务如下：组织成员馆通过网络、电话等渠道为读者提供网上查询、参考咨询和远程文献传递等服务。

陕西公共图书馆服务联盟于2010年11月1日宣告成立，由陕西省图书馆发起，联合全省各级公共图书馆，以统一的计算机管理系统为基础平台，组织开展以文献信息资源联合建设、联合开发、联合服务、资源共享为主要内容，以最大程度整合全省公共图书馆文献信息资源，向全省人民提供“平等、免费、无区别服务”，提升全省公共图书馆服务能力、服务层次、服务水平为目的的公共图书馆服务共同体。截至 2023 年 5 月底，联盟成员馆已发展至 118 家，联编成员馆发展至 104 家，在全省公共图书馆中的占比分别达到 100% 和 88.1%。联盟开展数字资源共建共享、联盟技术服务、地方文献资源联合征集、地方特色数据库建设、联合参考咨询服务、联盟培训、联盟阅读推广及讲座、展览服务等方面工作。联盟的联合参考咨询组负责全省公共图书馆联合参考咨询系统平台的搭建与维护，推动全省公共图书馆联合参考咨询工作，开展联合决策咨询、课题跟踪、专题文献资料编辑推送等内容多样的联合参考咨询服务，组织参考咨询人员专业技能培训，受理联合参考咨询工作相关咨询。

江西高校图书馆联盟于 2010 年 3 月 19 日由江西财经大学图书馆、华东交通大学图书馆、江西农业大学图书馆共同发起成立。之后，南昌航空大学图书馆、东华理工大学图书馆、江西中医药大学图书馆、江西科技师范大学图书馆、南昌大学图书馆、九江学院图书馆、景德镇学院图书馆、上饶师范学院图书馆、南昌工程学院图书馆、宜春学院图书馆、江西经济管理干部学院（现更名为江西飞行学院）图书馆相继加入。联盟各馆针对各校的学科建设和专业发展，各自形成了鲜明的馆藏特色，开展的服务亦各有千秋，因而有很强的互补性与合作潜力。联盟提供联合书目查询、共享资源、馆际互借、文献传递、表单咨询、电话咨询、留言板等服务。

10.3.4 数字信息咨询技术支持及评价

1. 数字信息咨询技术保障

随着大数据、云计算、增强现实（AR）、虚拟现实（VR）、物联网等技术不断发展，人工智能技术的研究和应用领域不断蔓延。数字信息咨询对技术的依赖性较强，尤其是最新的人工智能技术，咨询机构可以根据实际和用户特点选择。

（1）虚拟现实技术

虚拟现实技术是 20 世纪发展起来的一项全新的实用技术。虚拟现实技术借助计算机等设备产生一个逼真的三维视觉、触觉、嗅觉等多种感官体验的虚拟世界，从而使处于虚拟世界中的人产生一种身临其境的感觉。上海交通大学图书馆应用此方法开展咨询服务，使用 QQ 视频与邮箱相互结合的方式为读者提供各类咨询服务。应用虚拟现实技术，参考咨询馆员不仅与读者进行“面对面”交流，而且还能通过分布式虚拟现实技术系统，实现多人多地域的可视化交流。

（2）智能问答机器人

人工智能技术的发展极其迅速，已渗透到各行各业和社会生活的各个领域。机器人开始具有能够依托云服务和大数据挖掘自主学习、不断完善自己的智能交互能力和对环境的感知能力。在咨询领域，人工智能机器人也有了很大的应用空间，能够进行智能问答，回答用户提出的常见问题，如开闭馆时间、位置查询等；能进行导引讲解，带领用户参观数图体验区，并自主规避行进途中的障碍物和人；实现与系统对接，可以通过语音进行书目检索和信息查询等。

（3）ChatGPT

2022 年 11 月上线的 ChatGPT 是由美国人工智能实验室 OpenAI 开发的人工智能聊天机器人应用，它可以从海量的数据中学习各种知识，生成解决各类问题的方案。ChatGPT 不仅可以回答问题，还可以编写代码、与用户聊天、创作文章、撰写论文、翻译文章。ChatGPT 给信息咨询服务带来了很大的机遇和挑战。虽然此类生成式人工智能工具可以回答很多问题，但这个过程中还需要咨询人员认真甄别，为用户提供真实、有效的解决方案。

2. 数字信息咨询评价

数字信息咨询评价内容可以借用传统参考咨询对咨询服务的评价，如咨询过程评价、咨询结果评价、经济效益评价、用户满意度评价等。与传统信息咨询不同的是，评价过程中会包含对系统、技术及咨询人员与用户的交互等评估指标。

传统信息咨询方法依然应用于数字信息咨询评价中，如问卷调查法、访谈法、案例研究法等。数字环境下的数字信息咨询评价方法包括基于数据的网络日志分析、成本效益分析、统计法、内容分析法等。①问卷调查法。采用线下或线上发放问卷的方法，线上方式包括网站、微信公众号等，可调研数字信息咨询服务情况、调查用户满意度，并通过用户反馈完善数字信息咨询服务。②访谈法。访谈可分为结构型访谈和非结构型访谈，前者的特点是按定向的标准程序进行，通常是借助问卷或调查表；后者指没有定向标准化程序的自由交谈。访谈有助于工作人员了解、发现数字信息咨询服务中的问题以及用户的直观感受。③案例研究法。对某一个体、某一群体或某一组织在较长时间里连续进行调查，从而研究其行为发展变化的全过程，这种研究方法也称为案例研究法。在数字信息咨询实践中，各类咨询情况不同，对其中典型咨询案例进行归纳、分析，可以准确了解用户需求，合理、高效提供咨询服务。④基于大数据的网络日志分析。用户通过操作计算机或移动设备与网络产生了复杂的交互作用。数字信息咨询的特点是所有用户在系统中的行为都会被记录下来。网络日志中记录了用户访问数量、访问时间、行为路径等信息，分析这些数据，可以了解用户行为特征、对服务利用情况，进而完善数字信息咨询服务。⑤成本效益分析。对数字信息咨询服务的成本、咨询系统运营成本进行统计，分析咨询服务所取得的效益，进而评价数字信息咨询服务。⑥统计法。对数字咨询服务综合数据进行统计分析，如咨询数据、回复数据、准确率、满意率等。

10.3.5 数字信息咨询案例

国家图书馆企业信息服务中心案例

北京华融综合投资公司是一家综合性投资企业，主要从事房地产开发与商品房销售，为国内外企事业单位及经济实体办理投资业务，并提供有关技术咨询和信息服务，是北京金融街的主要开发商和发展商之一。作为华融公司多年的合作伙伴，国家图书馆企业信息服务中心每月将监测到的全国400余家平面媒体、数千家网络媒体上刊载的华融新闻、主要竞争对手消息以及房地产行业类信息汇集加工分析，如遇突发事件即时提供危机预警。每季度末，基于季度内的全部统计数据制作专业的媒体监测分析报告，在每期的报告中不仅能清晰地看出本监测期内媒体报道动向、重点热点问题、行业发展趋势，还能通过逐月对比了解媒体关注度的纵向变化，通过与主要竞争对手在媒体报道力度、关注点的横向对比把握整个竞争态势的大致走向。

国家图书馆企业信息服务中心提供的华融日常剪报和媒体分析报告成为公司决策层定期必看的内容之一，为华融高层的战略决策提供了有力的智力支持。可以说，国家图书馆企业信息服务中心提供的剪报及系列报告分析已经成为华融公司不可或缺的竞争情报，有效地提升了企业的外部信息获取便捷性和高效性，增强了企业的综合竞争力。

广东省立中山图书馆智能问答案例

广东省立中山图书馆上线“智能语音应答系统”“智能小书僮客服系统”，提供24小时全天候在线智能问答服务。其中，智能小书僮客服系统采用语义网、自然语言处理等技术，建成读者常见问题场景知识库，能快速准确解答常见咨询问题，实现了常见问题（FAQ）自动问答、书目检索、文献随问、专题咨询、读者活动介绍和电子资源查阅等服务。两个智能咨询系统的上线是人工智能技术切入读者服务的成功尝试，大大提升了图书馆智慧化、人性化、特色化服务水平，推动了智慧图书馆的发展。

本章小结

文献情报机构的自身属性决定了其开展参考咨询的优势，文献情报机构参考咨询先后经历了传统参考咨询阶段、数字参考咨询阶段和人工智能参考咨询阶段，并形成了完整的参考咨询过程，包括准备工作、咨询需求分析、咨询回复、建立咨询档案等一般流程。参考咨询人员也向专业化发展，具备信息获取能力、交流沟通能力、寻求合作能力、计算机应用能力。国内外涌现了众多知名的国内外联合虚拟参考咨询系统，积极推动文献情报机构数字信息咨询的发展，形成数字信息咨询协作网。随着技术发展，虚拟现实技术、智能问答机器人、ChatGPT 等人工智能技术为数字信息咨询提供了坚实的技术保障，并通过评价来不断提高数字信息咨询的效率、效益和质量。国内出现了很多文献情报机构数字信息咨询案例，国家图书馆企业信息服务中心和广东省立中山图书馆智能问答就是其中的典型案例。文献情报机构参考咨询虽然取得了一定的成绩，但还需要不断发展来促进信息咨询的高质量发展。一方面，文献情报机构参考咨询内容要符合国家和社会的重大战略需求，为政府、企业和高校提供智库服务；另一方面，文献情报机构参考咨询技术要适应信息咨询的数智化转型，构建数智环境下的智慧咨询。

思考题

1. 文献情报机构参考咨询具有哪些特征？经历了哪几个发展阶段？

2. 文献情报机构参考咨询的一般过程包括哪些？

3. 文献情报机构参考咨询人员需要具备哪些能力？

4. 文献情报机构数字信息咨询包括哪些类型？请你列举出国内外具有代表性的数字信息咨询协作网。

5. 文献情报机构数字信息咨询评价的方法有哪些？

6. 请你列举出一个典型的文献情报机构数字信息咨询案例，并分析其优点与不足。

第十一章

智库理论与应用

智库是咨询行业的高峰，不仅被称为政府的“第四部门”、国家的“大脑”，直接影响政策制定与政治、经济、军事、外交等各个领域的重大决策，而且被称为大众的“思想者”，为社会大众提供思想和观点，在传播知识与思想、引导大众舆论等方面发挥作用。本章通过智库发展历史与现状、智库类型与特点的介绍，阐明发展智库的意义，重点介绍智库信息咨询的组织与运作，以及政府、企业和高校三类智库信息咨询，以促进中国特色新型智库的建设与发展。

11.1　智库理论概述

布鲁金斯学会关于智库有一个著名阐释：“高质量、独立性和影响力”（qulity，independence and impact），其思想被国际咨询界广为传播。到底什么是智库？智库从何而来，到何而去？这些问题都是智库理论的基本问题。

11.1.1　智库的概念与背景

智库（think tank）又称思想库，是指独立的、以公共利益为研究导向的咨询研究机构，其主要任务是进行跨学科研究和分析，为政策制定者、决策者、公众等需求方提供专业知识和意见。这些知识和意见是客观且中立的高质量内容，应用于政策制定、政策实施、政策研究、战略规划与执行等领域。智库通常由多学科的专家、学者和研究人员组成，他们在各个领域具有专业知识和研究经验。

智库概念起源于19世纪末至20世纪初的美国，并在百余年的发展中形成了较为成熟的理论体系与实践系统。智库在现代社会中扮演了相当重要的角色，主要研究范围涉及政治、经济、外交、环境、能源、教育、健康、科技、文化等领域，主要工作内容涉及情报搜集与处理、研究分析、决策参考、知识传播、舆情监测等。

美国学者保罗・迪克森（Paul Dickson）是最早从事智库研究的学者之一，根据其对现代智库概念演化的研究，智库最早是指某一空间环境，进而指代某类研究机构。具体而言，第二次世界大战期间开始使用“智库”一词来指作战专家、国防科学家和非军方战略家用来讨论作战计划且不受战争威胁的安全空间或环境。二战结束后，“智库”一词便被直接用于称谓从事研究活动、产出政策和战略建议的制度化研究机构。由此可见，智库是指存储和输出政策思想和决策方案（think）的存储库（tank），于是便构成“智库”（think tank）的概念。智库发源于军事战争领域，随后在军工企业相关部门得到快速应用，美国兰德公司就是起源于道格拉斯飞机公司的研究发展部门，同时也是现代意义上的第一个智库研究机构。智库的概念随着时间的推移逐渐演变和发展，各国智库的形式和功能也各不相同。有的智库侧重于学术研究，有的专注于政策咨询，有的兼具两者。当代社会，智库在全球范围内发挥着重要的作用，为政府、决策机构和各类主体提供独立的思想资源和政策支持，促进公共政策和各类战略的制定和实施。

不同时期的不同学者对智库给出多样的定义，从不同侧面反映了智库的特性。

迪克森在其著作《智库》（*Think Tanks*）中，将智库定义为从事政策或非政策研究，为决策者提供思想、分析和选择的一种稳定和相对独立的政策研究机构。智库的特点在于科学性和跨学科性。

美国智库研究专家詹姆斯・麦甘（James G. McGann）将智库定义为推进决

策者和公民在公共政策领域达成更好的决策，而进行国内外调查研究并提供政策建言，且拥有持续性形态的组织。

曾担任美国著名智库布鲁金斯学会主席的斯特罗布·塔尔博特（Strobe Talbott）指出，智库是对公共政策问题进行研究，并将研究结果和建议提供给决策者、舆论领袖以及公民的一种组织。

加拿大著名智库研究专家唐纳德·埃布尔森（Donald E. Abelson）认为，智库是专注于公共政策研究的非营利性、无党派组织，这一定义强调智库的非营利性和独立性。他认为判断一个机构或组织是否为智库的标准在于其是否具有智库该有的独立性和使命感。

英国智库研究的代表人物西蒙·詹姆斯（Simon James）也认为，智库是一种通过多学科的研究来对公共政策施加影响的独立性组织。

11.1.2 智库的发展历程

1. 西方智库的发展历程

早期形成（20世纪初至二战期间）：智库的形态最早形成于20世纪初，当时的智库主要是由学术界的知识分子组成，他们为政府和决策机构提供独立的研究成果和政策建议。这一时期的智库主要关注国内政策和社会改革，如美国的布鲁金斯学会（Brookings Institution）和英国的皇家国际事务研究所（Royal Institute of International Affairs）。

冷战时期（1945—1991年）：冷战期间，智库的发展受到国际关系和安全政策的影响。各国政府设立了一系列智库来研究和分析冷战时期的国际关系、核战略、军事问题等。同时，一些独立智库也在国际事务领域崛起，如日本的野村综合研究所（NRI）和瑞典的斯德哥尔摩国际和平研究所（SIPRI）。当代世界智库中约有三分之二产生于20世纪70年代以后，半数成立于20世纪80年代以后。

现代智库（20世纪末至今）：随着冷战的结束和全球化的发展，智库的形式和功能开始同时呈现出多元化和专业化的特点。许多新型智库涌现出来，涉及各种领域和议题，如经济政策、发展问题、环境、教育、科技、公共卫生等。同时，智库的研究方法和技术也得到了进一步的发展，如采用了数据分析、政策建模等新方法。

现代智库体现出三大特点：其一，强调公众参与和社会影响。一些智库致力于促进公众对重要议题的了解和参与，通过公众教育、政策倡导和社会调查等活动，推动政策变革和社会进步。这种公众参与的智库模式在美国、英国等国得到了广泛应用。其二，强调数字化应用。随着信息技术的发展，智库在数字化时代面临新的机遇和挑战。智库利用互联网和社交媒体等工具，扩大了研究和政策影响的范围。其三，强调国际化合作。智库之间的国际合作越来越普遍，不同国家和区域的智库通过共享研究成果、举办国际会议和合作项目，加强跨国界的智库交流与合作。

需要指出的是，智库的发展历程因国家地区和历史阶段的不同而有所差异，每个智库都有其独特的发展路径和特点，需要综合各国的政策环境、社会环境和文化环境等多种因素对智库加以考察。

2. 智库在中国的发展历程

中国在古代就出现了带有智库性质的智囊、谋士、参谋等角色，具有悠久的历史和传统。而现代意义上的智库在中国出现也是在 20 世纪以后。

早期阶段（20 世纪初至 1948 年）：智库的概念最早进入中国是在 20 世纪初，当时受到西方智库的启发，一些知识分子开始针对中国社会和政治问题进行研究和建议。这一时期的智库主要由学者、教育家和社会活动家组成，致力于推动社会改革和国家现代化进程。

建立和发展时期（1949—1977 年）：1949 年中华人民共和国成立后，智库主要由政府机构和研究院所组成，致力于为政府决策提供理论和政策支持。智库的研究重点主要集中在社会主义建设、经济计划和政策、农村发展等领域。1949 年，中国最大的现代智库——中国科学院成立。1956 年，中国第一个研究国际问题的智库——中国国际问题研究所成立。

改革开放以后的发展时期（1978—2014 年）：改革开放以后，中国社会经历了巨大的变革和发展，智库的发展也进入了新的阶段，尤其注重为社会主义市场经济服务。1981 年，国务院先后成立国务院经济研究中心、国务院技术经济研究中心、国务院价格研究中心、国务院农村发展研究中心。1985 年，国务院将国务院经济研究中心、国务院技术经济研究中心、国务院价格研究中心合并组建为直属国务院的官方智库——国务院发展研究中心。1990 年，国务院农村发展研究中心并入国务院发展研究中心。2009 年 7 月，首届全球智库峰会在北京召开，中国智库走向世界。2013 年，党的十八届三中全会通过《中共中央关于全面深化改革若干重大问题的决定》，明确提出“加强中国特色新型智库建设，建立健全决策咨询制度”。2014 年 2 月，教育部印发《中国特色新型高校智库建设推进计划》，提出以协同创新中心和人文社科重点研究基地建设为依托，推进中国特色新型高校智库建设，打造一批国家级智库，为党和政府科学决策提供高水平智力支持。2024 年 7 月，上海社会科学院智库研究中心发布《中国智库报告（2021—2023）》。随着市场经济的发展和对外开放的深化，智库开始关注更广泛的领域，如经济改革、社会发展、外交政策、科技创新等。同时，独立的智库也开始涌现，包括一些由企业、学术机构、民间组织等独立设立的智库。

新型智库建设时期（2015 年至今）：进入新时代，党中央对智库建设提出更高要求。2015 年 1 月，中共中央办公厅、国务院办公厅印发《关于加强中国特色新型智库建设的意见》；2015 年 11 月，中央全面深化改革领导小组（现称中央全面深化改革委员会）第十八次会议通过《国家高端智库建设试点工作方案》，这些对于中国智库的发展具有重大意义，开创了中国特色新型智库发展新格局。2015 年以来，中国智库的发展进一步提速，影响力进一步提升。以中国科学院、中国社会科学院、国务院发展研究中心为代表的新型智库在国家政策研究、决策咨询等方面发挥了重要作用，政策影响力与日俱增。同时，一些智库也在国际事务领域扮演着积极的角色，促进了中国与其他国家和地区的交流与合作。

3. 智库发展的影响因素

智库的发展受到各类因素的影响，其中社会变革影响下的公共政策需求以及学术界的参与是重要的因素。

从社会变革影响下的公共政策需求看，随着现代社会的复杂性、不确定性的增强和全球化的推进，社会变革导致政府和决策机构需要应对越来越多的复杂挑战和问题，如社会福利、经济发展、教育、公共卫生等。面对这些问题，政府和决策机构需要专业的知识和专门的研究来支持政策制定和决策过程，需要依靠智库发挥重要决策支撑作用，智库也因此得到飞速发展。

从学术界的参与看，研究人员和学者在特定领域具有专业知识和研究能力，他们逐渐意识到其研究成果可以为政府和决策机构提供有价值的政策建议，学者们开始与政府合作，提供独立的研究和分析，以辅助政策制定，高水平学者的参与会大力推动智库发展。

11.1.3 智库的类型

智库的形态和功能会因各国不同历史阶段的政治、经济、文化环境以及智库的定位和目标而有所不同。在一些国家，智库与政府有着紧密的关系，被视为政府的附属机构或政府直接资助的机构，这些智库的主要任务是为政府提供政策咨询和支持，帮助制定和实施政府政策。而在有些国家，智库相对独立，更注重提供独立的研究和政策建议。不同智库可能专注于不同的专业领域和议题。例如，有些智库专注于经济政策和经济发展，有些专注于国际关系和安全事务，还有些专注于环境、教育、社会政策等特定领域。智库的形式和功能通常与其专业领域有关。一些智库主要关注学术研究，致力于产生高质量的学术成果，推动学术进展，这些智库的功能在于提供独立的研究和分析，为决策提供理论参考；有些智库则更注重政策影响，致力于将研究成果转化为政策建议，并积极与政府和决策机构互动，推动政策变革。在一些国家，智库的工作重点可能更侧重于国内问题和政策，为国内决策提供支持。而在有些国家，智库可能更关注国际事务和地区合作，为国际政策制定者提供咨询和建议。一些智库不仅关注政策制定过程，还注重公众参与和社会倡导。这些智库通过开展公众教育、社会调查、政策倡导等活动，促进公众对重要议题的了解和参与，并推动政策变革和社会进步。

智库可以根据不同依据划分为不同类型。

（1）根据服务对象，可以划分为面向政府的智库、面向企业的智库、面向社会的智库、面向高校的智库等。一些智库可以同时面向不同的服务对象。

①面向政府的智库。这类智库主要为政府机构和政府决策者提供研究和咨询服务，致力于为政府制定政策、解决问题和制定战略提供智力支持，并直接参与政策的制定和实施过程。

②面向企业的智库。这类智库服务于企业、产业、行业和商业组织，为其提供市场研究、竞争分析、战略规划等方面的咨询和研究支持，帮助企业了解市场动态、行业趋势，提供决策所需的信息和建议。

③面向社会的智库。这类智库面向社会公众和民间组织，关注公共利益和社会问题，为社会发展和社会治理提供智力支持，通过研究和分析社会问题、参与公共政策讨论，推动社会问题的解决和社会进步。

④面向高校的智库。这类智库通常以高等院校或科研机构为依托，旨在支持高校教育和科学研究领域的发展，提供相关的研究和咨询服务。这类智库的主要服务对象包括高校教师、研究人员、学生以及科研机构的管理者和决策者，其职能涉及了学术研究、政策研究、教育改革、科技创新等领域。此类智库可能提供的服务包括政策咨询、学术研究支持、人才培养与培训、科研项目管理和评估等。这些智库的目标是促进高校和科研机构的学术研究水平提升，

推动科技创新和学术交流，为高校教育和科学研究的发展提供智力支持和决策参考。他们通常与高校和科研机构密切合作，以满足其特定需求，并为其提供专业化的研究和咨询服务。

（2）根据设立主体的性质，可以将智库划分为政府设立的政府型智库、高校等科研机构设立的学术型智库、专业机构或行业组织设立的专业型智库、民间组织或非营利机构设立的社会型智库等。

①政府型智库。政府型智库是由政府机构设立或直接隶属于政府的智库。其主要职责是为政府决策提供研究和政策建议。政府智库通常具有政策制定的导向性和实践性，研究重点紧密关联政府的政策议题和需求。它们通常与政府部门紧密合作，直接参与政策决策和实施。如美国国家情报委员会（National Intelligence Council，NIC）负责为美国总统和政府高层提供全球情报评估和战略预测，以支持政策制定和决策；英国皇家国际事务研究所为英国政府提供关于国际事务的独立研究和政策建议，同时也是一个国际性智库，促进全球学术和政策界的对话。

②学术型智库。学术型智库是由高等院校、研究机构或学术组织设立的智库。其主要职责是进行学术研究、知识产出和学术交流。学术智库注重学术独立性和学术质量，致力于推动学术进步、知识创新和学术交流。他们通常具有较高的学术声誉和研究水平，为学术界和决策者提供专业的研究成果和政策建议。如哈佛大学肯尼迪学院的穆萨瓦－拉赫马尼商务与政府研究中心（Mossavar-Rahmani Center for Business and Government）致力于研究财政和金融政策，为政府和决策者提供关于经济和金融领域的学术研究和政策建议；清华大学当代国际关系研究院依托清华大学，开展国际关系领域的学术研究，提供学术成果和政策建议，为决策者和学术界提供智力支持。

③专业型智库。专业型智库是专门从事某一特定专业领域研究的智库。它们通常由专业机构、行业组织或企业设立，专注于特定领域的研究和咨询。专业智库具有深入专业领域的专业知识和经验，可以为政府、企业和社会提供专业咨询和解决方案。例如，世界经济论坛（World Economic Forum）作为非营利机构，聚焦全球经济和社会议题，汇集全球政商学界的精英，通过研究报告、会议交流等形式，推动全球议题的讨论和解决；国际能源署（International Energy Agency，IEA）为成员方提供能源政策分析和建议，研究能源市场和可持续能源发展，促进全球能源安全与可持续发展。

④社会型智库。社会型智库是由民间组织、非营利机构或独立学者组成

的智库。它们通常是基于公共利益和社会问题而成立，致力于深入研究社会问题、社会政策和公共参与。社会智库具有较强的社会责任感和独立性，关注公众需求和民众利益，为社会发展和社会治理提供智力支持。如卡内基国际和平基金会（Carnegie Endowment for International Peace）是一家非营利智库，致力于研究国际和平与安全、经济发展和全球治理等议题，为政策制定者和公众提供独立的研究和政策建议。

（3）根据服务内容，智库可以划分为政策制定型智库、战略规划型智库、政府政策评估型智库等。

①政策制定型智库。这类智库主要从事政策研究和政策分析工作，通过对社会、经济、政治等方面的问题进行深入研究，为政府和决策者提供政策建议和决策支持。他们关注政策制定过程中的问题，分析政策的影响和可行性，推动政策的优化和改进。

②战略规划型智库。这类智库致力于战略规划和长远发展问题的研究，为国家、地区或组织的长远发展提供战略性建议。他们关注宏观层面的问题，研究战略趋势、全球挑战和未来发展方向，为决策者提供战略规划和战略决策的支持。

③政府政策评估型智库。这类智库负责对政府政策的实施效果进行评估和监测，分析政策的成效和问题，并提出改进政策的建议。他们关注政策的执行和效果，通过评估和反馈机制，提供政策的监督和调整建议。

智库的职能可能有一定的交叉和重叠，很多智库可能在多个职能领域都有涉猎。分类主要是为了更好地理解和描述智库的工作职能和定位。这些分类仅是对智库的一种概括，实际上智库的类型和特点各不相同，不同类型的智库具有不同的组织结构、研究方法和影响力，但他们共同的目标是为决策者和公众提供独立、专业和可行的政策建议和解决方案。无论是何种类型的智库，相对的独立性是其重要特征之一。智库的研究和政策建议应该确保其研究成果和建议的客观性和中立性。

11.1.4　智库的发展现状

1.《全球智库报告》反映的全球智库现状

美国宾夕法尼亚大学智库研究专家詹姆斯·麦甘带领团队进行的“智库研究项目”（think tank and civil societies program，TTCSP）是全球知名的智库研究项目。TTCSP团队自2006年起每年发布一期《全球智库报告》，至2021年已连续14年发布年度报告，对全球智库进行综合评价与排名，研究全球各国智库在政府与社会中的作用，引导各国智库为搭建社会与政府间的桥梁付出努力。

《全球智库报告》根据全球智库综合排名、分布区域、研究领域和特殊成就四大类，共列出50个分项榜单。全球智库总数从2008年的5465个增长到2020年的11175个，翻了一番（见表11-1）。2020年全球超过47%的智库位于北美洲和欧洲，其中北美有2397个智库（2203个在美国），欧洲有2932个智库；在过去12年里，美国和欧洲的智库建设率有所下降；自21世纪以来，亚洲的智库数量急剧增长，这些地区的智库依赖政府资助，高校或政府附属的智库是这些地区智库的主导模式。2020年全球（除美国）排名前五的智库机构有勃鲁盖尔（比利时）、巴尔加斯（FGV）（巴西）、日本国际事务研究所（JIIA）、卡内基国际和平基金会中东中心（黎巴嫩）、韩国开发研究院，中国现代国际关系研究院排名第九；全球百强智库中共有五个中国智库：中国现代国际关系研究院（CICIR）、中国社会科学院（CASS）、国务院发展研究中心（DRC）、全球化智库（CCG）、上海国际问题研究院（SIIS）。

表11-1　全球智库分布（2008—2020年）

年份	欧洲	北美洲	亚洲	中南美洲	撒哈拉以南的非洲	中东和北非	大洋洲	合计
2008	514+1208	1872	653	538	424	218	38	5465
2009	517+1233	1912	1183	645	503	273	39	6305
2010	1757	1913	1200	690	548	333	39	6480
2011	537+1258	1912	1198	722	550	329	39	6545
2012	1836	1919	1194	721	554	339	40	6603
2013	1818	1984	1201	662	612	511	38	6826
2014	1822	1989	1106	674	467	521	39	6618
2015	1770	1931	1262	774	615	398	96	6846
2016	2045	1972	1676	979	664	479	—	7815
2018	2219	1972	1829	1023	612	507	—	8162
2019	2219	2058	1829	1023	612	507	—	8248
2020	2932	2397	3389	1179	679	599	—	11175

资料来源：Global Go To Think Tank Index Report.https：//repository.upenn.edu/think_tanks.

注：《全球智库报告》中2008年欧洲分“东欧”“西欧”，“中南美洲”一栏名为“拉丁美洲”，“撒哈拉以南的非洲”一栏名为“非洲”；2009年欧洲分“东欧”“西欧”，“中南美洲”一栏名为“拉丁美洲”，“撒哈拉以南的非洲”一栏名为“非洲”，“中东和北非”一栏名为“中东”；2010年“中南美洲”一栏名为“拉丁美洲和加勒比海”，“撒哈拉以南的非洲”一栏名为“非洲”；2011年欧洲分“东欧”“西欧”，“中南美洲”一栏名为“拉丁美洲”，“撒哈拉以南的非洲”一栏名为“非洲”，“中东和北非”一栏名为“中东”；2012年“中南美洲”一栏名为“拉丁美洲和加勒比海”，“撒哈拉以南的非洲”一栏名为“非洲”；2016年以后统计无“大洋洲”。

2. 典型国家的智库发展现状

英国、美国等发达国家的智库发展起步较早，在全球也处于领先地位。美国智库 90% 是 1951 年后成立的，1980 年以来智库数量增加了一倍多；8% 的美国智库位于华盛顿特区，在全球智库影响力排名和十大智库中，美国智库一枝独秀，布鲁金斯学会多年稳坐“全球第一智库”宝座。美国智库基本涵盖了政治、经济、文化、外交、军事等各个方面，从公共治理到反恐战争，从气候变化到网络安全，从医疗保障到信息安全，综合协同发展的趋势越来越明显，并且将研究对象扩展到交通、教育、环保等其他方面。伴随自媒体时代的到来，美国智库开始在主流社交平台建立账号，与公众直接沟通交流，提供政策咨询，提出最新的政策主张和局势预期，也逐渐和各网络平台展开合作，实现数据共享，拓展数据信息来源。欧洲智库是欧洲国家内政外交的基石之一，是政府处理内政外交事务过程中的重要辅助。欧美智库大多标榜独立属性，但实际有很强的依附性和倾向性，许多智库组织有党派意识形态身份。

中国智库发展迅猛，智库全球影响力不断提升。《全球智库报告》显示，中国智库数量自 2009 年的 428 家增加至 2020 年的 1413 家，连续 12 年位居世界第二位。中国智库坚持党管智库原则，主要分为党政军智库、科研院所智库、高校智库和社会智库。党政军智库直接参与决策治理，典型代表如各级党校、行政学院、政策研究室、发展研究中心等。科研院所智库以社会科学院、科学院为代表，具有较高的专业水平和社会公信力。高校智库一般指高等院校的研究中心或研究院，归属于校方。高校通过各类人才计划吸纳优秀的重点产业高层次人才，以及重大创新项目、重点学科、重点领域的杰出专业领军人才，这些人才可以帮助提升自主知识产权或培养核心竞争力。社会智库大多数是民办属性，规模相对小，但是影响力正在日益提升。

11.1.5　智库发展的机遇、挑战与趋势

当前全球智库建设面临新的机遇和挑战，智库需要应对这些挑战，并积极利用数字化时代的机遇，不断创新和适应变化的环境，以提供高质量的研究和政策建议。

1. 智库面临的重要机遇

（1）全球影响力。数字化平台使智库能够跨越地域限制，通过互联网和社交媒体等渠道，将研究成果和政策建议传播到全球范围。智库可以通过在线出版物、博客、视频和社交媒体等方式与更广泛的受众进行互动，扩大其影响力

和知名度。

（2）数据驱动研究。数字化时代产生了大量的数据，智库可以利用数据分析和挖掘技术，从海量数据中提取有价值的信息，支持研究和政策分析。智库可以采用大数据分析、机器学习和人工智能等技术，深入研究各种社会、经济和政治现象，为政策制定者提供更准确、全面的信息和建议。

（3）多元参与和合作。数字化平台为智库提供了与公众、学者和决策者进行更紧密合作的机会。智库可以通过在线研讨会、网络论坛和协作工具等形式，促进跨界、跨国界的合作和知识共享。数字化时代的智库可以更广泛地吸引专业人士和公众的参与，形成多元化的智力资源和创新思维。

2. 智库面临的典型挑战

（1）信息过载。数字化时代信息爆炸，智库面临信息过载的挑战。大量的信息和观点充斥着互联网，智库需要过滤、筛选和评估信息的可靠性和质量，以保持其研究和政策建议的权威性和可信度。

（2）虚假信息和假新闻。数字化时代虚假信息和假新闻泛滥成灾，给智库带来了挑战。智库需要应对信息的可信度和真实性问题，提供准确、可靠的研究成果，同时加强公众对信息真伪的辨别能力。

（3）数字鸿沟。数字化时代智库的发展不平衡，一些地区和组织可能面临数字鸿沟的问题。在一些发展中国家或资源匮乏的地区，智库可能面临技术和资源的不足，限制了其智库数字化发展的能力。

（4）隐私和安全。数字化时代智库在数据收集、存储和处理中面临隐私和安全的挑战。智库需要妥善处理个人数据并保护用户隐私，同时加强信息安全措施，防止数据泄露和网络攻击。

3. 智库发展的主要趋势

（1）智库越来越注重合作、跨学科和综合性研究。随着待解决问题的复杂性和交叉性增加，智库将更多关注多领域合作和综合分析，以提供更全面、跨学科的解决方案。智库将通过加强合作、共享数据和经验，以及开展联合研究项目来解决全球性挑战，并提供更具全球视野的政策建议。

（2）随着大数据、人工智能和机器学习等技术的进步，智库在数据分析和数据驱动研究方面的应用将继续增加。智库将更多地利用数据来揭示趋势、预测结果和支持政策制定。智库将不断进行创新和数字化转型，探索新的研究方法和工具，利用技术创新来提高研究效率和政策影响力，如采用虚拟会议、在线协作工具和可视化数据分析等技术。

（3）智库越来越重视公众参与和社会包容性的调查研究方法，积极寻求公众的参与和意见，与利益相关者进行对话，并将多元声音纳入研究和政策制定过程，以确保决策具有广泛的参与性和合法性。智库之间的国际合作和全球网络将继续增强。

（4）智库影响力的评估和质量标准将成为一个重要的议题。智库将寻求更有效的方法来评估和展示其研究成果的影响力，以增强公众对智库的信任和认可。

11.2　智库信息咨询的组织与运作

11.2.1　智库信息咨询的功能定位

智库信息咨询是智库机构为用户提供的一种专业咨询服务，旨在通过研究、分析和提供战略建议来帮助解决复杂的问题和制定决策。信息咨询功能是智库的本质功能之一。

1. 智库信息咨询的典型内容

（1）政策分析和评估

智库信息咨询可以为客户提供对特定政策问题的深入分析和评估，包括政策的影响、可行性、风险和潜在的解决方案等方面的研究和建议。

（2）市场调研和商业情报

智库信息咨询可以帮助客户进行市场调研和商业情报分析，为客户提供关于市场趋势、竞争对手、消费者行为等方面的信息，以支持客户的商业决策和战略规划。

（3）战略规划和发展

智库信息咨询可以协助客户进行战略规划和发展，包括制定组织的长期目标、战略路线图和执行计划等方面的咨询和指导。

（4）政府关系和公共事务

智库信息咨询可以帮助客户管理与政府和公共机构的关系，提供政策倡导、政府事务管理和利益代表等方面的咨询服务。

（5）可持续发展和履行社会责任

智库信息咨询可以支持客户制定和实施可持续发展战略，包括环境、社会和治理方面的咨询和指导。

上述功能是智库信息咨询和其他信息咨询共有的功能。智库信息咨询的具体内容和方法会根据客户的需求和智库机构的专业领域而有所不同。智库信息咨询通常依靠智库机构内部的专家团队和研究资源，结合客户的具体情况进行定制化的服务。

2. 智库信息咨询与其他信息咨询服务的区别

（1）研究性和专业性

智库信息咨询通常由智库机构提供，这些机构拥有自己的研究团队和专业知识。他们通过深入的研究和分析提供咨询服务，具备较强的专业性和学术性。而其他信息咨询可能更侧重于提供实用的商业咨询和解决方案。

（2）政策导向性

智库信息咨询通常与公共政策和政府相关，致力于为政策制定者和决策者提供政策建议和战略规划。智库机构在政策和公共事务领域有较强的专长。而其他信息咨询可能更关注商业战略、市场竞争和组织发展等方面的问题。

（3）跨学科和综合性

智库信息咨询通常涉及跨学科和综合性的研究方法，以解决复杂的问题和全面的挑战。智库会整合多个领域的专业知识，提供更全面的解决方案。其他信息咨询可能更专注于特定领域或问题的咨询服务。

（4）公众参与和影响力

智库信息咨询通常注重公众参与和社会影响力的考量。智库机构可能会与利益相关者进行对话，寻求广泛的参与和多元的声音，以确保决策具有合法性和广泛的认可。其他信息咨询可能更侧重于客户的具体需求和利益。

以上这些区别并不是绝对的，不同的咨询服务提供者可能在服务方式和内容上存在差异。同时，智库信息咨询和其他信息咨询服务之间也可能存在重叠和交叉领域，特别是在涉及复杂问题和综合性研究时。

11.2.2 智库信息咨询的组织结构

智库信息咨询机构在当今社会中扮演着重要的角色，为政府、企业、社会和个人提供专业的信息咨询和决策支持。为了提升组织效率和业务水平，智库信息咨询机构需要构建合理的组织结构，明确各部门的职责和功能。智库信息咨询的组织结构按照功能和职能可以划分为领导部门、研究部门、咨询部门、客户部门、技术部门和行政管理部门。这些基本功能可能互有交叉，现实中的各个智库会基于这些功能并围绕自身的定位和目标设计出不同的组织结构。

1. 领导部门

领导部门是智库信息咨询机构的核心，负责制定发展战略、目标和政策。领导部门的人员应具备丰富的管理经验和行业知识，能够敏锐洞察市场变化和行业趋势。领导部门应定期组织会议，对重大问题进行决策，确保智库信息咨询业务的稳定发展。作为智库的代表和发言人，领导部门还负责与其他机构和利益相关者进行沟通和协商，以达成共识并获得支持。在领导部门的领导下，智库信息咨询机构能够更好地实现其目标和使命，为客户提供独立、客观、专业的咨询服务。

2. 研究部门

研究部门是智库信息咨询机构的核心职能部门，负责开展各项研究工作，包括市场调研、政策分析、行业分析等。这些研究通常涉及政策、经济、社会、科技等各个领域，旨在为政府和企业等客户提供全面、客观、深入的决策支持和咨询服务。研究部门应具备专业的分析师团队，团队成员通常具有深厚的学术背景和丰富的实践经验，能够对数据进行深入挖掘和分析，根据市场需求和政策变化及时调整研究方向，为政策制定者和企业决策者提供最新、最准确的决策依据，以及高质量的研究成果。研究部门应与咨询部门密切合作，确保研究成果能够转化为具有实际应用价值的咨询建议。

3. 咨询部门

咨询部门是智库信息咨询机构的重要部门，负责为客户提供专业的咨询服务，包括战略规划、风险管理、政策建议等。这些咨询服务可以帮助政府和企业等客户更好地了解当前的发展趋势和市场需求，从而更好地制定发展计划和战略。通过咨询部门的专业知识和经验，政府和企业等客户可以获得更加全面、客观、专业的建议和意见，从而更好地解决各种问题和应对挑战。咨询部门应具备丰富的行业经验和专业知识，能够与客户进行深入沟通，理解客户需求并提供切实可行的解决方案。咨询部门应定期与市场部门合作，拓展客户资源和提升服务质量。

4. 客户部门

客户部门主要是智库信息咨询机构的市场营销部门，负责市场调研、品牌推广和客户关系维护。客户部门应具备敏锐的市场洞察力和良好的沟通能力，能够与客户建立长期稳定的合作关系。客户部门应定期收集客户反馈，及时调整营销策略和服务内容，提高客户满意度和忠诚度。

5. 技术部门

技术部门是智库信息咨询机构的支持部门，负责信息技术研发、数据管理和信息安全等工作。技术部门应具备专业的技术团队和先进的技术设备，能够为其他部门提供稳定的技术支持和保障。技术部门应与行政管理部门密切合作，确保信息技术与行政管理工作的有效衔接。

6. 行政管理部门

行政管理部门是智库信息咨询机构的综合管理部门，负责人力资源管理、财务管理和后勤保障等工作。行政管理部门应具备高效的管理能力和协调能力，能够为其他部门提供良好的行政支持和保障。行政管理部门应定期与其他部门沟通协作，确保组织的稳定发展和高效运转。

智库信息咨询的组织结构是确保组织高效运转和提升业务水平的关键因素。通过明确领导部门、研究部门、咨询部门、客户部门、技术部门和行政管理部门等各部门的职责和功能，构建合理的组织结构，能够实现各部门之间的协同合作和资源共享，为客户提供更优质的信息咨询服务。在未来的发展中，智库信息咨询机构应不断优化组织结构和管理模式，以适应市场变化和客户需求变化。

11.2.3 智库信息咨询的业务运作

1. 信息收集方式

（1）长期的资料收集与整理

许多智库历史悠久，他们曾经关注、搜集与分析过的历史事件浩如烟海，这些经过整理与归档的材料里含有大量宝贵的知识。这些日积月累而成的财富能够帮助智库的研究人员看到一般人所难以看到的“真相”，是开展具体调研之前的重要文献依据。

（2）针对具体时段与问题的文献整理调查

智库对于自身研究重点及服务对象有明确定位，一般会有针对性地收集研究资料。例如，布鲁金斯学会在国际事务和国际政策研究方面居于世界领先水平，其从事外交政策研究的专家经常出国交流，将所见所闻和外交政策实践相结合形成“旅行报告”，这些报告包含了有关外交事务的很多灵感、感悟和素材。

（3）建立专题数据库

各个大型智库都建有自己的各类专题特色数据库，这为智库信息咨询提供了基础。例如，兰德公司联合美国科学基金会共同开发了实时跟踪美国政府研发活动与资源的数据库，使用户方便浏览和检索联邦政府的研发内容。

2. 信息分析方式

德尔菲法是目前众多信息分析方法中使用最频繁且最广泛的一种预测方法。由于采用匿名制，避免了某些专家屈于权威的心理，而是让他们心中最好的方法得到自然流露。

头脑风暴法通过集中有关专家召开专题会议，由会议主持者向所有参与者明确阐明问题，并让专家们自由提出尽可能多的方案以解决相应问题。

系统分析法最早出现于20世纪30年代，是以管理问题为研究对象，将在系统详细调查中所得到的文档资料集中在一起，并对组织内部整体管理状况和信息处理过程进行分析的方法，侧重于从业务全过程的角度进行分析。

动态规划法属于运筹学的分支，是求解决策过程最优化的数学方法，是把多阶段过程转化为一系列单阶段问题，并利用各阶段之间的关系，逐个求解的方法。

3. 信息传递方式

（1）定期出版刊物、著作和研究报告

公开出版发布一些影响较大、较受关注且保密级别低的研究报告，向政府、媒体及公众展示研究成果。如布鲁金斯学会的《布鲁金斯评论》、乔治华盛顿大学智库的《华盛顿季刊》等都具有极为广泛的影响力。

（2）举办发布会、研讨会或媒体招待会

智库邀请各界名流、专家及官员等参加各种形式的成果发布会，通过正式或非正式的交流，扩大在学术圈或行业内的影响，提高知名度，推广自己的研究成果。

（3）公开演讲或媒体发布

通过公开演讲或媒体发布，宣传本机构的政策主张，对社会焦点议题发表观点和看法，引导社会舆论。

（4）推荐智库专家到政府部门任职等

西方国家的智库与政府部门之间往往存在一种“旋转门”机制，也就是在政府部门与智库机构之间，保持相对频繁的人员流动，或通过承接政府课题等方式协助政府工作，以提高智库的声望，推广自己的政策主张，将智库的研究成果转化为现实的政策。

4. 人员配置与培养方式

（1）人员配置

智库注重聘请各学科领域的专家学者、现任和离任政府官员。既重视专才，又重视通才，重视老、中、青兼容，30～50岁的研究人员占绝大多数。此外，智库还聘用各领域的兼职专家学者，帮助解决一些系列问题。

（2）人员培训与交流

智库重视人才的培养与储备，注重与外国的交流。例如，兰德公司成立了兰德研究院，专门培养政策分析人员。美国智库还会把研究人员派到智库同行或国外大学进行学习、交流与访问活动。

11.3 智库信息咨询服务的主要类型

11.3.1 政府智库信息咨询

政府智库信息咨询是面向政府决策开展的信息咨询服务。当前政府智库信息咨询在国家治理中发挥着越来越重要的作用，《关于加强中国特色新型智库建设的意见》中明确指出，中国特色新型智库是国家治理体系和治理能力现代化的重要内容。政府智库信息咨询服务是国家治理体系中不可或缺的组成部分，是国家治理体系、治理能力现代化的重要体现。政府智库作为建制化、专业化的咨询研究组织，不仅是国家软实力的重要组成部分，更是作为国家决策科学化、规范化的一项重要制度安排。政府智库应主要发挥好服务国家宏观决策的作用，采用科学理念、科学方法，提供高质量信息咨询服务。

例如，针对当前科技发展现状，如何抓住新一轮科技革命和产业革命汇集的历史机遇以实现新的经济发展，如何准确把握、及时布局科技创新的方向和重点，以掌握竞争发展的主动权，是中国推进创新驱动发展、建设世界科技强国需考虑的重要课题。这就更需要政府智库洞悉未来科技发展趋势，准确研判发展方向和战略重点，及时为国家抓住科技革命机遇、抢占科技竞争制高点，提供前瞻性建议和系统解决方案。

政府智库围绕国家重大战略需求，开展前瞻性、针对性、储备性信息咨询研究，可以为国家提供更加专业化的决策参考。在服务宏观决策中，政府智库信息咨询服务主要从以下方面发挥作用：一是开展事关全局的重大问题研究，对政府关注的问题从智库的视角提供咨询报告；二是提供对改革方案和政策措施的咨询和评议，以及政策措施出台前的第三方评估；三是进行重大决策方案和政策措施实施情况评估；四是把握趋势和规律并及时设置重大研究课题，做好前瞻性、储备性研究。

11.3.2　企业智库信息咨询

《关于加强中国特色新型智库建设的意见》中提出统筹推进党政部门、社科院、党校行政学院、高校、军队、科研院所和企业、社会智库协调发展，形成定位明晰、特色鲜明、规模适度、布局合理的中国特色新型智库体系。其中还明确指出支持国有及国有控股企业兴办产学研用紧密结合的新型智库，重点面向行业产业，围绕国有企业改革、产业结构调整、产业发展规划、产业技术方向、产业政策制定、重大工程项目等开展决策咨询研究。据此可以看出，企业智库信息咨询服务主要以产业发展为目标，具有较强专业性。

例如，中国石化集团经济技术研究院有限公司作为企业智库，在发展历程中不断顺应社会发展的需要，逐步实现了工作重心从设计管理向全局性、战略性、前瞻性的决策支持研究的转变，形成了产业发展研究、国际发展研究、经济政策研究、金融证券研究、公司管理研究、市场营销研究、供应链优化研究、绩效评价研究、评估评价研究等核心业务，建立起宏观、中观、微观“三位一体”的能源化工软科学研究体系。其中，产业发展研究所跟踪分析国家经济社会与能源化工行业发展态势，根据中国石化集团公司业务发展需要，系统开展国内外能源化工产业发展、中国石化中长期发展战略、能源科技进展、天然气市场和发展趋势以及新能源、新业务研究，为中国石化及相关部门管理决策提供支持，还承担了“一带一路”背景下我国石化产业战略研究”“能源化工产业中长期发展趋势分析”“2050年中国石化能源转型战略研究”“中国地热市场体系与规划布局”等重大课题研究，为中国石化发展战略和规划的制定提供了强有力的支撑。

11.3.3　高校智库信息咨询

高校智库是附设于高校之中的机构。高校智库信息咨询依托高校学科，聚集知名学者，以国家发展为导向，融合基础研究和应用研究，通过对重大现实问题进行跨学科、协同性、综合性的研究，为政府和社会提供智库产品，培育智库人才。高校智库咨询服务具有信息咨询服务的一般特征，同时也具有高校的一般特征。

高校智库开展信息咨询服务的主要优势在于：其一，高校拥有多种学科的综合资源配置，对于解决综合性极强的复杂信息咨询课题有先天资源优势；其二，高校智库信息咨询服务具有较高的客观、公正与独立性；其三，高校智库面向社会的互动交流渠道较多，有利于信息咨询报告成果的推广与传播。

高校图书馆作为高校信息查询与获取的重要保障单位，在高校智库信息咨询服务中发挥重要作用。一方面，图书馆依托馆藏文献与数据资源，发挥信息检索的专业特长，能够保障信息的有效查询与获取。另一方面，基于高校图书馆开展学科服务的经验优势，能够将智库信息咨询服务作为学科服务的延伸，移植学科服务中的文献计量、学科评价分析、知识图谱等方法手段，将其有效运用到智库信息咨询服务中。例如，江苏大学图书馆面向中小企业开展智库信息咨询服务，依托图书馆内设的科技信息研究所，为学校所在地镇江市的中小企业开展服务，利用文献优势、学科优势和人才优势为中小企业提供行业分析报告、决策咨询报告等服务，为高校图书馆开展智库服务提供了借鉴。

本章小结

智库是独立的、以公共利益为研究导向的咨询研究机构，其主要任务是进行跨学科研究和分析，为政策制定者、决策者、公众等需求方提供专业知识和意见，是一类重要的信息咨询机构。现代智库强调公众参与和社会影响，强调数字化应用，强调国际化合作。智库可以根据不同依据划分为不同类型。面对信息过载、虚假信息、数字鸿沟、信息隐私和安全等挑战，智库越来越注重合作、跨学科和综合性研究，重视增加在数据分析和数据驱动研究方面的应用，重视公众参与和社会包容性的调查研究方法。信息咨询功能是智库的本质功能之一。智库信息咨询的典型内容包括政策分析和评估、市场调研和商业情报、战略规划和发展、政府关系和公共事务、可持续发展和履行社会责任，体现出研究性、专业性、政策导向性、跨学科和综合性、重视公众参与和影响力等特性。智库信息咨询的组织结构按照功能和职能可以划分为领导部门、研究部门、咨询部门、客户部门、技术部门和行政管理部门。智库信息咨询的业务运作涉及信息收集方式、信息分析方式、信息传递方式、人员配置与培养方式。智库信息咨询服务的主要类型包括政府智库信息咨询、企业智库信息咨询和高校智库信息咨询等。

思考题

1. 什么是智库？智库在信息咨询领域中的作用是什么？

2. 智库有哪些主要类型？智库信息咨询有哪些类型？

3. 智库与政府决策的关系是什么？智库如何影响政府决策？

4. 智库信息咨询业务是如何运作的？

5. 在信息咨询领域中，智库的发展趋势是什么？未来的智库将面临哪些挑战和机遇？

第十二章

数智时代的咨询学

咨询实践与咨询业发展呼唤理论指导，在咨询研究与咨询理论发展的基础上，咨询学应运而生。咨询学一产生，就迎来了从信息化到数智化的新背景，如何解决数智时代的咨询与咨询产业问题成为重要任务，咨询知识体系亟待重构，咨询学承载着新的学科使命。本章介绍咨询学的研究对象及内容，阐述学科体系，并探讨理论流派内容，最后对智慧咨询与咨询学的未来进行展望。

12.1　咨询学内容与学科体系

12.1.1　咨询学的研究对象

咨询学研究的是在科学技术、文化教育、医药卫生、国防外交、企业管理、市政建设、经济建设、信息情报、大众生活等社会生活领域中广泛存在的咨询现象和咨询活动。咨询学学者和咨询实务实践者们对于这些现象和活动的研究成果的理论总结和对经验的归纳梳理，就形成了咨询学。

关于咨询学的定义及咨询学的研究对象，学界开展了初步研究，形成了一些比较重要的观点：余明阳的《咨询学》（2005）认为，咨询学的研究对象是人类社会的咨询活动和咨询现象，人们通过咨询实践的长期积累和总结，逐渐形成的以探讨咨询现象本质和咨询活动规律为目的的知识体系就是咨询学。这一阐述与卢绍君的观点相同。冯之浚和张念椿的《现代咨询学》（1987）认为，现代咨询学是通过提炼和升华现代咨询工作的实践形成的，主要研究现代咨询的功能、形式和程序、方法论、成果鉴定和责任承担，以及现代咨询机构的人才结构、与决策的关系等。该时期的咨询学研究是以咨询工作为核心的“工作学科”，单元知识间缺乏内在逻辑，内容涵盖狭窄，如缺少对于咨询理论在实践活动中的应用研究。焦玉英编著的《咨询学基础》（1992）中将咨询学定义为一门社会科学学科，即以人类咨询活动为主要对象，通过理论形式反映人类社会中咨询现象及其发展规律，指导咨询实践活动的学科。马海群等的《现代咨询与决策》（2002）同样认为，咨询学研究的核心问题是咨询活动的一般规律，最本质的特征是对咨询现象和咨询活动规律的系统化、科学化认识。邹瑾的《信息咨询》（2011）认为，现代咨询学是研究咨询活动的规律、特点和程序，为咨询业提供理论和方法，随着现代咨询业的兴起而产生的一门综合性应用学科。而信息咨询学可以说是信息科学的理论与方法作用于咨询业的产物，是研究咨询业的理论与实践所产生的一门新兴的信息科学的分支学科，是研究信息咨询业的现象、规律、本质与机制的科学。

归纳总结学者观点可知，咨询学的研究对象是人类社会的咨询活动和咨询现象。人们通过咨询实践的长期积累和总结，逐渐形成以探讨咨询现象本质和咨询活动规律为目的的知识体系，就是咨询学。咨询学是专门研究科学咨询的构成及功能、咨询的特性，以及咨询活动全过程的规律性的科学学科。按时间线梳理学者观点后我们可以看出，一部分学者强调将咨询学归纳为一种理论总结，即认为咨询学是对咨询活动及咨询工作进行提炼和总结而形成的理论学说，主要研究现代咨询的功能、形式和程序、方法论、成果鉴定和责任承担，以及现代咨询机构的人才结构、与决策的关系等；另一部分学者则强调咨询学的本质为探讨现象与活动规律，目的是指导咨询实践活动、为咨询业提供理论和方法，是一门综合性应用学科。综上所述，学者们虽在描述咨询学研究对象时有不同的偏重点，但其观点相辅相成、互为补充。

除了最基本的“咨询学”一词本身，其研究对象还存在着较多延伸。第一层研究对象即为咨询行业基本构成要素，即咨询专家、咨询机构与咨询联盟。

咨询专家在机构中从事相关研究，扩展了咨询领域的研究内容，也促进了咨询行业的蓬勃发展。第二层研究对象即为咨询学相关延伸内容，即不同的咨询服务职能，也就是参考咨询、联合信息咨询与政府决策咨询。归纳来看，咨询学的研究对象可分为基本要素说与服务职能说。

总体而言，咨询学的研究对象就是人类社会的咨询活动和咨询现象。人们通过咨询实践的长期积累和总结，逐渐形成以探讨咨询现象本质和咨询活动规律为目的的知识体系，就是咨询学。咨询学是专门研究科学咨询的构成、功能和特性，以及咨询活动全过程的规律性的科学学科。

12.1.2 咨询学的研究内容

咨询学是研究普遍存在于社会生活各个领域的咨询现象本质和咨询活动一般规律的科学，其目的是更好地为现代咨询活动提供理论指导，解决现代咨询活动中所遇到的理论和实践难题，是介于自然科学和社会科学之间的综合性边缘学科。咨询学是由情报学、经济学、管理科学、社会心理学、计算机科学、运筹学等多种学科相互交叉渗透、逐渐融合而形成的一门关于咨询现象和咨询过程一般规律的新兴学科。

武汉大学焦玉英编著的《咨询学基础》（1992）认为，咨询学研究的核心是总结和提炼人类咨询实践的经验，从中找出符合咨询业发展的客观规律。从咨询学的研究对象主要是与咨询实践活动有关的问题出发，咨询学的内容可概括为三个部分：①咨询学的基本理论问题，包括咨询概念的界定、咨询的性质、咨询业务的类型和功能、咨询与科学决策的关系、咨询产业及性质、咨询学的学科属性以及咨询学与相关学科的关系等。②咨询方法论，分为两个方面：一是咨询服务所采取的各种方法，包括从咨询选题立项到咨询成果形成的全过程所采用的方法和手段；二是作用于咨询系统内外环境机制的方法，包括咨询的组织机构及管理办法、咨询政策和法律的制定，以及咨询人才培训和咨询情报的利用方法等。③咨询的具体应用，主要涉及具体实践领域咨询的程序、方法、技术和策略等问题。

黑龙江大学马海群等在《现代咨询与决策》（2002）一书中概括了咨询学的本质特征，其中有一条表述为咨询学不是纯理论性学科，而是以解决具体问题为目标的应用性较强的综合性学科。他提出咨询学的主要研究内容框架如下：①咨询基本知识：概念，种类，特点，功能，需求。②咨询学原理：学科研究对象，学科性质，学科理论基础，学科体系与理论研究，程序与方法，咨询系统，成果评估与争议，咨询合同与仲裁。③咨询技术：软技术方法，硬技术手段（计算机化、网络化、智能化）。④咨询产业：产业政策、法规、原理，机构组织与原理，咨询市场建设，咨询资源的开发。⑤咨询人才与教育：素质，人才结构，培训。⑥咨询史：古代、近代、现代，发展方向。⑦国外咨询研究：理论，历史，现代化。⑧咨询应用研究：领域，专题。⑨咨询与社会经济发展：社会化，知识经济。⑩咨询学发展方向。⑪ 因特网对咨询学科与产业的影响。⑫ 网上咨询业务。

邹瑾在《信息咨询》（2011）一书中认为，咨询学运用了哲学、经济学、管理科学、心理学、社会学、控制论、信息论、运筹学和计算机技术、通信技术等许多学科的理论与方法，并与这些学科的理论与方法融为一体形成一门崭新的、面向实践的综合性应用学科。咨询学的研究内容几乎涉及人类知识的各个领域。研究的内容主要由四个部分组成，即咨询科学的基本理论问题、咨询活动、咨询用户和咨询需求，以及咨询产业的现代化。

综合目前关于咨询学的理论与实践，咨询学的研究范畴涉及以下众多领域。

1. 咨询专家

咨询专家的含义仅指为政府、企业或社会集团出谋划策，为领导决策提供咨询的具有某领域专长的个人。咨询专家的工作角色可以简化为八种：①建议者。建议者的角色通常根据建议的需要进行诊断和分析。②分析者。分析者要了解更广阔领域的相关信息，这些信息大部分是针对问题的，领导通过了解信息，经过诊断得出结论。③研究者。与分析者更接近的角色是研究者，并兼有专家的职能，一个优秀的专家应是高效的研究者，他们知道在哪里找到他们需要的任何信息。④促进者。促进的意思是专家通过自身能力，帮助领导认识到他们知道但还没有关注的潜在信息，并且帮助领导将这些认识转化为有效的行动。⑤技术专家。专家的业务领域也日益宽泛，包括经济学家、设计人员、人类工程学家等，在特殊的领域提供知识和专业经验。⑥创新者。创新必须朝着确定的方向和支持组织发展，通常专家要扮演桥梁和纽带的作用，需要视野宽阔，这样他们才能看到机会和发现业务方面存在的问题。⑦预测者。想象力对创新而言是预期性的，并且具有预测的作用。创新需要有采用新方式做事情的新思想和解决问题的信心。思维的改变是开发的早期阶段，专家要帮助领导在思想上实现跨越以获得领先的竞争力。⑧参谋。专家必须将自己的看法与实际相结合，不同的领导有不同的发展阶段，而且他们的能力也是不同的，领导想要通过跨越实现自身的价值，专家必须帮助他们去实现。

2. 咨询机构

咨询机构的产品虽然是专家生产的研究成果，但作为一种特殊的组织形式，其基本功能是在成果需求者和成果供给者之间发挥中介作用，所以咨询机构的实质是一种社会中介组织。

决策咨询机构，也称思想库、智库。国外早期的思想库研究对象主要是基于历史路径的分析方法，针对思想库发展最为成熟的美、英两国分析其兴起的政治背景。20世纪90年代以后，思想库参与政策过程成为研究热点，除美、英两国之外，各国学者也开始关注本国的思想库事业，国际比较研究也随之展开。由于国情不同和体制差异，国外几乎没有与中国咨询机构直接有关的研究文献，但是有些理论分析方法是值得借鉴的。

张颖春在《中国咨询机构的政府决策咨询功能研究》（2013）中指出，在国内的相关研究中，很多文献都将中国的咨询机构称为"思想库"或者"中国思想库"等。其实"思想库"这一概念术语来自国外，有时也译为"智库""脑库"，就其内涵来说都指产生思想的组织机构。在这个意义上，笼统地将中国咨询机构称为思想库亦无不可。然而国外思想库这种组织机构在很多方面的特点和功能都与中国的咨询机构不同，两种概念辨析也是智库咨询的研究对象之一。首先，与政府之间关系方面，国外的思想库大多是民间型，虽然也接受政府的资助但其研究的独立性很强，做到这一点无疑和国外的社会文化传统、社会政治经济环境有关；而中国的咨询机构大多为体制内的研究机构，管理体制和运行机制决定了其与政府之间关系密切，研究的独立性不强。其次，国外思想库属于公益性的，超脱于政党政治，更加注重为社会公益服务，思想库所创造的思想也是多元化的；而中国咨询机构体现的社会公益性不够，难免更看重政府的价值取向和需要，思想多元化的特点不足。最后，发达国家的思想库是生产思想的组织，内部成员之间有分工与协作；而中国咨询机构更多的是凭借社会精英个人的思想智慧，分工协作的组织化水平不高。

中国现有的决策咨询机构种类较多，主要有四种类型：

（1）隶属于政府部门的纯行政性质的决策咨询机构

政府部门内部设有决策咨询机构。中国政府有关政策研究和决策咨询机构依据层级关系，在中央、国务院一级形成了中央政策研究室、国务院发展研究中心等，主要功能是就国民经济和社会发展中的全局性、综合性、关键性、长远性问题提出政策建议和咨询意见。在中央和国务院层级之下，各部、委、厅、局、办相应地设置了政策研究室或政策研究所，各省、市、地、县党政系统也设立了政策研究室和经济研究中心等咨询机构。

（2）兼具行政性和学术性的决策咨询机构

此类决策咨询机构一般是具有研究功能的行政单位，如中国人民银行金融研究所、国家发展改革委经济研究所等。其优势在于两个方面：一是具有扎实的理论基础；二是具有独特的信息获得优势，其信息来源及时准确，利用所属部门的有利条件较容易获得各类研究资料和数据。

（3）纯学术型决策咨询机构

此类决策咨询机构为中国科学院、社会科学院及部分高等院校下设的研究机构，如中国社会科学院金融研究中心、中国人民大学软科学研究所等。这些机构在提供前瞻性、借鉴性咨询建议方面可发挥重要作用。

（4）市场化决策咨询机构

此类决策咨询机构包括由企业、公司、个人创办的非官方决策咨询机构、研究会等民间决策咨询机构。它们完全从市场价值规律出发，以实用性为宗旨，以实现经济收益为目标，面向全社会提供咨询服务。经过多年发展，该类机构已经成为决策咨询领域的一支力量，涌现出一批行业内具有影响力的现代智囊机构，如中国管理科学研究所、零点研究咨询公司等。

经过长期发展，决策咨询机构的研究领域日益宽泛、广阔。早期的决策咨询机构研究领域相对集中、狭窄，仅仅针对政治经济和社会生活的某一个或某几个领域，而今日决策咨询机构的研究覆盖了政治、军事、教育、文化、环保、医疗卫生及经济领域的方方面面，甚至连咨询机构本身的发展也需要专门机构为它出谋献策，提供战略、战术、技术的设计等咨询服务。

作为具有研究性质的组织，决策咨询机构会通过各种途径和方式向社会发表自身的研究成果，表明研究观点。各个决策咨询机构会不定期地发布机构的强时效性及参考指导性的研究成果。例如，针对中国“十二五”时期的经济社会发展，国内很多机构大多适时推出自身的研究成果，这些成果为党政各级部门提供了重要的决策参考，也使社会各界对于中国“十二五”时期经济社会发展的方向、重点、难点等问题有了更加清晰的了解。此外，决策咨询机构还会经常性地到机关、团体、大学和企业举办各种政治、经济及社会问题报告会、论坛或专题讲座，尤其是针对时下重大问题和热点问题。在学术活动中，决策咨询机构介绍背景、分析由来、发表评论并提出对策，以引起国内公众和舆论的关注和重视，从而扩大机构的影响力。

3. 政府决策咨询

为了适应多领域的研究需要，决策咨询机构一般采取跨学科、跨部门、跨国界合作的研究方法，针对具体问题组织研究群体，进行自然科学、社会科学和人文科学的跨学科研究。例如，美国的应用系统分析研究所旗下拥有来自美国、俄罗斯、日本、加拿大、法国、英国等28个国家的研究人员，其专业覆盖了系统工程学、数学、物理学、生物学、运筹学、经济学、社会学、生态学、计算机科学、环境保护学等多种学科；日本的三菱综合研究所为了完成“日本列岛改造和企业的对策”课题，组织了科学技术、经济和社会许多方面的专家学者进行研讨，并取得了预期的效果。

2013年左右，研究思想库参与政策过程的理论集中在社会资本理论和知识运用理论。前者的观察视角是政策参与者之间的关系，而后者强调信息、知识在从研究转化为政策过程中的桥梁作用。该时期国内有关咨询机构功能研究的文献，涉及政治学、公共管理学、图书情报学、科研管理等多个学科领域，之所以会出现这种情况，是因为“咨询机构”这一概念本身包含的内容极为广泛。在中国，具有为政府决策提供咨询服务功能的机构，根据所属不同系统大体上划分为党政机关（政策研究部门）、高校、党校、科研院所、实际部门、学术团体、民间机构七类。因此，在不同的学科领域中，对咨询机构及其功能研究的侧重点有所区别：其一，在政治学领域，任晓、祝世璋、王军等学者以国外思想库为研究对象，分析其在国家政治、经济、外交决策中的功能作用、体制环境与运作机制；其二，在公共管理领域，朱旭峰讨论了中国思想库政策过程中的影响力问题，姜晓萍等人讨论了中国地方政府行政决策专家咨询制度的建设问题；其三，在图书情报领域，缪其浩、曾原、武晓鹏等从信息、知识管理方面研究决策的信息与智力支持系统；其四，在科研管理领域，马仲良、郑升等则将咨询机构视为社会科学成果从理论研究向应用转化的环节与中介，讨论社会科学成果的转化问题。

4. 参考咨询服务

参考咨询服务是指图书馆员根据读者需要，帮助、引导读者查询和获取各种形式的信息的一种深层次咨询服务。图书馆的参考咨询起始于19世纪，在国内已经有很长时间的发展历史了。

在数字图书馆大量涌现的时代，国内出现了一些数字参考服务系统，其中比较有代表性的有CALIS分布式联合虚拟参考咨询系统项目、中国科学院文献情报中心的网上咨询台，以及国家图书馆信息咨询中心主办、以中国国家图书馆为依托的全国图书馆参考咨询协作网等。这些机构的典型服务职能包含以下几点：

（1）文献表单咨询和百科知识咨询。帮助有专业知识需求的客户查找各种文献资源以及回答普通读者的大众百科知识类问题；以信息搜索技术及各自馆藏数字化资源及其他各类型信息资源为依托，为社会免费提供网上参考咨询和文献远程传递服务。

（2）为政府部门提供决策咨询服务。

（3）为企业提供信息咨询服务。为企业的决策提供参考依据和智力支持，提高了企业及时获取有益信息的效率和能力。

（4）为科研客户提供科技咨询服务。

在“十四五”规划期间，中国公共文化事业的发展面临着新征程与新思路，《中华人民共和国国民经济和社会发展第十四个五年规划和 2035 年远景目标纲要》提出要推进公共图书馆等公共文化场馆免费开放和数字化发展，积极发展智慧图书馆等。大数据、人工智能等科技的发展，使人类对信息的获取需求也越来越高。国内公共图书馆的参考咨询服务也逐渐向智慧化服务转变，由传统的文献信息服务转为知识创新服务，即面向信息资源研究及数据挖掘等提供的服务，借助新兴人工智能技术，挖掘客户潜在需求，由传统的被动提供咨询服务向实时感知环境并主动提供参考咨询服务的方向发展，图书馆参考咨询工作的业务布局和服务模式都将朝着智慧服务的方向转型。

随着信息网络的飞速发展，读者的个性化、多元化需求不断增长。现阶段，凭借高效的集合统计技术，大数据深入挖掘参考咨询服务体系的数据价值，以科学推测读者需求，进而构建动态需求知识图谱，进一步提高人性化服务水平。因此，在近几年的参考咨询领域，有多篇文献专注于研究 ChatGPT 等大语言模型在参考咨询服务中的智能化实践探索，以及专注于对智能咨询知识库构建的思考总结。吴进从高校图书馆重要职能之一的参考咨询服务入手，通过总结分析 ChatGPT 技术要点，运用“HHH 理论”对 ChatGPT 进行效用审视，深入探讨 ChatGPT 对参考咨询服务的影响。近几年，国内高校如清华大学图书馆的“清小图”、上海交通大学图书馆基于 BotPlatform 设计建构的 IM 聊天机器人，中国矿业大学图书馆、西安电子科技大学图书馆也有智能服务机器人的实践。ChatGPT 作为生成式人工智能技术最新发展的代表性成果，正凭借自身的技术特点给高校图书馆参考咨询服务带来前所未有的影响。但同时由于 ChatGPT 缺乏复杂问题处理能力，无法有效完成所有咨询内容；此外，其文本准确性也需要验证。

5. 信息咨询服务

“信息咨询”一词作为图书情报界的一个专业术语，是20世纪90年代以来在“情报咨询”基础上逐渐改用的一个术语词汇，是传统参考咨询服务的延伸与扩展，是“咨询”一词被赋予了时代特征，反映了图书馆咨询服务情报化和社会化的一种发展趋势。信息咨询服务是咨询馆员根据委托方提出的要求，依托图书馆丰富的文献资源，以其专门的知识、信息、技术和经验，运用科学的方法和手段，采用现代咨询管理方法和工具，进行文献或数据的检索、研究、分析、预测，客观地提供解决问题的相关报告、建议、意见等，是图书馆的重要服务功能之一。

信息咨询服务是在信息资源服务基础上发展起来的一种传播和服务方式，其前提是信息资源的开发，基本特点是改变所采集或储藏的信息资源形态以产出新的信息产品。它的本质是信息资源开发活动向市场的延展。

6. 咨询联盟

随着全民阅读的普及，中国图书馆事业也进入了高速发展时期，参考咨询业务作为现代图书馆的主要业务之一，通过收集整理各类信息资源，为政府、企事业单位及个人提供文献信息服务。但是由于中国图书馆事业发展的不均衡，很多地区图书馆业务发展受限，无法全面提升服务成效，参考咨询业务也仅仅停留在基础的咨询服务上，因此应将“区域性协同发展”理念运用到图书馆事业发展上，整合区域资源，以优秀图书馆的运行模式作为基础，带动周边区域内的图书馆发展。

2012年，陕西省图书馆联合省内10家市级公共图书馆、97家县级公共图书馆共同成立了陕西公共图书馆参考咨询联盟，提供文献检索、专题咨询、政府信息查询、二三次文献编辑等服务。陕西省图书馆参考咨询部作为联盟参考咨询组，承担着建立全省公共图书馆联盟参考咨询服务体系、搭建全省公共图书馆联合参考咨询系统等任务。自2012年起，联盟参考咨询组先后对全省101家市、县级图书馆进行培训，指导各馆开展参考咨询服务，初有成效。同时，以安徽省馆为牵头馆的省内多家公共图书馆也积极进行探索。自2014年安徽省107家公共图书馆正式成立联盟至今，联盟已发展为覆盖省内131家公共图书馆的“安徽省公共图书馆联盟”，大大提升了图书馆服务的辐射力和影响力。在参考咨询业务建设方面，联盟以“为联盟读者提供阅读指导和深层次的信息服务”为目标，积极发展联合参考咨询服务。

咨询联盟服务工作的主要内容即合作式数字参考咨询服务（collaborative digital reference service，CDRS）。CDRS 是指多家图书馆联合遵循一定协议和规范整合各自资源与人才优势，创建统一检索与咨询平台，向不同区域、时空的客户提供咨询的一种服务模式。CDRS 是图书馆联盟服务工作的主要构成部分，以图书馆联盟服务平台为依托，实现对信息资源、技术设备和人力资源的高度共享。

细化来说，联合参考咨询服务可分为四类：技术、服务、人才培养与资源，具体如下：

（1）技术

采用新一代的元数据仓储跨库检索技术，整合数亿条学术索引；与移动图书馆无缝衔接，接受全国读者移动端发来的咨询和请求。

（2）服务

建立全国范围内的图书馆联合目录，实现读者数字资源的一站式检索。

（3）人才培养

举办全国图书馆参考咨询经验交流会，每两年举办一次培训班。

（4）资源

加盟图书馆利用本单位购买资源、自建资源和网络资源，通过电子邮件为读者提供参考咨询与文献传递服务。

7. 联合信息咨询

季淑娟等在《高校图书馆区域联合信息咨询的理论与实践》（2019）中认为，高校图书馆区域联合信息咨询服务是近年发展起来的一种基于多馆合作的服务模式。图书馆基于分布式的各自馆藏和数字化资源，依托互联网，以各图书馆的专业馆员、专家为后盾，遵循一定的规范和协议，借助网络平台或其他方式为在任何时间、任何地点提出信息服务需求的客户提供全面、优质的信息服务。

从系统工程的角度看，联合信息咨询服务体系是一个多目标、多变量的复杂系统，可能涉及或包含多个地区、多家机构、多系统平台、多种媒体资源、多个学科体系、多种服务模式等。如何按照联合信息咨询系统的特性和目标，寻求机构之间服务的有效协作及其过程、功能和关系的最佳匹配，达到系统最优组合，实现系统目标，是研究与建设的根本出发点。

联合信息咨询服务系统涉及的主要组成要素有咨询委托方、咨询提供方、咨询参考资源、咨询流程、咨询技术、咨询产品、咨询标准规范、咨询服务环境。这些要素也正是联合信息咨询的研究对象，具体如下：

（1）咨询委托方：也可称为用户、客户等，是联合信息咨询服务的需求对象，可以是机构、组织或个人。

（2）咨询提供方：也可称咨询被委托方、服务方。一般为联合信息咨询服务联盟或组织中的机构或个人。通常咨询提供方具有提供某种信息咨询的资质与实力，在某些专业领域拥有信息资源、专业技能人员等优势。

（3）咨询参考资源：指信息咨询过程中所依据的文献信息资源。文献信息资源是咨询的基础和重要依据。这里文献信息资源应是广义的，包含多种媒体的各类信息资源。

（4）咨询流程：指完成一项咨询服务所必需的完整执行过程，包括咨询过程的完整次序或顺序安排。

（5）咨询技术：是咨询服务过程所依托的软硬件技术手段和设施、分析评价方法与应用工具，包括咨询设备、网络平台、咨询技巧方法和信息资源利用、应用软件等。

（6）咨询产品：是咨询服务的结果或成果，可以是信息目录、专题题录、文献综述报告、专题研究报告、项目评价报告、科技查新报告、决策分析报告、收录引用报告、专利分析报告等。

（7）咨询标准规范：指咨询过程中必须共同遵守的相关技术标准、行业规范或协议等。

（8）咨询服务环境：是咨询服务的外部条件，主要指联合信息咨询服务的社会环境，包括联盟合作协议环境、联合信息咨询的政策环境与信息环境等。

归纳可知，咨询学的研究内容主要可由以下三方面构成：

第一方面为咨询的基本理论问题，包括咨询的概念、性质及要素。咨询学的研究内容是在研究对象的基础上展开的，涉及了社会生活领域中的大部分。咨询学研究的是在科学技术、文化教育、医药卫生、国防外交、企业管理、市政建设、经济建设、信息情报、大众生活等社会生活领域中所广泛存在的咨询现象和咨询活动。咨询机构是构成咨询行业的主要因素之一，其自身便承担了重大的研究职能。作为具有研究性质的组织，决策咨询机构会通过各种途径和方式向社会发表自身的研究成果，表明研究观点。咨询机构所发布的多种类研究成果与决策报告也为咨询学领域的研究学者提供了大量丰富的研究内容。

第二方面为咨询学涉及的技术与方法。在技术方面，咨询技术应用到软技术方法与硬技术手段（计算机化、网络化、智能化）等，纵观近三年咨询领域热点，学者们也对ChatGPT及大语言模型等数字化热点展开研究；也不乏有许多高校图书馆及公共图书馆推出了图书馆智能咨询服务机器人。在研究方法方面，咨询学则运用了哲学、经济学、管理科学、心理学、社会学、控制论、信息论、运筹学和计算机技术、通信技术等许多学科的理论与方法。

第三方面内容即为咨询产业相关业务、产业环境与相关法律法规。目前，咨询产业中包含承担了多种咨询服务职能的从业人员与智库机构。在咨询业务方面，所涉及的可研究内容包括以下几点：①参考咨询业务。即图书馆员根据读者需要，帮助、引导读者查询和获取各种形式的信息的一种深层次咨询服务。②信息咨询业务。咨询馆员根据委托方提出的要求，依托图书馆丰富的文献资源，客观地提供解决问题的相关报告、建议、意见等。③政府决策咨询。党政机关（政策研究部门）、高校、党校、科研院所等机构为政府决策提供咨询服务。

12.1.3　咨询学的学科体系

1. 卢绍君提出的学科体系

武汉大学卢绍君编著的《咨询学原理》（1990）提出的咨询学科体系结构框架，认为咨询是咨询学结构中的核心概念，反映了咨询学全部对象的最深刻的本质，由其可推导出咨询学结构的其他成分和一系列新的概念、范畴乃至整个咨询学的理论体系。他从咨询学的层次结构来建立理论体系，提出咨询学的结构是咨询学的构成要素以及这些要素之间相互联系、相互作用的具体形式，包括咨询学的深层结构和咨询学的表层结构（图12-1）。

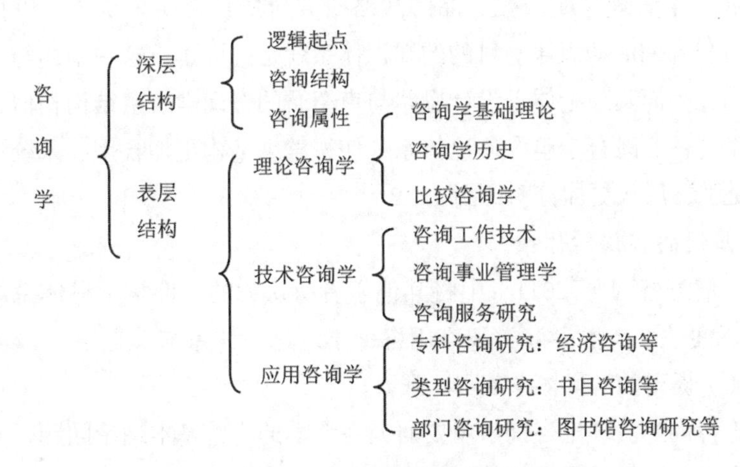

图12-1　卢绍君的咨询学理论结构

其中深层结构是表层结构的基础，是咨询学的深刻本质，而表层结构是深层结构的表现形式，二者对立统一。卢绍君认为“咨询”是咨询学理论体系的逻辑起点，是咨询学结构研究的核心。咨询结构是咨询学的基础结构，决定了咨询的特殊性质。咨询结构在一定的社会参照系中表现出来的特性、特征和状态，形成咨询的属性，连成一个有机的整体，即咨询学深层结构，组成咨询学结构的核心。

咨询学的概念体系和分支领域或研究领域连成另一个有机体，即咨询学表层结构，形成以理论咨询学、技术咨询学和应用咨询学为主干的咨询学表层结构框架。理论咨询学主要是对咨询现象共同特点和基本规律的认识；技术咨询学研究咨询实践工作所需的通用技术、方法、手段、程序和工具等问题；应用咨询学则是对咨询实践技术和方法的科学总结，是技术咨询学在咨询实践领域的集体应用。

这一理论体系结构的特点是明确点明了理论咨询学、技术咨询学和应用咨询学的核心，更好地把握咨询学的本质。但存在不足之处，主要是将咨询学的体系结构归为深层结构和表层结构有些不妥。学科逻辑起点是一个学科的建立基础，即研究对象；咨询结构及其内在联系则表现为一定的知识单元、分支学科和学科门类等；咨询属性是理论咨询学内容的一部分。这些深层结构通过表层结构表现出来，表层结构也必然反映深层结构所蕴含的内容。因而，咨询学理论体系不必包括深层结构，深层结构是形成理论体系的依据。

2. 余明阳提出的咨询学体系

上海交通大学管理学院教授、品牌战略研究所所长余明阳认为，以探讨咨询现象本质和咨询活动规律为目的的知识体系就是咨询学。这一阐述与卢绍君的观点相同，因而其理论体系设计思路与卢绍君的咨询学表层结构相似，余明阳将咨询学的核心融合于整个理论体系，使得整个结构更加合理、系统、简化，逻辑性更强，层次更加分明（图 12–2）。

3. 邹瑾归纳的咨询学体系

邹瑾在《信息咨询》（2011）中将其他学者所认为的咨询学学科体系结构总结为理论咨询学、技术咨询学和应用咨询学。这一体系与陈翔宇（1994）、卢绍君（1990）提出的学科体系基本一致。

（1）理论咨询学。理论咨询学主要研究咨询学的一些基本理论问题，诸如咨询概念和定义，咨询的属性和特征，咨询的类型与功能，咨询与信息、决策的关系，咨询学的研究对象，咨询学的学科属性，咨询学的研究方法和咨询学的范畴体系，咨询产业和咨询学的历史等。

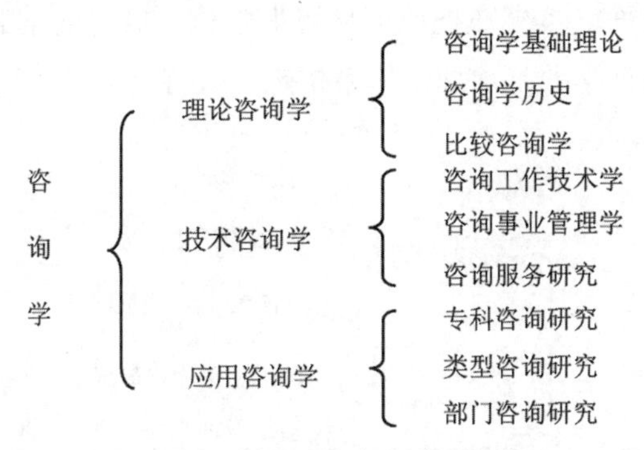

图 12–2　余明阳的咨询学理论体系

（2）技术咨询学。技术咨询学是指研究与咨询具体实现的有关技术、方法、手段、工具等的分支学科，具体划分如下：

①咨询工作技术学。研究咨询工作所用的程序、方法等，如头脑风暴法、系统分析法、德尔斐法等；咨询所用的物质设备和咨询系统等，如咨询设备、数据库、咨询专家系统、信息处理技术等。

②咨询事业管理学。研究咨询产业与咨询组织，比如咨询产业的管理、立法、职业道德，以及咨询组织的人事、信息、情报、财务、设备的管理等。

③咨询服务研究。研究咨询市场、咨询客户等。

（3）应用咨询学。应用咨询学是指技术咨询学在不同实践领域中的具体应用，专门研究特定学科、专业领域的咨询活动，研究这些咨询的理论与技术方法，具体包括以下内容：

①专科咨询研究。如军事咨询、企业发展咨询、教育咨询（留学咨询）、医疗咨询等。

②部门咨询研究。如图书馆咨询研究、情报咨询研究等。

③类型咨询研究。如文献咨询、专利咨询、法律咨询、心理咨询等。

12.1.4　信息咨询学的学科体系

信息咨询学是咨询学的一个重要分支。该学科的理论体系是由信息咨询学学科内容分类、排列、组合而成的一个相互联系、相互制约的整体，也是由相互联系、相互制约的各个学科门类、分支学科、低层次学科、知识单元、知识元素构成的整体，是理论与应用的结合。信息咨询学的知识元素是形成咨询学学科理论体系的前提与基础；没有知识元素不会构成知识单元，更不会有分支学科、学科门类，当然也不会有学科的理论体系。任何一门独立的学科都包括理论和应用两个方面。本书在把握信息咨询学核心概念的基础上，坚持开放性原则，提出信息咨询学的基本理论体系构想，有待进一步探讨（见图 12–3）。

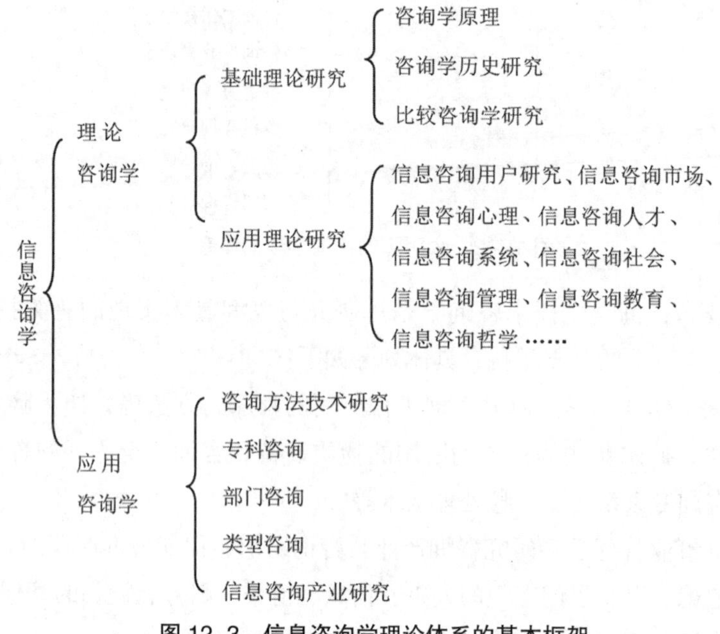

图 12–3　信息咨询学理论体系的基本框架

1. 理论咨询学

理论咨询学又称咨询理论研究，主要是对咨询现象和咨询活动的共同特点和基本规律的认识，是咨询科学理论的概括与总结。它对发展咨询学具有指导作用，同时学习咨询学相关的理论知识也符合坚持守正创新、坚持问题导向、坚持系统观念的党的二十大精神要求。理论咨询学主要包括咨询学基础理论、咨询学的历史和比较咨询学三项内容。

（1）咨询学基础理论

咨询学基础理论是一系列关于信息服务和咨询实践的原则、模型和概念的集合，它研究和提供关于信息需求、信息中介、信息检索、信息行为、信息服务管理、知识组织、信息伦理和信息政策等方面的理论框架，用于理解和指导信息专家在满足客户 / 用户信息需求时的行为和决策。主要内容包括：

①咨询的基本概念，如参考咨询。参考咨询是咨询人员以文献信息为依据，通过编制资料或利用检索工具等方式，有针对性地为客户 / 用户揭示、检索和传递知识信息的信息服务工作。随着社会信息化和图书馆信息服务社会化

的不断发展，高层次的参考咨询已转移到以文献信息的深层次开发与智力的充分发挥为重心，运用现代化技术手段与科学方法为客户 / 用户提供知识、信息、经验、方法与策略的服务。

②信息咨询的一般程序，首先是弄清咨询的目的要求、咨询问题的具体内容、咨询问题与现有信息资源的关系、客户 / 用户已掌握的情况和已经做完的检索，以及客户 / 用户的其他必要的基本情况。接下来要分析咨询问题的性质和范围，分析判断咨询问题的类型，分清是事实型咨询还是专题型咨询。明确了咨询问题的性质和范围以后，接着就要分析、选择信息的检索角度和检索点等。继而查检咨询问题，即利用一定的检索手段和方法，将咨询问题与现有的信息资源建立有机联系的具体实施环节。答复咨询问题是咨询馆员向客户 / 用户揭示查检咨询问题的结果、实现咨询问题与信息资源有机联系的最后程序。它要求服务者将收集的信息资料，经过鉴别、筛选和整理，采用一定的方式答复客户 / 用户，揭示查检咨询问题的结果，以最终完成传递知识信息的任务。

③情报研究，也称“情报调研服务”或“决策咨询服务”，即根据客户 / 用户的特定需要，为客户 / 用户搜集、处理、研究和提供情报信息。这是一种高级形式的情报服务，也是一项专业性、学术性、智力性和政策性很强的情报服务。它将搜集的大量一次文献和二次文献进行分析研究，归纳整理，将综述、述评、专题总结、研究报告、设计方案、预测等形式的研究成果提供给客户 / 用户。情报研究的范围很广，诸如科学技术、政治、经济、军事、国防等均可涉及。情报研究的类型大体可分为战略性情报研究和战术性情报研究，前者为客户 / 用户制定政策、规划和进行决策提供有材料、有数据、有分析、有建议的战略性情报信息；后者为客户 / 用户的重大项目和课题提供论证性、对策性和方法措施等战术性情报信息。公共系统、科研系统和高校系统有不少图书馆为党政、领导机关的重大问题决策提供了信息支持，为科研部门和企事业单位的重大项目和课题论证提供了信息服务。

④信息检索，是指将信息按一定方式组织和存储起来，并按需检索出有关信息的程序、方法和过程。信息检索按检索手段可分为手工检索和计算机检索（光盘检索、联机检索和网络检索）等；按检索对象可分为文献检索、数据检索和网上信息检索等；按服务项目可分为一般课题检索、定题服务检索、查新服务检索等。传统的信息检索以文献检索为主要内容，目前的信息检索以数据库检索和网上信息检索为重要组成部分。“网络导航”“学科导航”“本馆资源导航”“学科信息门户”和“特色库”的建设与利用，是新时期信息检索的重

要工作内容和信息检索资源。

⑤咨询服务评价，是指对咨询服务工作做出定性或定量的评价，以检查发现咨询服务中的问题，促进工作的改进，提高服务的质量。这是咨询部门的一项重要行政管理工作。参考服务评价工作通常针对参考源、参考咨询馆员和咨询服务三个方面进行，主要依据咨询档案和读者的反馈意见。参考服务评价必须制定科学、实用的评价标准。随着现代信息技术的应用，服务评价更有可能实现定性与定量相结合。

这些基础理论和概念提供了专业领域从业人员在信息服务和咨询领域中的理论指导和实践原则，帮助信息专家更好地满足客户 / 用户的信息需求。咨询学基础理论以确保客户 / 用户能够获得高质量的信息支持，促进信息领域的不断发展和创新。这些理论框架有助于信息专家更好地理解和满足客户 / 用户的信息需求，并确保信息服务与伦理和政策规范一致。

（2）咨询学历史

从 19 世纪末到 20 世纪初，社会开始经历巨大的知识扩展和信息爆炸，因此，图书馆和信息资源的管理变得越来越复杂。在这种背景下，图书馆员意识到了满足客户 / 用户对信息的需求的紧迫性，因为客户 / 用户需要更多的帮助来利用不断增长的信息资源，咨询学强调了咨询作为一种专业服务，旨在解决信息需求和问题。这种早期的参考咨询服务为今天咨询学领域的进一步发展提供了重要的范本，因为它强调了满足客户需求、提供定制化服务和建立信任等关键原则。咨询学的早期阶段集中在图书馆服务的改进，特别是参考咨询服务的发展上。这一时期的经验和实践为咨询学的核心原则和方法的形成和演变起到了关键作用，成为咨询学的基础和起源。

20 世纪中期，信息科学开始崭露头角，为咨询学带来了新的机遇。信息科学的兴起促使咨询学者和从业者更深入地研究信息检索技术、信息存储和信息传播，这使得咨询师能够更好地理解和利用不断增长的信息资源，以更好地满足客户的信息需求。而且，知识组织成为咨询学的一个重要领域。咨询师开始研究如何有效地组织和分类信息，以便更容易让客户 / 用户访问和利用它，包括发展信息分类系统、索引和标准化的信息组织方法，为客户 / 用户提供更好的信息访问体验。此外，在这一时期咨询学开始更加关注客户 / 用户的信息行为。研究者开始研究客户 / 用户如何寻找、评估和使用信息，以便更好地满足他们的信息需求。这促进了对信息行为心理学的研究以及客户 / 用户研究方法的发展，这些方法有助于咨询师更好地了解客户的需求和行为。

图书馆和信息学科之间的融合对咨询学的发展产生了深远的影响。这一融合帮助咨询学领域更好地整合信息科学、图书馆学和信息管理的知识，丰富了咨询学的理论和实践基础。咨询师开始更多地参与信息科学和信息管理领域的研究和实践，促进了跨学科合作。

20世纪末到21世纪初，随着计算机技术的迅猛发展，数字化技术在信息咨询学中占据重要地位。咨询学者和从业者开始探讨如何更有效地利用计算机、互联网和相关技术来处理、存储和检索数字化信息。信息检索系统成为信息咨询学领域的关键研究领域。专注于设计和优化信息检索系统，以使客户/用户能够更轻松地查找所需的信息，包括改进搜索算法、客户/用户界面设计以及搜索结果的排序和可视化方法。这些努力致力于提高信息检索效率和准确性，以满足客户/用户在数字资源丰富的环境中的信息需求。数字资源管理也受到广泛关注。咨询学者开始研究如何有效地管理数字文档、电子图书、数字档案和其他数字资源，包括数字资源的获取、存储、保存、维护和访问控制等方面。这反映出数字时代的咨询学越来越重视数字资源的可持续性和可访问性。数据库设计和维护也是咨询学领域的一个重要研究领域。咨询学者开始专注于如何设计、维护和管理数据库系统，以有效地存储和检索数字信息，同时确保数据库的完整性和安全性。同时在这一时期，信息伦理和政策问题愈发凸显。咨询学领域开始关注信息的道德使用、隐私保护、知识产权和信息政策等方面的问题，这些努力为信息咨询学在数字时代的演进提供了坚实的基础和方法。这一时期的发展表明了咨询学领域在适应不断变化的信息环境中持续演进和拓展的态势。

近年来，随着信息技术的不断革新，社会发展进入了“数智化”阶段。咨询学发展的过程当中一个最明显的特征是强调数据分析和数据驱动决策。咨询师使用大数据分析、数据挖掘和机器学习等工具来为客户提供更精确的洞察和建议，以支持战略决策和问题解决。咨询领域越来越多地采用人工智能和自动化技术，以提高效率和降低成本，帮助咨询公司更好地管理项目、分析数据和提供客户服务。同时这也要求咨询师具备更多元化的技能，包括数据分析、编程、数字营销等。专业从业者需要不断学习和更新自己的知识，以适应快速变化的技术和市场趋势。另外，咨询学越来越关注客户/用户体验和提供个性化服务，客户也越来越倾向于寻求定制化的解决方案而不是通用的咨询服务。这包括理解客户/用户信息需求、为客户/用户提供定制的信息服务以及研究信息行为以改进客户/用户满意度。咨询公司需要根据客户的具体需求和挑战来定制解决方案，以满足客户的期望。

咨询学在图书情报领域的发展历史表明，它逐渐从传统的图书馆服务和信息检索领域扩展到更广泛的信息科学和信息资源管理领域，反映了不断变化的信息环境和客户 / 用户需求。这一发展历史有助于理解和指导咨询业务的发展和实践，为咨询学领域的不断发展演进提供了重要背景和理论基础。

（3）比较咨询学

比较咨询学是指通过研究、比较、评价不同环境下受到不同因素制约的咨询事业、咨询活动和咨询现象、咨询学理论学说，从而解释各种参照系中咨询活动的差异，探讨咨询活动发展的一般规律和咨询学的一般原则等问题，有横向比较、纵向比较、跨学科比较，跨领域比较等。主要内容包括：

①跨文化信息服务。比较咨询学的一个主要焦点是研究不同文化背景下的信息需求和信息服务实践。这包括考察不同文化中信息搜索和使用的差异，以便为不同群体提供更有效的信息服务。

②国际信息政策。比较咨询学关注信息政策和法规在全球范围内的差异。研究者研究不同国家或地区的信息政策，以了解其对信息获取、传播和管理的影响。

③信息服务模型比较。研究者比较不同信息服务模型的设计和实施，以了解哪些模型对客户 / 用户最有效。这可能涉及公共图书馆、学术图书馆、专业机构和其他信息服务提供者的比较。

④信息中介的比较。比较咨询学研究信息中介的角色和功能，如图书馆员、信息专家和信息咨询师在不同文化和国家中的作用和发展。

⑤跨国合作。比较咨询学也关注了图书情报领域的国际合作，包括国际信息组织、信息交流和共享最佳实践。这有助于提高全球信息服务的质量和可访问性。

⑥多语言信息服务。多语言信息服务是比较咨询学中的一个重要议题，研究如何为不同语言群体提供信息服务，包括翻译、多语言信息检索和多语言文献资源。

⑦文化敏感信息咨询。比较咨询学还关注如何在信息咨询实践中考虑文化因素，以确保信息服务的文化敏感性和适应性。

总体来说，比较咨询学在图书情报领域涉及对不同文化和国家之间的信息服务实践、政策和模型的比较研究。这有助于了解不同背景下的信息需求，促进国际合作，并提高全球信息服务的质量和可访问性。这一领域不断发展，以适应不断变化的全球信息环境和信息需求。

2. 应用咨询学

应用咨询学又称咨询应用研究，是对咨询实践技术和方法的科学总结，是技术咨询学在咨询实践领域的集体应用。专门研究特定学科、专业领域的咨询活动，研究这些咨询的理论与技术方法，包含专科咨询、军事咨询、企业发展咨询、教育咨询（留学咨询）、医疗咨询等咨询研究。它由三大分支学科组成，即专科咨询研究、部门咨询研究和类型咨询研究。

（1）专科咨询研究

专科咨询研究是咨询学领域中的一个分支，其主要任务是深入探讨和分析特定行业、领域或专业领域中的信息需求、信息服务和信息咨询实践，以提供有针对性的解决方案和改进信息服务的质量，主要包括特定领域信息需求分析。专科咨询研究首先涉及对特定领域或行业内的客户/用户信息需求进行详尽的分析，包括识别领域内不同客户/用户群体的信息需求、信息行为和信息寻求模式。

①信息资源评估。研究者评估特定领域内的信息资源，包括文献、数据库、档案和信息系统，以确定它们的可访问性、适用性和质量。

②信息服务定制。专科咨询研究侧重于为特定领域内的客户/用户提供个性化和定制的信息服务，包括为特定客户/用户群体设计信息门户、制定特定领域的信息检索策略或提供专门的信息咨询服务。

③信息管理和知识组织。这一方面涉及在特定领域内有效管理信息资源，包括知识组织、分类、标引和元数据的制定。这有助于客户/用户更轻松地访问和利用信息。

④信息政策和法规。专科咨询研究也关注特定领域内的信息政策、法规和准则，以确保信息服务的合规性和可持续性。

⑤跨领域合作。研究者可能研究不同领域之间的合作，以促进信息共享和合作项目的开展，满足特定领域内的信息需求。

总体来说，专科咨询研究专注于分析和改进特定领域或行业内的信息服务，以确保信息服务能够满足特定领域内客户/用户的需求，并提高信息服务的效能和效率。这需要深入了解特定领域内的信息环境、政策、技术和客户/用户需求。

（2）部门咨询研究

部门咨询研究是咨询学领域中的一个分支，其主要任务是深入研究和分析特定组织或机构内的信息需求、信息服务、信息流和信息咨询实践，以优化信息服务的质量、效率。

部门咨询研究主要包括以下这些方面的内容：

①组织信息需求分析。部门咨询研究从根本上研究和理解特定组织的信息需求，包括明确的和潜在的需求，以便提供有针对性的信息服务。

②信息服务评估。研究者评估组织内的信息服务，包括图书馆、档案馆、信息技术系统等，以确保其对组织内部各部门的信息需求的满足。

③信息流和知识管理。部门咨询研究关注信息在组织内的流动，以便更好地管理信息流程和知识共享，提高组织的决策效率。

④信息服务策略。研究者制定信息服务策略，以满足组织的长期信息需求，并确保信息服务与组织的目标和使命相一致。

⑤组织文化和变革管理。部门咨询研究也考虑组织文化和变革管理，以确保信息服务的整合和适应性，特别是在组织发生变革时。

⑥信息技术和数字化转型。这涉及信息技术的部署和数字化转型，以促进组织内的信息资源管理和访问。

⑦人员培训和发展。部门咨询研究也可能涉及培训和发展计划，以确保组织内的信息专家具备必要的技能和知识。

总体来说，部门咨询研究专注于深入了解特定组织内的信息服务和信息需求，以确保信息服务对组织内部各部门和决策层的支持高效且具有战略性。这需要深入了解组织的结构、文化、目标和策略，以提供符合组织需要的信息解决方案。

（3）类型咨询研究

类型咨询研究则侧重于研究和分析特定类型的咨询实践和信息需求，而不限于特定领域或组织。其主要任务是研究和分析特定类型的咨询实践，如管理咨询、医疗咨询、法律咨询、文献咨询、专利咨询、心理咨询等，以了解该类型咨询的信息需求、信息服务和最佳实践。主要组成内容有：

①类型咨询需求分析。研究者分析特定类型咨询的客户/用户信息需求，包括明确需求和潜在需求，以了解咨询服务的关键需求和目标。

②信息资源评估。评估特定类型咨询领域内的信息资源，包括文献、案例研究、数据库和工具，以确定其可访问性和适用性。

③信息服务策略。制定信息服务策略，以确保特定类型咨询的客户/用户

获得高质量的信息服务，包括信息检索、参考咨询和其他支持。

④专业实践标准。研究者可能研究特定类型咨询领域内的最佳实践和职业伦理，以确保信息服务的合规性和质量。

⑤信息技术和工具。类型咨询研究也包含了信息技术和工具的研究，以支持特定类型咨询的信息需求，包括数据库、软件和信息检索系统。

⑥客户/用户培训和教育。确保特定类型咨询领域内的从业人员具备必要的信息素养和技能，以更好地满足客户/用户信息需求。

⑦市场分析和竞争环境。研究特定类型咨询领域的市场趋势、竞争环境和机会，以帮助咨询从业人员做出战略性决策。

总体来说，类型咨询研究专注于特定类型的咨询实践，以深入了解其信息需求、信息服务和最佳实践。这有助于为特定咨询领域提供高质量的信息支持，提高从业人员的信息素养，以及优化咨询服务的质量和效能。因此需要深入了解特定类型咨询的特点和特殊需求，以满足客户/用户的期望。

12.2　咨询学理论流派

咨询学是一个多学科交叉领域，其发展由多种不同的学科理论所支持，由于关注的问题、方法和应用领域有着明显的差异，学界将咨询学的理论流派主要划分为管理学派、决策学派、信息产业学派和参考服务学派。管理学派强调紧密联系实际，在组织内部实施咨询服务，关注组织的结构、领导、决策层次和绩效管理等问题，强调管理和领导层面的咨询，旨在改进组织的运营效率、领导力和战略规划，通常采用管理学的理论和框架作为基础。决策学派侧重于协助组织进行决策过程中的咨询，包括问题诊断、信息搜集、决策分析和风险管理，关注决策制定和执行，利用决策科学等学科理论，帮助组织做出明智的决策，降低不确定性。信息产业学派是一种高智能的信息服务业，涉及信息技术和数字化领域的咨询，包括信息系统、数据分析、数字化转型等，专注于技术和数字化解决方案研究，帮助组织利用信息技术提高效率、创新性和竞争力。参考服务学派更多以图书馆为平台，着眼于协助客户寻找最佳实践和解决方案，通常涉及研究案例、行业标准和成功经验，并通过分享成功案例和行业最佳实践，帮助组织学习并改进业务，鼓励客户自主决策。

12.2.1 管理学派

科学管理的先驱，包括泰勒（Frederick W. Taylor）、吉尔布勒斯（Lillian Gibreth）、坎特（Henry L. Gantt）和埃默森（Harrington Emerson），他们都是现代咨询活动的探索者。被誉为“科学管理之父”的泰勒早在1893年就开始了他的咨询工程师事业。他所关注的实际上就是后来所谓的组织方法，他提出的简化复杂制造工作、监督模式清晰化以及提高生产率的观点在当时的美国和欧洲都有深远的影响，他后来也成为一位专职的管理咨询师。泰勒1911年出版的《科学管理原理》奠定了西方现代管理的理论基石。管理科学为咨询提供了方法论的基础，而咨询则为现代管理提供了支持和服务。

现代管理理论行为科学学派的代表人物布莱克和莫顿于1964年出版了《管理方格》（*The Managerial Grid*），提出了用方格图表示和研究领导方式的一种理论——管理方格理论。他们设计了一张纵轴和横轴各九等分的方格图，纵轴和横轴分别表示企业领导者对人和对生产的关心程度。第一格表示关心程度最小，第九格表示关心程度最大。全图共81个方格，分别表示对生产的关心和对人的关心这两个基本因素以不同比例结合的领导方式。管理方格图的提出改变了以往各种理论中“非此即彼”式（要么以生产为中心，要么以人为中心）的绝对化观点，指出在对生产关心和对人关心的两种领导方式之间，可以进行不同程度的互相结合。1976年布莱克和莫顿提出咨询立方体（consulcube）模型，用100个单元描述咨询方、委托方与咨询课题三者之间的关系，以指导管理咨询活动。1978年，布莱克和莫顿将《管理方格》修订再版，改名为《新管理方格》（*The New Managerial Grid*）。《新管理方格》主张，管理存在着最优方式，可以建立起唯一正确的体系。布莱克与莫顿以理想主义的姿态，试图在管理活动中寻找出最优模式和原则，并由此彻底推翻权变学派的情景决定论。

自20世纪60年代企业战略管理出现以来，企业战略管理理论呈现四大主要流派。一是以安索夫为代表的环境战略学派，安索夫出版于1965年的《企业战略》、1976年的《从战略计划到战略管理》和1979年的《战略管理论》是公认的战略管理开山之作。二是以德鲁克、钱德勒、安德鲁斯为代表的目标战略学派，代表作有德鲁克的著作、钱德勒1962年的《战略与结构》、安德鲁斯1971年的《经营战略论》。三是以迈克·波特为代表的竞争战略学派，代表作是1980年的《竞争战略》、1985年的《竞争优势：建立和保持卓越的业绩》和1990年的《国家竞争优势》“三部曲”。四是以普拉哈拉德、哈麦尔为代表的核心能力战略学派，普拉哈拉德、哈麦尔两人1990年在《哈佛商业评论》上发表的《公司核心能力》和1994年出版的《竞争未来》，以及马凯兹1995年的《多元化、归核化与经济绩效》等构成战略管理的最新理论。

20世纪80年代以来，国外出版了大量的管理咨询著作，重点对咨询业和咨询师进行了深入的探索。

关于咨询职业，帕特里夏·蒂斯德尔（Patricia Tisdall）在她的《变革使者》（1982）中分析了咨询是职业还是行业的问题。英国管理咨询协会（MCA）的前执行董事布雷恩·奥罗克（Brain O' Rorke）则在《管理咨询附录》（1997）中宣称咨询是一个行业。1993年，詹姆斯·肯尼迪（James Kennedy）在访问了美国很多著名的管理咨询师后发现，只有不超过60%的人认为管理咨询是一个职业。不少人把管理咨询作为与管理本身相独立的商业活动。从职业的角度研究管理咨询的有艾辛格（J. Essinger）的《起步高收益咨询》（1994）、库伯（Milan Kubr）的《管理咨询》（1996）、兰伯特（T. Lambert）的《高收益咨询》（1997）。

关于咨询师，彼得·布洛克（P. Block）的《完美咨询》（1981）将咨询师作为三种角色：专家、帮手和合作者。丹尼尔·尼斯（Danielle Nees）和拉里·格雷诺（Larry Greiner）按咨询取向将咨询师分成五种类型：智力冒险家、战略导航员、管理医生、系统设计师、友好的副驾驶员。其他文献还有：威廉·科恩（William A. Cohen）的《咨询师如何做强》（1985）；康纳（R. A. Connor）等的《营销你的咨询师和专业服务》（1985）；贝尔曼（G. M. Bellman）的《寻找合适的咨询师》（1986）；亨森（H. L. Shenson）的《如何选择和管理咨询师》（1990）；霍尔茨（H. Holtz）的《独立顾问如何成功》（1993）和《独立咨询师业务计划指南》（1994）；泰珀（R. Tepper）的《咨询师的建议、费用和合同问题解答》（1993）和《十大热门咨询实践》（1995）；贝利（D. Baily）和斯普罗斯顿（C. Sproston）的《选用培训顾问》（1993）；马沙·卢因（Marsha D. Lewin）的《咨询师生存指南》（1997）。

关于管理咨询方法，重要的有卡尔弗特·马卡姆（Calvert Markam）的《管理咨询实践》（1991）和《欧洲管理咨询手册》（1996）。

关于咨询产业与市场，有布儒瓦（T. Bourgeois）等的《全球咨询市场：重要信息预测以及发展趋势》（1997）。

英国著名管理咨询学者菲利浦·萨德勒（Philip Sadler）于1979—1990年担任阿什里奇管理学院的院长，著作有《组织设计》《领导学》《管理变革》

等。1998年，他主编的《管理咨询：优绩通鉴》出版，该书探析了咨询过程中专业技能背后的原理问题、客户与顾问之间的关系问题等。这部著作作为英国管理咨询研究院（MCBS）与英国莎莉大学（University of Surrey）联合的管理咨询培训项目的教材，先后被25个国家采用。

美国咨询专家伊莱恩·比斯（Elaine Biech）从事咨询行业达20年，为医疗护理机构、保险公司、银行、造船厂、制造公司、政府和非营利组织提供培训项目。1999年，她的《咨询业基础和超越》成为一部指导咨询实务的著作，侧重于咨询业的商业运作，内容包括咨询业概况（即咨询业行业前景、个人与公司前景、评价个人的专业技巧与技能），以及如何开办自己的咨询公司（即如何开发商业计划书、如何选择合适的合作伙伴、如何宣传公司、如何鼓励员工、如何进行成本控制、如何加强与客户的联系等），具有很强的实用价值。

美国著名咨询师苏格塔·比斯沃斯（Sugata Biswas）和达瑞尔·敦切尔（Daryl Twitchell）1999年出版了《管理咨询行业指南——成功跻身咨询业》。这部著作以美国管理咨询业为依托，详细介绍了世界范围内咨询业的现状及在该领域寻找工作的各个步骤。2002年著作第二版不仅增加了大量针对新兴公司、孵化公司及其他新经济企业的咨询信息，还介绍了电子商务咨询的概况，概述了管理咨询业的两大趋势：管理咨询服务的多样化和公司责任感的增加。

中国企业界和学术界在20世纪80年代改革开放的形势下，迅速开展了咨询研究。一方面是为了推动管理咨询业的起步，迫切需要提供理论指导；另一方面，在改革开放的精神和党的二十大精神指导下，大量借鉴国外的管理咨询理论与经验，并在国内管理咨询实践中进行总结，逐步形成有中国特色的咨询学理论。

1. 有组织地开展咨询学研究

中国企业管理协会咨询服务中心于1980年从日本引进了企业管理咨询的理论与方法，于1984年、1991年两次组织专家编写出版《企业管理咨询的理论与方法》，还组织编写了《管理咨询专业指南》《企业管理咨询手册》《计算机辅助管理咨询案例》《管理咨询案例》《企业升级与咨询》等书籍和各类教材达300多万字。中国企业联合会咨询服务中心和中国企业联合会管理咨询委员会于1999年组织专家编写出版了《企业管理咨询理论与方法新论》。

2. 重视培养管理咨询人才

管理咨询教育在高校和管理咨询机构的开展，不仅培养了大批专业人才，也推动了管理咨询的研究。为培养中国注册会计师的高级人才，国务院成立了全国注册会计师培训工作领导小组，从1994年起在部分高等院校开设注册会计师专门化课程，并组织编写教材，“管理咨询”作为九门核心课程之一，从此成为大学注册会计师本科的必修课。1995年中国注册会计师教育教材编审委员会的《管理咨询》由东北财经大学出版社出版。此类教材很多，如杨世忠的《管理咨询》(2003)等。

管理咨询公司积极推动管理咨询师的培训。威智管理咨询公司与美国管理咨询协会(ACME)、中国香港国际管理学院推出“咨询顾问高级证书课程”培训。王成等主编的《咨询业务精进指要丛书》包括《咨询业务的全程运作》《高级咨询顾问专业必备工具大全》《咨询顾问培训技能提升》《咨询顾问培训技能提升》等，由机械工业出版社于2003年陆续出版。

3. 出版了大批管理咨询论著

20世纪80年代，国内的专家学者通过翻译出版国外咨询学的著作，吸取国外咨询学研究成果，同时开展管理咨询的探索，陆续出版了许多关于咨询学理论与方法的论著。重要的著作有：沙叶和袁英华的《企业管理咨询知识》(1984)，中国企业管理咨询公司编著的《企业管理咨询的理论与方法》(1985)，冯之浚和张念椿的《现代咨询学》(1987)。

20世纪90年代以来，管理咨询研究呈现繁荣景象。一方面，继续翻译和介绍国外的最新成果。例如，中国标准出版社推出了“科文西方工商管理经典文库·咨询系列”，出版了段盛华翻译的《造就卓越的咨询顾问》(2000)、《管理咨询优绩通鉴》(2001)等著作。中国标准出版社还推出了“咨询师必读书系”，有《咨询业基础和超越》(2002)等。华夏出版社还组织翻译出版了埃森·拉塞尔(Ethan Rasie)的《麦肯锡方法》(2001)及《麦肯锡意识》。

另一方面，专家学者们对管理咨询的研究兴趣增强，成为管理学界的一个热点，产生了大量的研究成果。重要的著作有：王以华等的《工业企业管理咨询》(1992)，徐国君的《管理咨询》(1999)，吴旭东等的《税务咨询与税务代理》(2000)，李靖和易建湘的《咨询业在中国》(2001)，王璞的《在中国做管理咨询》(2002)等。

广义的管理咨询研究，是对各个管理领域的咨询进行全面分析。而狭义的管理咨询研究，主要是对会计咨询业务的研究，如郑兴良著的《管理咨询》(1997)一书将管理咨询作为注册会计师业务，指会计咨询服务业务，包括设计会计制度、资产评估、项目可行性研究和经济评价、企业改制及股票发行与上市、企业财务诊断、税务代理和税务咨询、代理工商企业注册登记、代理记账、培训财务会计人员及其他企业管理咨询业务。

中国管理咨询业的发展，产生了一批杰出的管理咨询公司和管理咨询业的领军人物，如北大纵横的王璞、汉普咨询的张后启、远卓公司的李波、派力营销的屈云波、新华信公司的赵民等。他们不仅在创业中积累了丰富的管理咨询经验，而且坚持理论与实践相结合，在推动咨询研究上发挥了重要作用。如张庆龙、彭志国著的《管理咨询与方法》(2010)，从实现管理咨询理论与实践相结合的角度进行阐释，对当前管理咨询行业的理论和技巧、工具进行了系统梳理，力求为管理咨询从业人员提供一本执业和学习的工具书。本书对管理咨询行业的职业化问题进行了探讨，并系统归纳了管理咨询师应具备的职业道德，更重要的是通过能力素质模型分析了管理咨询师的知识体系、能力体系和价值观体系三个方面。

近几年来，咨询学管理学派在研究范畴上不断扩大，除对管理咨询的概述性研究外，还涉及各个专门领域，如税务咨询、会计咨询、战略咨询等。在研究的深度上也有了很大的提高，不再限于对管理咨询一般程序和方法的叙述，而是注重对管理咨询的方法论与原理、规律的研究。例如，方少华著的《管理咨询工具箱》(2011)全面介绍了一些全球著名咨询公司在各个咨询领域形成的科学的、先进的咨询方法论和工具，内容涉及战略与运营、业务流程、人力资源与企业文化、财务管理、供应链管理和客户关系管理等方面，提供了以图形、表格等形式表达的能拿来即用的实用工具，对于咨询师、企业高层管理者、战略管理者提升工作技能具有切实的帮助。

管理学派的特点：将“咨询”等同于“管理咨询”，正如《管理咨询：优绩通鉴》所说，“一般来说，咨询指的就是管理咨询，或者大‘C’咨询，主要将企业和经济作为目标领域”；非常重视咨询的独立性和辅助性；研究者主要是管理学家或企业家；从管理的角度对待咨询的各种问题；紧密结合企业的实际；发展管理咨询的领域。

12.2.2 决策学派

决策科学是研究决策原理、决策程序和决策方法的一门综合性学科，20世纪50年代在美国由西蒙等人首创。1938年，哈佛大学教授巴纳德所著的《经营者的职能》一书的出版，是决策理论的发源，后来卡内基梅隆大学教授赫伯特·西蒙和詹姆士·马奇运用运筹学、组织理论、系统分析法和计算机技术等，对决策行为的过程、方法、组织以及决策过程中信息的收集和处理，进行综合性研究，把巴纳德的决策理论推向了新的高度，从而创立了决策科学。他们的代表作是《组织》及《管理决策新科学》(1960年初版，1977年修订三版，中国社会科学出版社于1982年再版)等。从20世纪70年代开始，决策科学得到了世界各国的普遍重视。

决策学派在咨询理论与实践上有以下几个特点：

(1)决策学派将咨询作为科学决策的关键，以科学决策为目标。

焦玉英的《咨询学基础》(1992)从决策的角度研究咨询，提出咨询学研究的目的是为科学决策服务，也就是说，咨询学研究只有在实现科学决策中才能显示其自身成果的实际价值。她认为咨询是现代决策体制的一大特色，并专门论述了咨询与科学决策体制的关系：现代科学决策体制由信息处理系统、咨询系统、决策系统、执行系统和反馈系统构成。

咨询系统由学科专家组成，他们的研究具有独立性和客观性。其主要作用是本身不直接从事科学技术的理论与实验研究，而是在调查研究的基础上，向领导提出战略性的建议；或应领导的要求，提供决策的参考意见；或对领导提出战略报告，提出会审意见；或根据需要，为某项决策提出可供选择的具体实施方案；等等。咨询系统进入决策体制，是决策从经验上升到科学阶段的重要标志，是现代决策体制的一大特色。

王开春、朱殿武主编的《决策与咨询》(1989)中认为，“咨询业的出现，是社会进步的表现。……它对决策者的才智、经验和智慧是必要的补充，是各级决策者解决复杂问题、进行正确决策所必不可少的参谋机构。”

国内外关于咨询与决策论述特别是思想库与智囊团论述的重要著作很多，国外有英国学者丹尼·斯通(Diane Stone)、安德鲁·邓汉姆(Andrew Denham)与美国学者马克·加奈特(Mark Garnett)合编的《世界各国思想库的比较研究》，美国学者唐纳德·阿贝尔森(Donald E. Abelson)的《美国思想库及其在美国外交政府中的作用》，日本学者五十岚雅郎的《智囊团与政策研究》(科学技术文献出版社，1986)等。中国有吴天佑和傅曦的《美国重要思想库》(时事出版社，1982)、夏禹龙等的《现代智囊团》(知识出版社，1984)、金良浚的《咨询与决策》(中国展望出版社，1985)、陈良瑾的《决策与智囊》(内蒙古人民出版社，1985)、朱峰和王丹若的《领导者的外脑：当代西方思想库》(浙江人民出版社，1990)、北京太平洋国际战略研究所课题组的《领袖的外脑：世界著名思想库》(中国社会科学出版社，2000)等。

（2）决策学派把咨询与信息、决策的关系放在重要的地位。

索传军和薛列栓在《咨询·决策·生产力》中论证了咨询与决策、生产力的关系，认为咨询成果只有为决策者利用才能转化为生产力；咨询研究成果转化为生产力的前提是决策者对它的需求；咨询机构加强自身建设是其成果进入决策层、转化为生产力的科学保障；拓宽交流渠道是咨询成果更多地进入决策层的有效方法。

马海群等《现代咨询与决策》（2002）对咨询与决策的关系进行了阐述。认为“咨询学属于信息科学的一个分支学科”“咨询学作为一门应用性的综合性学科，与其他诸多学科有着广泛的联系，这种联系的方式归结起来有如下几种：基础性联系；交叉性联系；工具性联系；其他联系”“咨询学是一个综合性边缘学科，与信息科学、管理科学、系统科学、社会学、经济学、心理学、决策学、预测学和计算机科学等都有密切联系。其中，信息科学、管理科学和系统科学与咨询学的联系最为直接，可以看作形成咨询学的三个基础相关学科”。

（3）决策学派确立了咨询的软科学研究性质。

“软科学”（soft science）是借用电子计算机“软件”（software）的名称而来的。人们借助于电子计算机中硬件和软件的概念，把科学区分为硬科学和软科学。通常，人们把物理学、化学、电子学等从事物质系统研究的科学称为硬科学，而把那些自然科学、工程技术和社会科学等诸学科相互渗透、融合和交叉的宏观综合性的科学称为软科学。这一概念，是由日本学者正式提出的。

软科学是随着20世纪30年代美国的“田纳西计划”、40年代的“曼哈顿计划”、50年代的“北极星导弹计划”、60年代的“阿波罗登月计划”的实施成功而兴起的。软科学在美国原被称为“政策科学”（police science），主要以研究现代社会复杂的政策课题为目的。软科学作为一个科学群，其体系包括：①元科学类。包括科学学、技术学、系统学等学科，主要研究软科学群的基本理论问题。②管理决策类。包括管理科学、决策科学、政策科学、领导科学、行政科学和战略科学等。这些是软科学群的主导学科，为各级领导制定战略、编制规划、确定政策、组织管理提供依据。③咨询预测类。包括咨询学、情报学、未来学和预测学等。任何管理决策方案的制定，都离不开情报信息的咨询和对未来发展趋势的预测。④“斡体”类。包括思想政治工作学、行为科学、工效学、人才学、创造学等。“斡体”概念源自“斡旋”一词，国外又称“组织体”（orgware），研究在生产和其他社会活动中，如何协调人、自然和社会内部及相互间的关系，使有效管理和科学决策转化为现实的物质文明、精神文明成果。⑤方法类。包括系统科学方法、科学技术方法论、数学经济与技术经济方法三大类。

1982年上海市科委和教卫办联合在高校建立系统工程、计量经济、人口等12个软科学研究所，1983年以后上海市推动上海软科学研究及咨询工作的发展，建立了八个咨询专业委员会，上海市科委综合每年拨出100万元软课题研究经费，下达几十个乃至上百个重大决策咨询课题。据科技部统计调查，到2010年全国共有软科学研究机构2408家，比2006年增加1075家，增长80.6%；2009—2010年全国软科学研究机构经费总数为239.7亿，工作人员达8.4万人，共完成课题20708项。软科学是一门新兴的学科，咨询也是一门应用科学；健全决策咨询系统是中国决策科学化、民主化，改革重大战略问题和建设项目决策程序的重要环节。

焦玉英在《咨询学基础》（1992）中认为，将科学技术作为综合的知识体系和思维工具，帮助人们从宏观上观察分析复杂多变的经济和社会现象，以便做出鉴别、判断和科学的决策，是包括咨询学在内的软科学的重要使命。咨询是现代领导和决策观念发生变革的产物，它主要是为决策服务的。现代社会要求，在决策之前必须进行咨询研究，并逐步形成制度。只有积极运用咨询成果，才能实现正确的决策。从这一角度看，咨询学与软科学群中其他各门学科在内容、目标上是一致的。因此说，软科学为咨询学的产生与发展奠定了理论与方法的基础，咨询学的发展必将进一步丰富软科学的理论与方法。或者说，咨询学与软科学同生共长。咨询学的软科学属性是毋庸置疑的。

（4）决策学派以科技咨询为基础，形成了科技决策、政府决策、公共决策三大领域。

中国科技咨询一直强调为决策服务。咨询机构被称为现代智囊团。1980年，中国科协成立了科技咨询服务部，制定了科协科技咨询章程。1981年2月，原国家科委批准了中国科协的咨询机构和编制并下发了《关于在学会、地方科协建立科技咨询服务机构的通知》，随后，各省、自治区、直辖市和部分计划单列市科协及其所属学会、协会、研究会相继成立了科技咨询服务机构。1982年10月，国务院提出了“经济建设必须靠科学技术，科学技术工作必须面向经济建设”的方针，要求加大技术推广和科技成果转化的力度。随着改革开放的深入，各类技术和经济项目的迅速增加，以及国际贸易活动的扩展，咨询服务进入快速兴起的时期。1986年7月，党中央、国务院提出“实现决策科学化、民主化”的号召，中国科协常委会下设立了科技咨询工作委员会，一些地区建立了科技顾问团、政府专业顾问团等。另外，国家科委于1989年组织了“中国科技咨询业的十年发展和现状剖析”的软科学课题，中国科技咨询业得到迅速发展。

关于政府决策和公共决策咨询研究的论著不断增加，如宁吉喆所著的《2014政策研究和决策咨询》（2014）就代表了国务院研究室作为国务院决策咨询服务机构，紧紧围绕党中央、国务院工作大局和中心任务，深入开展调查研究，撰写调研报告，提出有价值的咨询建议，积极主动为政府科学决策发挥参谋助手作用。该书选编的一些调研报告就是其中的部分优秀成果，有的获得了领导同志的重要批示，有的直接推动了工作，具有较强的针对性和可操作性，凝聚了相关人员的智慧和汗水，是全国党员学习国家政策的最佳读本，也为各政策研究部门提供了重要参考。又如齐如松、帅相志著的《现代科技咨询业持续发展对策研究》（2010），全面、深入、系统地回顾了中国特别是山东省科技咨询业发展的基本情况，肯定成绩，总结成功的经验，找出存在的问题和制约因素，并依据国家和山东省经济社会发展的需要，深入探讨“十二五”时期中国和地方科技咨询业发展的思路、目标、重点领域，以及运行机制和政策环境等方面的问题，提出进一步推进科技咨询业持续发展的对策建议。除此之外，乔迪的《兰德决策》（天地出版社，1998）、杨诚虎和李文才的《发达国家决策咨询制度》（时事出版社，2001）等，以及黄力的博士学位论文《公共决策咨询研究》（武汉大学，2006）等都是关于咨询行业为政府和公共部门服务的读本。

12.2.3 信息产业学派

信息产业学派是在信息服务业研究中逐步形成的。信息产业学派认为，咨询业是高智能的信息服务业。

王金祥等在《信息咨询学》（1994）中提出，信息咨询学又叫现代咨询学或咨询学，是将信息科学的理论与方法作用于咨询业的产物，强调咨询业是高智能的信息服务业。信息产业学派的重要著作还有陈翔宇等的《现代咨询理论与实践》（1994），认为“既然咨询是一种人类获取、传递和反馈信息的主动性活动，那么，咨询学就是研究这些活动的一门科学。具体地说，它是一门指导人们有目的、有意识地获取、传递、应用和反馈信息的实践行为。咨询活动既是咨询学产生和发展的源泉，也是咨询学结构中最基本、最普遍的范畴”。

江三宝和张辉编著的《信息咨询》(1995)是“信息产业知识丛书”之一。该书认为，从实质上看，现代咨询就是依靠有丰富经验和知识的人才，有的放矢地进行知识的运用、综合、加工与创新、转移与推广等的智力活动，以及有关的行业。也就是说，咨询既是利用智慧与信息服务的活动，也是一门行业，是信息产业的重要组成部分。

詹德优编著的《信息咨询理论与方法》(2010)认为，信息咨询有时泛指整个信息咨询业，有时又专指图书情报界的咨询服务工作。对图书情报界而言，信息咨询可涵盖图书馆界的参考咨询和情报界的咨询服务。单就图书馆界来说，“信息咨询”更能反映参考咨询的“情报化”和“社会化”的发展趋势。

邹瑾主编的《信息咨询》(2011)认为，信息咨询业务具体来说就是以智力为主要资本，以信息为基础性资源，以科学技术为基本手段，为企业、政府及其他社会组织和个人等提供方案、建议和信息等各种信息咨询产品及服务的一种社会活动。其基本构成要素包括信息咨询客户、信息咨询人员、信息咨询参考源、应用软件及相关设备、信息咨询标准规范体系等。

12.2.4　参考服务学派

这一学派围绕参考咨询研究产生了大量的论著。国外有乔·贝尔·惠特拉奇(Jo Bell Whitlatch)的《评价参考服务：实践指南》(2000)、戴维·兰克斯(David Lankes)等的《新千年的数字参考服务：计划、管理与评价》(2000)和《实施数字参考服务：建立标准与开展服务》(2002)、波普和史密斯的《参考与信息服务》(2001)、卡茨的《参考工作导论》(2002)、约瑟夫·简斯(Joseph Janes)的《数字时代参考工作导论》(2002)、安妮·利波(Anne Lipow)的《虚拟参考咨询馆员手册》(2003)、贾纳·史密斯·罗南(Jana Smith Ronan)的《问答咨询：建立实时参考服务指南》(2003)、科夫曼(Coffman)等的《实时化：启动和运行虚拟参考服务》(2003)、海斯(Heise)等的《虚拟参考服务问题与趋势》(2003)等。

中国这方面的重要著作有：薛文郎的《参考服务与参考资料——图书馆参考服务之理论与实务》(1981)、胡欧兰的《参考咨询服务》(1982)、戚志芬的《参考工作与参考工具书》(1988)、刘圣梅和沈固朝的《参考服务概论》(1993)、马远良的《参考咨询工作》(2000)等。

近几年来，关于数字参考咨询的研究产生了一批博士学位论文，比较重要的有：初景利的《图书馆数字参考咨询服务理论与实践研究》(中国科学院，

2003）、韩冬梅的《美国图书馆数字参考服务研究》（武汉大学，2004）、武琳的《合作数字参考服务研究》（武汉大学，2006）、张喜年的《合作数字参考咨询服务研究》（武汉大学，2006）、过仕明的《数字参考咨询服务模式与质量评价研究》（吉林大学，2006）等。

詹德优是工具书与参考咨询研究专家，多年在武汉大学讲授“中文工具书”课程，曾出版《中文工具书导论》（1994）、《中文工具书使用法》（1996）等。在研究生课程“信息咨询与信息源”教学与研究的基础上，2004年他主编了《信息咨询理论与方法》，以参考咨询的理论与方法替代信息咨询的理论与方法，充分体现了将参考咨询服务改造为信息咨询服务的特色。他认为，如果把社会咨询业区分为信息咨询、管理咨询和战略咨询的话，那么图书情报机构的“参考咨询”则是既属于信息管理又与管理咨询和战略咨询有着千丝万缕联系的一种咨询类型。

袁红军、吴起立编著的《图书馆数字参考咨询服务理论与实践》（2011）结合数字参考咨询的概念与特点，系统地阐述了空间内容、数字参考咨询服务的一般流程、参考咨询馆员、客户/用户研究、参考咨询馆员与客户/用户的管理、服务系统构建、咨询信息工具和咨询信息源、数字参考咨询服务方式、服务管理创新等内容，体现了图书馆参考咨询服务在数智时代的创新和融合特点。

季淑娟、王晓丽、刘恩涛所著的《高校图书馆区域联合信息咨询的理论和实践》（2019）重点介绍了高校图书馆区域联合信息咨询服务的建设发展现状及运行管理。内容包括：联合信息咨询相关理论研究和历史沿革；高校图书馆协作组织类型和典型案例；联合信息咨询服务项目内容、服务模式与服务规范；联合信息咨询服务系统的架构和系统平台的构建；联合信息咨询体系的运营管理；联合信息咨询建设绩效和发展前瞻。该著作为促进高校图书馆区域联合信息咨询服务发展，加强图书馆之间网络信息咨询服务与应用技术的交流和合作，满足包括社会公众在内的广大客户/用户多样化深层次的信息需求提供了重要理论参考和实践指导。

这一学派的特点是：第一，以图书馆为平台进行信息咨询；第二，强调服务，将参考咨询作为信息服务的重要方式；第三，突出资源和指导，既提供资源，也提供方法指导。

12.3　智慧咨询与咨询学的未来

12.3.1　与咨询领域相关的数智技术分析

数智技术是数字智能技术（data intelligence technology）的简称，是应用于数据分析、数据管理和数据处理等领域的一系列技术和工具，旨在从大量的数据中提取有用的信息、模式和见解。数智技术结合了数据科学、人工智能、机器学习和大数据技术，用于解决各种复杂的问题和优化决策。主要内容有：

1. 数据分析和可视化

数据分析（data analysis）是指使用各种技术、方法和工具来处理、解释和理解数据的过程。它的目标是从数据中提取有关趋势、模式、关系和见解，以支持决策制定、问题解决和预测。数据可视化（data visualization）是将数据以图形和图表的形式呈现的过程，目的是使数据更容易理解和解释。数据可视化有助于直观地传达数据的见解和趋势。数据分析和可视化通常一起使用，因为可视化可以帮助分析人员更好地理解数据，而数据分析则提供了深入的见解和推断。通过结合这两个领域，人们能够更好地利用数据来支持决策、解决问题和发现机会。

2. 机器学习和深度学习

机器学习（machine learning）和深度学习（deep learning）都是人工智能（AI）领域的子领域，它们关注计算机系统如何从数据中学习和做出预测或决策。它们之间存在关系，但也有一些区别。机器学习是一种广泛的技术，涵盖了一系列算法，让计算机系统能够从数据中学习模式并根据这些模式做出决策。机器学习方法包括监督学习、无监督学习、强化学习等。在机器学习中，数据是关键，算法会根据这些数据来构建模型，然后使用这些模型进行预测或分类。一些常见的机器学习应用包括垃圾邮件过滤、图像识别、自然语言处理和推荐系统。深度学习是机器学习的一个分支，它专注于使用深度神经网络来处理和理解数据。深度神经网络是一种多层次的模型，它模拟了人脑中神经元之间的连接。这种网络结构允许深度学习模型更好地捕捉数据中的抽象特征和模式。深度学习在大规模数据集上表现出色，特别在图像和语音识别、自然语言处理和自动驾驶等领域取得了显著的进展。机器学习和深度学习的意义在于它们使计算机能够从数据中学习、理解和做出决策，这对于多个领域的自动化和优化具有广泛应用。它们驱动了科技创新、商业竞争力和社会发展，能够解决复杂问题和提供智能解决方案。

3. 自然语言处理

自然语言处理（natural language processing，NLP）是人工智能领域的一个分支，它涉及计算机如何理解、解释和生成人类语言。NLP 的目标是使计算机能够与人类语言进行交互，从而实现多种自然语言任务。NLP 涵盖了广泛的应用领域，包括文本分析、语音识别、机器翻译、情感分析、自动摘要、问答系统、语言生成、拼写检查和语法分析等。NLP 的目标是使计算机更好地理解和使用人类语言，以支持自然的人机交互，从而扩展了许多应用领域，包括搜索引擎、虚拟助手、自动化客服、医疗诊断等。

4. 数据挖掘

数据挖掘（data mining）是一种从大规模数据集中自动发现隐藏在其中的模式、关系和信息的过程。它结合机器学习、统计分析、数据库技术和人工智能，用于探索大量数据以获得有用的见解。数据挖掘的目标是识别数据中的模式，以帮助做出预测或决策，发现趋势或新的知识。数据挖掘应用广泛，涵盖了许多领域，包括市场营销、医疗保健、金融、电信、科学研究和政府。它有助于组织发现新的商机、改进产品和服务、优化流程、提高决策制定的准确性，以及理解复杂的数据关系。数据挖掘通常需要强大的计算资源和专业技能，但它为组织提供了利用其数据资产的有力工具，以获得竞争优势。

5. 大数据处理

大数据处理（big data processing）指的是处理大规模数据集的过程，这些数据集通常过于庞大、复杂，传统的数据处理工具难以胜任。大数据处理的主要目标是从这些海量数据中提取有价值的信息、启示和知识，以支持决策制定、分析和发现模式。大数据处理通常要求高度分布式的计算和存储架构，因为传统的计算资源和存储系统无法满足大规模数据的需求。云计算和大数据技术生态系统的发展使组织能够有效地处理大规模数据集，从而获得启示和价值。大数据处理对于许多领域非常重要，包括商业智能、科学研究、医疗保健、金融、物联网和社交媒体分析。它有助于组织做出更明智的决策，提高效率并探索新的商机。

6. 数据仓库和数据集成

数据仓库（data warehouse）和数据集成（data integration）都是与数据管理

和分析相关的关键概念，它们在组织内部帮助管理和提供对数据的访问。数据仓库是一个集中存储、组织和管理数据的系统，旨在支持分析和报告需求。它将来自不同数据源的数据进行提取、转换和加载（ETL）处理，然后存储在一个单一的数据库中，通常采用星形或雪花模式的数据模型。数据仓库通常包含历史数据，用于分析业务趋势和决策制定。数据仓库的主要目标是提供高性能的查询和报告，使决策者能够访问一致的、可信赖的数据。数据集成是将来自不同数据源的数据整合到一个一致的数据集中的过程，包括数据提取、数据转换和数据加载（ETL）步骤，以确保数据在存储和使用时是一致的和可用的。数据集成可以涉及不同数据格式、不同数据库系统、云存储、应用程序和数据源之间的连接和协调。目标是创建一个单一的视图，使数据在整个组织中能够一致地访问和使用。数据仓库和数据集成通常是密切相关的，因为数据仓库通常需要从不同数据源中提取数据，然后将其整合到一个单一的存储中。数据集成是数据仓库建设过程中的关键步骤之一，它确保了数据仓库中的数据是一致和可靠的。此外，数据集成也可以用于其他数据的管理和应用，如数据湖（data lake）、数据分析平台、业务智能工具等。

7. 决策支持系统

决策支持系统（decision support system，DSS）是一种信息系统，旨在帮助组织内的决策者在复杂问题和决策中采取更明智的行动。DSS 结合了数据、模型、分析工具和客户 / 用户界面，提供决策制定者所需的信息和工具，以支持决策制定的过程。决策支持系统通常用于处理半结构化或未结构化的问题，这些问题不容易通过传统的管理信息系统解决。决策支持系统广泛应用于各个领域，包括商业、政府、医疗保健、金融、生产和科学研究，有助于组织更好地理解问题、评估选择并减少不确定性，从而更好地应对挑战并实现目标。决策支持系统在帮助决策制定者更好地利用数据、知识和技术方面发挥着关键作用。

8. 智能预测和决策优化

智能预测和决策优化（intelligent forecasting and decision optimization）是一种应用人工智能和数据分析技术的方法，用于预测未来事件、趋势或结果，并优化决策，以达到更好的结果。智能预测和决策优化通常密切相关，因为智能预测通常是优化的先决条件之一。智能预测是使用机器学习、统计分析和数据挖掘等技术，以从历史数据中发现模式和趋势，从而生成对未来事件的预测或估计。智能预测的主要目标是根据过去的数据和现有的信息来预测未来的事件，这有助于做出更明智的决策、资源规划和应对潜在的变化。决策优化属于数学和计算机科学领域，它关注如何选择最佳决策以实现特定目标。在决策优化中，问题通常建模为一个数学规划问题，包括一个或多个决策变量、一个目标函数和一组约束条件。决策优化的目标是找到最佳决策变量值，使目标函数最大化或最小化，同时满足所有约束条件。智能预测和决策优化通常协同工作，因为智能预测提供了数据和信息，而决策优化利用这些信息来制定最佳决策，它们的结合有助于组织更好地应对不确定性、做出明智的决策并实现更好的业务成果。此方法可以应用于各种领域，包括市场营销、金融、医疗保健、气象学、交通管理、股票市场分析等。这些预测通常基于历史数据、特定模型和算法，以生成未来事件的概率分布或趋势。

12.3.2 数智技术发展对咨询学研究的影响

数智技术的发展使得咨询学研究产生了新的方向，对传统咨询局限性和不足的研究和反思不断加深，如客户/用户需求分析不足问题、咨询师的知识储备限制问题等。研究人员一方面对在数字化时代和数智技术影响下的传统咨询行业存在的问题进行分析，另一方面对数智技术可能对未来咨询学的研究内容和咨询实践的内涵呈现的新趋势、新方向做出探讨。

1. 传统咨询行业面临的挑战

在缺乏数智技术的支撑和数字化工具的保障下，传统咨询行业和咨询服务存在着一些问题，主要体现在对客户/用户需求分析不足、咨询师知识储备受限、咨询服务联合水平较低，以及信息资源和数据资源利用不足的情况。

（1）对客户/用户需求分析不足

传统的咨询服务和咨询项目以资源作为出发点，对于客户/用户的信息需求分析不够深入，对客户/用户行为规律的理论研究与实践结合不够紧密，将客户/用户需求应用于咨询服务中的业务实践略显不足。缺乏客户/用户行为数据的分析和利用，在此基础上进行的咨询服务使得客户/用户的行为数据没有得到充分开发与利用，客户/用户的咨询案例分析与数据挖掘工作没有得到应有重视。在传统的咨询服务中，由于与客户/用户行为数据相关的数据分析手段和数据获取渠道的缺乏和落后，在缺乏数智技术的支撑背景下，传统咨询服务无法对客户/用户行为数据实现有效利用，因此无法对客户/用户的需求进行细致和深入的分析。

（2）咨询师的知识储备受限

受到个人教育背景、记忆能力、认知水平和信息素养等各种因素的限制，开展咨询服务的咨询师总有其知识储备的上限，并不能对各个类别、各个学科的内容做到深入了解。在面对咨询对象包罗万象的咨询问题时，单个咨询师或专业构成单一的咨询团队解答问题的能力可能会出现捉襟见肘的情况。在解决不同类型的咨询问题过程中，在解决已有问题的时候咨询师凭借其经验储备可能有一定优势，但是在解决新型问题的情况下，由于缺乏相关知识储备，会存在一定的短板。数智技术可以承担咨询师知识储备层面的辅助工作，为咨询师提供相关学科的相关理论概念和当前发展理论的基本梳理思路，帮助咨询师快速了解当前咨询服务的社会背景、经济背景等必备要素，在开展咨询服务的过程中帮助咨询师拓展知识储备。

（3）咨询服务的联合水平较低

在单个咨询师咨询服务面临人手不足的背景下，跨学科背景下的联合咨询、众多咨询团队联合的咨询联盟等新的咨询形式，可以汇聚众多咨询师的集体智慧，弥补单个咨询师知识的有限性。但是受限于时间和空间等因素，联合咨询和咨询联盟可能无法有效克服时间和空间的限制，真正实现群体咨询的优势，可能导致联合咨询的咨询服务内容停留在表面，无法使众多咨询师联合起来，并实现建立咨询经验知识库、咨询案例库等知识成果。数智技术的发展，一方面可以帮助咨询师打破时间和空间对咨询服务的限制，另一方面使得咨询成果库、知识库等咨询产生的数据成果、咨询成果等进一步汇聚，真正实现咨询服务的高度共享。

（4）信息资源和数据资源利用不足

咨询师在开展咨询服务的过程中，需要依托已有的各种信息资源和数字资源，利用相关分析工具对资源进行分析和评价，作为咨询服务的重要依据。但是在缺乏数智技术的支撑下，咨询师无法对信息资源和数字资源实现有效分析和利用，主要表现为无法实现资源与客户 / 用户的匹配，无法有效处理大规模大批量资源的问题。以图书馆参考咨询为例，传统图书馆的数字资源是根据资源类型、学科、语种、格式、出版时间等文献外部特征描述资源，比如将文献分为图书、期刊、报纸、标准、专利等类型，或者人文、理工等学科。此种资源分类方式对文献资源的内容揭示程度有限，而客户 / 用户的咨询问题往往从内容出发，对于图书馆专业分类比较陌生，造成资源分类与客户 / 用户需求不能完全匹配。数智技术的发展可以一方面实现资源分类与客户 / 用户需求的匹配，另一方面为咨询师处理大样本信息资源和数字资源时提供技术和工具辅助。

2. 数智技术背景下咨询学领域的新趋势

在此基础上，数智技术对咨询学领域产生了广泛的影响。咨询学是研究咨询过程、技术和方法的学科，而数智技术则提供了强大的工具和方法，可以改善咨询实践的多个方面，其主要的影响趋势可以归纳如下：

（1）数据驱动化

数据驱动化是指咨询学研究在咨询实践中广泛应用数据和分析技术，以提高咨询服务的质量、效率。咨询学的数据驱动化趋势使咨询师能够更有效地支持客户的需求和决策。随着技术和数据分析工具的不断发展，咨询学领域将继续深化其数据驱动化实践，以适应快速变化的业务环境，有助于提供更具创造性和创新性的解决方案，同时确保客户和组织咨询的成功。

（2）个性化

个性化咨询是咨询学研究的一个重要趋势和内容，它强调根据客户的独特需求和特征提供量身定制的咨询服务。个性化趋势反映了咨询学领域的发展，强调了客户满意度、数据分析和技术工具的重要性。咨询学的这种研究发展趋势使咨询服务更适应客户的需求，并有助于建立长期的客户关系。随着技术的不断发展，个性化咨询将继续成为咨询学研究的核心内容。

（3）自动化和智能化

咨询学对于自动化和智能化趋势的研究是人工智能背景下的重要研究内容，主要探究如何采用自动化技术和人工智能来提高咨询服务的效率、质量和智能化程度。自动化和智能化趋势对咨询学领域具有深远的影响，能够提供更高效的服务和更具智能的解决方案，有助于提高客户体验、提供更好的建议，并提升咨询师的能力；但是与之相关的包括伦理、数据隐私问题探讨和相关技能培训是咨询学同样应该注重的问题。

（4）共享化

随着共享经济和共享资源理念的兴起，咨询学正在研究咨询共享化的趋势，探究咨询服务行业如何提供更灵活、经济高效和可持续的咨询服务。咨询共享化趋势提供了更多的机会和灵活性，但同时也带来了新的挑战，包括竞争、数据隐私和合规性。随着共享经济的发展，这一趋势将继续影响咨询服务的提供方式和业务模型。

（5）虚拟化

随着虚拟现实技术和数字通信工具的快速发展，咨询学开始探究虚拟化咨询服务的可行性，不再依赖于传统的面对面或实体办公室环境，而是借助数字技术和通信工具，实现远程、虚拟的咨询服务。咨询学趋势为咨询师和客户提供了更高的灵活性和更大的便利性，但是也为咨询学研究带来了新的挑战，需要注重安全性、隐私、技能要求和合规性等重要问题。

（6）内容来源多元化

用户生成内容（user-generated content，UGC）的趋势在数字化时代的背景下对咨询学也产生了较大影响。客户 / 用户可以通过社交媒体、在线社区、博客等平台分享自己的经验、知识和见解，为他人提供有用的信息，对咨询内容的产生和传播产生了显著影响。由于客户 / 用户生成内容通常基于社区和合作的原则，在线社区和论坛也成为客户 / 用户寻求咨询和帮助的新型重要场所。客户 / 用户生成内容咨询的趋势正在改变咨询和信息分享的方式。客户 / 用户更加倾向于从其他客户 / 用户那里获取咨询和建议，这对咨询学领域提出了新的挑战。咨询学领域需要更深刻地了解客户 / 用户生成内容，对新的咨询模式和客户 / 用户生成内容的信息质量、信息伦理等相关问题进行探讨。

3. 数智技术对咨询服务对象的影响

在传统咨询服务中，咨询对象一般为规模较大的政府机关和相关机构，以及高校、图书馆等企事业单位或较大规模的团队等，这些咨询对象往往会提出较为困难、系统的咨询问题需求。在此基础上，整个咨询流程较为正式、规范化，咨询服务主要为团体、机构所采用的方式，咨询师和咨询团队开展的咨询业务更具专业化、规模化，提供具有专业性、针对性的咨询报告。随着数智时代的发展，在数字化社会的背景下，越来越多的公众可以接触到咨询的相关概念。随着咨询服务的虚拟化、智能化和自动化等趋势的发展，提出咨询需求的对象逐渐扩展，小微企业、个人均可以成为咨询对象，他们不再需要正式地提出咨询问题，一方面智能咨询平台构建的已有咨询经验可以为他们提供咨询内容的依据，另一方面可以通过咨询平台和虚拟咨询平台获得更便捷的咨询服务。从提供咨询服务的咨询师和咨询团队来看，随着提供咨询服务的手段逐渐多样和内容生成内容的发展趋势，越来越多的咨询团队甚至个人也可以为咨询对象提供非专业化的咨询服务，知识社区和交流平台为这种类型的咨询服务提供平台支撑。总体来看，随着数智技术的快速发展，咨询对象和咨询团队均得到很大程度的扩充，咨询服务不再是少数机构、群体能获得的专业化、针对化服务，而是开始逐渐进入普通民众的正常生活中，每个人都可能是提供咨询服务的咨询师或需要咨询服务的咨询对象。

4. 数智技术对咨询服务流程的影响

传统咨询服务流程和当前咨询服务流程在数字化背景下发生了显著的变化，主要是由于数字技术和网络的普及。传统的咨询服务流程通常需要咨询师和客户在同一地点进行面对面交流和咨询，受到地理位置和时间的限制，在咨询过程中涉及了大量的纸质文档，包括表格、文件和报告。在咨询过程中，咨询师和客户之间的交流主要依赖于面对面的谈话和沟通技巧；而在数字化背景下的咨询服务流程，则可通过远程访问的方式，方便咨询师和咨询对象在全球范围内进行在线咨询，面对面会议或电话会议不再是唯一选择；随着智能化咨询的普及，出现了专门的和较为普遍的在线咨询平台，咨询对象可以在平台上选择合适的咨询师，进行文字、语音或视频咨询；在数字化背景的影响下，咨询服务流程大大减少了纸质文档的使用，更多的文档和记录以数字形式存储和共享；随着交互技术的进步，当前咨询服务流程支持多种媒体，包括文字、语音和视频交流，咨询对象可以根据自己的需求选择交流方式，并可以通过数字平台收集、分析和利用大量客户数据，以提供个性化建议和定制化服务。总体来看，传统的咨询流程在数字化背景下变得更加便捷、高效和个性化，数字时代背景下的咨询服务流程有了更多的选择和更大的灵活性，同时也引入了新的数字技术，如人工智能、大数据分析和网络互联，以提供更高效的咨询服务和更优质的决策支持。

12.3.3 智慧咨询

智慧咨询（smart consulting）的相关概念目前在咨询学界和咨询业界还没有明确的定义和范围划定，本书准备从“智慧”和“咨询”两个维度对“智慧咨询”的内涵进行解析。智慧（smart）一词可解释为对事物认知、应对和创新的聪明才智和应用能力，最早与智慧相关的实体概念是“智慧城市”（smart city）。智慧城市是20世纪末特别是21世纪初以来在全球展开的未来城市发展的新理念和新实践。智慧城市可以从六大坐标维度来界定，即智慧经济、智慧流动、智慧环境、智慧人群、智慧居住和智慧管理。从全球智慧城市建设的实践进行分析概括，智慧城市可以定义为：以数字化、网络化和智能化的信息技术设施为基础，以社会、环境、管理为核心要素，以泛在、绿色、惠民为主要特征的现代城市可持续发展韬略。由此可见，智慧化、网络化和智能化是智慧城市的主要表现和主要实现手段。

在此基础上，与图情学科紧密相关的“智慧图书馆”理念也应运而生。当一个公共图书馆既重视信息技术的重要作用，又重视客户/用户的知识服务和公共文化的社会与环境担当；既重视文献资源的智能管理，又将读者参与式的互动管理与服务等融入其中，并将以上要素作为共同推动公共图书馆可持续发展并追求更高品质的图书馆服务时，这样的公共图书馆可以被定义为“智慧图书馆”。数字化、网络化和智能化是智慧图书馆的信息技术基础，人与物的互通相联是智慧图书馆的核心要素，而以人为本、绿色发展、方便读者则是智慧图书馆的灵魂与精髓。智慧图书馆的外在特征是泛在，即智能技术支持下的无所不在、无时不在的人与知识、知识与知识、人与人的网络数字联系；其内在特征是以人为本的可持续发展，以满足读者日益增长的知识需求。

解析“智慧咨询”的概念和内涵，可以在“智慧”“智慧城市”和“智慧图书馆”的基础上进行分析。数智时代带来的新技术和新方法，一方面扩充了传统咨询的咨询内容和咨询手段，另一方面也对传统咨询带来了不小冲击，因此数字化、网络化和智能化的发展趋势，给咨询行业带来了机遇与挑战。在此背景下，需要提出“智慧咨询”的概念，并将其作为咨询学研究的重要内容。在此基础上，本书认为智慧咨询是在智能咨询（intelligent consulting）的基础上发展而来的，是一种在咨询领域采用智能化技术和数据驱动方法的实践方式，以提高咨询服务的效率、精确性和价值。智慧咨询整合了现代技术、数据分析、人工智能和数字化工具，以更好地满足客户需求，提供高质量的建议，并优化业务流程。在数字化、网络化和智能化的影响趋势下，智慧咨询也有自己的特点和趋势，其关键特征和要点表现为主要咨询手段的内容和咨询内容与机制的革新两大类内容。智慧咨询的主要咨询手段包括数据驱动咨询、个性化咨询及自动化和智能化咨询等内容，咨询内容与机制革新包括实时反馈和监控机制、全球化和远程协作趋势、智能决策支持系统及安全性和隐私保护机制等方面的建设内容。

1. 主要咨询手段

（1）数据驱动咨询

数据驱动咨询（data-driven consulting）依赖于数据和分析来指导决策制定和问题解决。这种方法强调使用数据科学、统计分析和信息技术来帮助客户更好地理解他们的业务环境、客户需求和市场趋势。通常需要咨询师具备数据科学和技术工具的知识和技能，包括数据挖掘工具、统计分析软件、机器学习框架和可视化工具。数据驱动咨询将数据视为宝贵的资源，通过数据的采集、整合和分析，咨询师能够从中获取和洞察信息，这有助于更好地理解客户的问题和需求；强调深入分析，包括统计分析、数据挖掘和机器学习等技术，发现潜在的模式、趋势和关联关系；通过数据分析，咨询师能够更清晰地识别客户的问题，从而提供更有效的解决方案。数据驱动咨询有助于咨询师更深入地了解客户的需求、行为和偏好，有助于提供个性化的建议和服务。

（2）个性化咨询

个性化咨询（personalized consulting）旨在为每个客户提供定制的建议和解决方案，以满足其独特的需求、目标和情境。这种咨询方法强调将客户的个性化特征、挑战和目标纳入考虑，以提供最适合他们的建议。个性化咨询是一种为了更好地满足客户需求和提供高度个性化的服务而发展的咨询方法。它强调与客户的密切合作，以确保提供的建议和解决方案与他们的目标相一致。这种方法有助于提高客户的满意度和业务绩效。个性化咨询将客户置于核心位置，强调了解客户的需求、目标和偏好，以提供定制的解决方案。具体而言，咨询师根据客户的独特需求和情境，提供个性化的建议和策略，可能包括战略计划、市场推广策略、人力资源管理建议等；数据分析和洞察对实现个性化咨询起到关键作用，通过分析客户数据和市场趋势，咨询师可以更好地了解客户；咨询方式通常包括密切的客户互动，如面对面会议、电话会议、电子邮件或在线聊天等，以确保咨询解决方案与客户的需求一致；咨询方法非常灵活，以适应客户需求的变化。

（3）自动化和智能化咨询

自动化和智能化咨询（automated and AI-powered consulting）是现代化的咨询方法，是咨询领域的现代趋势；利用自动化和人工智能技术来提供更高效和智能的咨询服务。自动化和智能化两种方法可以根据不同的客户需求和行业应用进行调整和定制，有助于提高效率及实现个性化服务和决策制定的智能化。但是需要注意，自动化和智能化咨询不一定适用于所有情况，有时需要与人类咨询师的服务结合使用，同时隐私和安全是咨询学研究需要重点关注的问题。自动化和智能化咨询强调借助软件和工作流程自动化来简化和加速咨询流程，建立在线咨询平台，利用交互式工具帮助客户找到答案或解决问题，客户可以通过这些平台获取信息、提交问题、调查数据等；结合人工智能技术理解和生成自然语言文本，并使用机器学习算法来从数据中学习和改进，以提供更准确的建议；智能化咨询可以通过语音识别技术进行口头交互，而不仅仅是文本交流，并通过智能化咨询系统自动制定决策，无须人为干预；自动化和智能化咨询平台可基于客户的历史数据和偏好随时提供个性化的建议和解决方案，不受时间和地点的限制，并可以监测项目或策略的绩效，提供改进措施。

2. 咨询内容与机制的革新

（1）实时反馈和监控机制

智慧咨询的实时反馈和监控机制是一种关键趋势，它强调在咨询过程中即时获取信息、监视关键指标，并采取措施来提高咨询服务的质量。实时反馈和监控机制是智慧咨询的关键组成部分，有助于提高咨询服务的效率、质量和客户满意度。这些机制要求咨询师和咨询公司积极采用技术工具，并与客户密切合作，以确保咨询过程得到充分管理和优化。

（2）全球化和远程协作趋势

智慧咨询的全球化和远程协作趋势是一种充分利用数字技术和通信工具，实现咨询服务跨越地域和国际界限的模式。全球化和远程协作趋势推动了咨询行业的国际化和数字化，提供了更多的市场机会，降低了成本，增加了灵活性，但需要注意全球化和远程协作趋势带来的管理多样性和文化差异的挑战。

（3）智能决策支持系统

智能咨询的智能决策支持是一种强调利用人工智能、数据分析和大数据处理技术来帮助咨询师和客户做出更明智、更具数据驱动性决策的理念。通过构建智慧咨询的智能决策支持系统，可以帮助咨询师和客户更明智地应对挑战，做出更智能的决策，并提供更高效、个性化的咨询服务。

（4）安全性和隐私保护机制

随着数字技术的不断发展，安全性和隐私保护是智慧咨询各个环节中考虑的至关重要的因素。智慧咨询重点探究包括数据匿名化、身份验证和访问控制、数据加密和网络安全等各项内容的安全性和隐私性保障机制。咨询师将安全性和隐私保护置于服务提供的核心，有助于提升客户信任度、合规性和数据质量，并有助于维护咨询团队的声誉。

案例讨论：

上海图书馆智能咨询导览借还机器人

机器人技术在图书馆领域逐渐普及，越来越多的机器人服务走入图书馆。机器人通过应用多种智慧化手段来满足智慧空间、智慧服务与智慧业务的需求。参考咨询服务是高校图书馆提供的一项重要服务，其初始目标在于及时解答读者利用图书馆各类馆藏资源中产生的问题。随着计算机及网络技术发展，参考咨询服务形式越来越多样化，许多智慧化手段如智能咨询机器人、智能咨询平台等应运而生。

上海图书馆东馆中的“机器人馆员”，有的提供导引、借还、咨询等服务，以更好地满足读者个性化的阅读需求；有的忙碌在室外的汽车穿梭还书亭，自动完成书籍向室内的搬运；还有的定时进行图书的清点，以实现图书资源的智能管理与服务。下面与大家分享上海图书馆东馆智能咨询导览借还机器人的智慧服务场景及功能。

上海图书馆的智能咨询导览借还机器人“图小灵”于2018年元旦正式上岗实习，主要在办证处和中文书刊外借室接受读者问询，每天工作四小时，还配备了专门的带教老师，收集机器人回答不了的问题，在机器人“下班后”帮助其学习改进，并完善其知识库系统。读者可向机器人进行语音咨询，包括：①闲聊：日常性问题，如问候、天气、时间等话题；②图书馆知识库：图书馆的相关问题，如几点开门、怎么办证、读者证有效期等；③指定服务功能：机器人指定的服务功能，如“我要借书”“带我去卫生间”“图书推荐”等。

智能咨询机器人作为未来图书馆参考咨询服务发展的重要形式，为了从知识库储备和客户/用户需求分析两方面不断提升和拓展，需要与新兴的信息技术紧密结合起来，融合客户/用户画像、数据分析、语义网与本体、智能硬件等技术，不断提高智能咨询机器人的智能程度与服务能力。将智能咨询机器人的知识库构建和客户/用户需求分析能力应用于参考咨询服务中，可以有效拓展参考咨询服务边界、提高参考咨询服务的客户/用户分析能力、完善参考咨询服务的自我学习水平。

12.3.4　咨询学的未来

1. 咨询学在新兴领域的研究

随着信息技术和社会的发展，新的咨询领域可能会涌现，如数字化转型咨询、可持续性咨询、系统性咨询等。

（1）数字化转型咨询

数字化转型咨询（digital transformation consultancy）是一种专门关注组织如何有效采用数字技术来改善业务流程、提高绩效并适应数字时代变化的咨询服务，是帮助组织适应不断演变的数字化环境、提高竞争力和创造价值的关键工具。这种类型的咨询帮助企业或组织规划、实施和管理数字化转型战略，以确保他们能够在竞争激烈的数字经济中蓬勃发展。

具体而言，数字化转型咨询帮助组织了解和采用各种数字技术，包括大数据分析、云计算、物联网、人工智能、区块链等，这些技术可以用于改善产品、服务和流程，提高效率和创造新的发展方向。咨询师与组织合作，制定数字化战略和规划，以确保数字化转型与组织的长期愿景和目标一致；评估和重新设计业务流程，以适应数字化工具和技术。这有助于提高效率和减少成本；帮助实现组织内部变革，包括文化、流程和技能，确保员工适应新的数字化环境；同时也要注重数据安全和法规合规性，包括确保咨询对象数据和信息的安全、隐私合规性和网络安全等内容。

（2）可持续性咨询

可持续性咨询（sustainability consultancy）也称可持续发展咨询，是一种专门为组织、企业和政府部门实现可持续性目标提供帮助和建议的咨询服务。可持续性咨询是一种多领域的咨询服务，它与环境、社会、治理、战略和经济等多个方面有关，其目标是帮助客户或组织实现经济增长、社会责任和环境保护的平衡，以创造可持续的未来。

具体而言，可持续性咨询帮助组织制定和实施可持续性战略。这包括考虑环境、社会和治理（ESG）因素，以确保组织的业务活动在经济和社会上都有积极的影响；帮助组织管理其环境影响，包括减少碳排放、资源管理和可再生能源的采用，有助于减少环境足迹并遵守相关法规；可持续性咨询也与可持续投资和 ESG 投资有关。咨询师协助客户选择具有环境和社会责任的投资，以实现长期的财务回报。

（3）系统性咨询

系统性咨询（systemic consultancy）是基于系统理论、团体动力学等理论，运用系统思维改变客户或组织的传统战略定位与业务流程，为组织开发适应环境变化的最佳运行方案，指导客户自行消除障碍。系统性咨询是一个咨询人员与客户共同创造的过程，其内容范围既包括流程变革的架构、成立流程变革核心团队、与客户核心团队和管理高层密切合作、开展系统性诊断、完善流程变革方案，也包括工作坊的设计，即从时间、空间、内容、社会等多个维度进行工作坊设计，还包括具体情境下使用工具，即将咨询方独特的工具应用于客户的任务情境，收集并分析信息，以支持问题的解决。

（4）卫生保健咨询

卫生保健领域面临着不断变化的法规、技术和人口趋势，卫生保健咨询协助医疗机构、制药公司和政府应对这些挑战，以提供更好的卫生保健服务。卫生保健咨询是一种专门关注卫生保健领域的咨询服务，旨在提升医疗保健系统、医疗机构、医疗服务提供者和相关组织的效率、质量和可及性，帮助医疗机构适应不断变化的卫生保健环境，提供更好的护理，满足患者需求。

具体而言，卫生保健咨询帮助医疗机构和组织制定长期战略和发展计划，包括市场分析、竞争策略、设备投资和扩张计划，旨在提高医疗服务的质量和效率。咨询师分析医疗机构的运营过程，提供改进建议以减少成本、提高患者满意度和改进医疗流程。在信息技术方面，咨询师协助医疗机构选择、实施和管理信息技术系统，以改进数据管理，加强对患者信息的保护，帮助医疗机构实施质量控制和改进措施，以确保提供高质量的医疗服务。

2. 咨询学的研究内容扩展

随着经济、社会和技术的不断发展，咨询学的研究内容和研究重点也将不断发展和演变，以满足不断变化的挑战和机会。

（1）咨询师的职业伦理研究

数智技术的广泛应用，如大数据分析、人工智能和机器学习，涉及大量敏感数据的处理和利用，这引发了一系列伦理挑战，也使得咨询学领域关于伦理问题的研究更具复杂性。咨询学需要研究并帮助咨询师和组织更好地应对数字时代的伦理挑战，帮助他们更好地理解并应对数字时代的伦理挑战，确保在提供决策支持、专业意见和策略规划等服务时，既保护客户和组织的权益，又遵守伦理原则和法规。

大数据伦理问题研究、人工智能伦理问题研究、隐私政策研究以及客户权益和知情同意研究等，都是未来咨询学需要探讨的重要问题，能确保在咨询过程中有效应对面临的伦理和隐私挑战。大数据伦理问题研究是指如何处理、存储和分析大规模数据，以确保符合伦理原则，包括数据采集的透明度、数据去标识化、数据隐私和数据共享的伦理考量；人工智能伦理问题研究包括自动化决策、算法的公平性、机器学习偏见和自动化咨询的伦理挑战；隐私政策研究包括数智技术的发展对现有隐私政策、数据保护措施和隐私法规影响的研究，关注政策保障如何保护客户和组织的隐私；客户权益和知情同意研究包括研究如何确保客户了解数据使用和隐私政策，并在数据收集和分析中获得知情同意等问题。

（2）咨询过程中开源数据的共享和应用研究

在数智时代，咨询学关于开源数据和共享问题的研究具有重要意义。开源数据的共享和应用是数字化背景下的咨询学研究的重要组成部分，涉及数据的获取、共享、分析和应用等内容。咨询学关于开源数据和共享研究，可以帮助咨询团队更好地理解、管理和应用开源数据，有助于促进数据共享和合作，同时确保数据的质量、安全性和可信度；有助于指导咨询师、政策制定者和组织在数智时代中更好地利用开源数据、提升咨询效用，同时确保数据合乎伦理地使用，保护客户的隐私安全和数据安全。

开源数据的共享和应用研究具体内容包括数据共享模型研究和开源数据利用策略研究等。数据共享模型研究包括开源数据的许可和访问控制，探究数据共享的最佳实践、共享协议和法律合规性。开源数据着眼于探究如何制定开源数据的利用策略，包括如何将开源数据整合到咨询的组织业务流程和决策制定中。

（3）咨询成果的知识产权保护与再开放研究

随着共享行动的不断深入，咨询成果知识产权保护与创新研究成为咨询学的重要研究内容，保障咨询过程中咨询成果的知识产权和再开发知识创新是提升咨询效率和保障咨询可持续发展的关键因素之一。

咨询成果的知识产权与创新研究着眼于知识产权管理研究、知识产权评估研究以及法律和合规咨询研究等内容。咨询学在知识产权管理方面的研究，关注于如何有效保护咨询成果的知识产权，涉及帮助企业和组织建立健全的知识产权管理系统，确保在创造、保护、许可和交易咨询相关知识产权时的有效性和合规性。知识产权的评估研究，尤其是对咨询成果的知识产权价值评估成为重要研究内容，不仅包括确定知识产权的市场价值，还涉及专利、著作权等方面的权益评定。在未来，咨询师也可能会协助客户购买、出售或许可咨询成果的相关知识产权内容，为未来的知识产权交易或许可提供依据；咨询学也需要探讨如何在咨询过程中确保知识产权的合法使用和再开发，帮助客户确保他们的权益不受侵犯，并在合法范围内进行合作以实现咨询成果的扩散传播与再开发创新。

本章小结

咨询学是研究普遍存在于社会生活各个领域的咨询现象本质和咨询活动一般规律的科学，其目的是更好地为现代咨询活动提供理论指导，以解决现代咨询活动中所遇到的理论和实践难题。它是介于自然科学和社会科学之间的综合性边缘学科。咨询学的学科体系包括理论咨询学、技术咨询学和应用咨询学，具体研究对象包括咨询机构、咨询专家、参考咨询、咨询联盟、联合信息咨询、政府决策咨询。咨询学的理论流派主要包括管理学派、决策学派、信息产业学派和参考服务学派。

在数智背景下，数据分析和可视化、机器学习和深度学习、自然语言处理、数据挖掘、生成式 AI 等技术为咨询学带来新的冲击，智慧咨询的新发展呈现出数据驱动型、个性化、自动化和智能化、共享化、虚拟化、内容来源多元化等特点。随着技术和社会的发展，新的咨询领域可能会涌现，如区块链咨询、可持续性咨询、数字化转型咨询等；咨询学内容也将扩展到对咨询中的伦理和隐私保护、开放数据和共享、知识产权和创新等方面的研究。

思考题

1. 如何区分咨询学的研究对象和研究内容？两者有什么关系？

2. 咨询学学科体系产生了怎样的变化？

3. 简述咨询学的发展历史主要分为几个阶段？不同阶段的发展重点是什么？

4. 可以举几个现代应用咨询学的应用领域的例子吗？

5. 咨询学理论流派主要分为哪几个学派？它们的特点分别是什么？

6. 在你看来，除本书提到的，还有哪些技术会对咨询学研究内容变化产生影响？产生影响的内容和趋势是什么？

7. 在你看来，咨询学的智慧化趋势对传统咨询内容带来的影响是什么？智慧咨询和传统咨询各自具备的优点和缺点是什么？

8. 在你看来，除本书提到的，还有哪些趋势是咨询学未来需要注意的重要问题？

参考文献

[1] 巴里，乔纳森．管理咨询国际指南：全球管理咨询的发展、实务及其结构［M］．钱逢胜，余一舜，张艳丽，译．上海：上海财经大学出版社，2003.

[2] 贝切斯．造就卓越的咨询顾问［M］．段盛华，译．北京：中国标准出版社，2000.

[3] 比斯，伊莱恩．咨询业基础和超越［M］．孙韵，译．北京：机械工业出版社，2002.

[4] 布拉德利．心理咨询师必知的40项技术（第2版）［M］．谢丽丽，田丽，李想，译．北京：中国人民大学出版社，2020.

[5] 蔡莉静，侯殊芬．科技信息检索教程［M］．北京：海洋出版社，2017.

[6] 曾志．西方哲学导论［M］．北京：中国人民大学出版社，2001.

[7] 常华．咨询师手册［M］．北京：中国纺织出版社，2005.

[8] 陈楠．“十四五”时期公共图书馆参考咨询服务策略［J］．中华医学图书情报杂志，2022，31（10）：68-74.

[9] 陈寿灿．方法论导论［M］．大连：东北财经大学出版社，2007.

［10］陈翔宇，甘利人，郎诵真．现代咨询理论与实践［M］．成都：电子科技大学出版社，1994.
［11］初景利，段美珍．智慧图书馆与智慧服务［J］．图书馆建设，2018（4）：85–90，95.
［12］初景利．图书馆数字参考咨询服务研究［M］．北京：北京图书馆出版社，2004.
［13］丹尼尔·雷恩．管理思想的演变［M］．北京：中国社会科学出版社，2000.
［14］邓明昱，郭念峰．咨询心理学：心理咨询·心理测验·心理治疗［M］．北京：中国科学技术出版社，1992.
［15］丁栋虹．管理咨询（第 3 版）［M］．北京：清华大学出版社，2013.
［16］丁秋林．企业信息化咨询［M］．北京：华夏出版社，2013.
［17］樊富珉．团体咨询的理论与实践［M］．北京：清华大学出版社，1996.
［18］范贤睿，孙家祥，等．领袖的外脑：世界重要思想库［M］．北京：中国社会科学出版社，2000.
［19］方少华．管理咨询工具箱［M］．北京：机械工业出版社，2011.
［20］方仲炳．法律实务教程［M］．北京：中国政法大学出版社，2021.
［21］菲利普·科特勒．营销管理［M］．梅清豪，周安柱，译．北京：中国人民大学出版社，2001.
［22］冯之浚，张念椿．现代咨询学［M］．杭州：浙江教育出版社，1987.
［23］顾海良，等．世界技术与信息咨询市场全书［M］．北京：中国大百科全书出版社，1995.
［24］郭念锋，虞积生．心理咨询师习题与案例集［M］．北京：民族出版社，2015.
［25］郭锐，刘婧涵，杨紫楠，等．我国公共图书馆无接触式服务研究［J］．图书馆学研究，2021（19）：52–57.
［26］韩光军．现代咨询机构经济咨询［M］．北京：中央民族大学出版社，1997.
［27］郝茨．咨询项目建议书写作指南［M］．北京：中国劳动社会保障出版社，2004.
［28］何军，水藏玺．管理咨询 35 种经典工具［M］．北京：中国经济出版社，2005.

[29] 黄宝春，杨天平．“科学”概念论略［J］．大学教育科学，2005（2）：15-18.
[30] 黄昆，张路路．基于 OPAC 日志的高校图书馆用户信息需求与检索行为研究［M］．北京：中国经济出版社，2020.
[31] 季淑娟，王晓丽，刘恩涛．高校图书馆区域联合信息咨询的理论与实践［M］．北京：北京邮电大学出版社，2019.
[32] 江三宝，张辉．信息咨询［M］．济南：山东教育出版社，1995.
[33] 江懿文．大数据时代图书馆参考咨询服务的发展策略［J］．华东科技，2022（12）：80-82.
[34] 焦玉英，陈远．管理咨询理论与实践［M］．武汉：武汉大学出版社，2009.
[35] 焦玉英．管理咨询基础［M］．武汉：武汉大学出版社，2004.
[36] 焦玉英．咨询学基础［M］．武汉：武汉大学出版社，1992.
[37] 金良浚．咨询概论［M］．杭州：浙江教育出版社，1986.
[38] 金良浚．咨询与决策［M］．北京：中国展望出版社，1985.
[39] 卡罗琳·尼尔森．从培训师到咨询顾问：绩效咨询顾问的工具箱［M］．燕清联合组织，译．北京：中国劳动社会保障出版社，2004.
[40] 柯平．信息检索与信息素养概论（第 2 版）［M］．北京：高等教育出版社，2015.
[41] 柯平．信息咨询概论［M］．北京：科学出版社，2008.
[42] 孔祥智，胡铁成，林勇．世界各国技术信息咨询业［M］．北京：中国大百科全书出版社，1995.
[43] 孔祥智，等．信息咨询机构［M］．北京：中国经济出版社，1995.
[44] 托马斯·库恩．基本的张力［M］．福州：福建人民出版社，1981.
[45] 兰之善．现代咨询［M］．武汉：武汉大学出版社，1986.
[46] 乐国安．咨询心理学［M］．天津：南开大学出版社，2002.
[47] 黎藜．新闻传播学研究方法［M］．上海：复旦大学出版社，2021.
[48] 李靖．咨询业在中国［M］．北京：企业管理出版社，2001.
[49] 李希孔．图书馆读者学概论［M］．北京：北京农业大学出版社，1995.
[50] 李晓洁，安学湘，黄岩丽，等．智能科技背景下天津市科技咨询行业发展战略研究［J］．天津科技，2022，49（S1）：13-15.
[51] 李昭醇．数字参考咨询服务初探［M］．北京：北京图书馆出版社，2004.

[52] 李志刚 . 决策支持系统原理与应用 [M]. 北京：高等教育出版社，2005.
[53] 里尔登，等 . 职业生涯发展与规划 [M]. 侯志谨，伍新春，等译 . 北京：高等教育出版社，2005.
[54] 联合国工业发展组织 . 发展中国家聘用咨询专家手册 [M]. 北京：机械工业出版社，1981.
[55] 梁滨 . 企业信息化的基础理论与评价方法 [M]. 北京：科学出版社，2000.
[56] 廖纲煊 . 全国咨询工作研讨会文集 [M]. 北京：社会科学文献出版社，1992.
[57] 林国强 . 图书馆科技信息咨询服务的公关意识 [J]. 图书馆论坛，2004（4）：175–176.
[58] 林聚任，刘玉安 . 社会科学研究方法 [M]. 济南：山东人民出版社，2004.
[59] 刘菲凡 . 高校图书馆参考咨询服务智能化的现状调研与发展对策 [D]. 福州：福建师范大学，2022.
[60] 刘石，钟旭霞 . 对咨询学基本问题的思考 [J]. 情报科学，1993（1）：30–33
[61] 刘甜甜 . 江苏省科技咨询服务平台设计与实现研究 [J]. 江苏科技信息，2017，35（12）：9–11.
[62] 刘席威 . 我国图书馆参考咨询工作的历史溯源和现代发展——《国家图书馆参考工作史研究》荐读 [J]. 情报理论与实践，2023，46（6）：205.
[63] 卢绍君 . 咨询学原理 [M]. 北京：科学技术文献出版社，1990.
[64] 卢小宾，闫慧 . 咨询导论（第 2 版）[M]. 北京：中国人民大学出版社，2020.
[65] 吕斌，李国秋 . 信息分析新论 [M]. 北京：世界图书出版公司，2018.
[66] 马广林，黄志红 . 管理咨询原理与实务（第 2 版）[M]. 上海：立信会计出版社，2017.
[67] 马海群 . 现代咨询与决策 [M]. 哈尔滨：黑龙江人民出版社，2002.
[68] 马建青，王东莉 . 心理咨询流派的理论与方法 [M]. 杭州：浙江大学出版社，2006.
[69] 马远良 . 参考咨询工作 [M]. 北京：北京图书馆出版社，2000.
[70] 摩根 . 管理的历史：全面领会历史上管理英雄们的管理诀窍、灵感和梦想

[M]. 孔京京，译. 北京：中信出版社，2002.
[71] 宁吉喆. 政策研究和决策咨询 [M]. 北京：中国言实出版社，2014.
[72] 齐如松，帅相志. 现代科技咨询业持续发展对策研究 [M]. 济南：山东人民出版社，2010.
[73] 奇点云.《大数据咨询方法论白皮书》首次定义大数据咨询 [EB/OL]. [2023-10-18]. https://www.infoq.cn/article/46culy3aorxjjgx8iemh.
[74] 乔双定，王安君. 咨询经济学 [M]. 北京：经济日报出版社，1990.
[75] 邱均平，余以胜，邹菲. 内容分析法的应用研究 [J]. 情报杂志，2005，24 (8)：3.
[76] 菲利浦·萨德勒. 管理咨询：优绩通鉴 [M]. 香港：科文（香港）出版有限公司，2001.
[77] 沙叶，袁英华. 企业管理咨询知识 [M]. 北京：人民出版社，1984.
[78] 山口仁秋. 经济咨询基础知识 [M]. 北京：科学技术文献出版社，1981.
[79] 商丽媛，谭清美，夏后学. 大数据环境下科技智库信息服务模式研究 [J]. 图书馆工作与研究，2017 (7)：20-25.
[80] 上海社会科学院信息研究所. 智慧城市论从 [M]. 上海：上海社会科学院出版社，2011.
[81] 尚武，王为纲，黄玉玲. 略论科技信息咨询的几个问题 [J]. 图书情报知识，1993 (3)：11-13.
[82] 申静. 咨询理论与实务 [M]. 北京：中国电力出版社，2000.
[83] 斯坦利，坦吐姆，戴维，等. 赋能：打造应对不确定性的敏捷团队 [M]. 林爽喆，译. 北京：中信出版社，2017.
[84] 苏格塔，达瑞尔. 管理咨询行业指南：成功跻身咨询业 [M]. 北京：人民邮电出版社，2003.
[85] 孙浩然，黄勇. 数字图书馆参考咨询工作的变革探究 [J]. 办公室业务，2022 (17)：190-192.
[86] 孙琪. 公共图书馆联盟视域下参考咨询业务发展研究 [J]. 科技资讯，2021，19 (13)：183-185.
[87] 王成. 咨询顾问培训技能提升 [M]. 北京：机械工业出版社，2003.
[88] 王成. 咨询业务的全程运作 [M]. 北京：机械工业出版社，2003.
[89] 王汉栋，王萍，魏家雨. 咨询实务新论 [M]. 上海：上海科学技术文献出版社，2002.

［90］王辉耀，苗绿 . 大国智库［M］. 北京：人民出版社，2004.
［91］王金祥，王志学，李金凤 . 信息咨询学［M］. 西安：陕西科学技术出版社，1994.
［92］王开春，朱殿武 . 决策与咨询［M］. 沈阳：辽宁人民出版社，1989.
［93］王璞，戴勇 . 企业信息化咨询实务［M］. 北京：中信出版社，2004.
［94］王璞 . 在中国做管理咨询［M］. 北京：机械工业出版社，2003.
［95］王世伟 . 未来图书馆的新模式：智慧图书馆［J］. 图书馆建设，2011（12）：1–5.
［96］王新华，等 . 咨询基础教程［M］. 上海：上海科学技术文献出版社，1988.
［97］王渊 . 中外信息咨询业比较研究［J］. 现代情报，2004（4）：127–130.
［98］魏礼群 . 政策研究与决策咨询：国务院研究室调研成果选（2004）［M］. 北京：中国言实出版社，2004.
［99］魏礼群 . 政策研究与决策咨询：国务院研究室调研成果选（2005）［M］. 北京：中国言实出版社，2005.
［100］魏礼群 . 政策研究与决策咨询：国务院研究室调研成果选（2006）［M］. 北京：中国言实出版社，2006.
［101］魏礼群 . 政策研究与决策咨询：省（区市）政府研究部门调研成果选［M］. 北京：中国言实出版社，2004.
［102］文庭孝，张蕊，罗贤春，等 . 信息咨询与决策［M］. 北京：科学出版社，2008.
［103］吴贺新，张旭 . 现代咨询理论与实践［M］. 北京：科学技术文献出版社，2000.
［104］吴贺新 . 现代咨询理论与实践［M］. 北京：科学技术文献出版社，2000.
［105］吴建中 .21 世纪图书馆新论（第二版）［M］. 上海：上海科学技术文献出版社，2003.
［106］吴进，冯劭华，昝栋 . ChatGPT 与高校图书馆参考咨询服务［J］. 大学图书情报学刊，2023（5）：25–29.
［107］吴六爱，李霞，张秀红，等 . 计算机信息检索教程［M］. 兰州：甘肃人民出版社，2006.
［108］伍清霞 . 浅论公共图书馆的品牌服务及其可持续发展：以全国图书馆参考咨询联盟为例［J］. 图书馆界，2021（4）：61–66.

[109] 夏侯炳 . 参考咨询新论 [M]. 南昌：江西人民出版社，2004.
[110] 夏禹龙，等 . 现代智囊团 [M]. 北京：世界知识出版社，1984.
[111] 谢新洲，腾跃 . 科技查新手册 [M]. 北京：科学技术文献出版社，2004.
[112] 谢新洲，周静 . 新编科技查新手册 [M]. 北京：人民出版社，2015.
[113] 熊赟，朱扬勇，陈志渊 . 大数据挖掘 [M]. 上海：上海科学技术出版社，2016.
[114] 熊赟，朱扬勇，陈志渊 . 管理思想的演变 [M]. 北京：中国社会科学出版社，2000.
[115] 胥文娟，马海群 . 国内图书馆合作式数字参考咨询系统调研分析 [J]. 数字图书馆论坛，2017（2）：13-19.
[116] 徐金城 . 上海涉外咨询 [M]. 上海：上海科学普及出版社，1992.
[117] 杨诚虎，李文才 . 发达国家决策咨询制度 [M]. 北京：时事出版社，2001.
[118] 杨国枢，文崇一，吴聪贤，等 . 社会及行为科学研究法 [M]. 重庆：重庆大学出版社，2006.
[119] 杨倩 . 智能咨询机器人对图书馆参考咨询服务的革新 [J]. 农业图书情报学报，2021，33（5）：93-99.
[120] 杨世忠 . 管理咨询 [M]. 北京：首都经济贸易大学出版社，2003.
[121] 杨永志 . 中国咨询业发展研究 [M]. 太原：山西经济出版社，1995.
[122] 杨子竞，钟守真 . 咨询理论与方法 [M]. 北京：北京图书馆出版社，1998.
[123] 伊安・约翰逊，陈旭炎 . 智慧城市、智慧图书馆与智慧图书馆员 [J]. 图书馆杂志，2013，32（1）：4-7.
[124] 余明阳 . 咨询学 [M]. 上海：复旦大学出版社，2005.
[125] 袁红军，吴起立 . 图书馆数字参考咨询服务理论与实践 [M]. 北京：海洋出版社，2011.
[126] 约翰・普赖斯科特，斯蒂芬・米勒 . 竞争情报应用战略：企业实战案例分析 [M]. 包昌火，谢新洲，等译 . 长春：长春出版社，2004.
[127] 约翰 . 心理咨询导论 [M]. 潘洁，译 . 上海：上海社会科学院出版社，2005.
[128] 詹德优 . 信息咨询理论与方法 [M]. 武汉：武汉大学出版社，2004.
[129] 张朝，李源 . 医院互联网健康咨询服务系统建设实践：以天津市泰达医院为例 [J]. 信息系统工程，2021（5）：119-120.

[130] 张春兴. 现代心理学 [M]. 上海：上海人民出版社，2005.
[131] 张帆，安民. 图书馆咨询 [M]. 武汉：华中师范大学出版社，1991.
[132] 张广瑞. 国际旅游城市的三件宝：关于北京市旅游基础服务设施的建议 [M]. 北京：同心出版社，2006.
[133] 张庆龙，彭志国. 管理咨询与方法 [M]. 北京：中国时代经济出版社，2010.
[134] 张人骏，朱永新，袁振国. 咨询心理学 [M]. 北京：知识出版社，1987.
[135] 张颖春. 中国咨询机构的政府决策咨询功能研究 [M]. 天津：天津人民出版社，2013.
[136] 章云兰，郑江平. 科技信息检索教程 [M]. 杭州：浙江科学技术出版社，2002.
[137] 郑建明. 信息咨询学 [M]. 南京：南京大学出版社，2010.
[138] 郑兴良. 管理咨询 [M]. 北京：经济管理出版社，1997.
[139] 中国对外经济贸易咨询公司. 世界咨询业名录 [M]. 北京：纺织工业出版社，1988.
[140] 中国企业管理咨询公司. 企业管理咨询的理论与方法 [M]. 杭州：浙江人民出版社，1985.
[141] 中国企业联合会咨询服务中心，中国企业联合会管理咨询委员会. 企业管理咨询理论与方法新论 [M]. 北京：企业管理出版社，1999.
[142] 中国企业联合会咨询与培训中心. 中国管理咨询优秀案例（2019）[M]. 北京：企业管理出版社，2020.
[143] 中国投资咨询有限责任公司. 融智融资：中国投资咨询案例 [M]. 北京：社会科学文献出版社，2018.
[144] 中国心理学会临床心理学注册工作委员会伦理修订工作组. 中国心理学会临床与咨询心理学工作伦理守则 [J]. 心理学报，2018，50（11）：1314–1322.
[145] 中商产业研究院. 2022 年中国咨询行业细分领域市场规模预测：信息咨询增速最快（图）[EB/OL].（2022–06–24）[2023–10–16]. https://www.askci.com/news/chanye/20220624/1547411901575.shtml.
[146] 朱扬勇. 大数据资源 [M]. 上海：上海科学技术出版社，2018.
[147] 竹本直一. 咨询理论与实践 [M]. 北京：科学技术文献出版社，1985.
[148] 邹瑾. 信息咨询 [M]. 北京：清华大学出版社，2011.

［149］Bernoff Schadler. “Empowered,” introduction［J/OL］.Harvard Business Review，2010（7）：5.

［150］Black R R，Mouton J S.Consultation：a handbook for individual and organization development［M］.New York：Addison–Wesley Publishing Company，1983.

［151］Clayton M Christensen. Consulting on the Cusp of Disruption［J］.Harvard Business Review，2013（10）：3–10.

［152］FIDIC. FIDIC Code of Ethics［EB/OL］.［2023–10–16］. https：//www.fidic.org/fidic–code–ethics.

［153］Fuchs Jerome.Making the most of management consulting services［M］.New York：American Management Association，1975.

［154］Harter Stephen P.Online information retrieval：concepts，principles，and techniques［M］.New York：Academic Press，1986.

［155］J Gurnsey，M S White.Information consultancy［M］.London：Library Association Publishing Ltd，1989.

［156］Janes Joseph.Introduction to reference work in the digital age［M］.New York：Neal–Schuman Press，2002.

［157］Kimmel S E，Heise J .Virtual Reference Services：Issues and Trends［J］. Program，2003，39（1）：76 – 77.

［158］Kubr Milan.Management consulting：a guide to the profession［M］.Delhi：Bookwell Publications，2005.

［159］Lankes R David，et al.Digital reference service in the new millennium：planning，management and evalution［M］.New York：Neal–Schuman Publishers，2000.

［160］Lipow A G .The virtual reference librarian's handbook.［M］. New York：Edison Library Solutions Press in Association with Neal–Schuman，2003.

［161］Markham Calvert.Practical management consultancy［M］.London：Institute of Chartered Accountants，1991.

［162］McGann James. 2020 Global go to think tank index report［EB/OL］.［2023–12–25］. https：//repository.upenn.edu/entities/publication/9f1730fa–da55–40bd–a1f4–1c2b2346b753.

［163］Neuendorf Kimberly A.The content analysis guidebook（2nd ed.）［M］.New

York: SAGE Publications Inc, 2017.

[164]Nissen.Advances in consulting research: recent findings and practical cases[M]. Nerlin: Springer, 2019.

[165] Ronan, Jana Smith.Chat reference: a guide to setting up a real-time reference service [M] . Exeter Libraries Unlimited, 2003.

[166] Sadler Philip.Management consultancy: a handbook for best practice [M] . London: Kogan Page Ltd, 1998.

[167] Soper, Mary Ellen.The Librarian' s thesaurus: a concise guide to library and information terms [M] .Chicago: American Library Association, 1990.

南开大学“十四五”规划精品教材丛书

哲学系列

世界科技文化史教程（修订版）	李建珊 主编；贾向桐、张立静 副主编
实验逻辑学（第三版）	李娜 编著
模态逻辑（第二版）	李娜 编著

经济学系列

货币与金融经济学基础理论 12 讲	李俊青、李宝伟、张云 等编著
数理马克思主义政治经济学	乔晓楠 编著
旅游经济学（第五版）	徐虹 主编

法学系列

知识产权法案例教程（第二版）	张玲 主编；向波 副主编
新编房地产法学（第三版）	陈耀东 主编
法理学案例教材（第二版）	王彬 主编；李晟 副主编
环境法学（第二版）	史学瀛 主编； 申进忠、刘芳、刘安翠 副主编
环境法案例教材（第二版）	史学瀛 主编； 刘芳、申进忠、刘安翠、潘晓滨 副主编

文学系列

西方文明经典选读	李莉、李春江 编著

管理学系列

旅游饭店财务管理（第六版）	徐虹、刘宇青 主编
信息咨询概论	柯平 主编